建筑工程技术文件编制系列丛书

工程质量验收文件一本通

（上册）

王立信　主编

中国建筑工业出版社

图书在版编目（CIP）数据

工程质量验收文件一本通（上册）/王立信主编. —北京：中国建筑工业出版社，2012.3
（建筑工程技术文件编制系列丛书）
ISBN 978-7-112-14030-5

Ⅰ. ①工…　Ⅱ. ①王…　Ⅲ. ①建筑工程-工程质量-工程验收-文件-编制-中国　Ⅳ. ①TU712

中国版本图书馆 CIP 数据核字（2012）第 021429 号

本书是一本编制工程质量验收文件的实用工具书，是一本内容齐全的工程质量验收文件资料。本书针对工程质量验收时必备的资料内容，阐述了单位（子单位）工程质量验收、已经发布和实施（6册新出版的专业规范）的分部（子分部）工程质量验收、分项工程和检验批质量验收的要求与实施。完全按照专业规范逐条编制的每一份检验批验收表式，均包括：工程质量通用的验收表式、检查数量、检查方法和验收时应提供的核查资料及其检查方法，并附有验收有关的规范条文和图示。一册在手，即可基本解决工程质量验收文件编制的有关问题。

本书主要供建筑工程施工、质量监督、监理、资料等从业人员使用，也可供大中专院校师生参考。

* * *

责任编辑：郭　栋
责任设计：李志立
责任校对：张　颖　王雪竹

建筑工程技术文件编制系列丛书
工程质量验收文件一本通
（上册）
王立信　主编

*

中国建筑工业出版社出版、发行（北京西郊百万庄）
各地新华书店、建筑书店经销
霸州市顺浩图文科技发展有限公司制版
北京市安泰印刷厂印刷

*

开本：787×1092 毫米　1/16　印张：24½　字数：604 千字
2012 年 7 月第一版　2012 年 7 月第一次印刷
定价：**68.00** 元（含光盘）
ISBN 978-7-112-14030-5
（22075）

工程质量验收文件一本通（上册）
编写委员会

主　　编　王立信

编写人员　王立信　郭晓冰　孙　宇　贾翰卿

　　　　　王常丽　刘伟石　郭　彦　段万喜

　　　　　田云涛　马　成　赵　涛　郭天翔

　　　　　王春娟　张菊花　付长宏　王　薇

　　　　　王　倩　王丽云

目　录

地下防水工程质量验收文件

依据《地下防水工程质量验收规范》（GB 50208—2011）编写

建筑地面工程施工质量验收文件

依据《建筑地面工程施工质量验收规范》(GB 50209—2010)编写

（从这以后内容见光盘）

建筑防腐蚀工程施工质量验收文件
依据《建筑防腐蚀工程施工质量验收规范》(GB 50224—2010)编写

钢管混凝土工程施工质量验收文件依据《钢管混凝土工程施工质量验收规范》(GB 50628—2010)编写

概　　述

《建筑工程施工质量验收统一标准》（GB 50300—2001，以下简称《统一标准》）规定，工程质量验收工作由建设、监理、施工等单位分别按标准明确的职责对工程质量实施验收。

施工单位： 工程质量验收是施工单位按照国家规定的质量标准，根据其标准要求自行制定或应用国家或地区已发行的施工工艺标准及其为实现其目标而制定的技术管理等的制度和措施，在工程实施中通过管理、测试、检验，根据自检、互检的结果认定工程质量满足施工图设计和规范要求的质量标准，确认工程质量达到标准合格规定的要求。

施工单位将已经验收合格的分部（子分部）工程，以及在分部（子分部）工程验收合格的经审查无误的施工技术文件编制完整的基础上，按单位（子单位）工程质量竣工验收表式所列的分部（子分部）工程、质量控制资料核查、安全和主要使用功能核查及抽查结果、观感质量验收结果，经整理将其验收结果分别填写在"验收记录"项下。完成以上的准备工作后，报请项目监理机构进行初验。

监理单位： 在接到施工单位请求项目监理机构或建设单位（在不委托监理的情况下）对其工程进行验收的申请后，监理单位应按《统一标准》要求，主持检验批、分项、分部（子分部）工程的验收或竣工工程的初步验收。按照验收结果，经项目监理机构填写"验收结论"后，由施工单位向建设单位提交工程竣工报告和完整的工程施工技术文件，请求建设单位邀请相关单位对单位工程进行竣工工程质量验收。

建设单位： 在接到监理、施工单位请求对单位工程进行竣工工程质量验收报告后，经对所报资料进行核查同意后，组织勘察、设计、施工、监理和施工图审查机构等各方参加在质量监督部门监督下进行工程竣工验收。

经各方验收同意质量等级达到合格后，由建设单位填写"综合验收结论"并对工程质量是否符合施工图设计和规范要求及总体质量水平作出评价。

如果工程在施工过程中，不论是操作过程执行工艺标准还是管理过程执行法律、法规、规范、规程、计划和措施，当上述内容实施存在不当或漏洞，施工结果不能满足要求，工程建设的目的就没有达到。这就需要启动《统一标准》规定的原则，对工程进行鉴定和处理。

工程质量控制必须坚持的一条原则是：当工程质量不符合要求时，如果按照《统一标准》的规定处理后仍不能满足工程质量要求时，绝对不能进行竣工验收和交付使用。这就是工程质量实施过程的程序控制原则。

工程质量控制需要工程质量监督、工程监理和施工单位协同完成。确保工程质量达到设计和规范要求，必须加强对项目监理机构的监督与管理，以保证工程质量验收工作的正确执行。

1.1   工程质量控制与验收的重要性

工程质量验收不论是施工过程中的检验批、分项、分部（子分部）工程验收还是单位工程质量的竣工验收，都是施工全过程中极其重要的组成部分。"验评分离、强化验收、完善手段、过程控制"是编制《建筑工程施工质量验收统一标准》（GB 50300—2001）和相关专业规范全过程质量控制思想，其贯穿于验收规范的始终，明确地体现了工程质量控制、验收的核心点。

工程质量控制与验收的重要性应做到：

（1）必须严肃、认真地认识到，工程质量验收不论是在过程的中间验收，还是在工程完成后的竣工验收，都是工程质量区段间或工程完成后质量的最后一道把关，都是十分重要的环节。

（2）工程质量验收是检验工程管理成果的一道重要程序。通过对工程实施过程记录资料的核查与复审，可以对工程质量的真实性予以确认，是对工程质量一次全面的综合评价。任何一点疏忽都会给工程造成局部或总体的工程隐患，必须认真地实现"强化验收"这个核心点。

1.2   建设工程各参与单位在工程质量验收方面存在的问题

工程质量验收工作是工程质量把关的重要环节，一旦有闪失，就会给工程带来隐患或难以挽回的损失。目前建设工程参与各方在工程质量验收方面尚存在一定问题。

1. 建设单位存在问题

（1）对建设单位而言，发包建设的任何一个单位工程，都希望花尽可能少的钱建一个尽可能好的工程。在工程实施中对工程质量还是想严格要求的，但在实施中有的地方就严格不起来，不是妥协就是迁就。想严格要求是指工程实施中想按要求的质量标准进行施工；妥协或迁就是指建设单位因为自身工作中的缺陷或失误等原因，在施工过程中不敢按标准规定的质量提出要求。例如："商住楼"的材料大部分由建设单位提供，这些材料在实施中与工程实际要求和施工单位希望的质量往往有的是有差异的，工程中出现的一些质量问题不少都和材料供应有关，因此，建设单位为了节省投资而供应的材料就成为建设单位管理上的一个"软肋"，这样迫使建设单位不敢或者无法要求施工单位按标准规定的质量进行施工。工程质量验收自然就不会严格按标准要求执行。

（2）工程质量竣工验收的质量等级确认是工程质量验收的关键。《统一标准》规定由建设单位主持，当地质量监督部门监督验收。由于监督部门的职责只是监督验收，日常管理的监督只是巡检，过程巡检不可能掌握全面的工程质量情况，因此，在验收中建设单位只要对工程质量认可了，监督部门一般都通过了。这样，由于"软肋"因素造成的工程质量的某些缺陷或问题，往往就被掩盖了。

（3）对工程质量而言，建设单位也很敏感，不希望在工程质量验收时提出某些质量问题，因为验收中一旦提出某工程质量有问题，这种消息传播起来很快，哪怕有些质量问题根本谈不上影响使用或寿命，只要修理一下就合格。建设单位往往希望工程质量验收最好是优良工程，工程验收不希望提出质量问题；否则，建设单位就会影响商品房的销售。因此，当工程施工完成后，只要工程质量没有太大的问题，建设单位是不愿意讲该工程存在质量问题的，这样会影响总体市场形象和房屋销售。对建设单位而言，这比"工程质量有点问题"要重要得多。

2. 施工单位存在问题

（1）施工单位对工程的质量验收重视程度不够。施工单位在工程实施中方方面面都与其关系直接、责任直接。就工程质量验收而言，施工单位希望工程质量验收能顺利通过，合格就行。在工程质量验收上，因施工单位是工程质量的直接责任人，因此，对质量管理除极个别施工单位外，大多数还是严格要求的。但施工单位也对此存在依赖思想，因为《统一标准》规定，"验收"由项目监理机构主持，施工单位认为验收或不验收无关紧要，项目监理机构无论如何是要主持验收的，因此，施工单位对工程质量验收的执行上不够认真，对工程质量验收的重要性缺乏正确认识，或者说对工程质量验收责任心欠缺。

（2）掩盖施工过程中出现的质量缺陷或问题，是一部分施工单位的一大通病。这种问题虽不是全部但为数不少。建筑工程因其是"组合或拼接式施工"，难免会出现某点或某一环节上存在质量缺陷或问题，这些缺陷或问题施工单位本应及时发现、积极处理，使之满足设计和标准要求。但由于多方面的原因，部分施工单位往往采取掩盖的方式，通常情况下凡是监督、监理单位没有发现的，就尽可能地"大事化小、小事化了"。根据历史的经验，单位工程质量出现较大问题时，往往由于这个原因而造成。鉴于此，工程质量不论是过程控制还是工程质量验收，都应引起警惕并予纠正。

3. 监理单位存在问题

突出的表现为监理工作不规范。监理单位近年来由于体制、管理等诸多因素，全国的情况虽不尽一样，但总体看存在一些共性问题，笔者在 2007 年和 2008 年两次看到某市年度建设工作会议的年度工作报告中，当地建设行政主管部门，根据近年来监理工作情况，对监理工作这样评价："部分监理单位质量行为不规范；总监理工程师或监理工程师到位率低、一人多岗多职；工作质量差、现场把关不严、不能及时发现质量问题、质量文件签证不准确、不及时；主持工程质量验收责任心尚需加强等"。比较恰当、有代表性地评价了部分城市监理工作的现状。说明当前监理工作确需加强管理和培训，提高素质，以适应监理工作的需要。

1.3　建筑工程质量控制、验收及其程序和组织

1. 工程质量验收顺序

单位工程施工质量验收顺序为：检验批质量验收；分项工程质量验收；分部（子分部）工程质量验收；观感质量验收。

单位工程施工质量验收必须按以上顺序依序进行，报送资料应逆向依序编制整理。

2. 施工工程的质量控制

（1）监控施工全过程的质量管理和质量责任制度

为了控制和保证不断提高的工程质量和施工过程中记录整理资料的完整性，施工单位

必须建立必要的质量管理体系和质量责任制度，全过程推行生产控制和合格控制。质量控制应有健全的生产控制和合格控制的质量保证体系，包括材料控制、工艺流程控制、施工操作控制、每一道工序的质量检查、各道相关工序的交接检验、专业工种之间等的中间交接环节的质量管理和控制、施工图设计和功能要求的抽检制度等。

（2）建筑工程应按下列规定进行施工质量控制

1）建筑工程采用的主要材料、半成品、成品、建筑构配件、器具和设备均应进行进场验收。凡涉及安全、功能的有关产品，应按各专业工程质量验收规范规定进行复验，并应经监理工程师（建设单位技术负责人）的检查认可。

2）各工序应按施工技术标准进行质量控制，每道工序完成后应进行检查。

3）每道工序完成后，班组应进行自检、专职质量检查员复检，并进行工序交接检查（上道工序应满足下道工序的施工条件要求）、相关工序间的中间交接检验，使各工序间和专业间形成一个有机的整体，并形成记录。未经监理工程师（建设单位项目专业技术负责人）检查认可，不得进行下道工序施工。

3. 建筑工程施工质量验收应遵守的相关规定

建筑工程施工质量应按下列要求进行验收：

（1）建筑工程施工质量应符合《建筑工程施工质量验收统一标准》GB 50300 和相关专业的质量验收规范的规定。

（2）建筑工程施工应符合工程勘察、设计文件的要求。

注：工程勘察是指经施工图设计审查单位审查批准的工程地质勘察报告；设计文件是指经施工图设计审查单位审查批准的包括各专业施工图设计、施工过程中执行了的设计变更文件以及设计任务书。

（3）参加工程施工质量验收的各方人员应具备规定的资格。

（4）工程质量的验收均应在施工单位自行检查评定的基础上进行。

（5）隐蔽工程隐蔽前应由施工单位通知有关单位进行验收，并应形成验收文件。有关隐蔽工程验收项目按隐蔽工程验收相关要求执行。

（6）检验批的质量应按主控项目和一般项目验收。

1）检验批验收的主控项目是指重要材料、构配件、成品、半成品、设备性能及附件的材质、技术性能等。主控项目的检查结果具有否决权；一般项目是指允许有一定偏差的项目、对不能确定偏差又允许出现一定缺陷的项目、一些无法定量而采取定性的项目。

2）检验批的验收内容，只按主控项目和一般项目的条款来验收。只要这些条款达到规定后，检验批就应通过验收。不应随意扩大内容范围和提高质量标准；如需扩大内容范围时，应在承包合同中约定。

3）检验批验收除主控项目和一般项目外，在每章的基本规定和每节一般规定中的强制性条文必须在检验批验收时执行。

（7）对涉及结构安全和使用功能的重要部位的工程，应进行见证取样检测。

1）涉及结构安全的试块、试件和材料见证取样和送检的比例，不得低于有关技术标准中规定应取样数量的30%。

2）施工过程中，见证人员应按照见证取样和送检计划，对施工现场的取样和送检进行见证，并由见证人、取样人签字。见证人应制作见证记录，并归入工程档案。

（8）承担见证取样检测及有关结构安全检测的单位应具有相应资质。相应资质是指经过管理部门确认其是该项检测任务的单位，是有相应设备和条件、人员经过培训、有上岗证书、有相应制度并经计量部门认可。

（9）工程观感质量应由验收人员通过现场检查，并应由检查人员共同评议确认。验收单位以建设（监理）单位为主，由建设单位项目负责人（或总监理工程师）组织，不少于3个有关专业（或监理）工程师参加，并且施工单位项目经理、技术、质量部门人员和分包单位项目经理及有关技术质量人员参加，由总监理工程师和监理工程师共同确认观感质量的好、一般或差。

4. 工程质量不符合要求时的处理规定

当建筑工程质量不符合要求时，应按下列规定进行处理：

（1）经返工重做或更换器具、设备的检验批，应重新进行验收。该款属于返工重做验收之列。

（2）经有资格的检测单位检测鉴定能够达到设计要求的检验批，应予以验收。该款属于检测鉴定验收之列。

（3）经有资质的检测单位检测鉴定达不到设计要求、但经原设计单位核算认可能够满足结构安全和使用功能的检验批，由设计单位提出正式核验证明书，可予以验收。以上三款都属于合格验收的项目。该款属于设计核算验收之列。

（4）经加固或返修处理的分项、分部工程，能满足结构安全和使用功能，可按技术处理方案或协商文件进行验收。这是有条件的验收，这是对达不到验收条件的工程给出了一个处理出路，因为不能将有问题的工程都拆掉。这款应属于不合格工程的验收，工业产品叫让步接受。该款属于"让步接受"的验收之列。

（5）经过返修或加固处理仍不能达到满足结构安全和使用要求的分部工程、单位（子单位）工程严禁通过验收。尽管这种情况不多但一定会有，这种情况严禁验收，这种工程绝不能流入社会。

5. 建筑工程质量验收程序和组织

（1）检验批及分项工程应由监理工程师（建设单位项目技术负责人）组织施工单位项目专业质量（技术）负责人等进行验收。

（2）分部工程应由总监理工程师（建设单位项目负责人）组织施工单位项目负责人和技术、质量负责人等进行验收；地基与基础、主体结构分部工程的勘察、设计单位工程项目负责人和施工单位技术、质量部门负责人也应参加相关分部工程验收。

（3）单位工程完工后，施工单位应自行组织有关人员进行检查评定，总监理工程师应组织专业监理工程师对工程质量进行竣工预验收，对存在的问题应由施工单位及时整改。整改完毕后，由施工单位向建设单位提交工程竣工报告，申请工程竣工验收。

（4）单位工程中的分包工程完工后，分包单位应对所承包的工程项目进行自检，并应按 GB 50300 标准规定的程序进行验收。验收时，总包单位应派人参加，分包单位应将所分包工程的质量控制资料整理完整后，交总包单位，并应由总包单位统一归入工程竣工档案。

（5）建设单位收到工程验收报告后，应由建设单位（项目）负责人组织施工（含分包单位）、设计、勘察、监理等单位（项目）负责人进行单位工程验收。

注：单位工程竣工验收记录的形成是：各分部工程完工后，施工单位先行自检合格，项目监理机构的总监理工程

师验收合格签认后，建设单位组织有关单位验收，确认满足设计和施工规范要求并签认后，该表方为正式完成。

（6）当参加验收各方对工程质量验收意见不一致时，或参建各方对工程质量发生争执时，可请当地建设行政主管部门或工程质量监督机构协调处理。

（7）单位工程质量验收合格后，建设单位应在规定时间内将工程竣工验收报告和有关文件，报建设行政管理部门备案。

1.4　质量监督部门应重点监督项目监理机构的工程质量验收

（1）《统一标准》规定工程质量验收的检验批、分项工程、分部（子分部）工程、单位（子单位）工程验收，分别由专业监理工程师和总监理工程师主持，说明了监理工作对工程控制与质量验收的重要性，说明了项目监理机构在工程质量验收上起着举足轻重的作用。要求项目监理机构必须认真做好工程质量验收工作。

（2）工程质量监督机构应加强对监理工作的指导和管理，使监理工作真正起到项目监理机构应起到的作用。这样做对保证工程质量可起到关键性的作用。从当前监理工作的实施状况看，提高监理工作的工程质量控制与验收水平迫在眉睫，在当前监督、监理并存的情况下，质量监督机构代表政府监督好监理工作，项目监理机构的驻地人员比监督机构的人员要多得多，相当数量的监理单位具有一批业务水平相对高的监理人员，监督好绝对是一件好事，同时也可促使监理工作对工程质量验收更加重视。

监理工作已执行很长一段时间了，有一定的监理工作基础和条件。只要认真抓好，监理工作一定会做好监理规范规定的任务，对保证建设工程质量起到重要作用。

砌体结构工程施工质量验收文件

依据《砌体结构工程施工质量验收规范》
（GB 50203—2011）编写

1 验收实施与规定

GB 50203—2011 规范第 1 章 总则第 1.0.4 条规定：GB 50203—2011 规范应与现行国家标准《建筑工程施工质量验收统一标准》GB 50300 配套使用。

1.1 子分部工程验收

（1）砌体工程验收前，应提供下列文件和记录：

1）设计变更文件；

2）施工执行的技术标准；

3）原材料出厂合格证书、产品性能检测报告和进场复验报告；

4）混凝土及砂浆配合比通知单；

5）混凝土及砂浆试件抗压强度试验报告单；

6）砌体工程施工记录；

7）隐蔽工程验收记录；

8）分项工程检验批的主控项目、一般项目验收记录；

9）填充墙砌体植筋锚固力检测记录；

10）重大技术问题的处理方案和验收记录；

11）其他必要的文件和记录。

（2）砌体子分部工程验收时，应对砌体工程的观感质量作出总体评价。

（3）当砌体工程质量不符合要求时，应按现行国家标准《建筑工程施工质量验收统一标准》GB 50300 有关规定执行。

（4）有裂缝的砌体应按下列情况进行验收：

1）对不影响结构安全性的砌体裂缝，应予以验收；对明显影响使用功能和观感质量的裂缝，应进行处理；

2）对有可能影响结构安全性的砌体裂缝，应由有资质的检测单位检测鉴定；需返修或加固处理的，待返修或加固处理满足使用要求后进行二次验收。

1.2 基 本 规 定

（1）砌体结构工程所用的材料应有产品合格证书、产品性能型式检验报告，质量应符合国家现行有关标准的要求。块体、水泥、钢筋、外加剂尚应有材料主要性能的进场复验报告，并应符合设计要求。严禁使用国家明令淘汰的材料。

（2）砌体结构工程施工前，应编制砌体结构工程施工方案。

（3）砌体结构的标高、轴线，应引自基准控制点。

（4）砌筑基础前，应校核放线尺寸，允许偏差应符合表 1.2.1 的规定。

放线尺寸的允许偏差　　　　　　　　表 1.2.1

长度 L、宽度 B(m)	允许偏差(mm)	长度 L、宽度 B(m)	允许偏差(mm)
L(或 B)≤30	±5	60<L(或 B)≤90	±15
30<L(或 B)≤60	±10	L(或 B)>90	±20

（5）伸缩缝、沉降缝、防震缝中的模板应拆除干净，不得夹有砂浆、块体及碎渣等杂物。

（6）砌筑顺序应符合下列规定：

1）基底标高不同时，应从低处砌起，并应由高处向低处搭砌。当设计无要求时，搭接长度 L 不应小于基础底的高差 H，搭接长度范围内下层基础应扩大砌筑（图 1.2）；

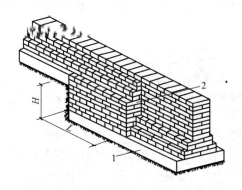

图 1.2　基底标高不同时的搭砌示意图
1—混凝土垫层；2—基础扩大部分

2）砌体的转角处和交接处应同时砌筑；当不能同时砌筑时，应按规定留槎、接槎。

（7）砌筑墙体应设置皮数杆。

（8）在墙上留置临时施工洞口，其侧边离交接处墙面不应小于 500mm，洞口净宽度不应超过 1m。抗震设防烈度为 9 度地区建筑物的临时施工洞口位置，应会同设计单位确定。临时施工洞口应做好补砌。

（9）不得在下列墙体或部位设置脚手眼：

1）120mm 厚墙、清水墙、料石墙、独立柱和附墙柱；

2）过梁上与过梁成 60°角的三角形范围及过梁净跨度 1/2 的高度范围内；

3）宽度小于 1m 的窗间墙；

4）门窗洞口两侧石砌体 300mm，其他砌体 200mm 范围内；转角处石砌体 600mm，其他砌体 450mm 范围内；

5）梁或梁垫下及其左右 500mm 范围内；

6）设计不允许设置脚手眼的部位；

7）轻质墙体；

8）夹心复合墙外叶墙。

（10）脚手眼补砌时，应清除脚手眼内掉落的砂浆、灰尘；脚手眼处砖及填塞用砖应湿润，并应填实砂浆。

（11）设计要求的洞口、沟槽、管道应于砌筑时正确留出或预埋，未经设计同意不得打凿墙体和在墙体上开凿水平沟槽。宽度超过 300mm 的洞口上部，应设置钢筋混凝土过梁。不应在截面长边小于 500mm 的承重墙体、独立柱内埋设管线。

（12）尚未施工楼面或屋面的墙或柱，其抗风允许自由高度不得超过表 1.2.2 的规定。如超过表中限值时，必须采用临时支撑等有效措施。

墙和柱的允许自由高度（m）   表 1.2.2

墙(柱)厚 (mm)	砌体密度＞1600kg/m³			砌体密度 1300～1600kg/m³		
	风载（kN/m²）			风载（kN/m²）		
	0.3(约7级风)	0.4(约8级风)	0.6(约9级风)	0.3(约7级风)	0.4(约8级风)	0.6(约9级风)
190	—	—	—	1.4	1.1	0.7
240	2.8	2.1	1.4	2.2	1.7	1.1
370	5.2	3.9	2.6	4.2	3.2	2.1
490	8.6	6.5	4.3	7.0	5.2	3.5
620	14.0	10.5	7.0	11.4	8.6	5.7

注：1 本表适用于施工处相对标高 H 在 10m 范围的情况。如 10m＜H≤15m、15m＜H≤20m 时，表中的允许自由高度应分别乘以 0.9、0.8 的系数；如 H＞20m 时，应通过抗倾覆验算确定其允许自由高度；

2 当所砌筑的墙有横墙或其他结构与其连接，而且间距小于表列限值的 2 倍时，砌筑高度可不受本表的限制；

3 当砌体密度小于 1300kg/m³ 时，墙和柱的允许自由高度应另行验算确定。

（13）砌筑完基础或每一楼层后，应校核砌体的轴线和标高，在允许偏差范围内，轴线偏差可在基础顶面或楼面上校正。标高偏差宜通过调整上部砌体灰缝厚度校正。

（14）搁置预制梁、板的砌体顶面应平整，标高一致。

（15）砌体施工质量控制等级应分为三级，并应符合表 1.2.3 的划分。

施工质量控制等级   表 1.2.3

项 目	施工质量控制等级		
	A	B	C
现场质量管理	监督检查制度健全,并严格执行;施工方有在岗专业技术管理人员,人员齐全,并持证上岗	监督检查制度基本健全,并能执行;施工方有在岗专业技术管理人员,人员齐全,并持证上岗	有监督检查制度;施工方有在岗专业技术管理人员
砂浆、混凝土强度	试块按规定制作,强度满足验收规定,离散性小	试块按规定制作,强度满足验收规定,离散性较小	试块按规定制作,强度满足验收规定,离散性大
砂浆拌合方式	机械拌合;配合比计量控制严格	机械拌合;配合比计量控制一般	机械或人工拌合;配合比计量控制较差
砌筑工人	中级工以上,其中高级工不少于30%	高、中级工不少于70%	初级工以上

注：1 砂浆、混凝土强度离散性大小根据强度标准差确定；

2 配筋砌体不得为 C 级施工。

（16）砌体结构中钢筋（包括夹心复合墙内外叶墙间的拉结件或钢筋）的防腐，应符合设计规定。

（17）雨天不宜在露天砌筑墙体，对下雨当日砌筑的墙体应进行遮盖。继续施工时，应复核墙体的垂直度；如果垂直度超过允许偏差，应拆除后重新砌筑。

（18）砌体施工时，楼面和屋面堆载不得超过楼板的允许荷载值。当施工层进料口处施工荷载较大时，楼板下宜采取临时支撑措施。

（19）正常施工条件下，砖砌体、小砌块砌体每日砌筑高度宜控制在 1.5m 或一步脚手架高度内；石砌体不宜超过 1.2m。

（20）砌体结构工程检验批的划分应同时符合下列规定：

1）所用材料类型及同类型材料的强度等级相同；

2）不超过 250m³ 砌体；

3）主体结构砌体一个楼层（基础砌体可按一个楼层计）；填充墙砌体量少时，可多个楼层合并。

（21）砌体结构工程检验批验收时，其主控项目应全部符合本规范的规定；一般项目应有 80％ 及以上的抽检处符合本规范的规定；有允许偏差的项目，最大超差值为允许偏差值的 1.5 倍。

（22）砌体结构分项工程中检验批抽检时，各抽检项目的样本最小容量除有特殊要求外，按不应小于 5 确定。

（23）在墙体砌筑过程中，当砌筑砂浆初凝后，块体被撞动或需移动时，应将砂浆清除后再铺浆砌筑。

1.3 砌筑砂浆

（1）水泥使用应符合下列规定：

1） 水泥进场时应对其品种、等级、包装或散装仓号、出厂日期等进行检查，并应对其强度、安定性进行复验，其质量必须符合现行国家标准《通用硅酸盐水泥》**GB 175** 的有关规定。

2） 当在使用中对水泥质量有怀疑或水泥出厂超过三个月（快硬硅酸盐水泥超过一个月）时，应复查试验，并按复验结果使用。

3）不同品种的水泥，不得混合使用。

抽检数量：按同一生产厂家、同品种、同等级、同批号连续进场的水泥，袋装水泥不超过 200t 为一批，散装水泥不超过 500t 为一批，每批抽样不少于一次。

检验方法：检查产品合格证、出厂检验报告和进场复验报告。

（2）砂浆用砂宜采用过筛中砂，并应满足下列要求：

1）不应混有草根、树叶、树枝、塑料、煤块、炉渣等杂物；

2）砂中含泥量、泥块含量、石粉含量、云母、轻物质、有机物、硫化物、硫酸盐及氯盐含量（配筋砌体砌筑用砂）等应符合现行行业标准《普通混凝土用砂、石质量及检验方法标准》JGJ 52 的有关规定；

3）人工砂、山砂及特细砂，应经试配能满足砌筑砂浆技术条件要求。

(3) 拌制水泥混合砂浆的粉煤灰、建筑生石灰、建筑生石灰粉及石灰膏应符合下列规定：

1) 粉煤灰、建筑生石灰、建筑生石灰粉的品质指标应符合现行行业标准《粉煤灰在混凝土及砂浆中应用技术规程》JGJ 28、《建筑生石灰》JG/T 479、《建筑生石灰粉》JC/T 480 的有关规定；

2) 建筑生石灰、建筑生石灰粉熟化为石灰膏，其熟化时间分别不得少于 7d 和 2d。沉淀池中贮存的石灰膏，应防止干燥、冻结和污染，严禁采用脱水硬化的石灰膏。建筑生石灰粉、消石灰粉不得替代石灰膏配制水泥石灰砂浆；

3) 石灰膏的用量，应按稠度 120±5mm 计量，现场施工中石灰膏不同稠度的换算系数，可按表 1.3.1 确定。

石灰膏不同稠度的换算系数   表 1.3.1

稠度(mm)	120	110	100	90	80	70	60	50	40	30
换算系数	1.00	0.99	0.97	0.95	0.93	0.92	0.90	0.88	0.87	0.86

(4) 拌制砂浆用水的水质，应符合现行行业标准《混凝土用水标准》JGJ 63 的有关规定。

(5) 砌筑砂浆应进行配合比设计。当砌筑砂浆的组成材料有变更时，其配合比应重新确定。砌筑砂浆的稠度宜按表 1.3.2 的规定采用。

砌筑砂浆的稠度   表 1.3.2

砌 体 种 类	砂浆稠度(mm)
烧结普通砖砌体；粉煤灰砖砌体	70～90
混凝土砖砌体；普通混凝土小型空心砌块砌体；灰砂砖砌体	50～70
烧结多孔砖；空心砖砌体；轻骨料混凝土小型空心砌块砌体	60～80
蒸压加气混凝土砌块砌体	120
石砌体	30～50

注：1 采用干砌法砌筑蒸压加气混凝土砌块砌体时，加气混凝土粘结砂浆的加水量按照其产品说明书控制；
2 当砌筑其他块材时，其砌筑砂浆的稠度可根据块材吸水特性及气候条件确定。

(6) 施工中不应采用强度等级小于 M5 水泥砂浆替代同强度等级水泥混合砂浆，如需替代，应将水泥砂浆提高一个强度等级。

(7) 在砂浆中掺入的砌筑砂浆增塑剂、早强剂、缓凝剂、防冻剂、防水剂等砂浆外加剂，其品种和用量应经有资质的检测单位检测和试配确定。所用外加剂的技术性能应符合国家现行有关标准《砌筑砂浆增塑剂》JG/T 164、《混凝土外加剂》GB 8076、《砂浆、混凝土防水剂》JC 474 的质量要求。

(8) 配制砌筑砂浆时，各组分材料应采用重量计量，水泥及各种外加剂配料的允许偏差为±2%；砂、粉煤灰、石灰膏等配料的允许偏差为±5%。

(9) 砌筑砂浆应采用机械搅拌，搅拌时间自投料完起算应符合下列规定：

1) 水泥砂浆和水泥混合砂浆不得少于 120s。

2) 水泥粉煤灰砂浆和掺用外加剂的砂浆不得少于 180s。

3）掺增塑剂的砂浆，其搅拌方式、搅拌时间应符合现行行业标准《砌筑砂浆增塑剂》JG/T 164 的有关规定。

4）干混砂浆及加气混凝土砌块专用砂浆宜按掺用外加剂的砂浆确定搅拌时间或按产品说明书采用。

（10）现场拌制的砂浆应随拌随用，拌制的砂浆应在 3h 内使用完毕；当施工期间最高气温超过 30℃时，应在 2h 内使用完毕。预拌砂浆及蒸压加气混凝土砌块专用砂浆的使用时间，应按照厂方提供的说明书确定。

（11）砌体结构工程使用的湿拌砂浆，除直接使用外，必须储存在不吸水的专用容器内，并根据气候条件采取遮阳、保温、防雨雪等措施，砂浆在储存过程中严禁随意加水。

（12）砌筑砂浆试块强度验收时其强度合格标准应符合下列规定：

1）同一验收批砂浆试块抗压强度平均值应大于或等于设计强度等级值的 1.1 倍。

2）同一验收批砂浆试块抗压强度的最小一组平均值应大于或等于设计强度等级值的 85%。

> 注：1　砌筑砂浆的验收批，同一类型、强度等级的砂浆试块不应少于 3 组；同一验收批砂浆只有 1 组或 2 组试块时，每组试块抗压强度平均值应大于或等于设计强度等级值的 1.10 倍；对于建筑结构的安全等级为一级或设计使用年限为 50 年及以上的房屋，同一验收批砂浆试块的数量不得少于 3 组；
> 2　砂浆强度应以标准养护，28d 龄期的试块抗压强度为准；
> 3　制作砂浆试块的砂浆稠度应与配合比设计一致。

抽检数量：每一检验批且不超过 250m³ 砌体的各类、各强度等级的普通砌筑砂浆，每台搅拌机应至少抽检一次。验收批的预拌砂浆、蒸压加气混凝土砌块专用砂浆，抽检可为 3 组。

检验方法：在砂浆搅拌机出料口或在湿拌砂浆的储存容器出料口随机取样制作砂浆试块（现场拌制的砂浆，同盘砂浆只应作 1 组试块），试块标养 28d 后作强度试验。预拌砂浆中的湿拌砂浆稠度应在进场时取样检验。

（13）当施工中或验收时出现下列情况，可采用现场检验方法对砂浆或砌体强度进行实体检测，并判定其强度：

1）砂浆试块缺乏代表性或试块数量不足；

2）对砂浆试块的试验结果有怀疑或有争议；

3）砂浆试块的试验结果，不能满足设计要求；

4）发生工程事故，需要进一步分析事故原因。

1.4　冬　期　施　工

（1）当室外日平均气温连续 5d 稳定低于 5℃时，砌体工程应采取冬期施工措施。

> 注：1　气温根据当地气象资料确定；
> 2　冬期施工期限以外，当日最低气温低于 0℃时。也应按本节的规定执行。

（2）冬期施工的砌体工程质量验收除应符合本节要求外，尚应符合现行行业标准《建筑工程冬期施工规程》JGJ/T 104 的有关规定。

（3）砌体工程冬期施工应有完整的冬期施工方案。

（4）冬期施工所用材料应符合下列规定：

1）石灰膏、电石膏等应防止受冻，如遭冻结，应经融化后使用；

2）拌制砂浆用砂，不得含有冰块和大于 10mm 的冻结块；

3）砌体用块体不得遭水浸冻。

（5）冬期施工砂浆试块的留置，除应按常温规定要求外，尚应增加 1 组与砌体同条件养护的试块，用于检验转入常温 28d 的强度。如有特殊需要，可另外增加相应龄期的同条件养护的试块。

（6）地基土有冻胀性时，应在未冻的地基上砌筑，并应防止在施工期间和回填土前地基受冻。

（7）冬期施工中，砖、小砌块浇（喷）水湿润应符合下列规定：

1）烧结普通砖、烧结多孔砖、蒸压灰砂砖、蒸压粉煤灰砖、烧结空心砖、吸水率较大的轻骨料混凝土小型空心砌块在气温高于 0℃ 条件下砌筑时，应浇水湿润；在气温低于、等于 0℃ 条件下砌筑时，可不浇水，但必须增大砂浆稠度；

2）普通混凝土小型空心砌块、混凝土多孔砖、混凝土实心砖及采用薄灰砌筑法的蒸压加气混凝土砌块施工时，不应对其浇（喷）水湿润；

3）抗震设防烈度为 9 度的建筑物，当烧结普通砖、烧结多孔砖、蒸压粉煤灰砖、烧结空心砖无法浇水湿润时，如无特殊措施不得砌筑。

（8）拌合砂浆时水的温度不得超过 80℃，砂的温度不得超过 40℃。

（9）采用砂浆掺外加剂法、暖棚法施工时，砂浆使用温度不应低于 5℃。

（10）采用暖棚法施工，块体在砌筑时的温度不应低于 5℃，距离所砌的结构底面 0.5m 处的棚内温度也不应低于 5℃。

（11）在暖棚内的砌体养护时间，应根据暖棚内温度，按表 1.4.1 确定。

暖棚法砌体的养护时间　　　　　　　　　　　　　　表 1.4.1

暖棚的温度(℃)	5	10	15	20
养护时间(d)	≥6	≥5	≥4	≥3

（12）采用外加剂法配制的砌筑砂浆，当设计无要求，且最低气温等于或低于 −15℃ 时，砂浆强度等级应较常温施工提高一级。

（13）配筋砌体不得采用掺氯盐的砂浆施工。

2 砌体工程检验批质量验收记录表式与实施

【砖砌体工程】
【砖砌体工程检验批质量验收记录】

砖砌体工程检验批质量验收记录表

表 203-1

单位(子单位)工程名称				分部(子分部)工程名称		
分项工程名称				验收部位		
施工单位				项目经理		
分包单位				分包项目经理		
施工执行标准名称及编号						

检控项目	序号	质量验收规范规定		施工单位检查评定记录	监理(建设)单位验收记录
主控项目	1	砖强度等级(设计要求 MU)	第5.2.1条		
	2	砂浆强度等级(设计要求 M)	第5.2.1条		
	3	砌筑及斜槎留置	第5.2.3条		
	4	转角、交接处	第5.2.3条		
	5	直槎拉结钢筋及接槎处理	第5.2.4条		
		项目	允许偏差(mm)	量测值(mm)	
	6	水平灰缝砂浆饱满度(第5.2.2条)	≥80%(墙)		
			≥90%(柱)		
一般项目		项目	允许偏差(mm)	量测值(mm)	
	1	轴线位移(第5.3.3条)	≤10mm		
	2	垂直度(每层)(第5.3.3条)	≤5mm		
	3	组砌方法	第5.3.1条		
	4	水平灰缝厚度	第5.3.2条		
	5	竖向灰缝宽度	第5.3.2条		
	6	基础、墙、柱顶面标高(第5.3.3条)	±15mm 以内		
	7	表面平整度(第5.3.3条)	≤5mm(清水)		
			≤8mm(混水)		
	8	门窗洞口高、宽(后塞口)(第5.3.3条)	±10mm 以内		
	9	窗口偏移(第5.3.3条)	≤20mm		
	10	水平灰缝平直度(第5.3.3条)	≤7mm(清水)		
			≤10mm(混水)		
	11	清水墙游丁走缝(第5.3.3条)	≤20mm		

施工单位检查评定结果	专业工长(施工员)		施工班组长	
	项目专业质量检查员：		年 月 日	

监理(建设)单位验收结论	专业监理工程师：	
	(建设单位项目技术负责人)：	年 月 日

【检查验收时执行的规范条目】

1. 主控项目

5.2.1 砖和砂浆的强度等级必须符合设计要求。

抽检数量:每一生产厂家的砖到现场后,按烧结砖 15 万块,多孔砖 5 万块,灰砂砖、粉煤灰砖 10 万块各为一验收批,抽检数量为 1 组。砂浆试块的抽检数量执行(GB 50203—2011)规范第 4.0.12 条的有关规定。

附:(GB 50203—2011)规范第 4.0.12 条:

4.0.12 砌筑砂浆试块强度验收时其强度合格标准应符合下列规定:

1)同一验收批砂浆试块抗压强度平均值应大于或等于设计强度等级值的 1.1 倍。

2)同一验收批砂浆试块抗压强度的最小一组平均值应大于或等于设计强度等级值的 85%。

注:1 砌筑砂浆的验收批,同一类型、强度等级的砂浆试块不应少于 3 组;同一验收批砂浆只有 1 组或 2 组试块时,每组试块抗压强度平均值应大于或等于设计强度等级值的 1.10 倍;对于建筑结构的安全等级为一级或设计使用年限为 50 年及以上的房屋,同一验收批砂浆试块的数量不得少于 3 组;

2 砂浆强度应以标准养护,28d 龄期的试块抗压强度为准;

3 制作砂浆试块的砂浆稠度应与配合比设计一致。

5.2.2 砌体水平灰缝的砂浆饱满度不得小于 80%。

抽检数量:每检验批抽查不应少于 5 处。

检验方法:用百格网检查砖底面与砂浆的粘结痕迹面积。每处检测 3 块砖,取其平均值(检验结果符合规范要求)。

5.2.3 砖砌体的转角处和交接处应同时砌筑,严禁无可靠措施的内外墙分砌施工。在抗震设防烈度为 8 度及 8 度以上地区,对不能同时砌筑而又必须留置的临时间断处应砌成斜槎,普通砖砌体斜槎水平投影长度不应小于高度的 2/3。多孔砖砌体的斜槎长高比不应小于 1/2。斜槎高度不得超过一步脚手架的高度。

抽检数量:每检验批抽查不应少于 5 处。

检验方法:观察检查。

5.2.4 非抗震设防及抗震设防烈度为 6 度、7 度地区的临时间断处,当不能留斜槎时,除转角处外,可留直槎,但直槎必须做成凸槎,且应加设拉结钢筋,拉结钢筋应符合下列规定:

1 每 120mm 墙厚放置 1φ6 拉结钢筋(120mm 厚墙应放置 2φ6 拉结钢筋);

2 间距沿墙高不应超过 500mm,且竖向间距偏差不应超过 100mm;

3 埋入长度从留槎处算起每边均不应小于 500mm,对抗震设防烈度 6 度、7 度的地区,不应小于 1000mm;

4 末端应有 90°弯钩(图 5.2.4)。

抽检数量:每检验批抽查不应少于 5 处。

检验方法:观察和尺量检查。

2. 一般项目

5.3.1 砖砌体组砌方法应正确,内外搭砌,上、下错缝。清水墙、窗间墙无通缝;混水墙中不得有长度大于 300mm 的通缝,长度 200~300mm 的通缝每间不超过 3 处,且不得位于同一面墙体上。砖柱不得采用包心砌法。

抽检数量:每检验批抽查不应少于 5 处。

检验方法:观察检查。砌体组砌方法抽检每处应为 3~5m。

5.3.2 砖砌体的灰缝应横平竖直,厚薄均匀,水平灰缝厚度及竖向灰缝宽度宜为 10mm,但不应小于 8mm,也不应大于 12mm。

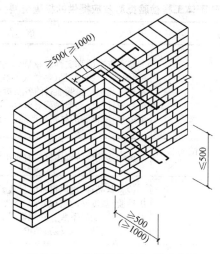

图 5.2.4 直槎外拉结钢筋示意图

抽检数量：每检验批抽查不应少于 5 处。

检验方法：水平灰缝厚度用尺量 10 皮砖砌体高度折算；竖向灰缝宽度用尺量 2m 砌体长度折算。

5.3.3 砖砌体尺寸、位置的允许偏差及检验应符合表 5.3.3 的规定。

砖砌体尺寸、位置的允许偏差及检验 表 5.3.3

项次	项 目			允许偏差（mm）	检验方法	抽检数量
1	轴线位移			10	用经纬仪和尺或用其他测量仪器检查	承重墙、柱全数检查
2	基础、墙、柱顶面标高			±15	用水准仪和尺检查	不应少于 5 处
3	墙面垂直度	每层		5	用 2m 托线板检查	不应少于 5 处
		全高	≤10m	10	用经纬仪、吊线和尺或用其他测量仪器检查	外墙全部阳角
			>10m	20		
4	表面平整度	清水墙、柱		5	用 2m 靠尺和楔形塞尺检查	不应少于 5 处
		混水墙、柱		8		
5	水平灰缝平直度	清水墙		7	拉 5m 线和尺检查	不应少于 5 处
		混水墙		10		
6	门窗洞口高、宽（后塞口）			±10	用尺检查	不应少于 5 处
7	外墙上下窗口偏移			20	以底层窗口为准，用经纬仪或吊线检查	不应少于 5 处
8	清水墙游丁走缝			20	以每层第一皮砖为准，用吊线和尺检查	不应少于 5 处

【检查方法与应提资料核查】

砌体的位置和垂直度质量验收的检查方法

项次	检 查 项 目 与 要 求	检 查 方 法
1	轴线位置偏移：符合规范要求	用经纬仪和尺检查或用其他测量仪器检查
2	垂直度 每层：符合规范要求	用 2m 托线板检查
	全高：符合规范要求	用经纬仪、吊线和尺检查，或用其他测量仪器检查

砖砌体工程检验批验收应提供的核查资料　　　　　　　　　表 203-1a

序号	核查资料名称	核　查　要　点
1	材料、产品合格证或质量证明书	核查资料的真实性。核查需方及供方单位名称,材料或产品名称、规格、等级、数量(质量或件数)、批号或生产日期、出厂日期、材料或产品出厂检验项目的各项检验结果和供方质检部门印记(必须符合设计和标准与规范要求),材料或产品应用标准编号、生产许可证编号,应标明的材料或产品注意事项、材料或产品安全警语
2	砖、水泥、钢筋、砂、外加剂等的试验报告(见证取样)	设计为其他砖砌体材料时应按设计要求的材料品种核查
1)	烧结普通砖试验报告	检查其品种、提供报告的代表数量、报告日期、砖(砌块)性能:抗压检验[强度平均值(MPa)、强度标准值/最小值(MPa)、强度标准差(MPa)、变异系数]、外观质量、尺寸偏差、泛霜、石灰爆裂、冻融、吸水率、饱和系数、检验结论
2)	粉煤灰砖试验报告	检查其品种、提供报告的代表数量、报告日期、砖(砌块)性能:尺寸偏差和外观质量、色差、强度等级、抗冻性、干燥收缩值抗
3)	水泥试验报告	检查其品种、提供报告的代表数量、报告日期、水泥性能:抗折强度、抗压强度、初凝、终凝、安定性、依据标准、检验结论
4)	钢筋试验报告	检查其品种、提供报告的代表数量、报告日期、钢筋性能:屈服点、抗拉强度、伸长率、弯曲条件、弯曲结果、检验结论
5)	砂试验报告	检查其品种、提供报告的代表数量、报告日期、砂子性能:表观密度(kg/m³)、氯离子含量(%)、堆积密度(kg/m³)、含水率(%)、紧密密度(kg/m³)、吸水率(%)、含泥量(%)、云母含量(%)、泥块含量(%)、轻物质含量(%)、有机物含量、硫酸盐、硫化物含量(%)、压碎值指标(%)、坚固性质量损失率(%)、人工砂的石粉含量(%)、人工砂的 MB 值、碱活性、贝壳含量(%)、颗粒级配、细度模数、检验结论
6)	外加剂试验报告	检查其品种、提供报告的代表数量、报告日期、外加剂性能:含固量;含水率;密度;细度;pH 值;氯离子含量;硫酸钠含量;总碱量、检验结论
3	砖、水泥、钢筋、砂、外加剂等出厂检验报告	检查内容同上。分别由厂家提供。提供出厂检验报告的内容应符合相应标准检验规则中"出厂检验项目"规定(与试验报告大体相同)
4	砂浆试配及通知单(见证取样)	核查提供单位资质、提供时间、强度等级、强度值、类别的齐全程度及通知单的正确性等
5	砂浆试件试验报告(见证取样)	核查提供单位资质、提供时间、强度等级、强度值、类别的齐全程度,应满足规范和设计要求
6	施工记录(校核放线尺寸、砌筑工艺、组砌方法、临时施工洞口留置与补砌、脚手眼设置位置、灰缝检查、搁置预制梁板顶面坐浆、施工质量控制等级、楼面堆载等)	施工记录内容的完整性(资料名称项下括号内的内容)与实施情况
7	隐蔽工程验收记录(施工记录括号内相关内容)	隐验记录核查资料名称项下括号内的内容
8	预检记录(基础砌体的轴线、断面尺寸、标高;墙身轴线、门窗洞口位置线、皮数杆等)	预检记录核查资料名称项下括号内的内容
9	有关验收文件	按提供验收文件内容,核查其正确性

注:1. 合理缺项除外;2. 表列凡有性能要求的均应符合设计和规范要求。

附：规范规定的施工"过程控制"要点

5 砖砌体工程

5.1 一般规定

5.1.1 本章适用于烧结普通砖、烧结多孔砖、混凝土多孔砖、混凝土实心砖、蒸压灰砂砖、蒸压粉煤灰砖等砌体工程。

5.1.2 用于清水墙、柱表面的砖，应边角整齐，色泽均匀。

5.1.3 砌体砌筑时，混凝土多孔砖、混凝土实心砖、蒸压灰砂砖、蒸压粉煤灰砖等块体的产品龄期不应小于28d。

5.1.4 有冻胀环境和条件的地区，地面以下或防潮层以下的砌体，不应采用多孔砖。

5.1.5 不同品种的砖不得在同一楼层混砌。

5.1.6 砌筑烧结普通砖、烧结多孔砖、蒸压灰砂砖、蒸压粉煤灰砖砌体时，砖应提前1～2d适度湿润，严禁采用干砖或处于吸水饱和状态的砖砌筑，块体湿润程度宜符合下列规定：

　　1 烧结类块体的相对含水率60%～70%；

　　2 混凝土多孔砖及混凝土实心砖不需浇水湿润，但在气候干燥炎热的情况下，宜在砌筑前对其喷水湿润。其他非烧结类块体的相对含水率40%～50%。

5.1.7 采用铺浆法砌筑砌体，铺浆长度不得超过750mm；当施工期间气温超过30℃时，铺浆长度不得超过500mm。

5.1.8 240mm厚承重墙的每层墙的最上一皮砖，砖砌体的阶台水平面上及挑出层的外皮砖，应整砖丁砌。

5.1.9 弧拱式及平拱式过梁的灰缝应砌成楔形缝，拱底灰缝宽度不宜小于5mm，拱顶灰缝宽度不应大于15mm，拱体的纵向及横向灰缝应填实砂浆；平拱式过梁拱脚下面应伸入墙内不小于20mm；砖砌平拱过梁底应有1%的起拱。

5.1.10 砖过梁底部的模板及其支架拆除时，灰缝砂浆强度不应低于设计强度的75%。

5.1.11 多孔砖的孔洞应垂直于受压面砌筑。半盲孔多孔砖的封底面应朝上砌筑。

5.1.12 竖向灰缝不应出现瞎缝、透明缝和假缝。

5.1.13 砖砌体施工临时间断处补砌时，必须将接槎处表面清理干净，洒水湿润，并填实砂浆，保持灰缝平直。

5.1.14 夹心复合墙的砌筑应符合下列规定：

　　1 墙体砌筑时，应采取措施防止空腔内掉落砂浆和杂物；

　　2 拉结件设置应符合设计要求。拉结件在叶墙上的搁置长度不应小于叶墙厚度的2/3，并不应小于60mm；

　　3 保温材料品种及性能应符合设计要求。保温材料的浇注压力不应对砌体强度、变形及外观质量产生不良影响。

【混凝土小型空心砌块砌体工程】

【混凝土小型空心砌块砌体工程检验批质量验收记录】

混凝土小型空心砌块砌体工程检验批质量验收记录表　　　表 203-2

单位(子单位)工程名称			分部(子分部)工程名称	
分项工程名称			验 收 部 位	
施工单位			项 目 经 理	
分包单位			分包项目经理	
施工执行标准名称及编号				

检控项目	序号	质量验收规范规定		施工单位检查评定记录	监理(建设)单位验收记录
主控项目	1	小砌块强度等级(设计要求 MU)	第 6.2.1 条		
	2	砂浆强度等级(设计要求 M)	第 6.2.1 条		
	3	混凝土强度等级(设计要求 C)	第 6.2.1 条		
	4	转角、交接处	第 6.2.3 条		
	5	斜槎留置	第 6.2.3 条		
	6	施工洞口砌法	第 6.2.3 条		
	7	芯柱贯通楼盖	第 6.2.4 条		
	8	芯柱混凝土灌实	第 6.2.4 条		
		项　目	允许偏差(mm)	量测值(mm)	
	9	水平灰缝饱满度(第 6.2.2 条)	≥90%		
	10	竖向灰缝饱满度(第 6.2.2 条)	≥90%		
一般项目		项　目	允许偏差(mm)	量测值(mm)	
	1	轴线位移(第 6.3.2 条)	≤10mm		
	2	垂直度(每层)(第 6.3.2 条)	≤5mm		
	3	水平灰缝厚度(第 6.3.1 条)	8～12mm		
	4	竖向灰缝宽度(第 6.3.1 条)	8～12mm		
	5	顶面标高(第 6.3.2 条)	±15mm 以内		
	6	表面平整度(第 6.3.2 条)	≤5mm(清水)		
			≤8mm(混水)		
	7	门窗洞口(第 6.3.2 条)	±10mm 以内		
	8	窗口偏移(第 6.3.2 条)	≤20mm		
	9	水平灰缝平直度(第 6.3.2 条)	≤7mm(清水)		
			≤10mm(混水)		

施工单位检查评定结果	专业工长(施工员)		施工班组长	
	项目专业质量检查员：		年　月　日	
监理(建设)单位验收结论	专业监理工程师： (建设单位项目专业技术负责人)：		年　月　日	

注：本表由施工项目专业质量检查员填写，监理工程师(建设单位项目技术负责人)组织项目专业质量(技术)负责人等进行验收。

【检查验收时执行的规范条目】

1. 主控项目

6.2.1 小砌块和芯柱混凝土、砌筑砂浆的强度等级必须符合设计要求。

抽检数量：每一生产厂家，每1万块小砌块为一验收批，不足1万块按一批计，抽检数量为1组；用于多层以上建筑的基础和底层的小砌块抽检数量不应少于2组。砂浆试块的抽检数量应执行（GB 50203—2011）规范第4.0.12条的有关规定。

检验方法：检查小砌块和芯柱混凝土、砌筑砂浆试块试验报告。

附：（GB 50203—2011）规范第4.0.12条：

4.0.12 砌筑砂浆试块强度验收时其强度合格标准应符合下列规定：

1）同一验收批砂浆试块抗压强度平均值应大于或等于设计强度等级值的1.1倍。

2）同一验收批砂浆试块抗压强度的最小一组平均值应大于或等于设计强度等级值的85%。

注：1 砌筑砂浆的验收批，同一类型、强度等级的砂浆试块不应少于3组；同一验收批砂浆只有1组或2组试块时，每组试块抗压强度平均值应大于或等于设计强度等级值的1.10倍；对于建筑结构的安全等级为一级或设计使用 ██

2 砂浆强度应以标准养护，28d龄期的试块抗压强度为准；

3 制作砂浆试块的砂浆稠度应与配合比设计一致。

6.2.2 砌体水平灰缝和竖向灰缝的砂浆饱满度，按净面积计算不得低于90%。

抽检数量：每检验批抽查不应少于5处。

检验方法：用专用百格网检测小砌块与砂浆粘结痕迹，每处检测3块小砌块，取其平均值。

6.2.3 墙体转角处和纵横交接处应同时砌筑。临时间断处应砌成斜槎，斜槎水平投影长度不应小于斜槎高度。施工洞口可预留直槎，但在洞口砌筑和补砌时，应在直槎上下搭砌的小砌块孔洞内用强度等级不低于C20（或Cb20）的混凝土灌实。

抽检数量：每检验批抽查不应少于5处。

检验方法：观察检查。

6.2.4 小砌块砌体的芯柱在楼盖处应贯通，不得削弱芯柱截面尺寸；芯柱混凝土不得漏灌。

抽检数量：每检验批抽查不应少于5处。

检验方法：观察检查。

2. 一般项目

6.3.1 砌体的水平灰缝厚度和竖向灰缝宽度宜为10mm，但不应小于8mm，也不应大于12mm。

抽检数量：每检验批抽查不应少于5处。

检验方法：水平灰缝厚度用尺量5皮小砌块的高度折算；竖向灰缝宽度用尺量2m砌体长度折算。

6.3.2 小砌块砌体尺寸、位置的允许偏差应按（GB 50203—2011）规范第5.3.3条的规定执行。

【检验批验收应提供的核查资料】

混凝土小型空心砌块检验批验收应提供的核查资料   表 203-2a

序号	核查资料名称	核 查 要 点
1	材料、产品合格证或质量证明书	核查资料的真实性。核查需方及供方单位名称,材料或产品名称、规格、等级、数量(质量或件数)、批号或生产日期、出厂日期、材料或产品出厂检验项目的各项检验结果和供方质检部门印记(必须符合设计和标准与规范要求),材料或产品应用标准编号、生产许可证编号,应标明的材料或产品注意事项、材料或产品安全警语
2	混凝土小型空心砌块、水泥、钢筋、砂、外加剂等试验报告	
1)	混凝土小型空心砌块试验报告	检查其品种、提供报告的代表数量、报告日期、砌块性能:规格、外观质量、强度等级、相对含水率、抗渗性、抗冻性
2)	轻骨料混凝土小型空心砌块试验报告	检查其品种、提供报告的代表数量、报告日期、砌块性能:规格、外观质量、密度等级、强度等级、吸水率、相对含水率和干缩率、碳化系数和软化系数、抗冻性和放射性
3)	水泥试验报告(通用水泥)	检查其品种、提供报告的代表数量、报告日期、水泥性能:抗折强度、抗压强度、初凝、终凝、安定性、依据标准、检验结论
4)	钢筋试验报告	检查其品种、提供报告的代表数量、报告日期、钢筋性能:屈服点、抗拉强度、伸长率、弯曲条件、弯曲结果、检验结论
5)	砂试验报告	检查其品种、提供报告的代表数量、报告日期、砂子性能:表观密度(kg/m³);氯离子含量(%);堆积密度(kg/m³);含水率(%);紧密密度(kg/m³);吸水率(%);含泥量(%);云母含量(%);泥块含量(%);轻物质含量(%);有机物含量;硫酸盐、硫化物含量(%);压碎值指标(%);坚固性质量损失率(%);人工砂的石粉含量(%)、人工砂的MB值;碱活性;贝壳含量(%);颗粒级配;细度模数、检验结论
6)	外加剂试验报告	检查其品种、提供报告的代表数量、报告日期、外加剂性能:含固量;含水率;密度;细度;pH值;氯离子含量;硫酸钠含量;总碱量、检验结论
3	小型空心砌块、水泥、钢筋、砂、外加剂等出厂检验报告	检查内容同上。分别由厂家提供。提供的出厂检验报告的内容应符合相应标准"出厂检验项目"规定(与试验报告大体相同)
4	砂浆试配及通知单(见证取样)	核查提供单位资质、提供时间、强度等级、强度值、类别的齐全程度及通知单的正确性等
5	砂浆试件试验报告(见证取样)	核查提供单位资质、提供时间、强度等级类别齐全程度及是否满足设计要求
6	施工记录[校核放线尺寸、砌筑工艺、组砌方法、临时施工洞口留置与补砌、脚手眼设置位置、灰缝检查、搁置预制梁板顶面坐浆(1:2.5)、施工质量控制等级、楼面堆载、水平灰缝及竖向灰缝宽度检查等]	施工记录内容的完整性(资料名称项下括号内的内容)与实施情况
7	隐蔽工程验收记录	隐验记录核查资料名称项下括号内的内容
8	预检记录(墙身轴线、门窗洞口位置线、皮数杆等)	预检记录核查资料名称项下括号内的内容

注:1. 合理缺项除外;2. 表列凡有性能要求的均应符合设计和规范要求;3. 本表所列核查要点中内容为通用要求,如设计有新型材料或特殊要求时应按设计要求办理。

附：规范规定的施工"过程控制"要点

6 混凝土小型空心砌块砌体工程

6.1 一般规定

6.1.1 本章适用于普通混凝土小型空心砌块和轻骨料混凝土小型空心砌块（以下简称小砌块）等砌体工程。

6.1.2 施工前，应按房屋设计图编绘小砌块平、立面排块图，施工中应按排块图施工。

6.1.3 施工采用的小砌块的产品龄期不应小于28d。

6.1.4 砌筑小砌块对，应清除表面污物，剔除外观质量不合格的小砌块。

6.1.5 砌筑小砌块砌体，宜选用专用小砌块砌筑砂浆。

6.1.6 底层室内地面以下或防潮层以下的砌体，应采用强度等级不低于C20（或Cb20）的混凝土灌实小砌块的孔洞。

6.1.7 砌筑普通混凝土小型空心砌块砌体，不需对小砌块浇水湿润；如气候干燥炎热，宜在砌筑前对其喷水湿润；对轻骨料混凝土小砌块，应提前浇水湿润，块体的相对含水率宜为40%～50%。雨天及小砌块表面有浮水时，不得施工。

6.1.8 承重墙体使用的小砌块应完整、无破损、无裂缝。

6.1.9 小砌块墙体应孔对孔、肋对肋错缝搭砌。单排孔小砌块的搭接长度应为块体长度的1/2；多排孔小砌块的搭接长度可适当调整，但不宜小于小砌块长度的1/3，且不应小于90mm。墙体的个别部位不能满足上述要求时，应在灰缝中设置拉结钢筋或钢筋网片。但竖向通缝仍不得超过两皮小砌块。

6.1.10 小砌块应将生产时的底面朝上反砌于墙上。

6.1.11 小砌块墙体宜逐块坐（铺）浆砌筑。

6.1.12 在散热器、厨房和卫生间等设备的卡具安装处砌筑的小砌块，宜在施工前用强度等级不低于C20（或Cb20）的混凝土将其孔洞灌实。

6.1.13 每步架墙（柱）砌筑完后，应随即刮平墙体灰缝。

6.1.14 芯柱处小砌块墙体砌筑应符合下列规定：

    1 每一楼层芯柱处第一皮砌块应采用开口小砌块；

    2 砌筑时应随砌随清除小砌块孔内的毛边，并将灰缝中挤出的砂浆刮净。

6.1.15 芯柱混凝土宜选用专用小砌块灌孔混凝土。浇筑芯柱混凝土应符合下列规定：

    1 每次连续浇筑的高度宜为半个楼层，但不应大于1.8m；

    2 浇筑芯柱混凝土时，砌筑砂浆强度应大于1MPa；

    3 清除孔内掉落的砂浆等杂物，并用水冲淋孔壁；

    4 浇筑芯柱混凝土前，应先注入适量与芯柱混凝土成分相同的去石砂浆；

    5 每浇筑400～500mm高度捣实一次，或边浇筑边捣实。

6.1.16 小砌块复合夹心墙的砌筑应符合本规范第5.1.14条的规定。

【石砌体工程】
【石砌体工程检验批质量验收记录】

石砌体工程检验批质量验收记录表　　　　　　　　　　表 203-3

单位(子单位)工程名称								分部(子分部)工程名称		
分项工程名称								验 收 部 位		
施工单位								项 目 经 理		
分包单位								分包项目经理		
施工执行标准名称及编号										

检控项目	序号	质量验收规范规定							施工单位检查评定记录	监理(建设)单位验收记录
主控项目	1	石材强度等级(必须符合设计要求 MU)			第7.2.1条					
	2	砂浆强度等级(必须符合设计要求 M)			第7.2.1条					
		项目			允许偏差(mm)				量测值(mm)	
	3	砂浆饱满度(≥80%)			第7.2.1条					

检控项目	序号	项目		允许偏差(mm)					量测值(mm)	监理(建设)单位验收记录
				毛石砌体	料石砌体					
					毛料石		粗料石		细料石	
				基础	墙	基础	墙	基础	墙	墙柱
一般项目	1	轴线位置(第7.3.1条)		20	15	20	15	15	10	10
	2	基础和墙砌体顶面标高(第7.3.1条)		±25	±15	±25	±15	±15	±15	±10
	3	砌体厚度(第7.3.1条)		+30	+20 −10	+30	+20 −10	+15	+10 −5	+10 −5
	4	墙面垂直度(第7.3.1条)	每层		20		20		10	7
			全高		30	—	30	—	25	20
	5	表面平整度(第7.3.1条)	清水墙、柱	—	—		20		10	5
			混水墙、柱	—	—		20		15	—
	6	水平灰缝平直度(第7.3.1条)					20		10	5
	7	组砌形式		7.3.2条						

施工单位检查评定结果	专业工长(施工员)		施工班组长	
	项目专业质量检查员：　　　　　　　　　年　月　日			
监理(建设)单位验收结论	专业监理工程师： (建设单位项目专业技术负责人)：　　　　　年　月　日			

注：本表由施工项目专业质量检查员填写，监理工程师（建设单位项目技术负责人）组织项目专业质量（技术）负责人等进行验收。

【检查验收时执行的规范条目】

1. 主控项目

7.2.1　石材及砂浆强度等级必须符合设计要求。

抽检数量：同一产地的同类石材抽检不应少于 1 组。砂浆试块的抽检数量执行（GB 50203—2011）规范第 4.0.12 条的有关规定。

检验方法：料石检查产品质量证明书，石材、砂浆检查试块试验报告。

附：（GB 50203—2011）规范第 4.0.12 条：

4.0.12　砌筑砂浆试块强度验收时其强度合格标准应符合下列规定：

1）同一验收批砂浆试块抗压强度平均值应大于或等于设计强度等级值的 1.1 倍。

2）同一验收批砂浆试块抗压强度的最小一组平均值应大于或等于设计强度等级值的 85%。

注：1　砌筑砂浆的验收批，同一类型、强度等级的砂浆试块不应少于 3 组；同一验收批砂浆只有 1 组或 2 组试块时，每组试块抗压强度平均值应大于或等于设计强度等级值的 1.10 倍；对于建筑结构的安全等级为一级或设计使用年限为 50 年及以上的房屋，同一验收批砂浆试块的数量不得少于 3 组；

2　砂浆强度应以标准养护，28d 龄期的试块抗压强度为准；

3　制作砂浆试块的砂浆稠度应与配合比设计一致。

抽检数量：每一检验批且不超过 250m³ 砌体的各类、各强度等级的普通砌筑砂浆，每台搅拌机应至少抽检一次。验收批的预拌砂浆、蒸压加气混凝土砌块专用砂浆，抽检可为 3 组。

检验方法：在砂浆搅拌机出料口或在湿拌砂浆的储存容器出料口随机取样制作砂浆试块（现场拌制的砂浆，同盘砂浆只应作 1 组试块），试块标养 28d 后作强度试验。预拌砂浆中的湿拌砂浆稠度应在进场时取样检验。

7.2.2　砌体灰缝的砂浆饱满度不应小于 80%。

抽检数量：每检验批抽查不应少于 5 处。

检验方法：观察检查。

2. 一般项目

7.3.1　石砌体尺寸、位置的允许偏差及检验方法应符合表 7.3.1 的规定。

石砌体尺寸、位置的允许偏差及检验方法　　　　　　　表 7.3.1

项次	项目		允许偏差(mm)							检验方法
			毛石砌体		料石砌体					
			基础	墙	毛料石		粗料石		细料石	
					基础	墙	基础	墙	墙、柱	
1	轴线位置		20	15	20	15	15	10	10	用经纬仪和尺检查,或用其他测量仪器检查
2	基础和墙砌体顶面标高		±25	±15	±25	±15	±15	±15	±10	用水准仪和尺检查
3	砌体厚度		+30	+20 −10	+30	+20 −10	+15	+10 −5	+15 −5	用尺检查
4	墙面垂直度	每层	—	20	—	20	—	10	7	用经纬仪、吊线和尺检查或用其他测量仪器检查
		全高	—	30	—	30	—	25	10	
5	表面平整度	清水墙、柱	—	—	—	20	—	10	5	细料石用 2m 靠尺和楔形塞尺检查,其他用两直尺垂直于灰缝拉 2m 线和尺检查
		混水墙、柱	—	—	—	20	—	15	—	
6	清水墙水平灰缝平直度		—	—	—	—	—	10	5	拉 10m 线和尺检查

抽检数量：每检验批抽查不应少于5处。

7.3.2　石砌体的组砌形式应符合下列规定：

　　1　内外搭砌，上下错缝，拉结石、丁砌石交错设置；

　　2　毛石墙拉结石每0.7m² 墙面不应少于1块。

检查数量：每检验批抽查不应少于5处。

检验方法：观察检查。

【检查方法与应提资料核查】

石砌体的轴线位置及垂直度的检查方法

项次	检查项目与要求		检查方法
1	轴线位置:符合规范要求		用经纬仪和尺检查,或用其他测量仪器检查
2	墙面垂直度	每层:符合规范要求	用经纬仪、吊线和尺检查或用其他测量仪器检查
		全高:符合规范要求	用经纬仪、吊线和尺检查或用其他测量仪器检查

石砌体检验批验收应提供的核查资料　　　　　　表 203-3a

序号	核查资料名称	核查要点
1	材料、产品合格证或质量证明书	核查资料的真实性。核查需方及供方单位名称,材料或产品名称、规格、等级、数量(质量或件数)、批号或生产日期、出厂日期、材料或产品出厂检验项目的各项检验结果和供方检部门印记(必须符合设计和标准与规范要求),材料或产品应用标准编号、生产许可证编号,应标明的材料或产品注意事项、材料或产品安全警语
2	石、水泥、钢筋、砂、外加剂等的试验报告(见证取样)	
1)	石试验报告	检查其品种、提供报告的代表数量、报告日期、石性能:抗压检验[强度平均值(MPa)、强度标准值/最小值(MPa)、强度标准差(MPa)、变异系数]、外观质量、尺寸偏差、检验结论
2)	水泥试验报告(通用水泥)	检查其品种、提供报告的代表数量、报告日期、水泥性能:抗折强度、抗压强度、细度、凝结时间、安定性、标准稠度、检验结论
3)	钢筋试验报告	检查其品种、提供报告的代表数量、报告日期、钢筋性能:屈服点、抗拉强度、伸长率、弯曲条件、弯曲结果、检验结论
4)	砂试验报告	检查其品种、提供报告的代表数量、报告日期、砂子性能:表观密度(kg/m^3)、氯离子含量(%);堆积密度(kg/m^3);含水率(%);紧密密度(kg/m^3);吸水率(%);含泥量(%);云母含量(%);泥块含量(%);轻物质含量(%);有机物含量(%);硫酸盐、硫化物含量(%);压碎值指标(%);坚固性质量损失率(%);人工砂的石粉含量(%)、人工砂的 MB 值;碱活性;贝壳含量(%);颗粒级配;细度模数、检验结论
5)	外加剂试验报告	检查其品种、提供报告的代表数量、报告日期、外加剂性能:含固量;含水率;密度;细度;pH 值;氯离子含量;硫酸钠含量;总碱量、检验结论
3	石、水泥、钢筋、砂、外加剂等出厂检验报告	检查内容同上。分别由厂家提供。提供的出厂检验报告的内容应符合相应标准"出厂检验项目"规定(与试验报告大体相同)
4	砂浆试配及通知单(见证取样)	核查提供单位资质、提供时间、强度等级、强度值、类别的齐全程度及通单的正确性等
5	砂浆试件试验报告(见证取样)	核查提供单位资质、提供时间、强度等级、强度值、类别齐全程度及是否满足设计要求
6	施工记录(校核放线尺寸、砌筑工艺、组砌方法、临时施工洞口留置与补砌、脚手眼设置位置、灰缝检查、搁置预制梁板顶面坐浆、施工质量控制等级、楼面堆载、水平灰缝及竖向灰缝宽度检查等)	施工记录内容的完整性(资料名称项下括号内的内容)与实施情况
7	隐蔽工程验收记录	隐验记录核查资料名称项下括号内的内容
8	预检记录(基础砌体的轴线、断面尺寸、标高、墙身轴线、门窗洞口位置线、皮数杆等)	预检记录核查资料名称项下括号内的内容
9	材料试验报告(见证取样)	品种、提供报告的代表数量、日期、性能,与合格证或质量证书对应

注:1. 合理缺项除外;2. 表列凡有性能要求的均应符合设计和规范要求。

附：规范规定的施工"过程控制"要点

7　石砌体工程

7.1　一般规定

7.1.1　本章适用于毛石、毛料石、粗料石、细料石等砌体工程。

7.1.2　石砌体采用的石材应质地坚实，无裂纹和无明显风化剥落；用于清水墙、柱表面的石材，尚应色泽均匀；石材的放射性应经检验。其安全性应符合现行国家标准《建筑材料放射性核素限量》GB 6566 的有关规定。

7.1.3　石材表面的泥垢、水锈等杂质，砌筑前应清除干净。

7.1.4　砌筑毛石基础的第一皮石块应坐浆，并将大面向下；砌筑料石基础的第一皮石块应用丁砌层坐浆砌筑。

7.1.5　毛石砌体的第一皮及转角处、交接处和洞口处，应用较大的平毛石砌筑。每个楼层（包括基础）砌体的最上一皮，宜选用较大的毛石砌筑。

7.1.6　毛石砌筑时，对石块间存在较大的缝隙，应先向缝内填灌砂浆并捣实，然后再用小石块嵌填，不得先填小石块后填灌砂浆，石块间不得出现无砂浆相互接触现象。

7.1.7　砌筑毛石挡土墙应按分层高度砌筑，并应符合下列规定：

　　1　每砌 3～4 皮为一个分层高度，每个分层高度应将顶层石块砌平；

　　2　两个分层高度间分层处的错缝不得小于 80mm。

7.1.8　料石挡土墙，当中间部分用毛石砌筑时，丁砌料石伸入毛石部分的长度不应小于 200mm。

7.1.9　毛石、毛料石、粗料石、细料石砌体灰缝厚度应均匀，灰缝厚度应符合下列规定：

　　1　毛石砌体外露面的灰缝厚度不宜大于 40mm；

　　2　毛料石和粗料石的灰缝厚度不宜大于 20mm；

　　3　细料石的灰缝厚度不宜大于 5mm。

7.1.10　挡土墙的泄水孔当设计无规定时，施工应符合下列规定：

　　1　泄水孔应均匀设置，在每米高度上间隔 2m 左右设置一个泄水孔；

　　2　泄水孔与土体间铺设长宽各为 300mm、厚 200mm 的卵石或碎石作疏水层。

7.1.11　挡土墙内侧回填土必须分层夯填，分层松土厚度宜为 300mm。墙顶土面应有适当坡度，使流水流向挡土墙外侧面。

7.1.12　在毛石和实心砖的组合墙中，毛石砌体与砖砌体应同时砌筑，并每隔 4～6 皮砖用 2～3 皮丁砖与毛石砌体拉结砌合；两种砌体间的空隙应填实砂浆。

7.1.13　毛石墙和砖墙相接的转角处和交接处应同时砌筑。转角处、交接处应是纵墙（或横墙）每隔 4～6 皮砖高度引出不小于 120mm 与横墙（或纵墙）相接。

【配筋砌体工程】

【配筋砌体工程检验批质量验收记录】

配筋砌体工程检验批质量验收记录表

表 203-4

单位(子单位)工程名称					分部(子分部)工程名称		
分项工程名称					验 收 部 位		
施工单位					项 目 经 理		
分包单位					分包项目经理		
施工执行标准名称及编号							

检控项目	序号	质量验收规范规定		施工单位检查评定记录	监理(建设)单位验收记录
主控项目	1	钢筋品种、规格、数量和设置部位	第8.2.1条		
	2	混凝土强度等级(设计要	第8.2.2条		
	3	砂浆强度等级(M)	第8.2.2条		
		项　目	允许偏差(mm)	量测值(mm)	
	4	马牙槎尺寸	第8.2.3条		
	5	马牙槎拉结筋	第8.2.3条		
	6	钢筋连接	第8.2.4条		
	1)	钢筋锚固长度	第8.2.4条		
	2)	钢筋搭接长度	第8.2.4条		
一般项目		项　目	允许偏差(mm)	量测值(mm)	
	1	构造柱中心线位置(第8.3.1条)	≤10mm		
	2	构造柱层间错位(第8.3.1条)	≤8mm		
	3	构造柱垂直度(每层)(第8.3.1条)	≤10mm		
	4	灰缝钢筋防腐	第8.3.2条		
	5	网状配筋规格	第8.3.3条		
	6	网状配筋位置	第8.3.3条		
	7	钢筋保护层厚度	第8.3.4条		
	8	凹槽中水平钢筋间距	第8.3.4条		

施工单位检查评定结果	专业工长(施工员)		施工班组长	
	项目专业质量检查员：		年　月　日	
监理(建设)单位验收结论	专业监理工程师：(建设单位项目专业技术负责人)：		年　月　日	

注：本表由施工项目专业质量检查员填写，监理工程师（建设单位项目技术负责人）组织项目专业质量（技术）
　　负责人等进行验收。

【检查验收时执行的规范条目】

1. 主控项目

8.2.1 钢筋的品种、规格、数量和设置部位应符合设计要求。

检验方法：检查钢筋的合格证书、钢筋性能复试试验报告、隐蔽工程记录。

8.2.2 构造柱、芯柱、组合砌体构件、配筋砌体剪力墙构件的混凝土及砂浆的强度等级应符合设计要求。

抽检数量：每检验批砌体，试块不应少于 1 组，验收批砌体试块不得少于 3 组。

检验方法：检查混凝土和砂浆试块试验报告。

8.2.3 构造柱与墙体的连接应符合下列规定：

1 墙体应砌成马牙槎，马牙槎凹凸尺寸不宜小于 60mm，高度不应超过 300mm，马牙槎应先退后进，对称砌筑；马牙槎尺寸偏差每一构造柱不应超过 2 处；

2 预留拉结钢筋的规格、尺寸、数量及位置应正确，拉结钢筋应沿墙高每隔 500mm 设 2φ6，伸入墙内不宜小于 600mm，钢筋的竖向移位不应超过 100mm，且竖向移位每一构造柱不得超过 2 处；

3 施工中不得任意弯折拉结钢筋。

抽检数量：每检验批抽查不应少于 5 处。

检验方法：观察检查和尺量检查。

8.2.4 配筋砌体中受力钢筋的连接方式及锚固长度、搭接长度应符合设计要求。

检查数量：每检验批抽查不应少于 5 处。

检验方法：观察检查。

2. 一般项目

8.3.1 构造柱一般尺寸允许偏差及检验方法应符合表 8.3.1 的规定。

构造柱一般尺寸允许偏差及检验方法　　　　　　　表 8.3.1

项次	项　　目		允许偏差 （mm）	检　验　方　法
1	中心线位置		10	用经纬仪和尺检查或用其他测量仪器检查
2	层间错位		8	用经纬仪和尺检查或用其他测量仪器检查
3	垂直度	每层	10	用 2m 托线板检查
		全高 ≤10m	15	用经纬仪、吊线和尺检查或用其他测量仪器检查
		全高 >10m	20	

抽检数量：每检验批抽查不应少于 5 处。

8.3.2 设置在砌体灰缝中钢筋的防腐保护应符合本规范第 3.0.16 条的规定，且钢筋防护层完好，不应有肉眼可见裂纹、剥落和擦痕等缺陷。

抽检数量：每检验批抽查不应少于 5 处。

检验方法：观察检查。

8.3.3 网状配筋砖砌体中，钢筋网规格及放置间距应符合设计规定。每一构件钢筋网沿砌体高度位置超过设计规定一皮砖厚不得多于一处。

抽检数量：每检验批抽查不应少于 5 处。

检验方法：通过钢筋网成品检查钢筋规格，钢筋网放置间距采用局部剔缝观察，或用探针刺入灰缝内检查，或用钢筋位置测定仪测定。

8.3.4 钢筋安装位置的允许偏差及检验方法应符合表 8.3.4 的规定。

钢筋安装位置的允许偏差和检验方法 表 8.3.4

项 目		允许偏差(mm)	检 验 方 法
受力钢筋保护层厚度	网状配筋砌体	±10	检查钢筋网成品,钢筋网放置位置局部剔缝观察,或用探针刺入灰缝内检查,或用钢筋位置测定仪测定
	组合砖砌体	±5	支模前观察与尺量检查
	配筋小砌块砌体	±10	浇筑灌孔混凝土前观察与尺量检查
配筋小砌块砌体墙凹槽中水平钢筋间距		±10	钢尺量连续三档,取最大值

抽检数量:每检验批抽查不应少于 5 处。

【检查方法与应提资料核查】

配筋砌体检验批验收允许偏差值的检查方法 表 8.2.4

项次	检查项目与要求		检 查 方 法
1	柱中心线位置		用经纬仪和尺检查或用其他测量仪器检查
2	柱层间错位		用经纬仪和尺检查或用其他测量仪器检查
3	柱垂直度	每层	用 2m 托线板检查
4		全高	用经纬仪、吊线和尺检查,或用其他测量仪器检查

配筋砌体检验批验收应提供的核查资料　　　　表 203-4a

序号	核查资料名称	核查要点
1	材料、产品合格证或质量证明书	核查资料的真实性。核查需方及供方单位名称,材料或产品名称、规格、等级、数量(质量或件数)、批号或生产日期、出厂日期、材料或产品出厂检验项目的各项检验结果和供方质检部门印记(必须符合设计和标准与规范要求),材料或产品应用标准编号,生产许可证编号,应标明的材料或产品注意事项、材料或产品安全警语
2	砖、水泥、钢筋、砂、外加剂等的试验报告(见证取样)	
1)	砖试验报告(烧结普通砖)	检查其品种、提供报告的代表数量、报告日期、砖(砌块)性能:抗压检验[强度平均值(MPa)、强度标准值/最小值(MPa)、强度标准差(MPa)、变异系数]、外观质量、尺寸偏差、泛霜、石灰爆裂、冻融、吸水率、饱和系数、检验结论
2)	水泥试验报告(通用水泥)	检查其品种、提供报告的代表数量、报告日期、水泥性能:抗折强度、抗压强度、初凝、终凝、安定性、依据标准、检验结论
3)	钢筋试验报告	检查其品种、提供报告的代表数量、报告日期、钢筋性能:屈服点、抗拉强度、伸长率、弯曲条件、弯曲结果、检验结论
4)	砂试验报告	检查其品种、提供报告的代表数量、报告日期、砂子性能:表观密度(kg/m³);氯离子含量(%);堆积密度(kg/m³);含水率(%);紧密密度(kg/m³);吸水率(%);含泥量(%);云母含量(%);泥块含量(%);轻物质含量(%);有机物含量;硫酸盐、硫化物含量(%);压碎值指标(%);坚固性质量损失率(%);人工砂的石粉含量(%);人工砂的 MB 值;碱活性;贝壳含量(%);颗粒级配;细度模数、检验结论
5)	外加剂试验报告	检查其品种、提供报告的代表数量、报告日期、外加剂性能:含固量;含水率;密度;细度;pH 值;氯离子含量;硫酸钠含量;总碱量、检验结论
3	砖、水泥、钢筋、砂、外加剂等出厂检验报告	检查内容同上。分别由厂家提供。提供的出厂检验报告的内容应符合相应标准"出厂检验项目"规定(与试验报告大体相同)
4	砂浆试配及通知单(见证取样)	核查提供单位资质、提供时间、强度等级类别的齐全程度、正确性等
5	砂浆试块强度试验报告单(见证取样)	核查提供单位资质、提供时间、强度等级、强度值、类别齐全程度及是否满足设计要求
6	施工记录(校核放线尺寸、砌筑工艺、组砌方法、临时施工洞口留置与补砌、脚手眼设置位置、灰缝检查、搁置预制梁板顶面坐浆、施工质量控制等级、楼面堆载、水平灰缝与竖向灰缝宽度检查等)	施工记录内容的完整性(资料名称项下括号内的内容)与实施情况
7	隐蔽工程验收记录	隐验记录核查资料名称项下括号内的内容
8	预检记录(砌体的轴线、断面尺寸、标高;墙身轴线、门窗洞口位置线、皮数杆等)	预检记录核查资料名称项下括号内的内容
9	有关验收文件	按提供验收文件内容,核查其正确性

注:1. 合理缺项除外;2. 表列凡有性能要求的均应符合设计和规范要求;3. 本表所列核查要点中内容为通用要求,如设计有新型材料或特殊要求时应按设计要求办理。

附：规范规定的施工"过程控制"要点

8　配筋砌体工程

8.1　一般规定

8.1.1　配筋砌体工程除应满足本章要求和规定外，尚应符合本规范第 5 章及第 6 章的要求和规定。

8.1.2　施工配筋小砌块砌体剪力墙，应采用专用的小砌块砌筑砂浆砌筑，专用小砌块灌孔混凝土浇筑芯柱。

8.1.3　设置在灰缝内的钢筋，应居中置于灰缝内，水平灰缝厚度应大于钢筋直径 4mm 以上。

【填充墙砌体工程】
【填充墙砌体工程检验批质量验收记录】

填充墙砌体工程检验批质量验收记录表　　　　　　　　表 203-5

单位(子单位)工程名称					分部(子分部)工程名称		
分项工程名称					验收部位		
施工单位					项目经理		
分包单位					分包项目经理		
施工执行标准名称及编号							

检控项目	序号	质量验收规范规定		施工单位检查评定记录	监理(建设)单位验收记录
主控项目	1	块材强度等级(设计要求MU)	第9.2.1条		
	2	砂浆强度等级(设计要求M)	第9.2.1条		
	3	与主体结构连接	第9.2.2条		
	4	植筋实体检测	第9.2.3条	见填充墙砌体植筋锚固力检测记录	
一般项目		项目	允许偏差(mm)	量测值(mm)	
	1	轴线位移	≤10mm		
	2	墙面垂直度(每层) ≤3m	≤5mm		
		>3m	≤10mm		
	3	表面平整度(第9.3.1条)	≤8mm		
	4	门窗洞口(第9.3.1条)	±10mm		
	5	窗口偏移(第9.3.1条)	≤20mm		
	6	水平缝砂浆饱满度	第9.3.2条		
	7	竖缝砂浆饱满度	第9.3.2条		
	8	拉结筋、网片位置	第9.3.3条		
	9	拉结筋、网片埋置长度	第9.3.3条		
	10	搭砌长度	第9.3.4条		
	11	灰缝厚度	第9.3.5条		
	12	灰缝宽度	第9.3.5条		
施工单位检查评定结果	专业工长(施工员)			施工班组长	
	项目专业质量检查员：　　　　　　　　　年　月　日				
监理(建设)单位验收结论	专业监理工程师： (建设单位项目专业技术负责人)：　　　　年　月　日				

注：本表由施工项目专业质量检查员填写，监理工程师（建设单位项目技术负责人）组织项目专业质量（技术）负责人等进行验收。

【检查验收时执行的规范条目】

1. 主控项目

9.2.1　烧结空心砖、小砌块和砌筑砂浆的强度等级应符合设计要求。

抽检数量：烧结空心砖每10万块为一验收批，小砌块每1万块为一验收批，不足上述数量时按一批计，抽检数量为1组。砂浆试块的抽检数量执行（GB 50203—2011）规范第4.0.12条的有关规定。

检验方法：查砖、小砌块进场复验报告和砂浆试块试验报告。

附：第4.0.12条

4.0.12　砌筑砂浆试块强度验收时其强度合格标准应符合下列规定：

1) 同一验收批砂浆试块抗压强度平均值应大于或等于设计强度等级值的1.1倍。

2) 同一验收批砂浆试块抗压强度的最小一组平均值应大于或等于设计强度等级值的85%。

注：1　砌筑砂浆的验收批，同一类型、强度等级的砂浆试块不应少于3组；同一验收批砂浆只有1组或2组试块时，每组试块抗压强度平均值大于或等于设计强度等级值的1.10倍；对于建筑结构的安全等级为一级或设计使用年限为50年及以上的房屋，同一验收批砂浆试块的数量不得少于3组；

2　砂浆强度应以标准养护，28d龄期的试块抗压强度为准；

3　制作砂浆试块的砂浆稠度应与配合比设计一致。

抽检数量：每一检验批且不超过250m³砌体的各类、各强度等级的普通砌筑砂浆，每台搅拌机应至少抽检一次。验收批的预拌砂浆、蒸压加气混凝土砌块专用砂浆，抽检可为3组。

检验方法：在砂浆搅拌机出料口或在湿拌砂浆的储存容器出料口随机取样制作砂浆试块（现场拌制的砂浆，同盘砂浆只应作1组试块），试块标养28d后作强度试验。预拌砂浆中的湿拌砂浆稠度应在进场时取样检验。

9.2.2　填充墙砌体应与主体结构可靠连接，其连接构造应符合设计要求，未经设计同意，不得随意改变连接构造方法。每一填充墙与柱的拉结筋的位置超过一皮块体高度的数量不得多于一处。

抽检数量：每检验批抽查不应少于5处。

检验方法：观察检查。

9.2.3　填充墙与承重墙、柱、梁的连接钢筋，当采用化学植筋的连接方式时，应进行实体检测。锚固钢筋拉拔试验的轴向受拉非破坏承载力检验值应为6.0kN。抽检钢筋在检验值作用下应基材无裂缝、钢筋无滑移宏观裂损现象；持荷2min期间荷载值降低不大于5%。检验批验收可按本规范表B.0.1通过正常检验一次、二次抽样判定。填充墙砌体植筋锚固力检测记录可按本规范表C.0.1填写。

抽检数量：按表9.2.3确定。

检验方法：原位试验检查。

检验批抽检锚固钢筋样本最小容量　　　　　　表9.2.3

检验批的容量	样本最小容量	检验批的容量	样本最小容量
≤90	5	281～500	20
91～150	8	501～1200	32
151～280	13	1201～3200	50

2. 一般项目

9.3.1　填充墙砌体尺寸、位置的允许偏差及检验方法应符合表9.3.1的规定。

填充墙砌体尺寸、位置的允许偏差及检验方法　　　　表 9.3.1

项次	项　目		允许偏差 (mm)	检　验　方　法
1	轴线位移		10	用尺检查
2	垂直度 (每层)	≤3m	5	用 2m 托线板或吊线、尺检查
		>3m	10	
3	表面平整度		8	用 2m 靠尺和楔形尺检查
4	门窗洞口高、宽(后塞口)		±10	用尺检查
5	外墙上、下窗口偏移		20	用经纬仪或吊线检查

抽检数量：每检验批抽查不应少于 5 处。

9.3.2　填充墙砌体的砂浆饱满度及检验方法应符合表 9.3.2 的规定。

抽检数量：每检验批抽查不应少于 5 处。

填充墙砌体的砂浆饱满度及检验方法　　　　表 9.3.2

砌体分类	灰缝	饱满度及要求	检验方法
空心砖砌体	水平	≥80%	采用百格网检查块体底面或侧面砂浆的粘结痕迹面积
	垂直	填满砂浆,不得有透明缝、瞎缝、假缝	
蒸压加气混凝土砌块、轻骨料混凝土小型空心砌块砌体	水平	≥80%	
	垂直	≥80%	

9.3.3　填充墙留置的拉结钢筋或网片的位置应与块体皮数相符合。拉结钢筋或网片应置于灰缝中,埋置长度应符合设计要求,竖向位置偏差不应超过一皮高度。

抽检数量：每检验批抽查不应少于 5 处。

检验方法：观察和用尺量检查。

9.3.4　砌筑填充墙时应错缝搭砌,蒸压加气混凝土砌块搭砌长度不应小于砌块长度的 1/3;轻骨料混凝土小型空心砌块搭砌长度不应小于 90mm;竖向通缝不应大于 2 皮。

抽检数量：每检验批抽查不应少于 5 处。

检验方法：观察检查。

9.3.5　填充墙的水平灰缝厚度和竖向灰缝宽度应正确,烧结空心砖、轻骨料混凝土小型空心砌块砌体的灰缝应为 8～12mm;蒸压加气混凝土砌块砌体当采用水泥砂浆、水泥混合砂浆或蒸压加气混凝土砌块砌筑砂浆时,水平灰缝厚度和竖向灰缝宽度不应超过 15mm;当蒸压加气混凝土砌块砌体采用蒸压加气混凝土砌块粘结砂浆时,水平灰缝厚度和竖向灰缝宽度宜为 3～4mm。

抽检数量：每检验批抽查不应少于 5 处。

检验方法：水平灰缝厚度用尺量 5 皮小砌块的高度折算;竖向灰缝宽度用尺量 2m 砌体长度折算。

【检查方法与应提资料核查】

填充墙检验批验收的检查方法　　　　表 9.3.1

项次	检 查 项 目 与 要 求		检 查 方 法
1	轴线位移:符合规范要求		用尺检查
	垂直度	小于或等于 3m:符合规范要求	用 2m 托线板或吊线、尺检查
		大于 3m:符合规范要求	用 2m 托线板或吊线、尺检查
2	表面平整度:符合规范要求		用 2m 靠尺和楔形塞尺检查
3	门窗洞口高、宽(后塞口):符合规范要求		用尺检查
4	外墙上、下窗口偏移:符合规范要求		用经纬仪或吊线检查

填充墙检验批验收应提供的核查资料 表 203-5a

序号	核查资料名称	核 查 要 点
1	材料、产品合格证或质量证明书	核查资料的真实性。核查需方及供方单位名称,材料或产品名称、规格、等级、数量(质量或件数)、批号或生产日期、出厂日期、材料或产品出厂检验项目的各项检验结果和供方质检部门印记(必须符合设计和标准与规范要求),材料或产品应用标准编号、生产许可证编号,应标明的材料或产品注意事项、材料或产品安全警语
2	烧结空心砖、蒸压加气混凝土砌块、轻骨料混凝土小型空心砌块、水泥、砂等的试验报告(见证取样)	
1)	烧结空心砖试验报告	检查其品种、规格、提供报告的代表数量、报告日期、砖(砌块)性能:强度等级、密度等级、孔洞排列及结构、抗风化性能、放射性物质、外观质量、尺寸偏差、泛霜、石灰爆裂、冻融、吸水率、饱和系数、检验结论
2)	蒸压加气混凝土砌块	检查其品种、提供报告的代表数量、报告日期、砖(砌块)性能:尺寸偏差、外观质量、立方体抗压强度、强度级别、干密度、干燥收缩值、抗冻性、导热系数、检验结论
3)	轻骨料混凝土小型空心砌块	检查其品种、提供报告的代表数量、报告日期。砌块性能:规格、外观质量、强度等级、密度等级、吸水率、相对含水率和干缩率、碳化系数和软化系数、抗冻性和放射性
4)	水泥试验报告	检查其品种、提供报告的代表数量、报告日期、水泥性能:抗折强度、抗压强度、初凝、终凝、安定性、依据标准、检验结论
5)	砂试验报告	检查其品种、提供报告的代表数量、报告日期、砂子性能:表观密度(kg/m³);氯离子含量(%);堆积密度(kg/m³);含水率(%);紧密密度(kg/m³);吸水率(%);含泥量(%);云母含量(%);泥块含量(%);轻物质含量(%);有机物含量;硫酸盐、硫化物含量(%);压碎值指标(%);坚固性质量损失率(%);人工砂的石粉含量(%)、人工砂的 MB 值;碱活性;贝壳含量(%);颗粒级配;细度模数、检验结论
3	空心砖、蒸压加气混凝土砌块、轻骨料混凝土小型空心砌块、水泥、砂等出厂检验报告	检查内容同上。分别由厂家提供。提供的出厂检验报告的内容应符合相应标准"出厂检验项目"规定(与试验报告大体相同)
4	砂浆试配及通知单(见证取样)	核查提供单位资质、提供时间、强度等级、强度值、类别的齐全程度,通知单的正确性等
5	砂浆试件试验报告(见证取样)	核查提供单位资质、提供时间、强度等级、类别、齐全程度及是否满足设计要求
6	施工记录(校核放线尺寸、砌筑工艺、组砌方法、临时施工洞口留置与补砌、脚手眼设置位置、灰缝检查、施工质量控制等级、楼面堆载、水平灰缝及竖向灰缝宽度检查等)	施工记录内容的完整性(资料名称项下括号内的内容)与实施情况
7	隐蔽工程验收记录(同施工记录)	隐验记录核查资料名称项下括号内的内容
8	预检记录(墙身轴线、门窗洞口位置线等)	预检记录核查资料名称项下括号内的内容
9	有关验收文件	按提供验收文件内容,核查其正确性

注:1. 合理缺项除外;2. 表列凡有性能要求的均应符合设计和规范要求;3. 填充墙如设计有新型材料或特殊要求时,应按设计要求办理。

附：规范规定的施工"过程控制"要点

9 填充墙砌体工程

9.1 一般规定

9.1.1 本章适用于烧结空心砖、蒸压加气混凝土砌块、轻骨料混凝土小型空心砌块等填充墙砌体工程。

9.1.2 砌筑填充墙对，轻骨料混凝土小型空心砌块和蒸压加气混凝土砌块的产品龄期不应小于28d，蒸压加气混凝土砌块的含水率宜小于30%。

9.1.3 烧结空心砖、蒸压加气混凝土砌块、轻骨料混凝土小型空心砌块等的运输、装卸过程中，严禁抛掷和倾倒；进场后应按品种、规格堆放整齐，堆置高度不宜超过2m。蒸压加气混凝土砌块在运输及堆放中应防止雨淋。

9.1.4 吸水率较小的轻骨料混凝土小型空心砌块及采用薄灰砌筑法施工的蒸压加气混凝土砌块，砌筑前不应对其浇（喷）水湿润；在气候干燥炎热的情况下，对吸水率较小的轻骨料混凝土小型空心砌块宜在砌筑前喷水湿润。

9.1.5 采用普通砌筑砂浆砌筑填充墙时，烧结空心砖、吸水率较大的轻骨料混凝土小型空心砌块应提前1～2d浇（喷）水湿润。蒸压加气混凝土砌块采用蒸压加气混凝土砌块砌筑砂浆或普通砌筑砂浆砌筑时，应在砌筑当天对砌块砌筑面喷水湿润。块体湿润程度宜符合下列规定：

  1 烧结空心砖的相对含水率60%～70%；

  2 吸水率较大的轻骨料混凝土小型空心砌块、蒸压加气混凝土砌块的相对含水率40%～50%。

9.1.6 在厨房、卫生间、浴室等处采用轻骨料混凝土小型空心砌块、蒸压加气混凝土砌块砌筑墙体时，墙底部宜现浇混凝土坎台，其高度宜为150mm。

9.1.7 填充墙拉结筋处的下皮小砌块宜采用半盲孔小砌块或用混凝土灌实孔洞的小砌块；薄灰砌筑法施工的蒸压加气混凝土砌块砌体，拉结筋应放置在砌块上表面设置的沟槽内。

9.1.8 蒸压加气混凝土砌块、轻骨料混凝土小型空心砌块不应与其他块体混砌，不同强度等级的同类块体也不得混砌。

  注：窗台处和因安装门窗需要，在门窗洞口处两侧填充墙上、中、下部可采用其他块体局部嵌砌；对与框架柱、梁不脱开方法的填充墙，填塞填充墙顶部与梁之间缝隙可采用其他块体。

9.1.9 填充墙砌体砌筑，应待承重主体结构检验批验收合格后进行。填充墙与承重主体结构间的空（缝）隙部位施工，应在填充墙砌筑14d后进行。

混凝土结构工程施工质量验收文件

依据《混凝土结构工程施工质量验收规范》
（GB 50204—2002，2011 年版）编写

1 验收实施与规定

1.1 基 本 规 定

（1）混凝土结构施工现场质量管理应有相应的施工技术标准、健全的质量管理体系、施工质量控制和质量检验制度。

混凝土结构施工项目应有施工组织设计和施工技术方案，并经审查批准。

（2）混凝土结构子分部工程可根据结构的施工方法分为两类：现浇混凝土结构子分部工程和装配式混凝土结构子分部工程；根据结构的分类，还可分为钢筋混凝土结构子分部工程和预应力混凝土结构子分部工程等。

混凝土结构子分部工程可划分为模板、钢筋、预应力、混凝土、现浇结构和装配式结构等分项工程。

各分项工程可根据与施工方式相一致且便于控制施工质量的原则，按工作班、楼层、结构缝或施工段划分为若干检验批。

（3）对混凝土结构子分部工程的质量验收，应在钢筋、预应力、混凝土、现浇结构或装配式结构等相关分项工程验收合格的基础上，进行质量控制资料检查及观感质量验收，并应对涉及结构安全的材料、试件、施工工艺和结构的重要部位进行见证检测或结构实体检验。

（4）分项工程的质量验收应在所含检验批验收合格的基础上，进行质量验收记录检查。

（5）检验批的质量验收应包括如下内容：

1）实物检查，按下列方式进行：

① 对原材料、构配件和器具等产品的进场复验，应按进场的批次和产品的抽样检验方案执行；

② 对混凝土强度、预制构件结构性能等，应按国家现行有关标准和（GB 50204—2002）规范规定的抽样检验方案执行；

③ 对（GB 50204—2002）规范中采用计数检验的项目，应按抽查总点数的合格点率进行检查。

2）资料检查，包括原材料、构配件和器具等的产品合格证（中文质量合格证明文件、规格、型号及性能检测报告等）及进场复验报告、施工过程中重要工序的自检和交接检记录、抽样检验报告、见证检测报告、隐蔽工程验收记录等。

（6）检验批合格质量应符合下列规定：

1）主控项目的质量经抽样检验合格；

2）一般项目的质量经抽样检验合格；当采用计数检验时，除有专门要求外，一般项目的合格点率应达到 80% 及以上，且不得有严重缺陷；

3）具有完整的施工操作依据和质量验收记录。

对验收合格的检验批，宜作出合格标志。

（7）检验批、分项工程、混凝土结构子分部工程的质量验收可按（GB 50204—2002）规范附录 A 记录，质量验收程序和组织应符合国家标准《建筑工程施工质量验收统一标准》GB 50300—2001 的规定。

1.2　混凝土结构工程检验批验收划分

（1）混凝土工程的检验批划分，（GB 50204—2002）规范规定分别按模板、钢筋、预应力、混凝土、现浇结构、装配式结构等分项按工作班、楼层、结构缝或施工段划分检验批进行验收。

（2）检验批的划分标准采用的名目

1）混凝土结构：模板，钢筋，混凝土，预应力、现浇结构，装配式结构。

2）劲钢（管）混凝土结构：劲钢（管）焊接、螺栓连接、劲钢（管）与钢筋的连接，劲钢（管）制作、安装，混凝土。

1.3　混凝土结构工程的质量等级验收评定

（1）主控项目是对检验批的基本质量起决定性影响的检验项目，必须全部符合该专业规范的规定，不允许有不符合规范要求的检验结果。不符合规范标准要求的检验批为不合格，并不得验收通过。应予返工或处理，直至合格。

（2）一般项目的质量经抽样检验合格；当采用计数检验时，除有专门要求外，一般项目的合格点率应达到 80% 及以上，且不得有严重缺陷。

允许有一定偏差的项目，其超过范围最多不超过 20% 的检查点可以超过允许偏差值，但不能超过允许偏差值的 0.5 倍。

1.4　结构性能检验

1. 预制构件施工的有关说明

（1）预制构件应按规定进行结构性能检验。结构性能检验不合格的预制构件不得用于装配式结构工程。

（2）叠合结构中预制构件的叠合面应符合设计要求。

（3）装配式结构外观质量、尺寸偏差的验收及对缺陷的处理应符合（GB 50204—2002）规范第 8 章的相关规定。

（4）预制构件的外观质量不应有严重缺陷。对已经出现的严重缺陷，应按技术处理方案进行处理，并重新检查验收。

（5）预制构件不应有影响结构性能和安装、使用功能的尺寸偏差。对超过尺寸允许偏差且影响结构性能和安装、使用功能的部位，应按技术处理方案进行处理，并重新检查验收。

2. 预制构件的结构性能检验（GB 50204—2002 标准，9.3 节）

（1）预制构件应按标准图或设计要求的试验参数及检验指标进行结构性能检验。

检验内容：钢筋混凝土构件和允许出现裂缝的预应力混凝土构件进行承载力、挠度和裂缝宽度检验；不允许出现裂缝的预应力混凝土构件进行承载力、挠度和抗裂检验；预应力混凝土构件中的非预应力杆件按钢筋混凝土构件的要求进行检验。对设计成熟、生产数量较少的大型构件，当采取加强材料和制作质量检验的措施时，可仅作挠度、抗裂或裂缝宽度检验；当采取上述措施并有可靠的实践经验时，可不作结构性能检验。

检验数量：对成批生产的构件，应按同一工艺正常生产的不超过 1000 件且不超过 3 个月的同类型产品为一批。当连续检验 10 批且每批的结构性能检验结果均符合（GB 50204—2002）规范规定的要求时，对同一工艺正常生产的构件，可改为不超过 2000 件且不超过 3 个月的同类型产品为一批。在每批中应随机抽取一个构件作为试件进行检验（采用短期静力加载检验）。

注：1 "加强材料和制作质量检验的措施"包括下列内容：

   1）钢筋进场检验合格后，在使用前再对用作构件受力主筋的同批钢筋按不超过 5t 抽取一组试件，并经检验合格；对逐盘检验的预应力钢丝，可不再抽样检查；

   2）受力主筋焊接接头的力学性能，应按国家现行标准《钢筋焊接及验收规程》JGJ 18 检验合格后，再抽取一组试件，并经检验合格；

   3）混凝土按 5m³ 且不超过半个工作班生产的相同配合比的混凝土，留置一组试件，并经检验合格；

   4）受力主筋焊接接头的外观质量、入模后的主筋保护层、张拉预应力总值和构件的截面尺寸等，应逐件检验合格。

2 "同类型产品"是指同一钢种、同一混凝土强度等级、同一生产工艺和同一结构形式的构件。对同类型产品进行抽样检验时，试件宜从设计荷载最大、受力最不利或生产数量最多的构件中抽取；对同类型的其他产品，也应定期进行抽样检验。

（2）预制构件承载力应按下列规定进行检验：

1）当按现行国家标准《混凝土结构设计规范》（GB 50010）的规定进行检验时，应符合下列公式的要求：

$$\gamma_u^0 \geqslant \gamma_0 \ [\gamma_u]$$

式中 γ_u^0——构件的承载力检验系数实测值，即试件的荷载实测值与荷载设计值（均包括自重）的比值；

   γ_0——结构重要性系数，按设计要求的结构安全等级确定；当无专门要求时，取 1.0；

   $[\gamma_u]$——构件的承载力检验系数允许值，按表 1.4.1 取用。

2）当按构件实配钢筋进行承载力检验时，应符合下列公式的要求：

$$\gamma_u^0 \geqslant \gamma_0 \eta \ [\gamma_u]$$

式中 η——构件承载力检验修正系数，根据现行国家标准《混凝土结构设计规范》（GB 50010）按实配钢筋的承载力计算确定。

承载力检验的荷载设计值是指承载能力极限状态下，根据构件设计控制截面上的内力设计值与构件检验的加载方式，经换算后确定的荷载值（包括自重）。

构件的承载力检验系数允许值　　　　　表 1.4.1

受力情况	达到承载能力极限状态的检验标志		$[\gamma_u]$
轴心受拉、偏心受拉，受弯、大偏心受压	受拉主筋处的最大裂缝宽度达到 1.5mm，或挠度达到跨度的 1/50	热轧钢筋	1.20
		钢丝、钢绞线、热处理钢筋	1.35
	受压区混凝土破坏	热轧钢筋	1.30
		钢丝、钢绞线、热处理钢筋	1.45
	受拉主筋拉断		1.50
受弯构件的受剪	腹部斜裂缝达到 1.5mm，或斜裂缝末端受压混凝土剪压破坏		1.40
	沿斜截面混凝土斜压破坏，受拉主筋在端部滑脱或其他锚固破坏		1.55
轴心受压、小偏心受压	混凝土受压破坏		1.70

注：热轧钢筋系指 HPB300 级、HRB335 级、HRB400 级和 RRB400 级钢筋。

（3）预制构件的挠度应按下列规定进行检验：

1）当按现行国家标准《混凝土结构设计规范》（GB 50010）规定的挠度允许值进行检验时，应符合下列公式的要求：

$$a_s^0 \leqslant [a_s]$$

$$[a_s] = \frac{M_k}{M_q(\theta - 1) + M_k}[a_f]$$

式中　a_s^0——在荷载标准值下的构件挠度实测值；

$[a_s]$——挠度检验允许值；

$[a_f]$——受弯构件的挠度限值，按现行国家标准《混凝土结构设计规范》（GB 50010）确定；

M_k——按荷载标准组合计算的弯矩值；

M_q——按荷载准永久组合计算的弯矩值；

θ——考虑荷载长期作用对挠度增大的影响系数，按现行国家标准《混凝土结构设计规范》（GB 50010）确定。

2）当按构件实配钢筋进行挠度检验或仅检验构件的挠度、抗裂或裂缝宽度时，应符合下列公式的要求：

$$a_s^0 \leqslant 1.2 a_s^c$$

同时，还应符合公式（3）中 1）的挠度验算的要求。

式中　a_s^c——在荷载标准值下按实配钢筋确定的构件挠度计算值，按现行国家标准《混凝土结构设计规范》（GB 50010）确定。

正常使用状态检验的荷载标准值是指正常使用极限状态下，根据构件设计控制截面上的荷载标准组合效应与构件检验的加载方式，经换算后确定的荷载值。

注：直接承受重复荷载的混凝土受弯构件，当进行短期静力加荷试验时，a_s^c 值应按正常使用极限状态下静力荷载标准组合相应的刚度值确定。

（4）预制构件的抗裂检验应符合下列公式的要求：

$$\gamma_{cr}^0 \geqslant [\gamma_{cr}]$$

$$[\gamma_{cr}] = 0.95\frac{\sigma_{pc} + \gamma f_{tk}}{\sigma_{ck}}$$

式中　γ_{cr}^0——构件的抗裂检验系数实测值，即试件的开裂荷载实测值与荷载标准值（均包括自重）的比值；

　　$[\gamma_{cr}]$——构件的抗裂检验系数允许值；

　　σ_{pc}——由预加力产生的构件抗拉边缘混凝土法向应力值，按现行国家标准《混凝土结构设计规范》（GB 50010）确定：

　　γ——混凝土构件截面抵抗矩塑性影响系数，按现行国家标准《混凝土结构设计规范》（GB 50010）计算确定；

　　f_{tk}——混凝土抗拉强度标准值；

　　σ_{ck}——由荷载标准值产生的构件抗拉边缘混凝土法向应力值，按现行国家标准《混凝土结构设计规范》（GB 50010）确定。

（5）预制构件的裂缝宽度检验应符合下列公式的要求：

$$\omega_{s.max}^0 \leqslant [\omega_{max}]$$

式中　$\omega_{s.max}^0$——在荷载标准值下，受拉主筋处的最大裂缝宽度实测值（mm）；

　　$[\omega_{max}]$——构件检验的最大裂缝宽度允许值，按表1.4.2取用。

构件检验的最大裂缝宽度允许值（mm）　　　　　表1.4.2

设计要求的最大裂缝宽度限值	0.2	0.3	0.4
$[\omega_{max}]$	0.15	0.20	0.25

（6）预制构件结构性能的检验结果应按下列规定验收：

1）当试件结构性能的全部检验结果均符合（GB 50204—2002）标准第9.3.2～9.3.5条［即结构性能检验的（2）、（3）、（4）、（5）条］的检验要求时，该批构件的结构性能应通过验收。

2）当第一个试件的检验结果不能全部符合上述要求，但又能符合第二次检验的要求时，可再抽两个试件进行检验。第二次检验的指标，对承载力及抗裂检验系数的允许值应取（GB 50204—2002）规范第9.3.2条［即结构性能检验的（2）条］和第9.3.4条［即结构性能检验的（4）条］规定的允许值减0.05；对挠度的允许值应取（GB 50204—2002）规范第9.3.3条［即结构性能检验的（3）条］规定允许值的1.10倍。当第二次抽取的两个试件的全部检验结果均符合第二次检验的要求时，该批构件的结构性能可通过验收。

3）当第二次抽取的第一个试件的全部检验结果均已符合（GB 50204—2002）规范第9.3.2～9.3.5条［即结构性能检验的（2）、（3）、（4）、（5）条］的要求时，该批构件的结构性能可通过验收。

1.5　预制构件结构性能检验方法

（1）预制构件结构性能试验条件应满足下列要求：

1）构件应在 0℃以上的温度中进行试验；

2）蒸汽养护后的构件应在冷却至常温后进行试验；

3）构件在试验前应量测其实际尺寸，并检查构件表面，所有的缺陷和裂缝应在构件上标出；

4）试验用的加荷设备及量测仪表应预先进行标定或校准。

（2）试验构件的支承方式应符合下列规定：

1）板、梁和桁架等简支构件，试验时应一端采用铰支承，另一端采用滚动支承。铰支承可采用角钢、半圆型钢或焊于钢板上的圆钢，滚动支承可采用圆钢；

2）四边简支或四角简支的双向板，其支承方式应保证支承处构件能自由转动，支承面可以相对水平移动；

3）当试验的构件承受较大集中力或支座反力时，应对支承部分进行局部受压承载力验算；

4）构件与支承面应紧密接触，钢垫板与构件、钢垫板与支墩间，宜铺砂浆找平；

5）构件支承的中心线位置应符合标准图或设计的规定。

（3）试验构件的荷载布置应符合下列要求。

1）构件的试验荷载布置应符合标准图或设计的要求；

2）当试验荷载布置不能完全与标准图或设计的要求相符时，应按荷载效应等效的原则换算，即使构件试验的内力图形与设计的内力图形相似，并使控制截面上的内力值相等，但应考虑荷载布置改变后对构件其他部位的不利影响。

（4）加载方法应根据标准图或设计的加载要求、构件类型及设备条件等进行选择。当按不同形式荷载组合进行加载试验（包括均布荷载、集中荷载、水平荷载和垂直荷载等）时，各种荷载应按比例增加。

1）荷重块加载

荷重块加载运用于均布加载试验。荷重块应按区格成垛堆放，垛与垛之间间隙不宜小于 50mm。

2）千斤顶加载

千斤顶加载适用于集中加载试验。千斤顶加载时，可采用分配梁系统实现多点集中加载。千斤顶的加载值宜采用荷载传感器量测，也可采用油压表量测。

3）梁或桁架可采用水平对顶加载方法，此时构件应垫平且不应妨碍构件在水平方向的位移。梁也可采用竖直对顶的加载方法。

4）当屋架仅作挠度、抗裂或裂缝宽度检验时，可将两榀屋架并列，安放屋面板后进行加载试验。

（5）构件应分级加载。当荷载小于荷载标准值时，每级荷载不应大于荷载标准值的20%；当荷载大于荷载标准值时，每级荷载不应大于荷载标准值的 10%；当荷载接近抗裂检验荷载值时，每级荷载不应大于荷载标准值的 5%；当荷载接近承载力检验荷载值时，每级荷载不应大于承载力检验荷载设计值的 5%。

对仅作挠度、抗裂或裂缝宽度检验的构件应分级卸载。

作用在构件上的试验设备重量及构件自重应作为第一次加载的一部分。

注：构件在试验前，宜进行预压，以检查试验装置的工作是否正常，同时应防止构件因预压而产生裂缝。

（6）每级加载完成后，应持续 10～15min；在荷载标准值作用下，应持续 30min。在持续时间内，应观察裂缝的出现和开展，以及钢筋有无滑移等；在持续时间结束时，应观察并记录各项读数。

（7）对构件进行承载力检验时，应加载至构件出现（GB 50204—2002）规范表 9.3.2（即表 C2-8-2-1 构件的承载力检验系数允许值）所列承载能力极限状态的检验标志。当在规定的荷载持续时间内出现上述检验标志之一时，应取本级荷载值与前一级荷载值的平均值作为其承载力检验荷载实测值；当在规定的荷载持续时间结束后出现上述检验标志之一时，应取本级荷载值作为其承载力检验荷载实测值。

注：当受压构件采用试验机或千斤顶加荷时，承载力检验荷载实测值应取构件直至破坏的整个试验过程中所达到的荷载最大值。

（8）构件挠度可用百分表、位移传感器、水平仪等进行观测。接近破坏阶段的挠度，可用水平仪或拉线、钢尺等测量。

试验时，应量测构件跨中位移和支座沉陷。对宽度较大的构件，应在每一量测截面的两边或两肋布置测点，并取其量测结果的平均值作为该处的位移。

当试验荷载竖直向下作用时，对水平放置的试件，在各级荷载下的跨中挠度实测值应按下列公式计算：

$$a_{\rm t}^0 = a_{\rm q}^0 + a_{\rm g}^0$$

$$a_{\rm q}^0 = \upsilon_{\rm m}^0 - \frac{1}{2}(\upsilon_l^0 + \upsilon_{\rm r}^0)$$

$$a_{\rm g}^0 = \frac{M_{\rm g}}{M_{\rm b}} a_{\rm b}^0$$

式中　$a_{\rm t}^0$——全部荷载作用下构件跨中的挠度实测值（mm）；

$a_{\rm q}^0$——外加试验荷载作用下构件跨中的挠度实测值（mm）；

$a_{\rm g}^0$——构件自重及加荷设备重产生的跨中挠度值（mm）；

$\upsilon_{\rm m}^0$——外加试验荷载作用下构件跨中的位移实测值（mm）；

υ_l^0，$\upsilon_{\rm r}^0$——外加试验荷载作用下构件左、右端支座沉陷位移的实测值（mm）；

$M_{\rm g}$——构件自重和加荷设备重产生的跨中弯矩值（kN·m）；

$M_{\rm b}$——从外加试验荷载开始至构件出现裂缝的前一级荷载为止的外加荷载产生的跨中弯矩值（kN·m）；

$a_{\rm b}^0$——从外加试验荷载开始至构件出现裂缝的前一级荷载为止的外加荷载产生的跨中挠度实测值（mm）。

（9）当采用等效集中力加载模拟均布荷载进行试验时，挠度实测值应乘以修正系数 ψ。当采用三分点加载时，ψ 可取 0.98；当采用其他形式集中力加载时，ψ 应经计算确定。

（10）试验中裂缝的观测应符合下列规定：

1）观察裂缝出现可采用放大镜。若试验中未能及时观察到正截面裂缝的出现，可取荷载—挠度曲线上的转折点（曲线第一弯转段两端点切线的交点）的荷载值作为构件的开裂荷载实测值；

2）构件抗裂检验中，当在规定的荷载持续时间内出现裂缝时，应取本级荷载值与前一级荷载值的平均值作为其开裂荷载实测值；当在规定的荷载持续时间结束后出现裂缝时，应取本级荷载值作为其开裂荷载实测值；

3）裂缝宽度可采用精度为 0.05mm 的刻度放大镜等仪器进行观测；

4）对正截面裂缝，应量测受拉主筋处的最大裂缝宽度；对斜截面裂缝，应量测腹部斜裂缝的最大裂缝宽度。确定受弯构件受拉主筋处的裂缝宽度时，应在构件侧面量测。

（11）试验时必须注意下列安全事项：

1）试验的加荷设备、支架、支墩等，应有足够的承载力安全储备；

2）对屋架等大型构件进行加载试验时，必须根据设计要求设置侧向支承，以防止构件受力后产生侧向弯曲和倾倒；侧向支承应不妨碍构件在其平面内的位移；

3）试验过程中应注意人身和仪表安全；为了防止构件破坏时试验设备及构件坍落，应采取安全措施（如在试验构件下面设置防护支承等）。

（12）构件试验报告应符合下列要求：

1）试验报告应包括试验背景、试验方案、试验记录、检验结论等内容，不得有漏项缺检；

2）试验报告中的原始数据和观察记录必须真实、准确、不得任意涂抹篡改；

3）试验报告宜在试验现场完成，及时审核、签字、盖章，并登记归档。

1.6　结构实体检验用同条件养护试件强度检验

1. 同条件养护试件的留置方式和取样数量，应符合下列要求：

（1）同条件养护试件所对应的结构构件或结构部位，应由监理（建设）、施工等各方共同选定。

（2）对混凝土结构工程中的各混凝土强度等级，均应留置同条件养护试件。

（3）同一强度等级的同条件养护试件，其留置的数量应根据混凝土工程量和重要性确定，不宜少于 10 组，且不应少于 3 组。

（4）同条件养护试件拆模后，应放置在靠近相应结构构件或结构部位的适当位置，并应采取相同的养护方法。

2. 同条件养护试件应在达到等效养护龄期时进行强度试验。

等效养护龄期应根据同条件养护试件强度与在标准养护条件下 28d 龄期试件强度相等的原则确定。

3. 同条件自然养护试件的等效养护龄期及相应的试件强度代表值，宜根据当地的气温和养护条件，按下列规定确定：

（1）等效养护龄期可取按日平均温度逐日累计达到 600℃·d 时所对应的龄期，0℃及以下的龄期不计入；等效养护龄期不应小于 14d，也不宜大于 60d；

（2）同条件养护试件的强度代表值应根据强度试验结果按现行国家标准《混凝土强度检验评定标准》GB 50107—2010 的规定确定后，乘折算系数取用；折算系数宜为 1.10，也可根据当地的试验统计结果作适当调整。

4. 冬期施工、人工加热养护的结构构件，其同条件养护试件的等效养护龄期可按结构构件的实际养护条件，由监理（建设）、施工等各方根据附 1 中第 2 条（即 GB 50204—2002 附录 D 的 D.0.2 条）的规定共同确定。

注：结构实体检验用同条件养护试件强度试验报告应附同条件养护试件测温记录。

1.7　结构实体钢筋保护层厚度检验

结构实体钢筋保护层厚度检验记录施工单位检验时，按表 1.7.1 执行。当需要试验单位对被检钢筋保护层厚度测定进行校核检验时，按表 1.7.2 执行。

1. 资料表式

结构实体钢筋保护层厚度验收记录　　　　　　　表 1.7.1

编号：

构件类别	构件名称	钢筋保护层厚度（mm）		合格点率	评定结果	监理（建设）单位验收结果
工程名称			结构类型			
施工单位			验收日期			
		设计值	实　测　值			
梁						
板						

结论：

说明：
　　本表中对每一构件可填写 6 根钢筋的保护层厚度实测值，应检验钢筋的具体数量须根据规范要求和实际情况确定。

参加人员	监理（建设）单位	施　工　单　位		
		专业技术负责人	质检员	工　长

钢筋保护层厚度试验报告　　　表 1.7.2

编　　号			试验编号		委托编号		
工程名称及部位							
委托单位							
试验委托人				见证人			
构件名称							
测试点编号	1	2	3	4	5	6	
保护层厚度 设计值（mm）							
保护层厚度 实测值（mm）							
测试位置示意图：							
结论：							
试验单位：　　　　技术负责人：　　　　审核：　　　　试（检）验：							

注：本表由建设单位、监理单位、施工单位各保存一份。

2. 实施要点

（1）结构实体钢筋保护层厚度检验

1）钢筋保护层厚度检验的结构部位和构件数量，应符合下列要求：

① 钢筋保护层厚度检验的结构部位，应由监理（建设）、施工等各方根据结构构件的重要性共同选定；

② 对梁类、板类构件，应各抽取构件数量的 2% 且不少于 5 个构件进行检验；当有悬挑构件时，抽取的构件中悬挑梁类、板类构件所占比例均不宜小于 50%。

2）对选定的梁类构件，应对全部纵向受力钢筋的保护层厚度进行检验；对选定的板类构件，应抽取不少于 6 根纵向受力钢筋的保护层厚度进行检验。对每根钢筋，应在有代表性的部位测量 1 点。

3）钢筋保护层厚度的检验，可采用非破损或局部破损的方法，也可采用非破损方法测试并用局部破损方法进行校准。当采用非破损方法检验时，所使用的检测仪器应经过计量检验，检测操作应符合相应规程的规定。

钢筋保护层厚度检验的检测误差不应大于 1mm。

4）钢筋保护层厚度检验时，纵向受力钢筋保护层厚度的允许偏差，对梁类构件为

+10mm、-7mm，对板类构件为+8mm、-5mm。

5）对梁类、板类构件纵向受力钢筋的保护层厚度应分别进行验收。

结构实体钢筋保护层厚度验收合格应符合下列规定：

① 当全部钢筋保护层厚度检测的合格点率为90％及以上时，钢筋保护层厚度的检验结果应判为合格。

② 当全部钢筋保护层厚度的检测结果的合格点率小于90％但不小于80％时，可再抽取相同数量的构件进行检验；当按两次抽样总和计算的合格点率为90％及以上时，钢筋保护层厚度的检验结果仍应判为合格。

③ 每次抽样检验结果中不合格点的最大偏差均不应大于第4）条规定允许偏差的1.5倍。

2 混凝土结构工程检验批质量验收记录表式与实施

【模板分项工程】
【现浇结构模板安装检验批质量验收记录】

现浇结构模板安装检验批质量验收记录表

表 204-1

单位(子单位)工程名称						
分部(子分部)工程名称					验收部位	
施工单位					项目经理	
施工执行标准名称及编号					分包项目经理	

检控项目	序号	质量验收规范规定		施工单位检查评定记录	监理(建设)单位验收记录
主控项目	1	模板、支架、立柱及垫板	第4.2.1条		
	2	涂刷隔离剂	第4.2.2条		
一般项目	1	模板安装	第4.2.3条		
	2	用作模板的地坪与胎模质量	第4.2.4条		
	3	模板起拱	第4.2.5条		
		项 目	允许偏差(mm)	量 测 值 (mm)	
	4	预埋钢板中心线位置	3		
	5	预埋管、预留孔中心线位置	3		
	6	插筋 中心线位置	5		
		外露长度	+10,0		
	7	预埋螺栓 中心线位置	2		
		外露长度	+10,0		
	8	预留洞 中心线位置	10		
		尺寸	+10,0		
	9	轴线位置纵、横两个方向	5		
	10	底模上表面标高	±5		
	11	截面内部尺寸 基础	±10		
		柱、墙、梁	+4,−5		
	12	层高垂直度 不大于5m	6		
		大于5m	8		
	13	相邻两板表面高低差	2		
	14	表面平整度	5		

施工单位检查评定结果	专业工长(施工员)		施工班组长	
	项目专业质量检查员:		年 月 日	
监理(建设)单位验收结论	专业监理工程师:(建设单位项目专业技术负责人):		年 月 日	

注：表中一般项目序号4～8为该规范的第4.2.6条；序号9～14为该规范的第4.2.7条。

【检查验收时执行的规范条目】

1. 主控项目

4.2.1 安装现浇结构的上层模板及其支架时，下层楼板应具有承受上层荷载的承载能力，或加设支架；上层支架的立柱应对准，并铺设垫板。

检查数量：全数检查。　　检验方法：对照模板设计文件和施工技术方案观察（合格标准：符合规范要求）。

4.2.2 在涂刷模板隔离剂时，不得沾污钢筋和混凝土接槎处。

检查数量：全数检查。　　检验方法：观察（合格标准：符合规范要求）。

2. 一般项目

4.2.3 模板安装应满足下列要求：

1 模板的接缝不应漏浆；在浇筑混凝土前，木模板应浇水湿润，但模板内不应有积水；

2 模板与混凝土的接触面应清理干净并涂刷隔离剂，但不得采用影响结构性能或妨碍装饰工程施工的隔离剂；

3 浇筑混凝土前，模板内的杂物应清理干净；

4 对清水混凝土工程及装饰混凝土工程，应使用能达到设计效果的模板。

检查数量：全数检查。

检验方法：观察（合格标准：符合规范要求）。

4.2.4 用作模板的地坪、胎模等应平整、光洁，不得产生影响构件质量的下沉、裂缝、起砂或起鼓。

检查数量：全数检查。

检验方法：观察（合格标准：符合规范要求）。

4.2.5 对跨度不小于4m的现浇钢筋混凝土梁、板，其模板应按设计要求起拱；当设计无具体要求时，起拱高度宜为跨度的1/1000～3/1000。

检查数量：在同一检验批内，对梁，应抽查构件数量的10%，且不少于3件；对板，应按有代表性的自然间抽查10%，且不少于3间；对大空间结构，板可按纵、横轴线划分检查面，抽查10%，且不少于3面。

检验方法：水准仪或拉线、钢尺检查。

4.2.6 固定在模板上的预埋件、预留孔和预留洞均不得遗漏，且应安装牢固，其偏差应符合质量验收记录内的标准要求。

检查数量：在同一检验批内，对梁、柱和独立基础，应抽查构件数量的10%，且不少于3件；对墙和板，应按有代表性的自然间抽查10%，且不少于3间；对大空间结构，墙可按相邻轴线间高度5m左右划分检查面，板可按纵横轴线划分检查面，抽查10%，且均不少于3面。

检验方法：钢尺检查（合格标准：符合规范要求）。

4.2.7 现浇结构模板安装的偏差应符合表204-1的规定。

检查数量：在同一检验批内，对梁、柱和独立基础，应抽查构件数量的10%，且不少于3件；对墙和板，应按有代表性的自然间抽查10%，且不少于3间；对大空间结构，墙可按相邻轴线间高度5m左右划分检查面，板可按纵、横轴线划分检查面，抽查10%，且均不少于3面。

检验方法：见表4.2.7。

【检查方法与应提资料核查】

现浇结构模板安装的检查方法　　　　　　　　表 4.2.7

项次	检 查 项 目 与 要 求	检 查 方 法
1	轴线位置(纵、横两个方向):符合设计和规范要求	钢尺检查
2	底模上表面标高:符合规范要求	水准仪或拉线、钢尺检查
3	截面内部尺寸　基础、柱、墙、梁:符合规范要求	钢尺检查
	层高垂直度　不大于5m:符合规范要求	经纬仪或吊线、钢尺检查
	大于5m:符合规范要求	经纬仪或吊线、钢尺检查
4	相邻两板表面高低差:符合规范要求	钢尺检查
5	表面平整度:符合规范要求	2m靠尺和塞尺检查

现浇结构模板安装工程检验批验收应提供的核查资料　　　表 204-1a

序号	核 查 资 料 名 称	核 查 要 点
1	模板设计(大中型工程或设计有要求的)	应提供时必须提供、核查模设计的正确性
2	模板安装施工技术方案	必须提供、核查其方案的正确性
3	预检记录(构件的轴线、断面尺寸、标高、预埋件位置、预留孔洞位置、模板牢固性、模板清理等)	预检记录核查资料名称项下括号内的内容
4	有关验收文件	按提供验收文件内容,核查其正确性

注:1. 合理缺项除外；2. 表列凡有性能要求的均应符合设计和规范要求。

附：规范规定的施工"过程控制"要点

4.1.1　模板及其支架应根据工程结构形式、荷载大小、地基土类别、施工设备和材料供应等条件进行设计。模板及其支架应具有足够的承载能力、刚度和稳定性,能可靠地承受新浇筑混凝土的自重、侧压力以及施工荷载。

4.1.2　在浇筑混凝土之前,应对模板工程进行验收。

　　模板安装和浇筑混凝土时,应对模板及其支架进行观察和维护；发生异常情况时,应按施工技术方案及时进行处理。

4.1.3　模板及其支架拆除的顺序及安全措施应按施工技术方案执行。

【预制构件模板安装工程检验批质量验收记录】

预制构件模板安装工程检验批质量验收记录表 表 204-2

单位(子单位)工程名称				
分部(子分部)工程名称			验 收 部 位	
施工单位			项 目 经 理	
分包单位			分包项目经理	
施工执行标准名称及编号				

检控项目	序号	质量验收规范规定		施工单位检查评定记录									监理(建设)单位验收记录
主控项目	1	模板、支架、立柱及垫板	第4.2.1条										
	2	涂刷隔离剂	第4.2.2条										
一般项目	1	模板安装	第4.2.3条										
	2	用作模板的地坪与胎模	第4.2.4条										
	3	模板起拱	第4.2.5条										
		项　目	允许偏差(mm)		量　测　值　(mm)								
	4	预埋钢板中心线位置	3										
	5	预埋管、预留孔中心线位置	3										
	6	插筋 中心线位置	5										
		插筋 外露长度	+10,0										
	7	预埋螺栓 中心线位置	2										
		预埋螺栓 外露长度	+10,0										
	8	预留洞 中心线位置	10										
		预留洞 外露长度	+10,0										
	9	长度 梁、板	±5										
		长度 薄腹梁、桁架	±10										
		长度 柱	0,-10										
		长度 墙板	0,-5										
	10	宽度 板、墙板	0,-5										
		宽度 梁、薄腹梁、板架、柱	+2,-5										
	11	高(厚)度 板	+2,-3										
		高(厚)度 墙板	0,-5										
		高(厚)度 梁、薄腹梁、板架、柱	+2,-5										
	12	构件长度 L 内的侧向弯曲 梁、板、柱	$L/1000$ 且≤15										
		构件长度 L 内的侧向弯曲 墙板、薄腹梁、桁架	$L/1500$ 且≤15										
	13	板的表面平整度	3										
	14	相邻两板表面高低差	1										
	15	对角线差 板	7										
		对角线差 墙板	5										
	16	构件长度 L 内的翘曲 板、墙板	$L/1500$										
	17	设计起拱 梁、薄腹梁、桁架	±3										

施工单位检查评定结果	专业工长(施工员)		施工班组长	
	项目专业质量检查员:		年　月　日	
监理(建设)单位验收结论	专业监理工程师: (建设单位项目专业技术负责人):		年　月　日	

注:表中一般项目序号4~8为该规范的第4.2.6条;序号9~17为该规范的第4.2.8条。

【检查验收时执行的规范条目】

1. 主控项目

4.2.1　安装现浇结构的上层模板及其支架时，下层楼板应具有承受上层荷载的承载能力，或加设支架；上层支架的立柱应对准，并铺设垫板。

检查数量：全数检查。

检验方法：对照模板设计文件和施工技术方案观察（合格标准：符合规范要求）。

4.2.2　在涂刷模板隔离剂时，不得沾污钢筋和混凝土接槎处。

检查数量：全数检查。

检验方法：观察（合格标准：符合规范要求）。

2. 一般项目

4.2.3　模板安装应满足下列要求：

1　模板的接缝不应漏浆；在浇筑混凝土前，木模板应浇水湿润，但模板内不应有积水；

2　模板与混凝土的接触面应清理干净并涂刷隔离剂，但不得采用影响结构性能或妨碍装饰工程施工的隔离剂；

3　浇筑混凝土前，模板内的杂物应清理干净；

4　对清水混凝土工程及装饰混凝土工程，应使用能达到设计要求效果的模板。

检查数量：全数检查。

检验方法：观察（合格标准：符合规范要求）。

4.2.4　用作模板的地坪、胎模等应平整、光洁，不得产生影响构件质量的下沉、裂缝、起砂或起鼓。

检查数量：全数检查。

检验方法：观察（合格标准：符合规范要求）。

4.2.5　对跨度不小于4m的现浇钢筋混凝土梁、板，其模板应按设计要求起拱；当设计无具体要求时，起拱高度宜为跨度的1/1000～3/1000。

检查数量：在同一检验批内，对梁，应抽查构件数量的10%，且不少于3件；对板，应按有代表性的自然间抽查10%，且不少于3间；对大空间结构，板可按纵、横轴线划分检查面，抽查10%，且不少于3面。

检验方法：水准仪或拉线、钢尺检查。

4.2.6　固定在模板上的预埋件、预留孔和预留洞均不得遗漏，且应安装牢固。偏差值应符合质量验收记录内的标准要求。

检查数量：在同一检验批内，对梁、柱和独立基础，应抽查构件数量的10%，且不少于3件；对墙和板，应按有代表性的自然间抽查10%，且不少于3间；对大空间结构，墙可按相邻轴线间高度5m左右划分检查面，板可按纵、横轴线划分检查面，抽查10%，且均不少于3面。

检验方法：钢尺检查（合格标准：符合规范要求）。

4.2.8　预制构件模板安装的偏差应符合表204-2的规定。

检查数量：首次使用及大修后的模板应全数检查；使用中的模板应定期检查，并根据使用情况不定期抽查。

检验方法：见表4.2.8。

【检查方法与应提资料核查】

预制构件模板安装工程检验批验收的检查方法　　　　　表 4.2.8

项次	检 查 项 目 与 要 求	检 查 方 法
1	长度　板、梁、薄腹梁、桁架、柱、墙板:符合规范要求	钢尺量两角边,取其中较大值
2	宽度　板、墙板、梁、薄腹梁、桁架、柱:符合规范要求	钢尺量一端及中部,取其中较大值
3	高(厚)度　板、墙板、梁、薄腹梁、桁架、柱:符合规范要求	钢尺量一端及中部,取其中较大值
4	构件长度 L 内的侧向弯曲　梁、板、柱、墙板、薄腹梁、桁架:符合规范要求	拉线、钢尺量最大弯曲处
5	板的表面平整度:符合规范要求	2m靠尺和塞尺检查
6	相邻两板表面高低差:符合规范要求	2m靠尺和塞尺检查
7	对角线差　板、墙板:符合规范要求	钢尺时两个对角线
8	构件长度 L 内的翘曲　板、墙板:符合规范要求	调平尺在两端量测
9	设计起拱　薄腹梁、桁架、梁:符合规范要求	拉线、钢尺量跨中

预制构件模板安装工程检验批验收应提供的核查资料　　　　　表 204-2a

序号	核 查 资 料 名 称	核 查 要 点
1	模板设计(设计有要求时)	应提供时必须提供、设计的正确性
2	模板安装施工技术方案	必须提供、核查其方案的正确性
3	有关验收文件	按提供验收文件内容,核查其正确性

注:1. 合理缺项除外;2. 表列凡有性能要求的均应符合设计和规范要求。

附:规范规定的施工"过程控制"要点

4.1.1　模板及其支架应根据工程结构形式、荷载大小、地基土类别、施工设备和材料供应等条件进行设计。模板及其支架应具有足够的承载能力、刚度和稳定性,能可靠地承受新浇筑混凝土的自重、侧压力以及施工荷载。

4.1.2　在浇筑混凝土之前,应对模板工程进行验收。

　　模板安装和浇筑混凝土时,应对模板及其支架进行观察和维护;发生异常情况时,应按施工技术方案及时进行处理。

4.1.3　模板及其支架拆除的顺序及安全措施应按施工技术方案执行。

【模板拆除检验批质量验收记录】

模板拆除检验批质量验收记录表

表 204-3

单位(子单位)工程名称					
分部(子分部)工程名称				验收部位	
施工单位				项目经理	
分包单位				分包项目经理	
施工执行标准名称及编号					

检控项目	序号	质量验收规范规定		施工单位检查评定记录	监理(建设)单位验收记录
主控项目	1	底模及其支架拆除	第4.3.1条		
	2	后张预应力混凝土构件模板拆除	第4.3.2条		
	3	后浇带模板的拆除和支顶	第4.3.3条		
一般项目	1	侧模拆除对混凝土强度要求	第4.3.4条		
	2	模板拆除的堆放与清运	第4.3.5条		

施工单位检查评定结果	专业工长(施工员)		施工班组长	
	项目专业质量检查员:　　　　　　年　月　日			

监理(建设)单位验收结论	
	专业监理工程师: (建设单位项目专业技术负责人):　　　　年　月　日

【检查验收时执行的规范条目】

1. 主控项目

4.3.1 底模及其支架拆除时的混凝土强度应符合设计要求;当设计无具体要求时,混凝土强度应符合表4.3.1的规定。

　　检查数量:全数检查。

　　检验方法:检查同条件养护试件强度试验报告(合格标准:符合设计和规范要求)。

底模拆除时的混凝土强度要求   表 4.3.1

构件类型	构件跨度（m）	达到设计的混凝土立方体抗压强度标准值的百分率（%）
板	≤2	≥50
	＞2，≤8	≥75
	＞8	≥100
梁、拱、壳	≤8	≥75
	＞8	≥100
悬臂构件	—	≥100

4.3.2　对后张法预应力混凝土结构构件，侧模宜在预应力张拉前拆除；底模支架的拆除应按施工技术方案执行，当无具体要求时，不应在结构构件建立预应力前拆除。

　　检查数量：全数检查。

4.3.3　后浇带模板的拆除和支顶应按施工技术方案执行。

　　检查数量：全数检查。

　　检验方法：观察（合格标准：符合规范要求）。

2. 一般项目

4.3.4　侧模拆除时的混凝土强度应能保证其表面及棱角不受损伤。

　　检查数量：全数检查。

　　检验方法：观察（合格标准：符合规范要求）。

4.3.5　模板拆除时，不应在楼层形成冲击荷载。拆除的模板和支架宜分散堆放并及时清运。

　　检查数量：全数检查。

　　检验方法：观察（合格标准：符合规范要求）。

【检验批验收应提供的核查资料】

模板拆除工程检验批验收应提供的核查资料   表 204-3a

序号	核查资料名称	核查要点
1	同条件养护试件试验报告(见证取样)	核查强度等级类别、提供报告的代表数量、满足实用要求程度
2	同条件养护试件测温记录	必须提供核查测温记录正确性
3	标准养护混凝土强度试验报告(见证取样)	核查强度等级类别、提供报告的代表数量、满足设计要求程度
4	有关验收文件	按提供验收文件内容,核查其正确性

　　注：1. 合理缺项除外；2. 表列凡有性能要求的均应符合设计和规范要求。

附：规范规定的施工"过程控制"要点

4.1.3　模板及其支架拆除的顺序及安全措施应按施工技术方案执行。

　　注：1. 模板及其支架拆除时，混凝土结构可能尚未形成设计要求的受力体系，必要时应加设临时支撑。

　　　　2. 后浇带模板的拆除及其支顶易被忽视而造成结构缺陷，应特别注意。

【钢筋分项工程】
【钢筋原材料检验批质量验收记录】

钢筋原材料检验批质量验收记录表

表 204-4

单位(子单位)工程名称					
分部(子分部)工程名称				验收部位	
施工单位				项目经理	
分包单位				分包项目经理	
施工执行标准名称及编号					

检控项目	序号	质量验收规范规定		施工单位检查评定记录	监理(建设)单位验收记录
主控项目	1	钢筋进场抽检	第5.2.1条		
	2	抗震框架结构用钢筋	第5.2.2条		
		抗拉强度与屈服强度比值	≥1.25		
		屈服强度与强度标准值	≤1.3		
	3	钢筋脆断、性能不良等检验	第5.2.3条		
一般项目	1	钢筋外观质量	第5.2.4条		

施工单位检查评定结果	专业工长(施工员)		施工班组长	
	项目专业质量检查员：　　　　　　年　月　日			

监理(建设)单位验收结论	
	专业监理工程师： (建设单位项目专业技术负责人)：　　　　年　月　日

【检查验收时执行的规范条目】

1. 主控项目

5.2.1 钢筋进场时，应按国家现行相关标准的规定抽取试件作力学性能和重量偏差检验，检验结果必须符合有关标准的规定。

　　检查数量：按进场的批次和产品的抽样检验方案确定。

　　检验方法：检查产品合格证、出厂检验报告和进场复验报告。

5.2.2 对有抗震设防要求的结构，其纵向受力钢筋的性能应满足设计要求；当设计无具体要求时，对按一、二、三级抗震等级设计的框架和斜撑构件（含梯段）中的纵向受力钢筋应采用 HRB335E、HRB400E、HRB500E、HRBF335E、HRBF400E 或 HRBF500E 钢筋，其强度和最大力下总伸长率的实测值应符合下列规定：

　　1 钢筋的抗拉强度实测值与屈服强度实测值的比值不应小于 1.25；

　　2 钢筋的屈服强度实测值与屈服强度标准值的比值不应大于 1.30；

　　3 钢筋的最大力下总伸长率不应小于 9%。

　　检查数量：按进场的批次和产品的抽样检验方案确定。

　　检验方法：检查进场复验报告。

5.2.3 当发现钢筋脆断、焊接性能不良或力学性能显著不正常等现象时，应对该批钢筋进行化学成分检验或其他专项检验。

　　检验方法：检查化学成分等专项检验报告。

2. 一般项目

5.2.4 钢筋应平直、无损伤，表面不得有裂纹、油污、颗粒状或片状老锈。

　　检查数量：进场时和使用前全数检查。

　　检验方法：观察。

【检验批验收应提供的核查资料】

钢筋原材料检验批验收应提供的核查资料　　　　　　　　　　　　　　　　表 204-4a

序号	核查资料名称	核查要点
1	材料、产品合格证或质量证明书	核查资料的真实性。核查需方及供方单位名称，材料或产品名称、规格、数量（质量或件数）、批号或生产日期、出厂日期、材料或产品出厂检验项目的各项检验结果和供方质检部门印记（必须符合设计和标准与规范要求），材料或产品应用标准编号，应标明的材料或产品注意事项、材料或产品安全警语
2	钢筋半成品出厂检验报告（工厂集中加工时提供）	核查其不同钢筋的品种、规格、数量、报告日期，与设计的符合性
3	钢筋试验报告（见证取样）	核查其品种、规格、提供报告的代表数量、报告日期、钢筋性能：屈服点、抗拉强度、伸长率、弯曲条件、弯曲结果、检验结论
4	钢筋化学分析报告（见证取样）	核查其品种、规格、提供报告的代表数量、报告日期、钢筋化学分析符合设计和相关标准要求、检验结论
5	有关验收文件	核查按提供验收文件内容，核查其正确性

　　注：1. 合理缺项除外；2. 表列凡有性能要求的均应符合设计和规范要求。

【钢筋加工检验批质量验收记录】

钢筋加工检验批质量验收记录表（方案一）　　　　　　　　　　　表204-5

单位(子单位)工程名称		
分部(子分部)工程名称		验收部位
施工单位		项目经理
分包单位		分包项目经理
施工执行标准名称及编号		

检控项目	序号	质量验收规范规定		施工单位检查评定记录	监理(建设)单位验收记录
主控项目	1	钢筋的弯钩和弯折	第5.3.1条		
	2	箍筋弯钩形式	第5.3.2条		
		盘卷钢筋调直后的力学性能和重量偏差检验	第5.3.2A条		
一般项目	1	钢筋的机械调直与冷拉调直	第5.3.3条		
		项目(第5.3.4条)	允许偏差(mm)	量 测 值 (mm)	
	2	受力钢筋顺长度方向全长的净尺寸	±10		
	3	弯起钢筋的弯折位置	±20		
	4	箍筋内净尺寸	±5		

施工单位检查评定结果	专业工长(施工员)	施工班组长
	项目专业质量检查员：　　　　　　　年　月　日	

监理(建设)单位验收结论	
	专业监理工程师： (建设单位项目专业技术负责人)：　　　　年　月　日

【检查验收时执行的规范条目】

1. 主控项目

5.3.1　受力钢筋的弯钩和弯折应符合下列规定：

　　1　HPB235级钢筋末端应作180°弯钩，其弯弧内直径不应小于钢筋直径的2.5倍，弯钩的弯后平直部分长度不应小于钢筋直径的3倍；

　　2　当设计要求钢筋末端需作135°弯钩时，HRB335级、HRB400级钢筋的弯弧内直径不应小于钢筋直径的4倍，弯钩的弯后平直部分长度应符合设计要求；

　　3　钢筋作不大于90°的弯折时，弯折处的弯弧内直径不应小于钢筋直径的5倍。

　　检查数量：按每工作班同一类型钢筋、同一加工设备抽查不应少于3件。

　　检验方法：钢尺检查。

5.3.2　除焊接封闭环式箍筋外，箍筋的末端应作弯钩，弯钩形式应符合设计要求；当设计无具体要求时，应符合下列规定：

　　1　箍筋弯钩的弯弧内直径除应满足本规范第5.3.1条的规定外，尚应不小于受力钢筋直径；

　　2　箍筋弯钩的弯折角度：对一般结构，不应小于90°；对有抗震等要求的结构，应为135°；

　　3　箍筋弯后平直部分长度：对一般结构，不宜小于箍筋直径的5倍；对有抗震等要求的结构，不应小于箍筋直径的10倍。

　　检查数量：按每工作班同一类型钢筋、同一加工设备抽查不应少于3件。

　　检验方法：钢尺检查。

5.3.2A　钢筋调直后应进行力学性能和重量偏差的检验，其强度应符合有关标准的规定。

　　盘卷钢筋和直条钢筋调直后的断后伸长率、重量负偏差应符合表5.3.2A的规定。

盘卷钢筋和直条钢筋调直后的断后伸长率、重量负偏差要求　　表5.3.2A

钢筋牌号	断后伸长率 A(%)	重量负偏差(%)		
		直径6～12mm	直径14～20mm	直径22～50mm
HPB235、HPB300	≥21	≤10	—	—
HRB335、HRBF335	≥16	≤8	≤6	≤5
HRB400、HRBF400	≥15			
RRB400	≥13			
HRB500、HRBF500	≥14			

　　注：1　断后伸长率A的量测标距为5倍钢筋公称直径；

　　　　2　重量负偏差（%）按公式$(W_0 - W_d)/W_0 \times 100$计算，其中$W_0$为钢筋理论重量（kg/m），$W_d$为调直后钢筋的实际重量（kg/m）；

　　　　3　对直径为28～40mm的带肋钢筋，表中断后伸长率可降低1%；对直径大于40mm的带肋钢筋，表中断后伸长率可降低2%。

　　采用无延伸功能的机械设备调直的钢筋，可不进行本条规定的检验。

　　检查数量：同一厂家、同一牌号、同一规格调直钢筋，重量不大于30t为一批；每批见证取3件试件。

　　检验方法：3个试件先进行重量偏差检验，再取其中2个试件经时效处理后进行力学性能检验。检验重量偏差时，试件切口应平滑且与长度方向垂直，且长度不应小于500mm；长度和重量的量测精度分别不应低于1mm和1g。

2. 一般项目

5.3.3　钢筋宜采用无延伸功能的机械设备进行调直，也可采用冷拉方法调直。当采用冷拉方法调直时，

HPB235、HPB300 光圆钢筋的冷拉率不宜大于 4%；HRB335、HRB400、HRB500、HRBF335、HRBF400、HRBF500 及 RRB400 带肋钢筋的冷拉率不宜大于 1%。

    检查数量：每工作班按同一类型钢筋、同一加工设备抽查不应少于 3 件。

    检验方法：观察，钢尺检查。

5.3.4 钢筋加工的形状、尺寸应符合设计要求，其偏差应符合表 5.3.4 的规定。

    检查数量：按每工作班同一类型钢筋、同一加工设备抽查不应少于 3 件。

    检验方法：钢尺检查。

钢筋加工的允许偏差　　　　　　　表 5.3.4

项　目	允许偏差（mm）
受力钢筋顺长度方向全长的净尺寸	±10
弯起钢筋的弯折位置	±20
箍筋内净尺寸	±5

【检验批验收应提供的核查资料】

钢筋加工工程检验批验收应提供的核查资料　　　表 204-5a

序号	核查资料名称	核查要点
1	钢筋试验报告（见证取样）	核查其品种、规格、提供报告的代表数量、报告日期、钢筋性能：屈服点、抗拉强度、伸长率、弯曲条件、弯曲结果、检验结论
2	钢筋下料单	核查相关设计文件与下料单的品种、规格、数量符合性
3	有关验收文件	按提供验收文件内容，核查其正确性

附：规范规定的施工"过程控制"要点

5.1.1 当钢筋的品种、级别或规格需作变更时，应办理设计变更文件。

【钢筋连接检验批质量验收记录】

钢筋连接检验批质量验收记录表　　　　　　　　　　　　表 204-6

单位(子单位)工程名称					
分部(子分部)工程名称				验收部位	
施工单位				项目经理	
分包单位				分包项目经理	
施工执行标准名称及编号					

检控项目	序号	质量验收规范规定		施工单位检查评定记录	监理(建设)单位验收记录
主控项目	1	纵向受力钢筋连接	第5.4.1条		
	2	钢筋连接的试件检验	第5.4.2条		
一般项目	1	钢筋接头位置的设置	第5.4.3条		
	2	钢筋连接的外观检查	第5.4.4条		
	3	钢筋连接的位置设置	第5.4.5条		
	4	绑扎钢筋接头	第5.4.6条		
	5	梁柱类构件的箍筋配置	第5.4.7条		

施工单位检查评定结果	专业工长(施工员)		施工班组长	
	项目专业质量检查员：　　　　　　　年　　月　　日			

监理(建设)单位验收结论	专业监理工程师： (建设单位项目专业技术负责人)：　　　　　年　　月　　日

【检查验收时执行的规范条目】

1. 主控项目

5.4.1　纵向受力钢筋的连接方式应符合设计要求。

　　检查数量：全数检查。　　检验方法：观察。

5.4.2　在施工现场，应按国家现行标准《钢筋机械连接通用技术规程》JGJ 107、《钢筋焊接及验收规程》JGJ 18 的规定抽取钢筋机械连接接头、焊接接头试件作力学性能检验，其质量应符合有关规程的规定。

　　检查数量：按有关规程确定。　　检验方法：检查产品合格证、接头力学性能试验报告。

　　附1：《钢筋机械连接通用技术规程》JGJ 107—2010

3.0.5　Ⅰ级、Ⅱ级、Ⅲ级接头的抗拉强度应符合表3.0.5的规定。

接头的抗拉强度   表 3.0.5

接头等级	Ⅰ级		Ⅱ级	Ⅲ级
抗拉强度	$f^0_{mst} \geqslant f_{stk}$ 或 $\geqslant 1.10 f_{stk}$	断于钢筋 断于接头	$f^0_{mst} \geqslant f_{stk}$	$f^0_{mst} \geqslant 1.25 f_{yk}$

注：f^0_{mst}——接头试件实测抗拉强度；

f_{stk}——钢筋抗拉强度标准值；

f_{yk}——钢筋屈服强度标准值。

7.0.7 对接头的每一验收批，必须在工程结构中随机截取 3 个接头试件作抗拉强度试验，按设计要求的接头等级进行评定。当 3 个接头试件的抗拉强度均符合本规程表 3.0.5 中相应等级的强度要求时，该验收批应评为合格。如有 1 个试件的抗拉强度不符合要求，应再取 6 个试件进行复检。复检中如仍有 1 个试件的抗拉强度不符合要求，则该验收批应评为不合格。

附 2：《钢筋焊接及验收规程》JGJ 18—2003

1.0.3 从事钢筋焊接施工的焊工必须持有焊工考试合格证，才能上岗操作。

3.0.5 □可焊的□种钢筋、□□□应□□□□□□□□、□□、□□□□□□□□□。

4.1.3 在工程开工正式焊接之前，参与该项施焊的焊工应进行现场条件下的焊接工艺试验，并经试验合格后，方可正式生产。试验结果应符合质量检验与验收时的要求。

5.1.7 钢筋闪光对焊接头、电弧焊接头、电渣压力焊接头、气压焊接头拉伸试验结果均应符合下列要求：

1 3 个热轧钢筋接头试件的抗拉强度均不得小于该牌号钢筋规定的抗拉强度；RRB400 钢筋接头试件的抗拉强度均不得小于 570N/mm²；

2 至少应有 2 个试件断于焊缝之外，并应呈延性断裂。

当达到上述 2 项要求时，应评定该批接头为抗拉强度合格。

当试验结果有 2 个试件抗拉强度小于钢筋规定的抗拉强度，或 3 个试件均在焊缝或热影响区发生脆性断裂时，则一次判定该批接头为不合格品。

当试验结果有 1 个试件的抗拉强度小于规定值，或 2 个试件在焊缝或热影响区发生脆性断裂，其抗拉强度均小于钢筋规定抗拉强度的 1.10 倍时，应进行复验。

复验时，应再切取 6 个试件。复验结果，当仍有 1 个试件的抗拉强度小于规定值，或有 3 个试件断于焊缝或热影响区，呈脆性断裂，其抗拉强度小于钢筋规定抗拉强度的 1.10 倍时，应判定该批接头为不合格品。

注：当接头试件虽断于焊缝或热影响区，呈脆性断裂，但其抗拉强度大于或等于钢筋规定抗拉强度的 1.10 倍时，可按断于焊缝或热影响区之外，呈延性断裂同等对待。

5.1.8 闪光对焊接头、气压焊接头进行弯曲试验时，应将受压面的金属毛刺和镦粗凸起部分消除，且应与钢筋的外表齐平。

弯曲试验可在万能试验机、手动或电动液压弯曲试验器上进行，焊缝应处于弯曲中心点，弯心直径和弯曲角应符合表 5.1.8 的规定。

接头弯曲试验指标   表 5.1.8

钢筋级别	弯心直径	弯曲角（°）
HPB235、HPB300	2d	90
HRB335	4d	90
HRB400、RRB400	5d	90
HRB500	7d	90

注：1. d 为钢筋直径（mm）；

2. 直径大于 25mm 的钢筋焊接接头，弯心直径应增加 1 倍钢筋直径。

当试验结果，弯至90°，有2个或3个试件外侧（含焊缝和热影响区）未发生破裂，应评定该批接头弯曲试验合格。

当3个试件均发生破裂，则一次判定该批接头为不合格品。

当有2个试件发生破裂，应进行复验。

复验时，应再切取6个试件。复验结果，当有3个试件发生破裂时，应判定该批接头为不合格品。

注：当试件外侧横向裂纹宽度达到0.5mm时，应认定已经破裂。

2. 一般项目

5.4.3　钢筋的接头宜设置在受力较小处。同一纵向受力钢筋不宜设置两个或两个以上的接头。接头末端至钢筋弯起点的距离不应小于钢筋直径的10倍。

检查数量：全数检查。　　检验方法：观察，钢尺检查。

5.4.4　在施工现场，应按国家现行标准《钢筋机械连接通用技术规程》JGJ 107、《钢筋焊接及验收规程》JGJ 18的规定对钢筋机械连接接头、焊接接头的外观进行检查，其质量应符合有关规程的规定。

检查数量：全数检查。　　检验方法：观察。

附1：《钢筋机械连接通用技术规程》JGJ 107—2010

钢筋机械连接接头施工现场检验与验收

（1）工程中应用钢筋机械接头时，应由该技术提供单位提交有效的型式检验报告。

（2）钢筋连接工程开始前，应对不同钢筋生产厂的进场钢筋进行接头工艺检验；施工过程中，更换钢筋生产厂时，应补充进行工艺检验。工艺检验应符合下列规定：

1）每种规格钢筋的接头试件不应少于3根；

2）每根试件的抗拉强度和3根接头试件的残余变形的平均值均应符合本规程表3.0.5和表3.0.7的规定；

接头的变形性能　　　　　　　　表3.0.7

接头等级		Ⅰ级	Ⅱ级	Ⅲ级
单向拉伸	残余变形(mm)	$u_0\leqslant0.10(d\leqslant32)$ $u_0\leqslant0.14(d>32)$	$u_0\leqslant0.14(d\leqslant32)$ $u_0\leqslant0.16(d>32)$	$u_0\leqslant0.14(d\leqslant32)$ $u_0\leqslant0.16(d>32)$
	最大力总伸长率(%)	$A_{sgt}\geqslant6.0$	$A_{sgt}\geqslant6.0$	$A_{sgt}\geqslant3.0$
高应力反复拉压	残余变形(mm)	$u_{20}\leqslant0.3$	$u_{20}\leqslant0.3$	$u_{20}\leqslant0.3$
大变形反复拉压	残余变形(mm)	$u_4\leqslant0.3$ 且 $u_8\leqslant0.6$	$u_4\leqslant0.3$ 且 $u_8\leqslant0.6$	$u_4\leqslant0.6$

注：当频遇荷载组合下，构件中钢筋应力明显高于$0.6f_{yk}$时，设计部门可对单向拉伸残余变形u_0的加载峰值提出调整要求。

3）接头试件在测量残余变形后可再进行抗拉强度试验，并宜按本规程附录A表A.1.3中的单向拉伸加载制度进行试验；

4）第一次工艺检验中1根试件抗拉强度或3根试件的残余变形平均值不合格时，允许再抽3根试件进行复检，复检仍不合格时判为工艺检验不合格。

（3）接头安装前应检查连接件产品合格证及套筒表面生产批号标识；产品合格证应包括适用钢筋直径和接头性能等级、套筒类型、生产单位、生产日期以及可追溯产品原材料力学性能和加工质量的生产批号。

（4）现场检验应按本规程进行接头的抗拉强度试验，加工和安装质量检验；对接头有特殊要求的结构，应在设计图纸中另行注明相应的检验项目。

（5）接头的现场检验应按验收批进行。同一施工条件下采用同一批材料的同等级、同型式、同规格接头，应以 500 个为一个验收批进行检验和验收，不足 500 个也应作为一个验收批。

（6）螺纹接头安装后应按（5）条的验收批，抽取其中 10％的接头进行拧紧扭矩校核，拧紧扭矩值不合格数超过被校核接头数的 5％时，应重新拧紧全部接头，直到合格为止。

（7）对接头的每一验收批，必须在工程结构中随机截取 3 个接头试件作抗拉强度试验，按设计要求的接头等级进行评定。当 3 个接头试件的抗拉强度都符合本规程表 3.0.5 中相应等级的强度要求时，该验收批应评为合格。如有 1 个试件的抗拉强度不符合要求，应再取 6 个试件进行复检。复检中如仍有 1 个试件的抗拉强度不符合要求，则该验收批应评为不合格。

（8）现场检验连续 10 个验收批抽样试件抗拉强度试验一次合格率为 100％时，验收批接头数量可扩大 1 倍。

（9）现场载取抽样试件后，原接头位置的钢筋可采用同等规格的钢筋进行搭接连接，或采用焊接及机械连接方法补接。

（10）对抽检不合格的接头验收批，应由建设方会同设计等有关方面研究后提出处理方案。

Ⅲ 0 《钢筋焊接及验收规程》JGJ 18—2003

焊接接头的外观质量要求见表 5.4.4-3。

焊接接头的外观质量要求　　　　　　　　　表 5.4.4-3

接头类型	外观质量要求
闪光对焊	1. 不得有横向裂纹； 2. 不得有明显烧伤； 3. 接头弯折角≤4°； 4. 轴线偏移≤0.1d，且≤2mm
电弧焊	1. 焊缝表面平整，无凹陷或焊瘤； 2. 接头区域不得有裂纹； 3. 弯折角≤4°； 4. 轴线偏移≤0.1d，且≤3mm； 5. 帮条焊纵向偏移≤0.5d
电渣压力焊	1. 钢筋与电极接触处无烧伤缺陷； 2. 四周焊包凸出钢筋表面高度≥4mm； 3. 弯折角≤4°； 4. 轴线偏移≤0.1d，且≤2mm
气压焊	1. 偏心量≤0.15d，且≤4mm； 2. 弯折角≤4°； 3. 镦粗直径≥1.4d； 4. 镦粗长度≥1.2d； 5. 压焊面偏移≤0.2d

5.4.5　当受力钢筋采用机械连接接头或焊接接头时，设置在同一构件内的接头宜相互错开。

纵向受力钢筋机械连接接头及焊接接头连接区段的长度为 35d（d 为纵向受力钢筋的较大直径）且不大于 500mm，凡接头中点位于该连接区段长度内的接头均属于同一连接区段。同一连接区段内，纵向受力钢筋机械连接及焊接的接头面积百分率为该区段内有接头的纵向受力钢筋截面面积与全部纵向受力钢筋截面面积的比值。

同一连接区段内，纵向受力钢筋的接头面积百分率应符合设计要求；当设计无具体要求时，应符合下列规定：

1　在受拉区不宜大于 50％；

2　接头不宜设置在抗震要求的框架梁端、柱端的箍筋加密区；当无法避开时，对等强度高质量机械连接接头，不应大于50%；

　　3　直接承受动力荷载的结构构件中，不宜采用焊接接头；当采用机械连接接头时，不应大于50%。

　　检查数量：在同一检验批内，对梁、柱和独立基础，应抽查构件数量的10%，且不少于3件；对墙和板，应按有代表性的自然间抽查10%，且不少于3件；对大空间结构，墙可按相邻轴线间高度5m左右划分检查面，板可按纵横轴线划分检查面，抽查10%，且均不少于3面。

　　检验方法：观察，钢尺检查。

5.4.6　同一构件中相邻纵向受力钢筋的绑扎搭接接头宜相互错开。绑扎搭接接头中钢筋的横向净距不应小于钢筋直径，且不应小于25mm。

　　钢筋绑扎搭接接头连接区段的长度为1.3l（l为搭接长度），凡搭接接头中点位于该连接区段长度内的搭接接头均属于同一连接区段。同一连接区段内，纵向钢筋搭接接头面积百分率为该区段内有搭接接头的纵向受力钢筋截面面积与全部纵向受力钢筋截面面积的比值（见GB 50204—2002图5.4.6）。

　　同一连接区段内，纵向受拉钢筋搭接接头面积百分率应符合设计要求；当设计无具体要求时，应符合下列规定：

　　1　对梁、板类及墙类构件，不宜大于25%；

　　2　对柱类构件，不宜大于50%；

　　3　当工程中确有必要增大接头面积百分率时，对梁类构件，不应大于50%；对其他构件，可根据实际情况放宽。

　　纵向受力钢筋绑扎搭接接头的搭接长度应符合GB 50204—2002规范附录B的规定。

　　检查数量：在同一检验批内，对梁、柱和独立基础，应抽查构件数量的10%，且不少于3间；对墙和板，应按有代表性的自然间抽查10%，且不少于3件；对大空间结构，墙可按相邻轴线间高度5m左右划分检查面，板可按纵横轴线划分检查面，抽查10%，且均不少于3面。

　　检验方法：观察，钢尺检查。

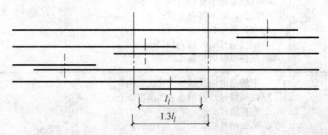

图5.4.6　钢筋绑扎搭接接头连接区段及接头面积百分率

　　注：图中所示搭接接头同一连接区段内的搭接钢筋为两根，当各钢筋直径相同时，接头面积百分率为50%。

5.4.7　在梁、柱类构件的纵向受力钢筋搭接长度范围内，应按设计要求配置箍筋。当设计无要求时，应符合下列规定：

　　1　箍筋直径不应小于搭接钢筋较大直径的0.25倍；

　　2　受拉搭接区段的箍筋间距不应大于搭接钢筋较小直径的5倍，且不应大于100mm；

　　3　受压搭接区段的箍筋间距不应大于搭接钢筋较小直径的10倍，且不应大于200mm；

　　4　当柱中纵向受力钢筋直径大于25mm时，应在搭接接头两个端面外100mm范围内各设置两个箍筋，其间距宜为50mm。

　　检查数量：在同一检验批内，对梁、柱和独立基础，应抽查构件数量的10%，且不少于3间；对墙和板，应按有代表性的自然间抽查10%，且不少于3件；对大空间结构，墙可按相邻轴线间高度5m左右划分检查面，板可按纵、横轴线划分检查面，抽查10%，且均不少于3面。

　　检验方法：钢尺检查。

【检验批验收应提供的核查资料】

钢筋连接工程检验批验收应提供的核查资料 表 204-6a

序号	核查资料名称	核 查 要 点
1	钢筋接头力学性能试验报告(见证取样)	核查其品种、规格、提供报告的代表数量、报告日期、与设计和标准、规范的符合性
1)	电阻点焊性能	钢筋电阻点焊:剪切试验[试样编号、抗剪载荷(N)]、拉伸试验[试样编号、抗拉强度(MPa)]、依据标准、检验结果等项试验内容必须齐全。实际试验项目根据工程实际择用
2)	钢筋锥螺纹接头性能	钢筋锥螺纹接头拉伸:接头等级、试件编号、钢筋规格(mm)、横截面积 $A(mm^2)$、屈服强度标准值 $f_{yk}(N/mm^2)$、抗拉强度标准值 $f_{tk}(N/mm^2)$、极限拉力实测值 $P(kN)$、抗拉强度实测值⋯⋯ 钢筋锥螺纹接头质量检查:构件种类、钢筋规格、接头位置、无完整丝扣外露、规定力矩值(N·m)、施工力矩值(N·m)、检验力矩值(N·m)、检验结论
3)	钢筋焊接接头	试样编号、钢筋直径(mm)、拉伸试验[抗拉强度(MPa)、断裂位置及特征(mm)]、弯曲试验[弯心直径(mm)、弯曲角(°)]、评定、依据标准、检验结果等项试验内容必须齐全。实际试验项目根据工程实际择用。
2	钢筋连接接头质量验收记录	核查不同品种、规格、钢筋连接接头外观质量及数量与设计的符合性
3	有关验收文件	按提供验收文件内容,核查其正确性

注:1. 合理缺项除外;2. 表列凡有性能要求的均应符合设计和规范要求。

附:规范规定的施工"过程控制"要点

5.1.1 当钢筋的品种、级别或规格需作变更时,应办理设计变更文件。

5.1.2 在浇筑混凝土之前,应进行钢筋隐蔽工程验收,其内容包括:

    1 纵向受力钢筋的品种、规格、数量、位置等;

    2 钢筋的连接方式、接头位置、接头数量、接头面积百分率等;

    3 箍筋、横向钢筋的品种、规格、数量、间距等;

    4 预埋件的规格、数量、位置等。

【钢筋安装检验批质量验收记录】

钢筋安装检验批质量验收记录表

表 204-7

单位(子单位)工程名称																
分部(子分部)工程名称								验 收 部 位								
施工单位								项 目 经 理								
分包单位								分包项目经理								
施工执行标准名称及编号																

检控项目	序号	质量验收规范规定			施工单位检查评定记录									监理(建设)单位验收记录
主控项目	1	受力钢筋的品种、级别规格与数量		第5.5.1条										
	2	项　目		允许偏差(mm)	量测值(mm)									
		钢筋保护层厚度允许偏差	梁	±5mm										
			板	±3mm										
一般项目	1	绑扎钢筋网	长、宽	±10										
			网眼尺寸	±20										
	2	绑扎钢筋骨架	长	±10										
			宽、高	±5										
	3	受力钢筋	间距	±10										
			排距	±5										
	4	保护层厚度	基础	±10										
			柱、梁	±5										
			板、墙、壳	±3										
	5	绑扎箍筋、横向钢筋间隙		±20										
	6	钢筋弯起点位置		20										
	7	预埋件	中心线位置	5										
			水平高差	+3,0										

注:1. 检查埋件中心线位置时,应沿纵、横两个方向量测,并取其中的较大值;
　　2. 表中梁类、板类构件上部纵向受力钢筋保护层厚度的合格点率应达到90%及以上,且不得有超过表中数值1.5倍的尺寸偏差。

施工单位检查评定结果	专业工长(施工员)		施工班组长	
	项目专业质量检查员:		年　月　日	
监理(建设)单位验收结论	专业监理工程师:			
	(建设单位项目专业技术负责人):		年　月　日	

【检查验收时执行的规范条目】

1. 主控项目

5.5.1 钢筋安装时，受力钢筋的品种、级别、规格和数量必须符合设计要求。

　　检查数量：全数检查。

　　检验方法：观察，钢尺检查。

5.5.2 钢筋安装位置的偏差应符合表204-7的规定。

　　检查数量：在同一检验批内，对梁、柱和独立基础，应抽查构件数量的10%，且不少于3件；对墙和板，应按有代表性的自然间抽查10%，且不少于3间；对大空间结构，墙可按相邻轴线间高度5m左右划分检查面，板可按纵、横轴线划分检查面，抽查10%，且均不少于3面。

　　检验方法：见表5.5.2。

2. 一般项目

　　检查内容按表204-7的相关内容与标准要求执行。

【检查方法与应提资料核查】

钢筋安装位置允许偏差值的检查方法　　　　　　　表5.5.2

项次	检 查 项 目 与 要 求	检 查 方 法
1	绑扎钢筋网　长、宽	钢尺检查
	网眼尺寸	钢尺量连接三档，取最大值
2	绑扎钢筋骨架　长、宽、高	钢尺检查
3	受力钢筋　间距、排距	钢尺量两端、中间各一点，取最大值
4	受力钢筋保护层厚度　基础、柱、梁、板、墙、壳	钢尺检查
5	绑扎箍筋、横向钢筋间距	钢尺量连续三档，取最大值
6	钢筋弯起点位置	钢尺检查
7	预埋件　中心线位置	钢尺检查
	水平高差	钢尺和塞尺检查

　　注：1 检查预埋件中心线位置时，应沿纵、横两个方向量测，并取其中的较大值；

　　　　2 表中梁类、板类构件上部纵向受力钢筋保护层厚度的合格点率应达到90%及以上，且不得有超过表中数值1.5倍的尺寸偏差。

钢筋安装工程检验批验收应提供的核查资料　　　　　　表 204-7a

序号	核查资料名称	核 查 要 点
1	钢筋试验报告单(见证取样)	核查品种、规格、提供报告的代表数量、日期、钢筋性能:屈服点、抗拉强度、伸长率、弯曲条件、弯曲结果、检验结论
2	隐蔽工程验收记录	核查不同钢筋规格、数量(不同设计的主筋、副筋、构造钢筋的总数量)、间距、保护层厚度、模板质量等与设计文件的符合性
3	钢筋接头(焊接或机械连接)试验报告(见证取样)	核查不同品种、规格、提供报告的代表数量钢筋连接试验报告的符合性
1)	电阻点焊性能	核查钢筋电阻点焊:剪切试验[试样编号、抗剪载荷(N)]、拉伸试验[试样编号、抗拉强度(MPa)]、依据标准、检验结论等项试验内容必须齐全。实际试验项目根据工程实际择用
2)	核查钢筋锥螺纹接头性能	钢筋锥螺纹接头拉伸:接头等级、试件编号、钢筋规格(mm)、横截面积 A(mm²)、屈服强度标准值 f_{yk}(N/mm²)、抗拉强度标准值 f_{tk}(N/mm²)、极限拉力实测值 P(kN)、抗拉强度实测值 $f_{mst}^0 = P/A$(N/mm²)、评定结果、评定结论 钢筋锥螺纹接头质量检查:构件种类、钢筋规格、接头位置、无完整丝扣外露、规定力矩值(N・m)、施工力矩值(N・m)、检验力矩值(N・m)、检验结论
3)	钢筋焊接接头	核查试样编号、钢筋直径(mm)、拉伸试验[抗拉强度(MPa)、断裂位置及特征(mm)]、弯曲试验[弯心直径(mm)、弯曲角(°)]、评定、依据标准、检验结果等项试验内容必须齐全。实际试验项目根据工程实际择用
4	有关验收文件	按提供验收文件内容,核查其正确性

注:1. 合理缺项除外;2. 表列凡有性能要求的均应符合设计和规范要求。

附：规范规定的施工"过程控制"要点

5.1.1 当钢筋的品种、级别或规格需作变更时，应办理设计变更文件。

5.1.2 在浇筑混凝土之前，应进行钢筋隐蔽工程验收，其内容包括：

　　1 纵向受力钢筋的品种、规格、数量、位置等；

　　2 钢筋的连接方式、接头位置、接头数量、接头面积百分率等；

　　3 箍筋、横向钢筋的品种、规格、数量、间距等；

　　4 预埋件的规格、数量、位置等。

【预应力分项工程】

【预应力混凝土原材料检验批质量验收记录】

预应力混凝土原材料检验批质量验收记录表　　　　　　表 204-8

单位(子单位)工程名称					
分部(子分部)工程名称				验 收 部 位	
施工单位				项 目 经 理	
分包单位				分包项目经理	
施工执行标准名称及编号					

检控项目	序号	质量验收规范规定		施工单位检查评定记录	监理(建设)单位验收记录
主控项目	1	预应力筋性能抽检	第 6.2.1 条		
	2	无粘结预应力涂包	第 6.2.2 条		
	3	锚具、夹具和连接器	第 6.2.3 条		
	4	孔道灌浆用水泥与外加剂	第 6.2.4 条		
	1)	应采用普通硅酸盐水泥			
	2)	外加剂应符合现行国家标准			
一般项目	1	预应力筋的外观检查	第 6.2.5 条		
	2	锚具、夹具和连接器的外观检查	第 6.2.6 条		
	3	金属螺旋管的尺寸和性能	第 6.2.7 条		
	4	金属螺旋管的外观检查	第 6.2.8 条		

施工单位检查评定结果	专业工长(施工员)		施工班组长	
	项目专业质量检查员：　　　　　　　　　年　　月　　日			
监理(建设)单位验收结论	专业监理工程师： (建设单位项目专业技术负责人)：　　　　年　　月　　日			

【检查验收时执行的规范条目】

1. 主控项目

6.2.1 预应力筋进场时，应按现行国家标准《预应力混凝土用钢绞线》GB/T 5224 抽取试件作力学性能检验，其质量必须符合有关标准的规定。

　　检查数量：按进场的批次和产品的抽样检验方案确定。

　　检验方法：检查产品合格证、出厂检验报告和进场复验报告。

《预应力混凝土用钢绞线》GB/T 5224

（1）检验规则

1）组批规则：钢绞线应成批验收，每批钢绞线由同一牌号、同一规格、同一生产工艺捻制的钢绞线组成。每批质量不大于 60t。

2）检验项目及取样数量

检验项目及取样数量应符合表 204-8-1 的规定。

供方出厂常规检验项目及取样数量　　　　　　　　　表 204-8-1

序号	检验项目	取样数量	取样部位	检验方法
1	表面	逐盘卷		目视
2	外形尺寸	逐盘卷		按本标准 8.2 规定执行
3	钢绞线伸直性	3根/每批		用分度值为 1mm 的量具测量
4	整根钢绞线最大力	3根/每批	在每（任）盘卷中任意一端截取	按本标准 8.4.1 规定执行
5	规定非比例延伸长率	3根/每批		按本标准 8.4.2 规定执行
6	最大力总伸长率	3根/每批		按本标准 8.4.3 规定执行
7	应力松弛性能	不少于1根/每合同批〔注〕		按本标准 8.5 规定执行

注：合同批为一个订货合同的总量。在特殊情况下，松弛试验可以由工厂连续检验提供同一原料、同一生产工艺的数据所代替。

　　（2）1000h 的应力松弛性能试验、疲劳性能试验、偏斜拉伸试验只进行型式检验，仅在原料、生产工艺、设备有重大变化及新产品生产、停产后复产时进行检验。

6.2.2　无粘结预应力筋的涂包质量应符合无粘结预应力钢绞线标准的规定。

　　检查数量：每 60t 为一批，每批抽取一组试件。

　　检验方法：观察，检查产品合格证、出厂检验报告和进场复验报告。

　　注：当有工程经验，并经观察认为质量有保证时，可不作油脂用量和护套厚度的进场复验。

6.2.3　预应力筋用锚具、夹具和连接器应按设计要求采用，其性能应符合现行国家标准《预应力筋用锚具、夹具和连接器》GB/T 14370 等的规定。

　　检查数量：按进场批次和产品的抽样检验方案确定。

　　检验方法：检查产品合格证、出厂检验报告和进场复验报告。

　　注：对锚具用量较少的一般工程，如供货方提供有效的试验报告，可不作静载锚固性能试验。

6.2.4　孔道灌浆用水泥应采用普通硅酸盐水泥，其质量应符合（GB 50204—2002）规范第及 7.2.1 条的规定。孔道灌浆用外加剂的质量应符合（GB 50204—2002）规范第 7.2.2 条的规定。

　　检查数量：按进场批次和产品的抽样检验方案确定。

检验方法：检查产品合格证、出厂检验报告和进场复验报告。

注：对孔道灌浆用水泥和外加剂用量较少的一般工程，当有可靠依据时，可不作材料性能的进场复验。

附：**7.2.1** 水泥进场时应对其品种、级别、包装或散装仓号、出厂日期等进行检查，并应对其强度、安定性及其他必要的性能指标进行复验，其质量必须符合现行国家标准《通用硅酸盐水泥》GB 175 等的规定。

当在使用中对水泥质量有怀疑或水泥出厂超过三个月（快硬硅酸盐水泥超过一个月）时，应进行复验，并按复验结果使用。

钢筋混凝土结构、预应力混凝土结构中，严禁使用含氯化物的水泥。

检查数量：按同一生产厂家、同一等级、同一品种、同一批号且连续进场的水泥，袋装不超过 **200t** 为一批，散装不超过 **500t** 为一批，每批抽样不少于一次。

检验方法：检查产品合格证、出厂检验报告和进场复验报告。

7.2.2 混凝土中掺用外加剂的质量及应用技术应符合现行国家标准《混凝土外加剂》GB 8076、《混凝土外加剂应用技术规范》GB 50119 等和有关环境保护的规定。

预应力混凝土结构中，严禁使用含氯化物的外加剂；钢筋混凝土结构中，当使用含氯化物的外加剂时，混凝土中氯化物的总含量应符合现行国家标准《混凝土质量控制标准》GB 50164 的规定。

检查数量：按进场的批次和产品的抽样检验方案确定。

检验方法：检查产品合格证、出厂检验报告和进场复验报告。

2. 一般项目

6.2.5 预应力筋使用前应进行外观检查，其质量应符合下列要求：

1 有粘结预应力筋展开后应平顺，不得有弯折，表面不应有裂纹、小刺、机械损伤、氧化铁皮和油污等；

2 无粘结预应力筋护套应光滑、无裂缝，无明显褶皱。

检查数量：全数检查。

检验方法：观察。

注：无粘结预应力筋护套轻微破损者应外包防水塑料胶带修补，严重破损者不得使用。

6.2.6 预应力筋用锚具、夹具和连接器使用前应进行外观检查，其表面应无污物、锈蚀、机械损伤和裂纹。

检查数量：全数检查。

检验方法：观察。

6.2.7 预应力混凝土用金属螺旋管的尺寸和性能应符合国家现行标准《预应力混凝土用金属波纹管》JG 225—2007 的规定。

检查数量：按进场批次和产品的抽样检验方案确定。

检验方法：检查产品合格证、出厂检验报告和进场复验报告。

注：对金属螺旋管用量较小的一般工程，当有可靠依据时，可不作径向刚度、抗渗漏性能的进场复验。

6.2.8 预应力混凝土用金属螺旋管在使用前应进行外观检查，其内外表面应清洁，无锈蚀，不应有油污、孔洞和不规则的褶皱，咬口不应有开裂或脱扣。

检查数量：全数检查。

检验方法：观察。

【检验批验收应提供的核查资料】

预应力筋原材料检验批验收应提供的核查资料　　　　表 204-8a

序号	核查资料名称	核 查 要 点
1	材料、产品合格证或质量证明书	核查资料的真实性。核查需方及供方单位名称,材料或产品名称、规格、等级、数量(质量或件数)、批号或生产日期、出厂日期、材料或产品出厂检验项目的各项检验结果和供方质检部门印记(必须符合设计和标准与规范要求),材料或产品应用标准编号、生产许可证编号,应标明的材料或产品注意事项、材料或产品安全警语
2	原材料出厂检验报告	核查不同预应力筋的品种、规格、提供报告的代表数量,预应力筋材料与设计、规范的符合性。分别由厂家提供。提供的出厂检验报告的内容应符合相应标准检验规则中"出厂检验项目"规定(与试验报告大体相同)
3	预应力筋原材料试验报告(见证取样)	核查不同预应力筋品种、规格、提供报告的代表数量,预应力筋材料试验报告与设计、规范的符合性
1)	预应力钢丝试验报告	核查试验单位资质、外观、力学性能。分别核查其冷拉钢丝,普通性松弛消除应力钢丝,低松弛型消除应力钢丝、刻痕钢丝和螺旋类钢丝的力学性能
2)	预应力钢绞线试验报告	核查试验单位资质、外观、力学性能。核查其标准型钢丝线、刻痕钢绞线、模拔钢绞线的力学性能
3)	热处理钢筋试验报告	核查试验单位资质、外观、力学性能。核查其强度、松弛值、粘结性和均质性
4)	预应力锚夹具、连接器、孔道成型材料试验报告	核查试验单位资质、外观、力学性能及数量、配件的齐全性
4	有关验收文件	按提供验收文件内容,核查其正确性

注：1. 合理缺项除外；2. 表列凡有性能要求的均应符合设计和规范要求。

【预应力筋的制作与安装检验批质量验收记录】

预应力筋的制作与安装检验批质量验收记录表 　　　　表 204-9

单位(子单位)工程名称						
分部(子分部)工程名称					验收部位	
施工单位					项目经理	
分包单位					分包项目经理	
施工执行标准名称及编号						

检控项目	序号	质量验收规范规定		施工单位检查评定记录		监理(建设)单位验收记录
主控项目	1	材料、机械和规格和数量	第 A.4.1 条			
	2	先张法隔离剂选择	第 6.3.2 条			
	3	受损预应力筋必须更换	第 6.3.3 条			
一般项目	1	预应力筋的下料要求	第 6.3.4 条			
	2	端部锚具的制作质量	第 6.3.5 条			
	3	预留孔道的规格、数量、位置和形状规定	第 6.3.6 条			
	4	无粘结预应力的铺设	第 6.3.8 条			
	5	穿入孔道的后张有粘结预应力筋防锈	第 6.3.9 条			
	6	束形控制点竖向位置偏差(第 6.3.7 条)	允许偏差(mm)	量　　测　　值(mm)		
		构件高 $h \leqslant 300$	± 5mm			
		构件高 $300 < h \leqslant 1500$	± 10mm			
		构件高 $h \geqslant 1500$	± 15mm			

施工单位检查评定结果	专业工长(施工员)		施工班组长	
	项目专业质量检查员：		年　　月　　日	

监理(建设)单位验收结论	
	专业监理工程师： (建设单位项目专业技术负责人)：　　　　　年　　月　　日

【检查时执行的规范条目】

1. 主控项目

6.3.1　预应力筋安装时，其品种、级别、规格、数量必须符合设计要求。

　　检查数量：全数检查。　　检验方法：观察，钢尺检查。

6.3.2　先张法预应力施工时应选用非油质类模板隔离剂，并应避免沾污预应力筋。

　　检查数量：全数检查。　　检验方法：观察。

6.3.3　施工过程中应避免电火花损伤预应力筋；受损伤的预应力筋应予以更换。

　　检查数量：全数检查。　　检验方法：观察。

2. 一般项目

6.3.4　预应力筋下料应符合下列要求：

　　1　预应力筋应采用砂轮锯或切断机切断，不得采用电弧切割；

　　2　当钢丝束两端采用镦头锚具时，同一束中各根钢丝长度的极差不应大于钢丝长度的 1/5000，且不应大于 5mm。当成组张拉长度不大于 10m 的钢丝时，同组钢丝长度的极差不得大于 2mm。

　　检查数量：每工作班抽查预应力筋总数的 3%，且不应少于 3 束。　　检验方法：观察，钢尺检查。

6.3.5　预应力筋端部锚具的制作质量应符合下列要求：

　　1　挤压锚具制作时压力表油压应符合操作说明书的规定，挤压后预应力筋外端应露出挤压套筒 1～5mm；

　　2　钢绞线压花锚成形时，表面应清洁、无油污，梨形头尺寸和直线段长度应符合设计要求；

　　3　钢丝镦头的强度不得低于钢丝强度标准值的 98%。

　　检查数量：对挤压锚，每工作班抽查 5%，且不应少于 5 件；对压花锚，每工作班抽查 3 件；对钢丝镦头强度，每批钢丝检查 6 个镦头试件。　　检验方法：观察，钢尺检查，检查镦头强度试验报告。

6.3.6　后张法有粘结预应力筋的预留孔道的规格、数量、位置和形状除应符合设计要求外，尚应符合下列规定：

　　1　预留孔道的定位应牢固，浇筑混凝土时不应出现移位和变形；

　　2　孔道应平顺，端部的预埋锚垫板应垂直于孔道中心线；

　　3　成孔用管道应密封良好，接头应严密且不得漏浆；

　　4　灌浆孔的间距，对预埋金属螺旋管不宜大于 30m；对抽芯成形孔道不宜大于 12m；

　　5　在曲线孔道的曲线波峰部位应设置排气兼泌水管，必要时可在最低点设置排水孔；

　　6　灌浆孔及泌水管的孔径应能保证浆液畅通。

　　检查数量：全数检查。　　检验方法：观察，钢尺检查。

6.3.7　预应力筋束形控制点的竖向位置偏差应符合表 6.3.7 的规定。

束形控制点的竖向位置允许偏差　　　　　　　　　　　表 6.3.7

截面高（厚）度（mm）	$h\leqslant300$	$300<h\leqslant1500$	$h>1500$
允许偏差	±5	±10	±15

　　检查数量：在同一检验批内，抽查各类构件中预应力筋总数的 5%，且对各类型构件均不少于 5 束，每束不应少于 5 处。　　检验方法：钢尺检查。

　　注：束形控制点的竖向位置偏差合格点率达到 90% 及以上，且不得有超过表中数值 1.5 倍的尺寸偏差。

6.3.8　无粘结预应力钢的铺设除应符合本规范第 6.3.7 条的规定外，尚应符合以下要求：

　　1　无粘结预应力筋的定位应牢固，浇筑混凝土时不应出现移位和变形；

　　2　端部的预埋铺垫板应垂直于预应力筋；

　　3　内埋式固定端垫板不应重叠，锚具与垫板应贴紧；

　　4　无粘结预应力筋成束布置时应能保证混凝土密实并能裹住预应力筋；

　　5　无粘结预应力筋的护套应完整，局部破损处应采用防水胶带缠绕紧密。

　　检查数量：全数检查。　　检验方法：观察。

6.3.9　浇筑混凝土前穿入孔道的后张有粘结预应力筋，宜采取防止锈蚀的措施。

　　检查数量：全数检查。　　检验方法：观察。

【检验批验收应提供的核查资料】

预应力筋的制作与安装检验批验收应提供的核查资料　　　　　表 204-9a

序号	核查资料名称	核查要点
1	预应力筋的镦头强度试验报告(见证取样)	核查不同品种、级别、规格，提供报告的代表数量，强度值、外观(不得有镦头斜歪、烧伤缺陷)、抗拉强度(≥母材的98%)与设计的符合性
2	施工记录(品种、级别、规格、数量、隔离剂及预应力筋沾污、电火花损伤预应力筋)	施工记录应对各隐蔽工程项目名称项下括号内的内容及实施情况
3	隐蔽工程验收记录(品种、级别、规格、数量、隔离剂及预应力筋沾污、电火花损伤预应力筋)	隐验记录核查资料名称项下括号内的内容。均应符合设计和规范要求
4	有关验收文件	按提供验收文件内容,核查其正确性

　　注：1. 合理缺项除外；2.表列凡有性能要求的均应符合设计和规范要求。

附：规范规定的施工"过程控制"要点

6　预应力分项工程

6.1　一般规定

6.1.1　后张法预应力工程的施工应由具有相应资质等级的预应力专业施工单位承担。

6.1.2　预应力筋张拉机具设备及仪表，应定期维护和校验。张拉设备应配套标定，并配套使用。张拉设备的标定期限不应超过半年。当在使用过程中出现反常现象时或在千斤顶检修后，应重新标定。

　　注：1　张拉设备标定时，千斤顶活塞的运行方向应与实际张拉工作状态一致；

　　　　2　压力表的精度不应低于1.5级，标定张拉设备用的试验机或测力计精度不应低于±2%。

6.1.3　在浇筑混凝土之前，应进行预应力隐蔽工程验收，其内容包括：

　　1　预应力筋的品种、规格、数量、位置等；

　　2　预应力筋锚具和连接器的品种、规格、数量、位置等；

　　3　预留孔道的规格、数量、位置、形状及灌浆孔、排气兼泌水管等；

　　4　锚固区局部加强构造等。

【预应力筋张拉和放张检验批质量验收记录】

预应力筋张拉和放张检验批质量验收记录表　　　　　　表204-10

单位(子单位)工程名称					
分部(子分部)工程名称				验收部位	
施工单位				项目经理	
分包单位				分包项目经理	
施工执行标准名称及编号					

检控项目	序号	质量验收规范规定		施工单位检查评定记录	监理(建设)单位验收记录
主控项目	1	张拉及放张时混凝土强度规定(≥75%)	第6.4.1条		
	2	实际伸长与设计计算伸长相对允许偏差(±6%)	第6.4.2条		
	3	实际建立的预应力值与工程设计规定检验值相对允许偏差(±5%)	第6.4.3条		
	4	**预应力筋断裂与脱滑规定**	**第6.4.4条**		
一般项目	1	预应力筋内缩量(第6.4.5条)	内缩量限值(mm)	测量值	
	(1)	支承式锚具(镦头锚具等) 螺帽缝隙	1		
		每块后加垫板的缝隙	1		
	(2)	锥塞式锚具	5		
	(3)	夹片式锚具 有顶压	5		
		无顶压	6~8		
	2	预应力张拉后与设计位置偏差(≤5mm且不大于短边边长4%)	第6.4.6条		

施工单位检查评定结果	专业工长(施工员)		施工班组长	
	项目专业质量检查员：　　　　　　　　　　　年　月　日			

监理(建设)单位验收结论	专业监理工程师： (建设单位项目专业技术负责人)：　　　　　　　年　月　日

【检查验收时执行的规范条目】

1. 主控项目

6.4.1 预应力筋张拉及放张时，混凝土强度应符合设计要求；当设计无具体要求时，不应低于设计的混凝土立方体抗压强度标准值的75%。

检查数量：全数检查。

检验方法：检查同条件养护试件试验报告。

2. 一般项目

6.4.2 预应力筋的张拉力、张拉或放张顺序及张拉工艺应符合设计及施工技术方案的要求。

当采用应力控制方法张拉时，应校核预应力筋的伸长值。实际伸长值与设计计算伸长值的相对允许偏差为±6%。

检查数量：全数检查。

检验方法：检查张拉记录。

6.4.3 预应力筋张拉锚固后实际建立的预应力值与工程设计规定检验值的相对允许偏差为±5%。

检查数量：对先张法施工，每工作班抽查预应力筋总数的1%，且不少于3根；对后张法施工，在同一检验批内，抽查预应力筋总数的3%，且不少于5束。

检验方法：对先张法施工，检查预应力筋应力的检测记录；对后张法施工，检查见证张拉记录。

6.4.4 张拉过程中应避免预应力筋断裂或滑脱；当发生断裂或滑脱时，必须符合下列规定：

1 对后张法预应力结构构件，断裂或滑脱的数量严禁超过同一截面预应力筋总根数的3%，且每束钢丝不得超过一根；对多跨双向连续板，其同一截面应按每跨计算；

2 对先张法预应力构件，在浇筑混凝土前发生断裂或滑脱的预应力筋必须予以更换。

检查数量：全数检查。

检验方法：观察，检查张拉记录。

6.4.5 锚固阶段张拉端预应力筋的内缩量应符合设计要求。

锚固阶段张拉端预应力筋的内缩量允许值 表 6.4.5

锚 具 类 别	内缩量限值(mm)
支承式锚具(镦头锚、带有螺丝端杆的锚具等)	1
锥塞式锚具	5
夹片式锚具有顶压	5
每块后加的锚具垫板	1
夹片式锚具无顶压	6~8

注：1. 内缩量值系数指预应力筋锚固过程中，由于锚具零件之间和锚具与预应力筋之间的相对移动和局部塑性变形造成的回缩量；

2. 当设计对锚具内缩量允许值有专门规定时，可按设计规定确定。

检查数量：每工作班抽查预应力筋总数的3%，且不应少于3束。

6.4.6 先张法预应力筋张拉后与设计位置的偏差不得大于5mm，且不得大于构件截面短边边长的4%。

检查数量：每工作班抽查预应力筋总数的3%，且不应少于3束。

检验方法：钢尺检查。

【检验批验收应提供的核查资料】

预应力张拉与放张检验批验收应提供的核查资料   表 204-10a

序号	核查资料名称	核查要点
1	预应力同条件养护混凝土试件强度试验报告(见证取样)	核查混凝土强度等级、提供报告的代表数量、满足实用和设计的要求
2	张拉及张拉记录	核查张拉及张拉记录过程实施的正确性、应符合设计和规范要求
3	预应力筋应力检测记录	核查预应力筋应力检测值,核查与设计、标准的符合性
4	张拉及放张、预应力筋应力检测报告(见证取样)	核查报告中不同品种、规格、级别、数量、检测报告是否齐全与设计要求符合性
5	有关验收文件	按提供验收文件内容,核查其正确性

注：1. 合理缺项除外；2. 表列凡有性能要求的均应符合设计和规范要求

附：规范规定的施工"过程控制"要点

6 预应力分项工程

6.1 一般规定

6.1.1 后张法预应力工程的施工应由具有相应资质等级的预应力专业施工单位承担。

6.1.2 预应力筋张拉机具设备及仪表,应定期维护和校验。张拉设备应配套标定,并配套使用。张拉设备的标定期限不应超过半年。当在使用过程中出现反常现象时或在千斤顶检修后,应重新标定。

注：1 张拉设备标定时,千斤顶活塞的运行方向应与实际张拉工作状态一致；

　　2 压力表的精度不应低于 1.5 级,标定张拉设备用的试验机或测力计精度不应低于 ±2%。

6.1.3 在浇筑混凝土之前,应进行预应力隐蔽工程验收,其内容包括:

1 预应力筋的品种、规格、数量、位置等；

2 预应力筋锚具和连接器的品种、规格、数量、位置等；

3 预留孔道的规格、数量、位置、形状及灌浆孔、排气兼泌水管等；

4 锚固区局部加强构造等。

【预应力灌浆及封锚检验批质量验收记录】

预应力灌浆及封锚检验批质量验收记录表　　　　　表 204-11

单位(子单位)工程名称									
分部(子分部)工程名称				验收部位					
施工单位				项目经理					
分包单位				分包项目经理					
施工执行标准名称及编号									

检控项目	序号	质量验收规范规定		施工单位检查评定记录					监理(建设)单位验收记录
主控项目	1	预应力筋张拉后的孔道灌浆	第6.5.1条						
		项目	允许偏差(mm)	量测值(mm)					
	2	锚具及预应力的封闭	第6.5.2条						
	1)	凸出式锚固端保护层厚度	≥50mm						
	2)	外露预应力筋保护层厚度:							
	①	处于正常环境	≥20mm						
	②	处于易受腐蚀环境	≥50mm						
一般项目	1	预应力筋的外露部分,外露长度不宜小于预应力筋直径的1.5倍,且不小于30mm	第6.5.3条						
	2	灌浆用水泥浆	第6.5.4条						
	1)	水泥浆水灰比	(不应大于0.45)						
	2)	搅拌后3h泌水率	(不宜大于2%且不大于3%)						
	3)	泌水24h全部被水泥浆吸收							
	3	水泥浆抗压强度(不应小于30N/mm²)	第6.5.5条						

施工单位检查评定结果	专业工长(施工员)		施工班组长	
	项目专业质量检查员:　　　　　年　月　日			

监理(建设)单位验收结论	专业监理工程师: (建设单位项目专业技术负责人):　　　　　年　月　日

【检查验收时执行的规范条目】

1. 主控项目

6.5.1 后张法有粘结预应力筋张拉后应及时进行孔道灌浆，孔道内水泥浆应饱满、密实。

　　检查数量：全数检查。

　　检验方法：观察，检查灌浆记录。

6.5.2 锚具的封闭保护应符合设计要求；当设计无具体要求时，应符合下列规定：

　　1 应采取防止锚具腐蚀和遭受机械损伤的有效措施；

　　2 凸出式锚固端锚具的保护层厚度不应小于 50mm；

　　3 外露预应力筋的保护层厚度：处于正常环境时，不应小于 20mm；处于易受腐蚀的环境时，不应小于 50mm。

　　检查数量：在同一验收批内，抽查预应力筋总数的 5%，且不应少于 5 处。

　　检验方法：观察，钢尺检查。

6.5.3 后张法预应力筋锚固后的外露部分宜采用机械方法切割，其外露长度不宜小于预应力筋直径的 1.5 倍，且不宜小于 30mm。

　　检查数量：在同一检验批内，抽查预应力筋总数的 3%，且不少于 5 束。

　　检验方法：观察，钢尺检查。

2. 一般项目

6.5.4 灌浆用水泥浆的水灰比不应大于 0.45，搅拌后 3h 泌水率不宜大于 2%，且不应大于 3%。泌水应能在 24h 内全部重新被水泥浆吸收。

　　检查数量：同一配合比检查一次。

　　检验方法：检查水泥浆性能试验报告。

6.5.5 灌浆用水泥浆的抗压强度不应小于 30N/mm²。

　　检查数量：每工作班留置一组边长为 70.7mm 的立方体试件。

　　检验方法：检查水泥浆试件强度试验报告。

　　注：1 一组试件由 6 个试件组成，试件应标准养护 28d；

　　　　2 抗压强度为一组试件的平均值，当一组试件中抗压强度最大值或最小值与平均值相差超过 20% 时，应取中间 4 个试件强度的平均值。

【检验批验收应提供的核查资料】

预应力灌浆与封锚检验批验收应提供的核查资料　表 204-11a

序号	核查资料名称	核查要点
1	灌浆与封锚用材料	
1)	水泥试验报告	检查其品种、提供报告的代表数量、报告日期、水泥性能：抗折强度、抗压强度、初凝、终凝、安定性、依据标准、检验结论
2)	砂试验报告	检查其品种、提供报告的代表数量、报告日期、砂子性能：表观密度(kg/m³)；氯离子含量(%)；堆积密度(kg/m³)；含水率(%)；紧密密度(kg/m³)；吸水率(%)；含泥量(%)；云母含量(%)；泥块含量(%)；轻物质含量(%)；有机物含量；硫酸盐、硫化物含量(%)；压碎值指标(%)；坚固性质量损失率(%)；人工砂的石粉含量(%)、人工砂的 MB 值；碱活性；贝壳含量(%)，颗粒级配、细度模数、检验结论
3)	外加剂试验报告	检查其品种、提供报告的代表数量、报告日期、外加剂性能：含固量；含水率；密度；细度；pH 值；氯离子含量；硫酸钠含量；总碱量、检验结论
4)	防腐油脂(不能使用混凝土或砂浆包裹层的部位用)	
2	预应力灌浆记录	核查灌浆时间、饱满度、密实情况
3	水泥浆试件强度试验报告(见证取样)	核查提供报告的代表数量、制作日期，强度值是否符合设计和标准要求 水泥浆(水泥砂浆)或封锚用混凝土的配合比应经试验确定
4	水泥浆性能试验报告(试验或施工单位提供，见证取样)	核查提供报告的代表数量、制作日期，水泥性能：抗折强度、抗压强度、初凝、终凝、安定性、依据标准、检验结论
5	有关验收文件	按提供验收文件内容，核查其正确性

注：1. 合理缺项除外；2. 表列凡有性能要求的均应符合设计和规范要求。

附：规范规定的施工"过程控制"要点

6　预应力分项工程

6.1　一般规定

6.1.1　后张法预应力工程的施工应由具有相应资质等级的预应力专业施工单位承担。

【混凝土分项工程】

【混凝土原材料检验批质量验收记录】

混凝土原材料检验批质量验收记录表　　　　　　　　**表 204-12**

单位(子单位)工程名称				
分部(子分部)工程名称			验 收 部 位	
施工单位			项 目 经 理	
分包单位			分包项目经理	
施工执行标准名称及编号				

检控项目	序号	质量验收规范规定		施工单位检查评定记录	监理(建设)单位验收记录
主控项目	1	**进场水泥的检查复验**	**第 7.2.1 条**		
	2	**外加剂的质量标准**	**第 7.2.2 条**		
	3	氯化物和碱总含量	第 7.2.3 条		
一般项目	1	掺用矿物掺合料质量	第 7.2.4 条		
	2	粗、细骨料质量	第 7.2.5 条		
	3	拌制混凝土用水	第 7.2.6 条		

施工单位检查 评定结果	专业工长(施工员)		施工班组长	
	项目专业质量检查员：　　　　　　　　　年　月　日			

监理(建设)单位 验收结论	专业监理工程师： (建设单位项目专业技术负责人)：　　　　年　月　日

【检查验收时执行的规范条目】

1. 主控项目

7.2.1 水泥进场时应对其品种、级别、包装或散装仓号、出厂日期等进行检查，并应对其强度、安定性及其他必要的性能指标进行复验，其质量必须符合现行国家标准《通用硅酸盐水泥》GB 175—2007 的规定。

当在使用中对水泥质量有怀疑或水泥出厂超过三个月（快硬硅酸盐水泥超过一个月）时，应进行复验，并按复验结果使用。

钢筋混凝土结构、预应力混凝土结构中，严禁使用含氯化物的水泥。

检查数量：按同一生产厂家、同一等级、同一品种、同一批号且连续进场的水泥，袋装不超过 200t 为一批，散装不超过 500t 为一批，每批抽样不少于一次。

检验方法：检查产品合格证、出厂检验报告和进场复验报告。

7.2.2 混凝土中掺用外加剂的质量及应用技术应符合现行国家标准《混凝土外加剂》GB 8076、《混凝土外加剂应用技术规范》GB 50119 等和有关环境保护的规定。

预应力混凝土结构中，严禁使用含氯化物的外加剂。钢筋混凝土结构中，当掺用含氯化物的外加剂时，混凝土中氯化物的总含量应符合现行国家标准《混凝土质量控制标准》GB 50164 的规定。

检查数量：按进场的批次和产品的抽样检验方案确定。

检验方法：检查产品合格证、出厂检验报告和进场复验报告。

7.2.3 混凝土中氯化物和碱的总含量应符合现行国家标准《混凝土结构设计规范》GB 50010 和设计的要求。

检验方法：检查原材料试验报告和氯化物、碱的总含量计算书。

2. 一般项目

7.2.4 混凝土中掺用矿物掺合料质量应符合现行国家标准《用于水泥和混凝土中的粉煤灰》GB 1596 等的规定。矿物掺合料的掺量应通过试验确定。

检查数量：按进场的批次和产品的抽样检验方案确定。

检验方法：检查出厂合格证和进场复验报告。

7.2.5 普通混凝土所用的粗、细骨料的质量应符合国家现行标准《普通混凝土用砂、石质量及检验方法标准》JGJ 52—2006 的规定。

检查数量：按进场的批次和产品的抽样检验方案确定。

检验方法：检查进场复验报告。

注：1　混凝土用的粗骨料，其最大颗粒粒径不得超过构件截面最小尺寸的1/4，且不得超过钢筋最小净距的3/4。

2　对混凝土实心板，骨料的最大粒径不宜超过板厚的1/3，且不得超过40mm。

7.2.6 拌制混凝土宜采用饮用水；当采用其他水源时，水质应符合国家现行标准《混凝土用水标准》JGJ 63 的规定。

检查数量：同一水源检查不应少于一次。　　检验方法：检查水质试验报告。

【检验批验收应提供的核查资料】

混凝土原材料检验批验收应提供的核查资料　　　　表 204-12a

序号	核查资料名称	核 查 要 点
1	材料、产品合格证或质量证明书	核查资料的真实性。核查需方及供方单位名称，材料或产品名称、规格、等级、数量（质量或件数）、批号或生产日期、出厂日期、材料或产品出厂检验项目的各项检验结果和供方质检部门印记（必须符合设计和标准与规范要求），材料或产品应用标准编号、生产许可证编号，应标明的材料或产品注意事项、材料或产品安全警语
2	水泥、轻骨料、外加剂、掺合料等的试验报告（见证取样）	
1)	水泥试验报告	检查其不同品种水泥，提供报告的代表数量、报告日期、水泥性能：抗折强度、抗压强度、初凝、终凝、安定性、依据标准、检验结论
2)	轻骨料试验报告	检查其不同品种轻骨料、提供报告的代表数量、报告日期。轻骨料混凝土用材料：水泥试验报告同上。轻粗集料检查：颗粒级配、堆积密度、粒型系数、筒压强度（高强轻粗集料应检测强度等级）和吸水率；轻细集料检验为：细度模数、堆积密度
3)	外加剂试验报告	检查其不同品种外加剂、提供报告的代表数量、报告日期、外加剂性能：含固量；含水率；密度；细度；pH 值；氯离子含量；硫酸钠含量；总碱量；检验结论
4)	掺合料试验报告（粉煤灰）	检查其不同品种掺合料、提供报告的代表数量、报告日期、掺合料性能：细度、需水量比、烧失量、含水量、三氧化硫、游离氧化钙、安定性、检验结论
3	水泥、轻骨料、外加剂、掺合料等出厂检验报告	检查内容同上。分别由厂家提供。提供的出厂检验报告的内容应符合相应标准"出厂检验项目"规定（与试验报告大体相同）
4	氯化物、碱的总含量计算书（设计有要求时）	按设计要求核查其氯化物、碱的总含量，符合设计要求
5	水质试验报告（见证取样）	核查水质（应用饮用水为好），应符合混凝土生产用水标准
6	有关验收文件	按提供验收文件内容，核查其正确性

注：1. 合理缺项除外；2. 表列凡有性能要求的均应符合设计和规范要求。

【混凝土配合比设计检验批质量验收记录】

混凝土配合比设计检验批质量验收记录表 **表 204-13**

单位(子单位)工程名称				
分部(子分部)工程名称			验收部位	
施工单位			项目经理	
分包单位			分包项目经理	
施工执行标准名称及编号				

检控项目	序号	质量验收规范规定		施工单位检查评定记录	监理(建设)单位验收记录
主控项目	1	混凝土应按国家现行标准《普通混凝土配合比设计规程》JGJ 55 的有关规定,根据混凝土强度等级、耐久性和工作性等要求进行配合比设计。对有特殊要求的混凝土其配合比尚应符合国家现行有关标准的专门规定。检查方法:检查配合比设计资料	第7.4.5条		
一般项目	1	首次使用的混凝土应进行开盘鉴定,其工作性应满足设计配合比要求。开始生产时应至少留置一组标养试件,作为验证配合比依据。检查方法:检查开盘鉴定资料和试块强度试验报告	第7.4.6条		
	2	拌制前应测定砂、石含水率,据此调整施工配合比。检查数量:每工作班检查一次。检验方法:检查含水率测定结果和施工配合比通知单	第7.4.7条		

施工单位检查评定结果	专业工长(施工员)		施工班组长	
	项目专业质量检查员:		年 月 日	
监理(建设)单位验收结论	专业监理工程师: (建设单位项目专业技术负责人):		年 月 日	

注:【检查验收时执行的规范条目】列于表204-13内。

【检验批验收应提供的核查资料】

混凝土配合比检验批验收应提供的核查资料 **表 204-13a**

序号	核查资料名称	核查要点
1	配合比设计通知单	核查试验单位资质、发出时间、试配强度、试验报告值与施工单位提出相关要求及设计要求的符合性
2	混凝土配合比开盘鉴定资料	核查配比计量、坍落度、责任制、拌合物外观等
3	混凝土试配强度试验报告(见证取样)	核查试配强度试验报告必须满足设计要求
4	现场砂、石含水率测试记录	检查按规范要求的现场砂石含水率的测试记录,按其实测值调整配合比
5	有关验收文件	按提供验收文件内容,核查其正确性

注:1. 合理缺项除外;2. 表列凡有性能要求的均应符合设计和规范要求。

【混凝土施工检验批质量验收记录】

混凝土施工检验批质量验收记录表　　　　　　　　　　　　表204-14

单位(子单位)工程名称					
分部(子分部)工程名称				验收部位	
施工单位				项目经理	
分包单位				分包项目经理	
施工执行标准名称及编号					

检控项目	序号	质量验收规范规定		施工单位检查评定记录	监理(建设)单位验收记录
主控项目	1	**混凝土试件的取样与留置**	**第7.4.1条**		
	2	抗渗混凝土的试件留置	第7.4.2条		
	3	混凝土原材料称量偏差	第7.4.3条		
	1)	水泥掺合料(±2％)			
	2)	粗、细骨料(±3％)			
	3)	水、外加剂(±2％)			
	4	混凝土运输、浇筑及间距的全部时间	第7.4.4条		
一般项目	1	施工缝的位置与处理	第7.4.5条		
	2	后浇带的留置位置确定和浇筑	第7.4.6条		
	3	混凝土养护措施规定	第7.4.7条		

施工单位检查评定结果	专业工长(施工员)		施工班组长	
	项目专业质量检查员：　　　　　　　　　　年　　月　　日			

监理(建设)单位验收结论	
	专业监理工程师： (建设单位项目专业技术负责人)：-　　　　年　　月　　日

【检查验收时执行的规范条目】

1. 主控项目

7.4.1 混凝土的强度等级必须符合设计要求。用于检查结构构件混凝土强度的试件，应在混凝土的浇筑地点随机抽取。取样与试件留置应符合下列规定：

1 每拌制 100 盘且不超过 100m³ 的同配合比的混凝土，取样不得少于一次；

2 每工作班拌制的同一配合比的混凝土不足 100 盘时，取样不得少于一次；

3 当一次连续浇筑超过 1000m³ 时，同一配合比的混凝土每 200m³ 取样不得少于一次；

4 每一楼层、同一配合比的混凝土，取样不得少于一次；

5 每次取样应至少留置一组标准养护试件，同条件养护试件的留置组数应根据实际需要确定。

检验方法：检查施工记录及试件强度试验报告。

7.4.2 对有抗渗要求的混凝土结构，其混凝土试件应在浇筑地点随机取样。同一工程、同一配合比的混凝土，取样不应少于一次，留置组数可根据实际需要确定。

检验方法：检查试件抗渗试验报告。

7.4.3 混凝土原材料每盘称量的偏差应符合表7.4.3的规定。

注：1 各种衡器应定期校验，每次使用前应进行零点校核，保持计量准确；

2 当遇雨天或含水率有显著变化时，应增加含水率检测次数，并及时调整水和骨料的用量。

检查数量：每工作班抽查不应少于一次。

检验方法：复称。

7.4.4 混凝土运输、浇筑及间歇的全部时间不应超过混凝土的初凝时间。同一施工段的混凝土应连续浇筑，并应在底层混凝土初凝之前将上一层混凝土浇筑完毕。

当底层混凝土初凝后浇筑上一层混凝土时，应按施工技术方案中对施工缝的要求进行处理。

检查数量：全数检查。

检验方法：观察，检查施工记录。

2. 一般项目

7.4.5 施工缝的位置应在混凝土浇筑前按设计要求和施工技术方案确定。施工缝的处理应按施工技术方案执行。

检查数量：全数检查。

检验方法：观察，检查施工记录。

7.4.6 后浇带的留置位置应按设计要求和施工技术方案确定。后浇带混凝土浇筑应按施工技术方案进行。

检查数量：全数检查。

检验方法：观察，检查施工记录。

7.4.7 混凝土浇筑完毕后，应按施工技术方案及时采取有效的养护措施，并应符合下列规定：

1 应在浇筑完毕后的 12h 以内对混凝土加以覆盖并保湿养护；

2 混凝土浇水养护的时间：对采用硅酸盐水泥、普通硅酸盐水泥或矿渣硅酸盐水泥拌制的混凝土，不得少于 7d；对掺用缓凝型外加剂或有抗渗要求的混凝土，不得少于 14d；

3 浇水次数应能保持混凝土处于湿润状态；混凝土养护用水应与拌制用水相同；

4 采用塑料布覆盖养护的混凝土，其敞露的全部表面应覆盖严密，并应保持塑料布内有凝结水；

5 混凝土强度达到 1.2N/mm² 前，不得在其上踩踏或安装模板及支架。

注：1 当日平均气温低于 5℃时，不得浇水；

2 当采用其他品种水泥时，混凝土的养护时间应根据所采用水泥的技术性能确定；

3 混凝土表面不便浇水或使用塑料布时，宜涂刷保护层；

4 对大体积混凝土的养护，应根据气候条件按施工技术方案采取控温措施。

检查数量：全数检查。

检验方法：观察，检查施工记录。

【检验批验收应提供的核查资料】

混凝土施工工程检验批验收应提供的核查资料

表 204-14a

序号	核查资料名称	核 查 要 点
1	混凝土施工记录（浇筑地点制作的试块情况及留置数量、施工缝处理、后浇带浇筑、养护记录、坍落度试验记录）	核查施工记录内容的完整性（资料名称项下括号内的内容）：浇筑准备（必须完善和完好）、不同部位的浇筑要求与方法（基础混凝土浇筑、竖向结构混凝土浇筑、水平结构混凝土浇筑、楼梯结构混凝土浇筑、拱壳结构混凝土浇筑、大体积混凝土浇筑、高强混凝土浇筑、振捣泵送、浇筑厚度、振捣棒插入深度、振捣时间、二次复振、连续进行与间歇规定执行、缺陷处理方法与预防措施
2	混凝土试件强度试验报告（见证取样）	试件边长、成型日期、破型日期、龄期、强度值（抗压、抗折）、达到设计强度的百分数（%）、强度等级、提供报告的代表数量、日期、性能、质量与设计、标准符合性
3	抗渗混凝土试件试验报告单	抗渗混凝土强度等级、提供报告的代表数量、报告日期、抗渗混凝土试件核查：工程名称、混凝土强度等级（C）、设计抗渗等级（P）、混凝土配合比编号、成型日期、委托日期、养护方法、龄期、报告日期、试件上表渗水部位及剖开渗水高度（cm）、实际达到压力（MPa）、依据标准、检验结果等项试验内容必须齐全。实际试验项目根据工程实际择用
4	预检记录（基础混凝土的轴线、断面尺寸、标高；混凝土墙的轴线、门窗洞口位置线；设备基础的位置、标高、几何尺寸、预留孔洞、预埋件等）	核查预检记录内容的齐全与完整性（资料名称项下括号内的内容），浇筑前必须完成预检
5	有关验收文件	按提供验收文件内容，核查其正确性

注：1. 合理缺项除外；2. 表列凡有性能要求的均应符合设计和规范要求。

附：规范规定的施工"过程控制"要点

7　混凝土分项工程

7.1　一般规定

7.1.1　结构构件的混凝土强度应按现行国家标准《混凝土强度检验评定标准》GB 50107 的规定分批检验评定。

对采用蒸汽法养护的混凝土结构构件，其混凝土试件应先随同结构构件同条件蒸汽养护，再转入标准条件养护共28d。

当混凝土中掺用矿物掺合料时，确定混凝土强度时的龄期可按现行国家标准《粉煤灰混凝土应用技术规范》GBJ 146 等的规定取值。

7.1.2　检验评定混凝土强度用的混凝土试件的尺寸及强度的尺寸换算系数应按表7.1.2取用；其标准成型方法、标准养护条件及强度试验方法应符合普通混凝土力学性能试验方法标准的规定。

混凝土试件尺寸及强度的尺寸换算系数

表 7.1.2

骨料最大粒径（mm）	试件尺寸（mm）	强度的尺寸换算系数
≤31.5	100×100×100	0.95
≤40	150×150×150	1.00
≤63	200×200×200	1.05

注：对强度等级为 C50 及以上的混凝土试件，其强度的尺寸换算系数可通过试验确定。

7.1.3　结构构件拆模、出池、出厂、吊装、张拉、放张及施工期间临时负荷时的混凝土强度，应根据同条件养护的标准尺寸试件的混凝土强度确定。

7.1.4　当混凝土试件强度评定不合格时，可采用非破损或局部破损的检测方法，按国家现行有关标准的规定对结构构件中的混凝土强度进行推定，并作为处理的依据。

7.1.5　混凝土的冬期施工应符合国家现行标准《建筑工程冬期施工规程》JGJ 104 和施工技术方案的规定。

【现浇结构分项工程】
【现浇结构外观质量检验批质量验收记录】

现浇结构外观质量检验批质量验收记录表　　　　　　表 204-15

单位(子单位)工程名称				
分部(子分部)工程名称			验收部位	
施工单位			项目经理	
分包单位			分包项目经理	
施工执行标准名称及编号				
检控项目	质量验收规范规定		施工单位检查评定记录	监理(建设)单位验收记录
主控项目	现浇结构的外观质量不应有严重缺陷。 对已经出现的严重缺陷,应由施工单位提出技术处理方案,并经监理(建设)单位认可后进行处理。对经处理的部位,应重新检查验收。 检查数量:全数检查。 检查方法:观察,检查技术处理方案 (合格标准:符合规范要求)	第 8.2.1 条		
一般项目	现浇结构的外观质量不宜有一般缺陷。 对已经出现的一般缺陷,应由施工单位按技术处理方案进行处理,并重新检查验收。 检查数量:全数检查。 检验方法:观察,检查技术处理方案 (合格标准:符合规范要求)	第 8.2.2 条		
施工单位检查 评定结果	专业工长(施工员)		施工班组长	
	项目专业质量检查员:　　　　　　　年　月　日			
监理(建设)单位 验收结论	专业监理工程师: (建设单位项目专业技术负责人):　　　年　月　日			

注:【检查验收时执行的规范条目】按表 204-15 执行。

【检验批验收应提供的核查资料】

现浇混凝土结构外观质量检验批验收应提供的核查资料　　　　　　表 204-15a

序号	核查资料名称	核查要点
1	现浇结构外观、尺寸偏差质量技术处理方案(指露筋、蜂窝、孔洞、夹渣、疏松、裂缝、连接部位缺陷、外形缺陷、表面缺陷)	核查方案的完成时间,按提供技术处理方案,核查其齐全性、正确性和安全性

【现浇结构尺寸允许偏差检验批质量验收记录】

现浇结构尺寸允许偏差检验批质量验收记录表　　　表 204-16-1

单位(子单位)工程名称						
分部(子分部)工程名称				验 收 部 位		
施工单位				项 目 经 理		
分包单位				分包项目经理		
施工执行标准名称及编号						
检控项目	序号	质量验收规范规定		施工单位检查评定记录		监理(建设)单位验收记录
主控项目	1	**现浇结构尺寸允许偏差的检查与验收** 第8.3.1条				

一般项目		现浇结构拆模后尺寸		允许偏差(mm)	量 测 值(mm)		
	1	轴线位置	基础	15			
			独立基础	10			
			墙、柱、梁	8			
			剪力墙	5			
	2	垂直度	层高 ≤5mm	8			
			层高 >5	10			
			全高(H)	H/1000 且≤30			
	3	标高	层高	±10			
			全高	±30			
	4	截面尺寸		+8,−5			
	5	电梯井	井筒长、宽对定位中心线	+25,0			
			井筒全高(H)垂直度	H/1000 且≤30			
	6	表面平整度		8			
	7	预埋设施中心线位置	预埋件	10			
			预埋螺栓	5			
			预埋管	5			
	8	预留洞中心线位置		15			

注:检查轴线、中心线位置时,应沿纵、横两个方向量测,并取其中的较大值

施工单位检查评定结果	专业工长(施工员)		施工班组长	
	项目专业质量检查员:　　　　　年　月　日			
监理(建设)单位验收结论	专业监理工程师: (建设单位项目专业技术负责人):　　　年　月　日			

【检查验收时执行的规范条目】

1. 主控项目

8.3.1 现浇结构不应有影响结构性能和使用功能的尺寸偏差。混凝土设备基础不应有影响结构性能和设备安装的尺寸偏差。

对超过尺寸允许偏差且影响结构性能和安装、使用功能的部位，应由施工单位提出技术处理方案，并经监理（建设）单位认可后进行处理。对经处理的部位，应重新检查验收。

检查数量：全数检查。

检验方法：量测，检查技术处理方案。

2. 一般项目

8.3.2 现浇结构拆模后的尺寸偏差应符合表 204-16 的规定。

检查数量：按楼层、结构缝或施工段划分检验批。在同一检验批内，对梁、柱和独立基础，应抽查构件数量的 10%，且不少于 3 间；对墙和板，应按有代表性的自然间抽查 10%，且不少于 3 间；对大空间结构，墙可按相邻轴线间高度 5m 左右划分检查面，板可按纵横轴线划分检查面，抽查 10%，且均不少于 3 面；对电梯井，应全数检查。对设备基础，应全数检查。

检验方法：见表 8.3.2。

【检查方法与应提资料核查】

现浇结构尺寸的检查方法   表 8.3.2

项次	检查项目与要求	检查方法
1	轴线位置　基础、独立基础、墙、柱、梁、剪力墙：符合设计和规范要求	钢尺检查
2	垂直度　层高（≤5m、>5m）：符合规范要求	经纬仪或吊线、钢尺检查
	全高（H）	经纬仪、钢尺检查
	标高　层高、全高	水准仪或拉线、钢尺检查
3	截面尺寸：符合设计和规范要求	钢尺检查
4	电梯井　井筒长、宽对定位中心线：符合设计和规范要求	钢尺检查
	井筒全高（H）垂直度：符合设计和规范要求	经纬仪、钢尺检查
5	表面平整度：符合规范要求	2m 靠尺和塞尺检查
6	预埋设施中心线位置：符合设计和规范要求	预埋件、预埋螺栓、预埋管　钢尺检查
7	预留洞中心线位置：符合设计和规范要求	钢尺检查

注：检查轴线、中心线位置时，应沿纵、横两个方向量测，并取其中的较大值。

现浇结构尺寸偏差检验批验收应提供的核查资料   表 204-16-1a

序号	核查资料名称	核查要点
1	现浇结构外观、尺寸偏差质量技术处理方案	核查方案的完成时间，按提供技术处理方案，核查其尺寸偏差、尺寸偏差确认（监理方批准）、过大偏差的处理、过大尺寸偏差的预防

附：规范规定的施工"过程控制"要点

8 现浇结构分项工程

8.1 一般规定

8.1.1 现浇结构的外观质量缺陷，应由监理（建设）单位、施工单位等各方根据其对结构性能和使用功能影响的严重程度，按表8.1.1确定。

现浇结构外观质量缺陷　　　　　　　表8.1.1

名　称	现　象	严重缺陷	一般缺陷
露筋	构件内钢筋未被混凝土包裹而外露	纵向受力钢筋有露筋	其他钢筋有少量露筋
蜂窝	混凝土表面缺少水泥砂浆而形成石子外露	构件主要受力部位有蜂窝	其他部位有少量蜂窝
孔洞	混凝土中孔穴深度和长度超过保护层厚度	构件主要受力部位有孔洞	其他部位有少量孔洞
夹渣	混凝土中夹有杂物且深度超过保护层厚度	构件主要受力部位有夹渣	其他部位有少量夹渣
疏松	混凝土中局部不密实	构件主要受力部位有疏松	其他部位有少量疏松
裂缝	缝隙从混凝土表面延伸至混凝土内部	构件主要受力部位有影响结构性能或使用功能的裂缝	其他部位有少量不影响结构性能或使用功能的裂缝
连接部位缺陷	构件连接处混凝土缺陷及连接钢筋、连接件松动	连接部位有影响结构传力性能的缺陷	连接部位有基本不影响结构传力性能的缺陷
外形缺陷	缺棱掉角、棱角不直、翘曲不平、飞边凸肋等	清水混凝土构件有影响使用性能或装饰效果的外形缺陷	其他混凝土构件有不影响使用功能的外形缺陷
外表缺陷	构件表面麻面、掉皮、起砂、沾污等	具有重要装饰效果的清水混凝土构件有外表缺陷	其他混凝土构件有不影响使用功能的外表缺陷

8.1.2 现浇结构拆模后，应由监理（建设）单位、施工单位对外观质量和尺寸偏差进行检查，作出记录，并应及时按施工技术方案对缺陷进行处理。

【混凝土设备基础尺寸允许偏差检验批质量验收记录】

混凝土设备基础尺寸允许偏差检验批质量验收记录表 表 204-16-2

单位(子单位)工程名称				
分部(子分部)工程名称		验收部位		
施工单位		项目经理		
分包单位		分包项目经理		
施工执行标准名称及编号				

检控项目	序号	质量验收规范规定			施工单位检查评定记录	监理(建设)单位验收记录
主控项目	1	**设备基础尺寸允许偏差的检查与验收**		**第8.3.1条**		
一般项目		混凝土设备基础拆模后尺寸允许偏差		允许偏差(mm)	量测值(mm)	
	1	坐标位置		20		
	2	不同平面的标准		0,－20		
	3	平面外形尺寸		±20		
	4	凸台上平面外形尺寸		0,－20		
	5	凹穴尺寸		＋20,0		
	6	平面水平度	每米	5		
			全长	10		
	7	垂直度	每米	5		
			全高	10		
	8	预埋地脚螺栓	标高(顶部)	＋20,0		
			中心距	±2		
	9	预埋地脚螺栓孔	中心线位置	10		
			深度	＋20,0		
			孔垂直度	10		
	10	预埋活动地脚螺栓锚板	标高	＋20,0		
			中心线位置	5		
			带槽锚板平整度	5		
			带螺纹孔锚板平整度	2		
		注:检查坐标、中心线位置时,应沿纵、横两个方向量测,并取其中的较大值				

施工单位检查评定结果	专业工长(施工员)		施工班组长
	项目专业质量检查员: 年 月 日		
监理(建设)单位验收结论	专业监理工程师: (建设单位项目专业技术负责人): 年 月 日		

【检查验收时执行的规范条目】

1. 主控项目

8.3.1 混凝土设备基础不应有影响结构性能和设备安装的尺寸偏差。对超过尺寸允许偏差且影响结构性能和安装、使用功能的部位，应由施工单位提出技术处理方案，并经监理（建设）单位认可后进行处理。对经处理的部位，应重新检查验收。

检查数量：全数检查。

检验方法：量测，检查技术处理方案。

2. 一般项目

8.3.2 混凝土设备基础拆模后的尺寸偏差应符合表204-17的规定。

检查数量：设备基础，应全数检查。

检验方法：见表8.3.2。

【检查方法与应提供资料核查】

混凝土设备基础尺寸验收的允许偏差检查方法　　　　　表 8.3.2

项次	检 查 项 目 与 要 求	检 查 方 法
1	坐标位置:符合设计和规范要求	钢尺检查
2	不同平面的标高:符合设计和规范要求	水准仪或拉线、钢尺检查
3	平面外形尺寸:符合设计和规范要求	钢尺检查
4	凸台上平面外形尺寸:符合规范要求	钢尺检查
5	凹穴尺寸:符合规范要求	钢尺检查
6	平面水平度　每米:符合规范要求	水平尺、塞尺检查
	全长:符合规范要求	水准仪或拉线、钢尺检查
	垂直度　每米、全高	经纬仪或吊线、钢尺检查
7	预埋地脚螺栓　标高(顶部):符合设计和规范要求	水准仪或拉线、钢尺检查
	中心距:符合设计和规范要求	钢尺检查
8	预埋地脚螺栓孔　中心线位置、深度:符合设计和规范要求	钢尺检查
	孔垂直度:符合规范要求	吊线、钢尺检查
9	预埋活动地脚螺栓锚板　标高:符合设计和规范要求	水准仪或拉线、钢尺检查
	中心线位置:符合设计和规范要求	钢尺检查
	带槽锚板平整度:符合设计和规范要求	钢尺、塞尺检查
	带螺纹孔锚板平整度:符合设计和规范要求	钢尺、塞尺检查

注：检查坐标、中心线位置时，应沿纵、横两个方向量测，并取其中的较大值。

混凝土设备基础尺寸允许偏差检验批验收应提供的核查资料　　　　　表 204-16-2a

序号	核 查 资 料 名 称	核 查 要 点
1	混凝土设备基础尺寸偏差质量技术处理方案(有质量问题时)	必须提供。按提供混凝土设备基础尺寸偏差技术处理方案,核查其正确性、安全性

注：1. 合理缺项除外；2. 表列凡有性能要求的均应符合设计和规范要求。

附：规范规定的施工"过程控制"要点

8　现浇结构分项工程

8.1　一般规定

8.1.1　现浇结构的外观质量缺陷，应由监理（建设）单位、施工单位等各方根据其对结构性能和使用功能影响的严重程度，按表8.1.1确定。

现浇结构外观质量缺陷　　　　　表8.1.1

名　称	现　象	严重缺陷	一般缺陷
露筋	构件内钢筋未被混凝土包裹而外露	纵向受力钢筋有露筋	其他钢筋有少量露筋
蜂窝	混凝土表面缺少水泥砂浆而形成石子外露	构件主要受力部位有蜂窝	其他部位有少量蜂窝
孔洞	混凝土中孔穴深度和长度超过保护层厚度	构件主要受力部位有孔洞	其他部位有少量孔洞
夹渣	混凝土中夹有杂物且深度超过保护层厚度	构件主要受力部位有夹渣	其他部位有少量夹渣
疏松	混凝土中局部不密实	构件主要受力部位有疏松	其他部位有少量疏松
裂缝	缝隙从混凝土表面延伸至混凝土内部	构件主要受力部位有影响结构性能或使用功能的裂缝	其他部位有少量不影响结构性能或使用功能的裂缝
连接部位缺陷	构件连接处混凝土缺陷及连接钢筋、连接件松动	连接部位有影响结构传力性能的缺陷	连接部位有基本不影响结构传力性能的缺陷
外形缺陷	缺棱掉角、棱角不直、翘曲不平、飞边凸肋等	清水混凝土构件有影响使用性能或装饰效果的外形缺陷	其他混凝土构件有不影响使用功能的外形缺陷
外表缺陷	构件表面麻面、掉皮、起砂、沾污等	具有重要装饰效果的清水混凝土构件有外表缺陷	其他混凝土构件有不影响使用功能的外表缺陷

8.1.2　现浇结构拆模后，应由监理（建设）单位、施工单位对外观质量和尺寸偏差进行检查，作出记录，并应及时按施工技术方案对缺陷进行处理。

【装配式结构分项工程】

【装配式结构预制构件检验批质量验收记录】

装配式结构预制构件检验批质量验收记录表 表 204-17

单位(子单位)工程名称					
分部(子分部)工程名称				验收部位	
施工单位				项目经理	
分包单位				分包项目经理	
施工执行标准名称及编号					

检控项目	序号	质量验收规范规定		施工单位检查评定记录	监理(建设)单位验收记录
主控项目	1	预制构件的标志要求	第 9.2.1 条		
	2	预制构件的质量要求	第 9.2.2 条		
	3	预制构件的尺寸偏差的检查与验收	第 9.2.3 条		
一般项目	1	预制构件外观质量的检查与验收	第 9.2.4 条		
	2	预制构件尺寸偏差(第 9.2.5 条)	允许偏差(mm)		
		长度 板、梁	$+10,-5$		
		柱	$+5,-10$		
		墙、板	±5		
		薄腹梁、桁架	$+15,-10$		
		宽度、高(厚)度 板、梁、柱、墙板、薄腹梁、桁架	±5		
		侧向弯曲 梁、柱、板	$l/750$ 且$\leqslant20$		
		墙板、薄腹梁、桁架	$l/1000$ 且$\leqslant20$		
		预埋件 中心线位置	10		
		螺栓位置	5		
		螺栓外露长度	$+10,-5$		
		预留孔 中心线位置	5		
		预留洞 中心线位置	15		
		主筋保护层厚度 板	$+5,-3$		
		梁、柱、墙板、薄腹梁、桁架	$+10,-5$		
		对角线差 板、墙板	10		
		表面平整度 板、墙板、柱、梁	5		
		预应力构件预留孔道位置 梁、墙板、薄腹梁、桁架	3		
		翘曲 板	$l/750$		
		墙板	$l/1000$		

施工单位检查评定结果	专业工长(施工员)		施工班组长	
	项目专业质量检查员: 年 月 日			

监理(建设)单位验收结论	专业监理工程师: (建设单位项目专业技术负责人): 年 月 日

【检查验收时执行的规范条目】

1. 主控项目

9.2.1　预制构件应在明显部位标志生产单位、构件型号、生产日期和质量验收标志。构件上的预埋件、插筋和预留孔洞的规格、位置和数量应符合标准图或设计的要求。

　　检查数量：全数检查。　　检验方法：观察。

9.2.2　预制构件的外观质量不应有严重缺陷。对已经出现的严重缺陷，应按技术处理方案进行处理，并重新检查验收。

　　检查数量：全数检查。　　检验方法：观察，检查技术处理方案。

9.2.3　预制构件不应有影响结构性能和安装、使用功能的尺寸偏差。对超过尺寸允许偏差且影响结构性能和安装、使用功能的部位，应按技术处理方案进行处理，并重新检查验收。

　　检查数量：全数检查。　　检验方法：量测，检查技术处理方案。

2. 一般项目

9.2.4　预制构件的外观质量不宜有一般缺陷。对已经出现的一般缺陷，应按技术处理方案进行处理，并重新检查验收。

　　检查数量：全数检查。　　检验方法：观察，检查技术处理方案。

9.2.5　预制构件的尺寸偏差应符合（GB 50204—2002）规范表9.2.5的规定。

　　检查数量：同一工作班生产的同类型构件，抽查5%且不少于3件。　　检验方法：见表9.2.5。

【检查方法与应提资料核查】

装配式结构预制构件检验批的检查方法　　　　　　　表9.2.5

项次	检 查 项 目 与 要 求	检 查 方 法
1	长度　板、梁:符合设计和规范要求	钢尺检查
	柱	钢尺检查
	墙板	钢尺检查
	薄腹梁、桁架	钢尺检查
2	宽度、高(厚)度　板、梁、柱、墙板、薄腹梁、桁架:符合设计和规范要求	钢尺量一端及中部,取其中较大值
3	侧向弯曲　梁、柱、板、墙板、薄腹梁、桁架:符合规范要求	拉线、钢尺量最大侧向弯曲处
4	预埋件　中心线位置:符合设计和规范要求	钢尺检查
	螺栓位置	钢尺检查
	螺栓外露长度	钢尺检查
5	预留孔　中心线位置:符合设计和规范要求	钢尺检查
6	预留洞　中心线位置:符合设计和规范要求	钢尺检查
7	主筋保护层厚度　板、梁、柱、墙板、薄腹梁、桁架:符合设计和规范要求	钢尺或保护层厚度测定仪量测
8	对角线差　板、墙板:符合规范要求	钢尺量两个对角线
9	表面平整度　板、墙板、柱、梁:符合规范要求	2m靠尺和塞尺检查
10	预应力构件预留孔道位置　梁、墙板、薄腹梁、桁架:符合设计和规范要求	钢尺检查
11	翘曲　板、墙板:符合规范要求	调平尺在两端量测

　　注：1　检查中心线螺栓和孔道位置时，应沿纵、横两个方向量测，并取其中的较大值。

　　　　2　对形状复杂或有特殊要求的构件，其尺寸偏差应符合标准图或设计的要求。

装配式结构预制构件检验批验收应提供的核查资料　　　　表 204-17a

序号	核查资料名称	核查要点
1	产品合格证或质量证明书	核查资料的真实性。核查需方及供方单位名称,产品名称、规格、等级、数量(质量或件数)、批号或生产日期、出厂日期、产品出厂检验项目的各项检验结果和供方质检部门印记(必须符合设计和标准与规范要求),产品应用标准编号、生产许可证编号,应标明的材料或产品注意事项和安全警语
2	预制构件混凝土试件强度试验报告	由厂家提供。现场浇筑预制构件时由施工单位提供,分别按原材料、钢筋(原材料、钢筋加工、钢筋连接、钢筋安装)、混凝土不同施工工艺提供相关施工文件;核查试件边长、成型日期、破型日期、报告日期、龄期、强度值(抗压、抗折)、达到设计强度的百分数(%)、强度等级、提供报告的代表数量与设计、标准的符合性
3	预制构件外观偏差技术处理方案	按提供外观技术处理方案,核查其正确性
4	预制构件尺寸偏差技术处理方案	按提供尺寸技术处理方案,核查其正确性

注：1. 合理缺项除外；2. 表列凡有性能要求的均应符合设计和规范要求。

附：规范规定的施工"过程控制"要点

9　装配式结构分项工程

9.1　一般规定

9.1.1　预制构件应进行结构性能检验。结构性能检验不合格的预制构件不得用于混凝土结构。

9.1.2　叠合结构中预制构件的叠合面应符合设计要求。

9.1.3　装配式结构外观质量、尺寸偏差的验收及对缺陷的处理应按本规范第 8 章(见表 8.1.1)的相应规定执行。

【装配式结构施工检验批质量验收记录】

装配式结构施工检验批质量验收记录表　　　　表 204-18

单位(子单位)工程名称								
分部(子分部)工程名称						验 收 部 位		
施工单位						项 目 经 理		
分包单位						分包项目经理		
施工执行标准名称及编号								

检控项目	序号	质量验收规范规定		施工单位检查评定记录	监理(建设)单位验收记录
主控项目	1	预制构件的进场检验	第9.4.1条		
	2	预制构件与结构之间连接	第9.4.2条		
	3	预制构件吊装工艺要求	第9.4.3条		
一般项目	1	构件的码放运输要求	第9.4.4条		
	2	预制构件吊装前构件标高控制尺寸要求	第9.4.5条		
	3	构件吊装时绳索与构件水平面的夹角要求	第9.4.6条		
	4	构件吊装的临时固定措施	第9.4.7条		
	5	装配结构的接头与拼缝规定	第9.4.8条		

施工单位检查评定结果	专业工长(施工员)		施工班组长	
	项目专业质量检查员：		年　　月　　日	

监理(建设)单位验收结论	专业监理工程师：	
	(建设单位项目专业技术负责人)：	年　　月　　日

【检查验收时执行的规范条目】

1. 主控项目

9.4.1　进入现场的预制构件，其外观质量、尺寸偏差及结构性能应符合标准图或设计的要求。

　　检查数量：按批检查。

　　检验方法：检查构件合格证。

9.4.2　预制构件与结构之间的连接应符合设计要求。

连接处钢筋或埋件采用焊接或机械连接时，接头质量应符合国家现行标准《钢筋焊接及验收规程》JGJ 18、《钢筋机械连接通用技术规程》JGJ 107 的要求。

　　检查数量：全数检查。

　　检验方法：观察，检查施工记录。

9.4.3　承受内力的接头和拼缝，当其混凝土强度未达到设计要求时，不得吊装上一层结构构件；当设计无具体要求时，应在混凝土强度不小于$10N/mm^2$ 或具有足够支承时方可吊装上一层结构构件。

已安装完毕的装配式结构，应在混凝土强度到达设计要求后，方可承受全部设计荷载。

　　检查数量：全数检查。

　　检验方法：检查施工记录及试件强度试验报告。

9.4.4 预制构件码放和运输时的支承位置和方法应符合标准图或设计的要求。

    检查数量：全数检查。

    检验方法：观察检查。

9.4.5 预制构件吊装前，应按设计要求在构件和相应的支承结构上标志中心线、标高等控制尺寸，按标准图或设计文件校核预埋件及连接钢筋等，并作出标志。

    检查数量：全数检查。

    检验方法：观察，钢尺检查。

9.4.6 预制构件应按标准图或设计的要求吊装；起吊时绳索与构件水平面的夹角不宜小于45°，否则应采用吊架或经验算确定。

    检查数量：全数检查。

    检验方法：观察检查。

9.4.7 预制构件安装就位后，应采取保证构件稳定的临时固定措施，并应根据水准点和轴线校正位置。

    检查数量：全数检查。

    检验方法：观察，钢尺检查。

9.4.8 装配式结构中的接头和拼缝应符合设计要求；当设计无具体要求时，应符合下列规定：

    1 对承受内力的接头和拼缝应采用混凝土浇筑，其强度等级应比构件混凝土强度等级提高一级；

    2 对不承受内力的接头和拼缝应采用混凝土或砂浆浇筑，其强度等级不应低于C15或M15；

    3 用于接头和拼缝的混凝土或砂浆，宜采取微膨胀措施或快硬措施，并在浇筑过程中振捣密实，并应采取必要的养护措施。

    检查数量：全数检查。

    检验方法：检查施工记录及试件强度试验报告。

【检验批验收应提供的核查资料】

装配式结构施工检验批验收应提供的核查资料   表204-18a

序号	核查资料名称	核查要点
1	施工记录(预制构件与结构连接、承受内力的接头与拼缝、吊装时间、捣实与养护记录)	施工记录内容的完整性(资料名称项下括号内的内容)，检查构件型号、质量；进行预检(核对中心线、结构尺寸、标高、平面位置、承载能力)、构件运输、构件堆放、构件起吊、构件安装、成品保护
2	混凝土试件强度试验报告(见证取样)	核查试件边长、成型日期、破型日期、龄期、强度值(抗压、抗折)、达到设计强度的百分数(%)、强度等级、提供报告的代表数量与设计、标准符合性
3	有关验收文件	按提供验收文件内容，核查其正确性

注：结构性能检验应在吊装前进行，检验内容与方法按GB 50204结构性能检验规定进行。

附：规范规定的施工"过程控制"要点

9 装配式结构分项工程

9.1 一般规定

9.1.1 预制构件应进行结构性能检验。结构性能检验不合格的预制构件不得用于混凝土结构。

9.1.2 叠合结构中预制构件的叠合面应符合设计要求。

9.1.3 装配式结构外观质量、尺寸偏差的验收及对缺陷的处理应按本规范第8章的相应规定执行。

地下防水工程质量验收文件

依据《地下防水工程质量验收规范》
（GB 50208—2011）编写

1 验收实施与规定

1.1 基本规定

（1）地下工程的防水等级标准应符合表 1.1.1 的规定。

地下工程防水等级标准　　　　　　　表 1.1.1

防水等级	防　水　标　准
一级	不允许渗水，结构表面无湿渍
二级	不允许漏水，结构表面可有少量湿渍； 房屋建筑地下工程：总湿渍面积不应大于总防水面积（包括顶板、墙面、地面）的 1/1000；任意 100m² 防水面积上的湿渍不超过 2 处，单个湿渍的最大面积不大于 0.1m²； 其他地下工程：总湿渍面积不应大于总防水面积的 2/1000；任意 100m² 防水面积上的湿渍不超过 3 处，单个湿渍的最大面积不大于 0.2m²；其中，隧道工程平均渗水量不大于 0.05L/(m²·d)，任意 100m² 防水面积上的渗水量不大于 0.15L/(m²·d)
三级	有少量漏水点，不得有线流和漏泥砂； 任意 100m² 防水面积上的漏水或湿渍点数不超过 7 处，单个漏水点的最大漏水量不大于 2.5L/d，单个湿渍的最大面积不大于 0.3m²
四级	有漏水点，不得有线流和漏泥砂； 整个工程平均漏水量不大于 2L/(m²·d)；任意 100m² 防水面积上的平均漏水量不大于 4L/(m²·d)

（2）明挖法和暗挖法地下工程的防水设防应按表 1.1.2 和表 1.1.3 选用。

明挖法地下工程防水设防　　　　表 1.1.2

工程部位		主体结构							施工缝							后浇带			变形缝、诱导缝						
防水措施		防水混凝土	防水卷材	防水涂料	塑料防水板	膨润土防水材料	防水砂浆	金属板	遇水膨胀止水条或止水胶	外贴式止水带	中埋式止水带	外抹防水砂浆	外涂防水涂料	水泥基渗透结晶型防水涂料	预埋注浆管	补偿收缩混凝土	外贴式止水带	预埋注浆管	遇水膨胀止水条或止水胶	中埋式止水带	外贴式止水带	可卸式止水带	防水密封材料	外贴防水卷材	外涂防水涂料
防水等级	一级	应选	应选一种至二种						应选二种							应选	应选二种		应选	应选二种					
	二级	应选	应选一种						应选一种至二种							应选	应选一种至二种		应选	应选一种至二种					
	三级	应选	宜选一种						宜选一种至二种							应选	宜选一种至二种		应选	宜选一种至二种					
	四级	宜选	—						宜选一种							应选	宜选一种		应选	宜选一种					

暗挖法地下工程防水设防　　　　　　　　　表 1.1.3

工程部位		衬砌结构							内衬砌施工缝						内衬砌变形缝、诱导缝			
防水措施		防水混凝土	防水卷材	防水涂料	塑料防水板	膨润土防水材料	防水砂浆	金属板	遇水膨胀止水条或止水胶	外贴式止水带	中埋式止水带	防水密封材料	水泥基渗透结晶型防水涂料	预埋注浆管	中埋式止水带	外贴式止水带	可卸式止水带	防水密封材料
防水等级	一级	必选	应选一种至二种						应选一种至二种					应选	应选	应选一种至二种		
	二级	应选	应选一种						应选一种					应选	应选	应选一种		
	三级	宜选	宜选一种						宜选一种					应选	宜选	宜选一种		
	四级	宜选	宜选一种						宜选一种					应选	宜选	宜选一种		

（3）地下防水工程必须由持有资质等级证书的防水专业队伍进行施工，主要施工人员应持有省级及以上建设行政主管部门或其指定单位颁发的执业资格证书或防水专业岗位证书。

（4）地下防水工程施工前，应通过图纸会审，掌握结构主体及细部构造的防水要求，施工单位应编制防水工程专项施工方案，经监理单位或建设单位审查批准后执行。

（5）地下工程所使用防水材料的品种、规格、性能等必须符合现行国家或行业产品标准和设计要求。

（6）防水材料必须经具备相应资质的检测单位进行抽样检验，并出具产品性能检测报告。

（7）防水材料的进场验收应符合下列规定：

1）对材料的外观、品种、规格、包装、尺寸和数量等进行检查验收，并经监理单位或建设单位代表检查确认，形成相应验收记录；

2）对材料的质量证明文件进行检查，并经监理单位或建设单位代表检查确认，纳入工程技术档案；

3）材料进场后应按（GB 50208—2011）规范附录 A 和附录 B 的规定抽样检验，检验应执行见证取样送检制度，并出具材料进场检验报告；

4）材料的物理性能检验项目全部指标达到标准规定时，即为合格；若有一项指标不符合标准规定，应在受检产品中重新取样进行该项指标复验，复验结果符合标准规定，则判定该批材料为合格。

（8）地下工程使用的防水材料及其配套材料，应符合现行行业标准《建筑防水涂料中有害物质限量》JC 1066 的规定，不得对周围环境造成污染。

（9）地下防水工程的施工，应建立各道工序的自检、交接检和专职人员检查的制度，并有完整的检查记录；工程隐蔽前，应由施工单位通知有关单位进行验收，并形成隐蔽工程验收记录；未经监理单位或建设单位代表对上道工序的检查确认，不得进行下道工序的施工。

（10）地下防水工程施工期间，必须保持地下水位稳定在工程底部最低高程 500mm 以下，必要时应采取降水措施。对采用明沟排水的基坑，应保持基坑干燥。

（11）地下防水工程不得在雨天、雪天和五级风及其以上时施工；防水材料施工环境气温条件宜符合表 1.1.4 的规定。

防水材料施工环境气温条件　　　　　　　　　　　表 1.1.4

防水材料	施工环境气温条件
高聚物改性沥青防水卷材	冷粘法、自粘法不低于 5℃，热熔法不低于 −10℃
合成高分子防水卷材	冷粘法、自粘法不低于 5℃，焊接法不低于 −10℃
有机防水涂料	溶剂型 −5～35℃，水乳型、反应型 5～35℃
无机防水涂料	5～35℃
防水混凝土、防水砂浆	5～35℃
膨润土防水材料	不低于 −20℃

（12）地下防水工程的分项工程检验批和抽样检验数量应符合下列规定：

1）主体结构防水工程和细部构造防水工程应按结构层、变形缝或后浇带等施工段划分检验批；

2）特殊施工法结构防水工程应按隧道区间、变形缝等施工段划分检验批；

3）排水工程和注浆工程应各为一个检验批；

4）各检验批的抽样检验数量：细部构造应为全数检查，其他均应符合本规范的规定。

（13）地下工程应按设计的防水等级标准进行验收。地下工程渗漏水调查与检测应按本规范附录 C 执行。

1.2　子分部工程质量验收

（1）地下防水工程质量验收的程序和组织，应符合现行国家标准《建筑工程施工质量验收统一标准》GB 50300 的有关规定。

（2）检验批的合格判定应符合下列规定：

1）主控项目的质量经抽样检验全部合格；

2）一般项目的质量经抽样检验 80% 以上检测点合格，其余不得有影响使用功能的缺陷；对有允许偏差的检验项目，其最大偏差不得超过本规范规定允许偏差的 1.5 倍；

3）施工具有明确的操作依据和完整的质量检查记录。

（3）分项工程质量验收合格应符合下列规定：

1）分项工程所含检验批的质量均应验收合格；

2）分项工程所含检验批的质量验收记录应完整。

（4）子分部工程质量验收合格应符合下列规定：

1）子分部所含分项工程的质量均应验收合格；

2）质量控制资料应完整；

3）地下工程渗漏水检测应符合设计的防水等级标准要求；

4）观感质量检查应符合要求。

（5）地下防水工程竣工和记录资料应符合表1.2的规定。

地下防水工程竣工和记录资料　　　　　　　　　　　　　表 1.2

序号	项　　目	竣工和记录资料
1	防水设计	施工图、设计交底记录、图纸会审记录、设计变更通知单和材料代用核定单
2	资质、资格证明	施工单位资质及施工人员上岗证复印证件
3	施工方案	施工方法、技术措施、质量保证措施
4	技术交底	施工操作要求及安全等注意事项
5	材料质量证明	产品合格证、产品性能检测报告、材料进场检验报告
6	混凝土、砂浆质量证明	试配及施工配合比，混凝土抗压强度、抗渗性能检验报告，砂浆粘结强度、抗渗性能检验报告
7	中间检查记录	施工质量验收记录、隐蔽工程验收记录、施工检查记录
8	检验记录	渗漏水检测记录、观感质量检查记录
9	施工日志	逐日施工情况
10	其他资料	事故处理报告、技术总结

（6）地下防水工程应对下列部位作好隐蔽工程验收记录：

1）防水层的基层；

2）防水混凝土结构和防水层被掩盖的部位；

3）施工缝、变形缝、后浇带等防水构造做法；

4）管道穿过防水层的封固部位；

5）渗排水层、盲沟和坑槽；

6）结构裂缝注浆处理部位；

7）衬砌前围岩渗漏水处理部位；

8）基坑的超挖和回填。

（7）地下防水工程的观感质量检查应符合下列规定：

1）防水混凝土应密实，表面应平整，不得有露筋、蜂窝等缺陷；裂缝宽度不得大于0.2mm，并不得贯通；

2）水泥砂浆防水层应密实、平整，粘结牢固，不得有空鼓、裂纹、起砂、麻面等缺陷；

3）卷材防水层接缝应粘贴牢固，封闭严密，防水层不得有损伤、空鼓、折皱等缺陷；

4）涂料防水层应与基层粘结牢固，不得有脱皮、流淌、鼓泡、露胎、折皱等缺陷；

5）塑料防水板防水层应铺设牢固、平整，搭接焊缝严密，不得有下垂、绷紧破损现象；

6）金属板防水层焊缝不得有裂纹、未熔合、夹渣、焊瘤、咬边、烧穿、弧坑、针状气孔等缺陷；

7）施工缝、变形缝、后浇带、穿墙管、埋设件、预留通道接头、桩头、孔口、坑、池等防水构造应符合设计要求；

8）锚喷支护、地下连续墙、盾构隧道、沉井、逆筑结构等防水构造应符合设计要求；

9）排水系统不淤积、不堵塞，确保排水畅通；

10）结构裂缝的注浆效果应符合设计要求。

（8）地下工程出现渗漏水时，应及时进行治理，符合设计的防水等级标准要求后方可验收。

（9）地下防水工程验收后，应填写子分部工程质量验收记录，随同工程验收资料分别由建设单位和施工单位存档。

1.3　地下防水子分部工程的分项工程划分

地下防水工程的分项工程划分应符合表 1.3 的规定。

地下防水工程的分项工程

表 1.3

子分部工程		分　项　工　程
地下防水工程	主体结构防水	防水混凝土、水泥砂浆防水层、卷材防水层、涂料防水层、塑料防水板防水层、金属板防水层、膨润土防水材料防水层
	细部构造防水	施工缝、变形缝、后浇带、穿墙管、埋设件、预留通道接头、桩头、孔口、坑、池
	特殊施工法结构防水	锚喷支护、地下连续墙、盾构隧道、沉井、逆筑结构
	排水	渗排水、盲沟排水、隧道排水、坑道排水、塑料排水板排水
	注浆	预注浆、后注浆、结构裂缝注浆

2 地下防水工程检验批质量验收记录表式与实施

【主体结构防水工程】
【防水混凝土检验批质量验收记录】

防水混凝土检验批质量验收记录表
表 208-1

单位(子单位)工程名称				分部(子分部)工程名称		
分项工程名称				验收部位		
施工单位				项目经理		
分包单位				分包项目经理		
施工执行标准名称及编号						

检控项目	序号	质量验收规范规定		施工单位检查评定记录	监理(建设)单位验收记录
主控项目	1	防水混凝土原材料、配合比、坍落度	第4.1.14条		
	1)	防水混凝土原材料	第4.1.14条		
	2)	防水混凝土配合比	第4.1.14条		
	3)	防水混凝土坍落度	第4.1.14条		
	2	抗压强度和抗渗性能规定	第4.1.15条		
	3	变形缝、施工缝、后浇带、穿墙管道、埋设件设置和构造要求	第4.1.16条		
一般项目	1	防水混凝土结构表面质量及埋设件位置	第4.1.17条		
	2	防水混凝土结构表面裂缝宽度(≤0.2mm且不得贯通)	第4.1.18条		
	3	防水混凝土结构厚度(第4.1.19条)	允许偏差(mm)	量 测 值(mm)	
	1)	结构厚度不应小于250mm	+8mm −5mm		
	2)	迎水面钢筋保护层不应小于50mm	±5mm		

施工单位检查评定结果	专业工长(施工员)		施工班组长	
	项目专业质量检查员:			年　月　日
监理(建设)单位验收结论	专业监理工程师: (建设单位项目专业技术负责人):			年　月　日

说明:防水混凝土分项工程检验批的抽样检验数量,应按混凝土外露面积每100m^{2}抽查1处,每处10m^2,且不得少于3处。

【检查验收时执行的规范条目】

1. 主控项目

4.1.14 防水混凝土的原材料、配合比及坍落度必须符合设计要求。

检验方法：检查产品合格证、产品性能检测报告、计量措施和材料进场检验报告。

4.1.15 防水混凝土的抗压强度和抗渗性能必须符合设计要求。

检验方法：检查混凝土抗压强度、抗渗性能检验报告。

4.1.16 防水混凝土结构的施工缝、变形缝、后浇带、穿墙管、埋设件等设置和构造必须符合设计要求。

检验方法：观察检查和检查隐蔽工程验收记录。

2. 一般项目

4.1.17 防水混凝土结构表面应坚实、平整，不得有露筋、蜂窝等缺陷；埋设件位置应准确。

检验方法：观察检查。

4.1.18 防水混凝土结构表面的裂缝宽度不应大于 0.2mm，且不得贯通。

检验方法：用刻度放大镜检查。

4.1.19 防水混凝土结构厚度不应小于 250mm，其允许偏差为 +8mm、−5mm；主体结构迎水面钢筋保护层厚度不应小于 50mm，其允许偏差应为 ±5mm。

检验方法：尺量检查和检查隐蔽工程验收记录。

【检验批验收应提供的核查资料】

防水混凝土检验批验收应提供的核查资料

表 208-1a

序号	核查资料名称	核查要点
1	材料、产品合格证或质量证明书	核查合格证或质量证书资料的真实性。核查需方及供方单位名称，材料或产品名称、规格、等级、数量(质量或件数)、批号或生产日期、出厂日期、材料或产品出厂检验项目的各项检验结果和供方质检部门印记(必须符合设计和标准与规范要求)，材料或产品应用标准编号、生产许可证编号，应标明的材料或产品注意事项、材料或产品安全警语
2	防水混凝土用材料出厂检验报告	检查内容同下。分别由厂家提供。提供的出厂检验报告的内容应符合相应标准"出厂检验项目"规定(与试验报告大体相同)
3	防水混凝土用材料试验报告单(见证取样)	
1)	水泥试验报告	检查其品种、提供报告的代表数量、报告日期、水泥性能:抗折强度、抗压强度、初凝、终凝、安定性、依据标准、检验结论
2)	钢筋试验报告	检查其品种、提供报告的代表数量、报告日期、钢筋性能:屈服点、抗拉强度、伸长率、弯曲条件、弯曲结果、检验结论
3)	砂试验报告	检查其品种、提供报告的代表数量、报告日期、砂子性能:表观密度(kg/m³);氯离子含量(%);堆积密度(kg/m³)、含水率(%);紧密密度(kg/m³)、吸水率(%);含泥量(%);云母含量(%);泥块含量(%);轻物质含量(%);有机物含量;硫酸盐、硫化物含量(%);压碎值指标(%);坚固性质量损失率(%);人工砂的石粉含量(%)、人工砂的MB值;碱活性;贝壳含量(%);颗料级配、细度模数、检验结论
4)	石试验报告	检查其品种、提供报告的代表数量、报告日期、砖(砌块)性能:抗压检验[强度平均值(MPa)、强度标准值/最小值(MPa)、强度标准差(MPa)、变异系数]、外观质量、尺寸偏差、泛霜、石灰爆裂、冻融、吸水率、饱和系数、检验结论
5)	外加剂试验报告(按工程需要掺入减水剂、膨胀剂、防水剂、密实剂、引气剂、复合型外加剂)	检查其品种、提供报告的代表数量、报告日期、外加剂性能:含固量;含水率;密度;细度;pH值;氯离子含量;硫酸钠含量;总碱量、检验结论
4	混凝土试配通知单(见证取样)	试配强度等级、日期、性能,与设计、规范要求的符合性
5	隐蔽工程验收记录(变形缝、施工缝、后浇带、穿墙管、预埋件等)	隐蔽工程验收记录内容的完整性,资料名称项下括号内的内容
6	混凝土试件强度试验报告(见证取样)	试件边长、成型日期、破型日期、龄期、强度值(抗压)、达到设计强度的百分数(%)、强度等级、提供报告的代表数量、日期、性能、质量与设计、标准符合性
7	抗渗混凝土试件试验报告单	抗渗混凝土强度等级、提供报告的代表数量、报告日期、抗渗混凝土试件核查:工程名称、混凝土强度等级(C)、设计抗渗等级(P)、混凝土配合比编号、成型日期、委托日期、养护方法、龄期、报告日期、试件上表渗水部位与剖开渗水高度(cm)、实际达到压力(MPa)、依据标准、检验结果等项试验内容必须齐全。实际试验项目根据工程实际择用
8	防水混凝土施工记录	混凝土材料、配合比、坍落度、抗渗混凝土试件的留置、施工工艺;配合比的配料、拌合物运输、自由落差、浇筑(分段、分层、均匀连续)、振捣、施工缝留置处理、养护、抗渗水压值、大体积混凝土施工措施、冬期施工、拆模、模板支设、运输浇筑、成品保护、安全与环境措施、质量标准

注：1. 合理缺项除外；2. 表列凡有性能要求的均应符合设计和规范要求。

附：规范规定的施工"过程控制"要点

4 主体结构防水工程

4.1 防水混凝土

4.1.1 防水混凝土适用于抗渗等级不小于 P6 的地下混凝土结构。不适用于环境温度高于 80℃ 的地下工程。处于侵蚀性介质中，防水混凝土的耐侵蚀性要求应符合现行国家标准《工业建筑防腐蚀设计规范》GB 50046 和《混凝土结构耐久性设计规范》GB 50476 的有关规定。

4.1.2 水泥的选择应符合下列规定：

　1 宜采用普通硅酸盐水泥或硅酸盐水泥，采用其他品种水泥时应经试验确定；

　2 在受侵蚀性介质作用时，应按介质的性质选用相应的水泥品种；

　3 不得使用过期或受潮结块的水泥，并不得将不同品种或强度等级的水泥混合使用。

4.1.3 砂、石的选择应符合下列规定：

　1 砂宜选用中粗砂，含泥量不应大于 3.0%，泥块含量不宜大于 1.0%；

　2 不宜使用海砂；在没有使用河砂的条件时，应对海砂进行处理后才能使用，且控制氯离子含量不得大于 0.06%；

　3 碎石或卵石的粒径宜为 5～40mm，含泥量不应大于 1.0%，泥块含量不应大于 0.5%；

　4 对长期处于潮湿环境的重要结构混凝土用砂、石，应进行碱活性检验。

4.1.4 矿物掺合料的选择应符合下列规定：

　1 粉煤灰的级别不应低于 Ⅱ 级，烧失量不应大于 5%；

　2 硅粉的比表面积不应小于 $15000m^2/kg$，SiO_2 含量不应小于 85%；

　3 粒化高炉矿渣粉的品质要求应符合现行国家标准《用于水泥和混凝土中的粒化高炉矿渣粉》GB/T 18046 的有关规定。

4.1.5 混凝土拌合用水，应符合现行行业标准《混凝土用水标准》JGJ 63 的有关规定。

4.1.6 外加剂的选择应符合下列规定：

　1 外加剂的品种和用量应经试验确定，所用外加剂应符合现行国家标准《混凝土外加剂应用技术规范》GB 50119 的质量规定；

　2 掺加引气剂或引气型减水剂的混凝土，其含气量宜控制在 3%～5%；

　3 考虑外加剂对硬化混凝土收缩性能的影响；

　4 严禁使用对人体产生危害、对环境产生污染的外加剂。

4.1.7 防水混凝土的配合比应经试验确定，并应符合下列规定：

　1 试配要求的抗渗水压值应比设计值提高 0.2MPa；

　2 混凝土胶凝材料总量不宜小于 $320kg/m^3$，其中水泥用量不宜小于 $260kg/m^3$，粉煤灰掺量宜为胶凝材料总量的 20%～30%，硅粉的掺量宜为胶凝材料总量的 2%～5%；

　3 水胶比不得大于 0.50，有侵蚀性介质时水胶比不宜大于 0.45；

　4 砂率宜为 35%～40%，泵送时可增至 45%；

　5 灰砂比宜为 1:1.5～1:2.5；

　6 混凝土拌合物的氯离子含量不应超过胶凝材料总量的 0.1%；混凝土中各类材料

的总碱量即 Na_2O 当量不得大于 $3kg/m^3$。

4.1.8　防水混凝土采用预拌混凝土时，入泵坍落度宜控制在 $120\sim160mm$，坍落度每小时损失不应大于 $20mm$，坍落度总损失值不应大于 $40mm$。

4.1.9　混凝土拌制和浇筑过程控制应符合下列规定：

　　1　拌制混凝土所用材料的品种、规格和用量，每工作班检查不应少于两次。每盘混凝土组成材料计量结果的允许偏差应符合表 4.1.9-1 的规定。

混凝土组成材料计量结果的允许偏差（%）　　　　表 4.1.9-1

混凝土组成材料	每盘计量	累计计量
水泥、掺合料	±2	±1
粗、细骨料	±3	±2
水、外加剂	±2	±1

　　注：累计计量仅适用于微机控制计量的搅拌站。

　　2　混凝土在浇筑地点的坍落度，每工作班至少检查两次，坍落度试验应符合现行国家标准《普通混凝土拌合物性能试验方法标准》GB/T 50080 的有关规定。混凝土坍落度允许偏差应符合表 4.1.9-2 的规定。

混凝土坍落度允许偏差（mm）　　　　表 4.1.9-2

规定坍落度	允许偏差
≤40	±10
50～90	±15
>90	±20

　　3　泵送混凝土在交货地点的入泵坍落度，每工作班至少检查两次。混凝土入泵时的坍落度允许偏差应符合表 4.1.9-3 的规定。

混凝土入泵时的坍落度允许偏差（mm）　　　　表 4.1.9-3

所需坍落度	允许偏差
≤100	±20
>100	±30

　　4　当防水混凝土拌合物在运输后出现离析，必须进行二次搅拌。当坍落度损失后不能满足施工要求时，应加入原水胶比的水泥浆或掺加同品种的减水剂进行搅拌，严禁直接加水。

4.1.10　防水混凝土抗压强度试件，应在混凝土浇筑地点随机取样后制作，并应符合下列规定：

　　1　同一工程、同一配合比的混凝土，取样频率与试件留置组数应符合现行国家标准《混凝土结构工程施工质量验收规范》GB 50204 的有关规定；

　　2　抗压强度试验应符合现行国家标准《普通混凝土力学性能试验方法标准》GB/T 50081 的有关规定；

    3　结构构件的混凝土强度评定应符合现行国家标准《混凝土强度检验评定标准》GB/T 50107—2010 的有关规定。

4.1.11　防水混凝土抗渗性能应采用标准条件下养护混凝土抗渗试件的试验结果评定,试件应在混凝土浇筑地点随机取样后制作,并应符合下列规定:

    1　连续浇筑混凝土每 500m³ 应留置一组 6 个抗渗试件,且每项工程不得少于两组;采用预拌混凝土的抗渗试件,留置组数应视结构的规模和要求而定;

    2　抗渗性能试验应符合现行国家标准《普通混凝土长期性能和耐久性能试验方法标准》GB/T 50082 的有关规定。

4.1.12　大体积防水混凝土的施工应采取材料选择、温度控制、保温保湿等技术措施。在设计许可的情况下,掺粉煤灰混凝土设计强度等级的龄期宜为 60d 或 90d。

4.1.13　防水混凝土分项工程检验批的抽样检验数量,应按混凝土外露面积每 100m² 抽查 1 处,每处 10m²,且不得少于 3 处。

【水泥砂浆防水层检验批质量验收记录】

水泥砂浆防水层检验批质量验收记录表 表 208-2

单位(子单位)工程名称				分部(子分部)工程名称		
分项工程名称				验 收 部 位		
施工单位				项 目 经 理		
分包单位				分包项目经理		
施工执行标准名称及编号						

检控项目	序号	质量验收规范规定		施工单位检查评定记录	监理(建设)单位验收记录
主控项目	1	防水砂浆原材料、配合比	第4.2.7条		
	1)	防水砂浆原材料	第4.2.7条		
	2)	防水砂浆配合比	第4.2.7条		
	2	防水砂浆粘贴强度、抗渗性能	第4.2.8条		
	1)	防水砂浆粘贴强度	第4.2.8条		
	2)	防水砂浆抗渗性能	第4.2.8条		
	3	水泥砂浆防水层与基层结合	第4.2.9条		
一般项目	1	水泥砂浆防水层表面质量	第4.2.10条		
	2	防水层施工缝留槎与接槎	第4.2.11条		
		项 目	允许偏差(mm)	量测值(mm)	
	3	水泥砂浆防水层平均厚度	第4.2.12条		
	1)	平均厚度	符合设计要求		
	2)	最小厚度	不小于设计值85%		
	4	防水层表面平整度	5mm		

施工单位检查评定结果	专业工长(施工员)		施工班组长	
	项目专业质量检查员:		年 月 日	

监理(建设)单位验收结论	
	专业监理工程师: (建设单位项目专业技术负责人): 年 月 日

　　说明:水泥砂浆防水层分项工程检验批的抽样检验数量,应按施工面积每100m² 抽查1处,每处10m²,且不得少于3处。

【检查验收时执行的规范条目】

1. 主控项目

4.2.7　防水砂浆的原材料及配合比必须符合设计规定。

　　检验方法：检查产品合格证、产品性能检测报告、计量措施和材料进场检验报告。

4.2.8　防水砂浆的粘结强度和抗渗性能必须符合设计规定。

　　检验方法：检查砂浆粘结强度、抗渗性能检验报告。

4.2.9　水泥砂浆防水层与基层之间应结合牢固，无空鼓现象。

　　检验方法：观察和用小锤轻击检查。

2. 一般项目

4.2.10　水泥砂浆防水层表面应密实、平整，不得有裂纹、起砂、麻面等缺陷。

　　检验方法：观察检查。

4.2.11　水泥砂浆防水层施工缝留槎位置应正确，接槎应按层次顺序操作，层层搭接紧密。

　　检验方法：观察检查和检查隐蔽工程验收记录。

4.2.12　水泥砂浆防水层的平均厚度应符合设计要求，最小厚度不得小于设计厚度的85%。

　　检验方法：用针测法检查。

4.2.13　水泥砂浆防水层表面平整度的允许偏差应为5mm。

　　检验方法：用2m靠尺和楔形塞尺检查。

【检验批验收应提供的核查资料】

水泥砂浆防水层检验批验收应提供的核查资料   表 208-2a

序号	核查资料名称	核查要点
1	材料、产品合格证或质量证明书	核查资料的真实性。核查需方及供方单位名称,材料或产品名称、规格、等级、数量(质量或件数)、批号或生产日期、出厂日期、材料或产品出厂检验项目的各项检验结果和供方质检部门印记(必须符合设计和标准与规范要求),材料或产品应用标准编号、生产许可证编号,应标明的材料或产品注意事项、材料或产品安全警语
2	水泥、砂及配套材料出厂检验报告	检查内容同下。分别由厂家提供。提供的出厂检验报告的内容应符合相应标准"出厂检验项目"规定(与试验报告大体相同)
3	水泥、砂及配套材料试验报告单(见证取样)	
1)	水泥试验报告	检查其品种、提供报告的代表数量、报告日期、水泥性能:抗折强度、抗压强度、初凝、终凝、安定性、依据标准、检验结论
2)	砂试验报告	检查其品种、提供报告的代表数量、报告日期、砂子性能:表观密度(kg/m³);氯离子含量(%);堆积密度(kg/m³);含水率(%);紧密密度(kg/m³);吸水率(%);含泥量(%);云母含量(%);泥块含量(%);轻物质含量(%);有机物含量;硫酸盐、硫化物含量(%);压碎值指标(%);坚固性质量损失率(%);人工砂的石粉含量(%)、人工砂的 MB 值;碱活性;贝壳含量(%);颗料级配;细度模数、检验结论
3)	配套材料试验报告(外加剂:氯化物金属盐类防水剂、金属皂类防水剂、氯化铁类防水剂、水玻璃矾类的防水促凝剂、无机铝盐防水剂、WJ₁防水剂)	检查其品种、提供报告的代表数量、报告日期和配套材料相关的试验性能
4	水泥砂浆试件强度试验报告单(见证取样)	核查提供单位资质、提供报告的代表数量、报告日期、强度等级类别齐全程度应满足设计要求
5	聚合物乳液(阳离子氯丁胶乳、丙烯酸酯共聚乳液、有机硅)	原材料要求、配合比及配制方法、成品保护、安全环境措施、质量标准
6	抗渗混凝土试件强度试验报告单(见证取样)	抗渗混凝土强度等级、提供报告的代表数量、报告日期、抗渗混凝土试件核查:工程名称、混凝土强度等级(C)、设计抗渗等级(P)、混凝土配合比编号、成型日期、委托日期、养护方法、龄期、报告日期、试件上表渗水部位或剖开渗水高度(cm)、实际达到压力(MPa)、依据标准、检验结果等项试验内容必须齐全。实际试验项目根据工程实际择用
7	隐蔽工程验收记录(施工缝留槎、穿墙管、预埋件等)	隐蔽工程验收记录内容的完整性(检查资料名称项下括号内的内容)

注:1. 合理缺项除外;2. 表列凡有性能要求的均应符合设计和规范要求。

附：规范规定的施工"过程控制"要点

4.2 水泥砂浆防水层

4.2.1 水泥砂浆防水层适用于地下工程主体结构的迎水面或背水面。不适用于受持续振动或环境温度高于80℃的地下工程。

4.2.2 水泥砂浆防水层应采用聚合物水泥防水砂浆、掺外加剂或掺合料的防水砂浆。

4.2.3 水泥砂浆防水层所用的材料应符合下列规定：

1 水泥应使用普通硅酸盐水泥、硅酸盐水泥或特种水泥，不得使用过期或受潮结块的水泥；

2 砂宜采用中砂，含泥量不应大于1.0%，硫化物及硫酸盐含量不应大于1.0%；

3 用于拌制水泥砂浆的水，应采用不含有害物质的洁净水；

4 聚合物乳液的外观为均匀液体，无杂质、无沉淀、不分层；

5 外加剂的技术性能应符合现行国家或行业有关标准的质量要求。

4.2.4 水泥砂浆防水层的基层质量应符合下列规定：

1 基层表面应平整、坚实、清洁，并应充分湿润、无明水；

2 基层表面的孔洞、缝隙，应采用与防水层相同的水泥砂浆堵塞并抹平；

3 施工前应将埋设件、穿墙管预留凹槽内嵌填密封材料后，再进行水泥砂浆防水层施工。

4.2.5 水泥砂浆防水层施工应符合下列规定：

1 水泥砂浆的配制，应按所掺材料的技术要求准确计量；

2 分层铺抹或喷涂，铺抹时应压实、抹平，最后一层表面应提浆压光；

3 防水层各层应紧密粘合，每层宜连续施工；必须留设施工缝时，应采用阶梯坡形槎，但与阴阳角处的距离不得小于200mm；

4 水泥砂浆终凝后应及时进行养护，养护温度不宜低于5℃，并应保持砂浆表面湿润，养护时间不得少于14d；聚合物水泥防水砂浆未达到硬化状态时，不得浇水养护或直接受雨水冲刷，硬化后应采用干湿交替的养护方法。潮湿环境中，可在自然条件下养护。

4.2.6 水泥砂浆防水层分项工程检验批的抽样检验数量，应按施工面积每100m² 抽查1处，每处10m²，且不得少于3处。

【卷材防水层检验批质量验收记录】

卷材防水层检验批质量验收记录表　　　　　　　　　　　　表 208-3

单位(子单位)工程名称					
分部(子分部)工程名称				验 收 部 位	
施工单位				项 目 经 理	
分包单位				分包项目经理	
施工执行标准名称及编号					

检控项目	序号	质量验收规范规定		施工单位检查评定记录	监理(建设)单位验收记录
主控项目	1	卷材防水层所用卷材及主要配套材料	第4.3.15条		
	1)	卷材防水层用卷材	第4.3.15条		
	2)	卷材防水层用主要配套材料	第4.3.15条		
	2	卷材防水层及其转角处、变形缝、穿墙管道等做法	第4.3.16条		
一般项目	1	卷材防水层的搭接缝粘贴或焊接	第4.3.17条		
	2	侧墙保护层与防水层结合	第4.3.19条		
		项　　目	允许偏差(mm)	量测值(mm)	
	3	外防外贴铺贴卷材立面接槎搭接	第4.3.18条		
	1)	高聚物改性沥青类卷材	150mm		
	2)	合成高分子类卷材	100mm		
	4	卷材搭接宽度(第4.3.20条)	−10mm		

施工单位检查评定结果	专业工长(施工员)		施工班组长	
	项目专业质量检查员：　　　　　　　　年　　月　　日			

监理(建设)单位验收结论	专业监理工程师： (建设单位项目专业技术负责人)：　　　　　年　　月　　日

说明：卷材防水层分项工程检验批的抽样检验数量，应按铺贴面积每 $100m^2$ 抽查 1 处，每处 $10m^2$，且不得少于 3 处。

【检查验收时执行的规范条目】

1. 主控项目

4.3.15　卷材防水层所用卷材及其配套材料必须符合设计要求。

检验方法：检查产品合格证、产品性能检测报告和材料进场检验报告。

4.3.16　卷材防水层在转角处、变形缝、施工缝、穿墙管等部位做法必须符合设计要求。

检验方法：观察检查和检查隐蔽工程验收记录。

2. 一般项目

4.3.17　卷材防水层的搭接缝应粘贴或焊接牢固，密封严密，不得有扭曲、折皱、翘边和起泡等缺陷。

检验方法：观察检查。

4.3.18　采用外防外贴法铺贴卷材防水层时，立面卷材接槎的搭接宽度，高聚物改性沥青类卷材应为150mm，合成高分子类卷材应为100mm，且上层卷材应盖过下层卷材。

检验方法：观察和尺量检查。

4.3.19　侧墙卷材防水层的保护层与防水层应结合紧密，保护层厚度应符合设计要求。

检验方法：观察和尺量检查。

4.3.20　卷材搭接宽度的允许偏差应为-10mm。

检验方法：观察和尺量检查。

【检验批验收应提供的核查资料】

卷材防水层检验批验收应提供的核查资料　　　　　　表208-3a

序号	核查资料名称	核查要点
1	材料、产品合格证或质量证明书	核查资料的真实性。核查需方及供方单位名称,材料或产品名称、规格、等级、数量(质量或件数)、批号或生产日期、出厂日期、材料或产品出厂检验项目的各项检验结果和供方质检部门印记(必须符合设计和标准与规范要求),材料或产品应用标准编号、生产许可证编号,应标明的材料或产品注意事项、材料或产品安全警语
2	卷材及配套材料试验报告单(见证取样)	
(1)	卷材试验报告(合成高分子防水卷材、高聚物改性沥青防水卷材)	检查其品种、提供报告的代表数量、报告日期、卷材试验的性能: 1)氯化聚乙烯卷材、聚氯乙烯卷材等:核查其尺寸、外观和理化性能:拉伸强度、断裂伸长率、热处理尺寸变化率、低温弯折性 2)弹性体和塑性体改性沥青卷材等:核查其尺寸、卷重、面积、厚度、外观和理化性能:不透水性、耐热度、拉力、最大拉力时的延伸率、低温柔度
(2)	配套材料试验报告(与卷材性能相容的基层处理剂、胶粘剂、密封材料)	检查其品种、提供报告的代表数量、报告日期和配套材料相关的试验性能:高聚物改性沥青卷材间粘结剥离强度≥8N/10mm;合成高分子卷材粘结剥离强度≥15N/10mm,浸水168h后的粘结剥离强度保持率≥70%
3	隐蔽工程验收记录(检查施工缝留槎、穿墙管、预埋件、复杂部位的增强处理等)	隐蔽工程验收记录内容的完整性(资料名称项下括号内的内容)

注：1. 合理缺项除外；2. 表列凡有性能要求的均应符合设计和规范要求。

附：规范规定的施工"过程控制"要点

4.3　卷材防水层

4.3.1　卷材防水层适用于受侵蚀性介质作用或受振动作用的地下工程；卷材防水层应铺设在主体结构的迎水面。

4.3.2　卷材防水层应采用高聚物改性沥青类防水卷材和合成高分子类防水卷材。所选用的基层处理剂、胶粘剂、密封材料等均应与铺贴的卷材相匹配。

4.3.3　在进场材料检验的同时，防水卷材接缝粘结质量检验应按本规范附录D执行。

4.3.4　铺贴防水卷材前，基面应干净、干燥，并应涂刷基层处理剂；当基面潮湿时，应涂刷湿固化型胶粘剂或潮湿界面隔离剂。

4.3.5　基层阴阳角应做成圆弧或45°坡角，其尺寸应根据卷材品种确定；在转角处、变形缝、施工缝、穿墙管等部位应铺贴卷材加强层，加强层宽度不应小于500mm。

4.3.6　防水卷材的搭接宽度应符合表4.3.6的要求。铺贴双层卷材时，上下两层和相邻两幅卷材的接缝应错开1/3～1/2幅宽，且两层卷材不得相互垂直铺贴。

防水卷材的搭接宽度　　　　　　　　　　表4.3.6

卷材品种	搭接宽度(mm)
弹性体改性沥青防水卷材	100
改性沥青聚乙烯胎防水卷材	100
自粘聚合物改性沥青防水卷材	80
三元乙丙橡胶防水卷材	100/60(胶粘剂/胶粘带)
聚氯乙烯防水卷材	60/80(单焊缝/双焊缝)
	100(胶粘剂)
聚乙烯丙纶复合防水卷材	100(粘结料)
高分子自粘胶膜防水卷材	70/80(自粘胶/胶粘带)

4.3.7　冷粘法铺贴卷材应符合下列规定：

1　胶粘剂应涂刷均匀，不得露底、堆积；

2　根据胶粘剂的性能，应控制胶粘剂涂刷与卷材铺贴的间隔时间；

3　铺贴时不得用力拉伸卷材，排除卷材下面的空气，辊压粘贴牢固；

4　铺贴卷材应平整、顺直，搭接尺寸准确，不得扭曲、皱折；

5　卷材接缝部位应采用专用胶粘剂或胶粘带满粘，接缝口应用密封材料封严，其宽度不应小于10mm。

4.3.8　热熔法铺贴卷材应符合下列规定：

1　火焰加热器加热卷材应均匀，不得加热不足或烧穿卷材；

2　卷材表面热熔后应立即滚铺，排除卷材下面的空气，并粘贴牢固；

3　铺贴卷材应平整、顺直，搭接尺寸准确，不得扭曲、皱折；

4　卷材接缝部位应溢出热熔的改性沥青胶料，并粘贴牢固，封闭严密。

4.3.9 自粘法铺贴卷材应符合下列规定：

1 铺贴卷材时，应将有黏性的一面朝向主体结构；

2 外墙、顶板铺贴时，排除卷材下面的空气，辊压粘贴牢固；

3 铺贴卷材应平整、顺直，搭接尺寸准确，不得扭曲、皱折和起泡；

4 立面卷材铺贴完成后，应将卷材端头固定，并应用密封材料封严；

5 低温施工时，宜对卷材和基面采用热风适当加热，然后铺贴卷材。

4.3.10 卷材接缝采用焊接法施工应符合下列规定：

1 焊接前卷材应铺放平整，搭接尺寸准确，焊接缝的结合面应清扫干净；

2 焊接时应先焊长边搭接缝，后焊短边搭接缝；

3 控制热风加热温度和时间，焊接处不得漏焊、跳焊或焊接不牢；

4 焊接时不得损害非焊接部位的卷材。

4.3.11 铺贴聚乙烯丙纶复合防水卷材应符合下列规定：

1 应采用配套的聚合物水泥防水粘结材料；

2 卷材与基层粘贴应采用满粘法，粘结面积不应小于 90%，刮涂粘结料应均匀，不得露底、堆积、流淌；

3 固化后的粘结料厚度不应小于 1.3mm；

4 卷材接缝部位应挤出粘结料，接缝表面处应涂刮 1.3mm 厚 50mm 宽聚合物水泥粘结料封边；

5 聚合物水泥粘结料固化前，不得在其上行走或进行后续作业。

4.3.12 高分子自粘胶膜防水卷材宜采用预铺反粘法施工，并应符合下列规定：

1 卷材宜单层铺设；

2 在潮湿基面铺设时，基面应平整坚固、无明水；

3 卷材长边应采用自粘边搭接，短边应采用胶粘带搭接，卷材端部搭接区应相互错开；

4 立面施工时，在自粘边位置距离卷材边缘 10～20mm 内，每隔 400～600mm 应进行机械固定，并应保证固定位置被卷材完全覆盖；

5 浇筑结构混凝土时不得损伤防水层。

4.3.13 卷材防水层完工并经验收合格后应及时做保护层。保护层应符合下列规定：

1 顶板的细石混凝土保护层与防水层之间宜设置隔离层。细石混凝土保护层厚度：机械回填时不宜小于 70mm，人工回填时不宜小于 50mm；

2 底板的细石混凝土保护层厚度不应小于 50mm；

3 侧墙宜采用软质保护材料或铺抹 20mm 厚 1：2.5 水泥砂浆。

4.3.14 卷材防水层分项工程检验批的抽样检验数量，应按铺贴面积每 100m² 抽查 1 处，每处 10m²，且不得少于 3 处。

【涂料防水层检验批质量验收记录】

涂料防水层检验批质量验收记录表　　　　　　　　　　　表 208-4

单位(子单位)工程名称					
分部(子分部)工程名称				验 收 部 位	
施工单位				项 目 经 理	
分包单位				分包项目经理	
施工执行标准名称及编号					

检控项目	序号	质量验收规范规定		施工单位检查评定记录	监理(建设)单位验收记录
主控项目	1	涂料防水层材料、配合比	第4.4.7条		
	1)	涂料防水层材料	第4.4.7条		
	2)	涂料防水层配合比	第4.4.7条		
	2	涂料防水层及其转角处、变形缝、穿墙管道等做法	第4.4.9条		
	3	涂料防水层厚度(第4.4.8条)	允许偏差(mm)	量 测 值(mm)	
	1)	平均厚度	符合设计要求		
	2)	最小厚度	≥90%		
一般项目	1	涂料防水层与基层粘结质量要求	第4.4.10条		
	2	涂层间夹铺胎体增强材料做法与质量	第4.4.11条		
	3	侧墙涂料防水层的保护层与防水层应结合紧密	第4.4.12条		

施工单位检查评定结果	专业工长(施工员)		施工班组长	
	项目专业质量检查员：　　　　　　　年　月　日			

监理(建设)单位验收结论	专业监理工程师： (建设单位项目专业技术负责人)：　　　　　年　月　日

　　说明：涂料防水层分项工程检验批的抽样检验数量，应按涂层面积每 $100m^2$ 抽查 1 处，每处 $10m^2$，且不得少于 3 处。

【检查验收时执行的规范条目】

1. 主控项目

4.4.7　涂料防水层所用的材料及配合比必须符合设计要求。

　　检验方法：检查产品合格证、产品性能检测报告、计量措施和材料进场检验报告。

4.4.8　涂料防水层的平均厚度应符合设计要求，最小厚度不得小于设计厚度的90%。

　　检验方法：用针测法检查。

4.4.9　涂料防水层在转角处、变形缝、施工缝、穿墙管等部位做法必须符合设计要求。

　　检验方法：观察检查和检查隐蔽工程验收记录。

2. 一般项目

4.4.10　涂料防水层应与基层粘结牢固，涂刷均匀，不得流淌、鼓泡、露槎。

　　检验方法：观察检查。

4.4.11　涂层间夹铺胎体增强材料时，应使防水涂料浸透胎体覆盖完全，不得有胎体外露现象。

　　检验方法：观察检查。

4.4.12　侧墙涂料防水层的保护层与防水层应结合紧密，保护层厚度应符合设计要求。

　　检验方法：观察检查。

【检验批验收应提供的核查资料】

涂料防水层验收应提供的核查资料　　　　　　　　表 208-4a

序号	核查资料名称	核 查 要 点
1	材料、产品合格证或质量证明书	核查资料的真实性。核查需方及供方单位名称,材料或产品名称、规格、等级、数量(质量或件数)、批号或生产日期、出厂日期、材料或产品出厂检验项目的各项检验结果和供方质检部门印记(必须符合设计和标准与规范要求),材料或产品应用标准编号、生产许可证编号,应标明的材料或产品注意事项、材料或产品安全警语
2	涂料及配套材料试验报告单(见证取样)	
(1)	涂料试验报告(聚氨酯防水涂料、硅橡胶防水涂料、复合防水涂料、氯丁橡胶沥青防水涂料、再生橡胶沥青防水涂料、水泥基渗透结晶型防水涂料)	检查其品种、提供报告的代表数量、报告日期、防水涂料(聚合物水泥防水涂料)试验的性能:外观、固体含量、拉伸强度(无处理)、断裂伸长率(无处理)、粘结强度(无处理)、低温柔性、不透水性(Ⅰ型)、抗渗性(Ⅱ型、Ⅲ型)、自闭性(需要时)
(2)	配套材料试验报告	检查其品种、提供报告的代表数量、报告日期和配套材料相关的试验性能。检测内容按相关标准"出厂检验项目"进行核查
3	涂料防水层厚度检查记录	检查测试数量及涂料防水层厚度与标准的符合性
4	隐蔽工程验收记录(施工缝留槎、穿墙管、转角、变形缝、细部构造等)	隐蔽工程验收记录内容的完整性,资料名称项下括号内的内容

　　注：1. 合理缺项除外；2. 表列凡有性能要求的均应符合设计和规范要求。

附：规范规定的施工"过程控制"要点

4.4　涂料防水层

4.4.1　涂料防水层适用于受侵蚀性介质作用或受振动作用的地下工程；有机防水涂料宜

用于主体结构的迎水面，无机防水涂料宜用于主体结构的迎水面或背水面。

4.4.2　有机防水涂料应采用反应型、水乳型、聚合物水泥等涂料；无机防水涂料应采用掺外加剂、掺合料的水泥基防水涂料或水泥基渗透结晶型防水涂料。

4.4.3　有机防水涂料基面应干燥。当基面较潮湿时，应涂刷湿固化型胶结剂或潮湿界面隔离剂；无机防水涂料施工前，基面应充分润湿，但不得有明水。

4.4.4　涂料防水层的施工应符合下列规定：

　　1　多组分涂料应按配合比准确计量，搅拌均匀，并应根据有效时间确定每次配制的用量；

　　2　涂料应分层涂刷或喷涂，涂层应均匀，涂刷应待前遍涂层干燥成膜后进行。每遍涂刷时应交替改变涂层的涂刷方向，同层涂膜的先后搭压宽度宜为 30～50mm；

　　3　涂料防水层的甩槎处接槎宽度不应小于 100mm，接涂前应将其甩槎表面处理干净；

　　4　采用有机防水涂料时，基层阴阳角处应做成圆弧；在转角处、变形缝、施工缝、穿墙管等部位应增加胎体增强材料和增涂防水涂料，宽度不应小于 500mm；

　　5　胎体增强材料的搭接宽度不应小于 100mm。上下两层和相邻两幅胎体的接缝应错开 1/3 幅宽，且上下两层胎体不得相互垂直铺贴。

4.4.5　涂料防水层完工并经验收合格后应及时做保护层。保护层应符合本规范第 4.3.13 条的规定。

4.4.6　涂料防水层分项工程检验批的抽样检验数量，应按涂层面积每 100m² 抽查 1 处，每处 10m²，且不得少于 3 处。

【塑料板防水层检验批质量验收记录】

塑料板防水层检验批质量验收记录表　　表 208-5

单位(子单位)工程名称				
分部(子分部)工程名称			验 收 部 位	
施工单位			项 目 经 理	
分包单位			分包项目经理	
施工执行标准名称及编号				

检控项目	序号	质量验收规范规定		施工单位检查评定记录	监理(建设)单位验收记录
主控项目	1	防水层所用塑料板及配套材料	第4.5.8条		
	1)	防水层所用塑料板	第4.5.8条		
	2)	防水层所用配套材料	第4.5.8条		
	2	塑料防水板的搭接缝双缝热熔焊接(第4.5.9条)	允许偏差(mm)	量 测 值(mm)	
		有效宽度	≥10mm		
一般项目	1	塑料防水板应采用无钉孔铺设固定点的间距(第4.5.10条)	允许偏差(mm)	量 测 值(mm)	
	1)	拱部(第4.5.6条)	0.5～0.8m		
	2)	边墙(第4.5.6条)	1.0～1.5m		
	3)	底部(第4.5.6条)	1.5～2.0m		
	2	塑料防水板与暗钉圈	第4.5.11条		
	3	塑料防水板的铺设	第4.5.12条		
	4	塑料防水板搭接宽度(第4.5.13条)	−10mm		

施工单位检查评定结果	专业工长(施工员)		施工班组长	
	项目专业质量检查员:　　　　　　　年　　月　　日			
监理(建设)单位验收结论	专业监理工程师: (建设单位项目专业技术负责人):　　　　　　　年　　月　　日			

说明：塑料防水板防水层分项工程检验批的抽样检验数量，应按铺设面积每100m² 抽查1处，每处 10m²，且不得少于3处。焊缝检验应按焊缝条数抽查5％，每条焊缝为1处，且不得少于3处。

【检查验收时执行的规范条目】

1. 主控项目

4.5.8　塑料防水板及其配套材料必须符合设计要求。

检验方法：检查产品合格证、产品性能检测报告和材料进场检验报告。

4.5.9　塑料防水板的搭接缝必须采用双缝热熔焊接，每条焊缝的有效宽度不应小于10mm。

检验方法：双焊缝间空腔内充气检查和尺量检查。

2. 一般项目

4.5.10　塑料防水板应采用无钉孔铺设，其固定点的间距应符合本规范第4.5.6条的规定。

检验方法：观察和尺量检查。

4.5.11　塑料防水板与暗钉圈应焊接牢靠，不得漏焊、假焊和焊穿。

检验方法：观察检查。

4.5.12　塑料防水板的铺设应平顺，不得有下垂、绷紧和破损现象。

检验方法：观察检查。

4.5.13　塑料防水板搭接宽度的允许偏差应为-10mm。

检验方法：尺量检查。

【检验批验收应提供的核查资料】

塑料板防水层检验批验收应提供的核查资料　　　　　　　　表 208-5a

序号	核查资料名称	核查要点
1	塑料板防水层用材料、产品合格证或质量证明书	核查资料的真实性。核查需方及供方单位名称，材料或产品名称、规格、等级、数量（质量或件数）、批号或生产日期、出厂日期、材料或产品出厂检验项目的各项检验结果和供方质检部门印记（必须符合设计和标准与规范要求），材料或产品应用标准编号、生产许可证编号，应标明的材料或产品注意事项、材料或产品安全警语
2	塑料板防水层材料出厂检验报告	检查内容同下。分别由厂家提供。提供的出厂检验报告的内容应符合相应标准"出厂检验项目"规定（与试验报告大体相同）
3	塑料防水板试验报告单（见证取样）	检查其提供报告的代表数量、报告日期、质量与设计、规范要求的符合性，塑料防水板性能： 1)硬聚氯乙烯板：相对密度(g/cm^3)、拉伸强度(纵、横向，MPa)、冲击强度(缺口、平面、侧面，kJ/m^2)、热变形温度(℃)、加热尺寸变化率(纵、横向，%)、整体性、燃烧性能 2)软聚氯乙烯板：相对密度(g/cm^3)、拉伸强度(纵、横向，MPa)、断裂伸长率(纵、横向，%)、邵氏硬度、加热损失率(%)、腐蚀度(g/m^2)40%±1%氢氧化钠
4	双焊缝间空腔内充气检查记录	核查焊接方法（热风焊接）、应无渗漏（大气筒充气、压力达0.25MPa时停止充气，保持15min，压力下降在10%以内为焊缝合格）

注：1. 合理缺项除外；2. 表列凡有性能要求的均应符合设计和规范要求；3. 塑料板尺寸与质量检查内容：幅宽、厚度、耐刺穿、耐久、耐水、耐腐蚀及力学性能。

附：规范规定的施工"过程控制"要点

4.5　塑料防水板防水层

4.5.1　塑料防水板防水层适用于经常承受水压、侵蚀性介质或有振动作用的地下工程；塑料防水板宜铺设在复合式衬砌的初期支护与二次衬砌之间。

4.5.2　塑料防水板防水层的基面应平整，无尖锐突出物，基面平整度 D/L 不应大于 $1/6$。

注：D 为初期支护基面相邻两凸面间凹进去的深度；

　　　L 为初期支护基面相邻两凸面间的距离。

4.5.3　初期支护的渗漏水，应在塑料防水板防水层铺设前封堵或引排。

4.5.4　塑料防水板的铺设应符合下列规定：

1　铺设塑料防水板前应先铺缓冲层，缓冲层应用暗钉圈固定在基面上；缓冲层搭接宽度不应小于 50mm，铺设塑料防水板时，应边铺边用热焊机将塑料防水板与暗钉圈焊接；

2　两幅塑料防水板的搭接宽度不应小于 100mm，下部塑料防水板应压住上部塑料防水板。接缝焊接时，塑料防水板的搭接层数不得超过 3 层；

3　塑料防水板的搭接缝应采用双焊缝，每条焊缝的有效宽度不应小于 10mm；

4　塑料防水板铺设时宜设置分区预埋注浆系统；

5　分段设置塑料防水板防水层时，两端应采取封闭措施。

4.5.5　塑料防水板的铺设应超前二次衬砌混凝土施工，超前距离宜为 5～20m。

4.5.6　塑料防水板应牢固地固定在基面上，固定点间距应根据基面平整情况确定，拱部宜为 0.5～0.8m，边墙宜为 1.0～1.5m，底部宜为 1.5～2.0m；局部凹凸较大时，应在凹处加密固定点。

4.5.7　塑料防水板防水层分项工程检验批的抽样检验数量，应按铺设面积每 100m² 抽查 1 处，每处 10m²，且不得少于 3 处。焊缝检验应按焊缝条数抽查 5%，每条焊缝为 1 处，且不得少于 3 处。

【金属板防水层检验批质量验收记录】

金属板防水层检验批质量验收记录表

表 208-6

单位(子单位)工程名称					
分部(子分部)工程名称				验 收 部 位	
施工单位				项 目 经 理	
分包单位				分包项目经理	
施工执行标准名称及编号					

检控项目	序号	质量验收规范规定		施工单位检查评定记录	监理(建设)单位验收记录
主控项目	1	金属板和焊接材料	第4.6.6条		
	1)	金属板	第4.6.6条		
	2)	焊接材料	第4.6.6条		
	2	焊工的有效执业资格证书	第4.6.7条		
一般项目	1	金属板表面不得有明显凹面和损伤	第4.6.8条		
	2	焊缝不得有裂纹、未熔合、夹渣、焊瘤、咬边、烧穿、弧坑、针状气孔等缺陷	第4.6.9条		
	3	焊缝的焊波应均匀,焊渣和飞溅物应清除干净;保护涂层不得有漏涂、脱皮和反锈现象	第4.6.10条		

施工单位检查评定结果	专业工长(施工员)		施工班组长	
	项目专业质量检查员:　　　　　　　年　月　日			

监理(建设)单位验收结论	
	专业监理工程师: (建设单位项目专业技术负责人):　　　　年　月　日

　　说明:金属板防水层分项工程检验批的抽样检验数量,应按铺设面积每10m² 抽查1处,每处1m²,且不得少于3处。焊缝表面缺陷检验应按焊缝的条数抽查5%,且不得少于1条焊缝;每条焊缝检查1处,总抽查数不得少于10处。

【检查验收时执行的规范条目】

1. 主控项目

4.6.6　金属板和焊接材料必须符合设计要求。

　　检验方法：检查产品合格证、产品性能检测报告和材料进场检验报告。

4.6.7　焊工应持有有效的执业资格证书。

　　检验方法：检查焊工执业资格证书和考核日期。

2. 一般项目

4.6.8　金属板表面不得有明显凹面和损伤。

　　检验方法：观察检查。

4.6.9　焊缝不得有裂纹、未熔合、夹渣、焊瘤、咬边、烧穿、弧坑、针状气孔等缺陷。

　　检验方法：观察检查和使用放大镜、焊缝量规及钢尺检查，必要时采用渗透或磁粉探伤检查。

4.6.10　焊缝的焊波应均匀，焊渣和飞溅物应清除干净；保护涂层不得有漏涂、脱皮和反锈现象。

　　检验方法：观察检查。

【检验批验收应提供的核查资料】

金属板防水层验收应提供的核查资料　　　　　　　　表 208-6a

序号	核查资料名称	核查要点
1	材料、产品合格证或质量证明书	核查资料的真实性。核查需方及供方单位名称，材料或产品名称、规格、等级、数量(质量或件数)、批号或生产日期、出厂日期、材料或产品出厂检验项目的各项检验结果和供方质检部门印记(必须符合设计和标准与规范要求)，材料或产品应用标准编号、生产许可证编号，应标明的材料或产品注意事项、材料或产品安全警语
2	焊工合格证书检查记录	核查焊工考试合格证书的真实性，发证单位资质。证书必须包括：操作技能和理论考试、证书的有效期
2	金属板及焊接材料试验报告(见证取样)	检查进场材料品种、数量、报告日期、焊工证明、外观、金属板及焊接材料性能： (1)金属板材料： 1)碳素结构钢(GB/T 700—2006)：核查化学成分、力学性能(拉伸、冷弯、冲击)、表面质量； 2)低合金高强度结构钢(GB/T 1591—2008)：核查化学成分、力学性能(屈服点、伸长率、抗拉强度、冷弯、冲击)、表面质量。 (2)焊接材料： 焊条、焊丝、焊剂：核查其尺寸、熔敷金属化学成分、力学性能(拉伸、冲击、弯曲)、焊缝射线探伤
3	金属板及焊接材料出厂检验报告	检查内容同上，分别由厂家提供。提供的出厂检验报告的内容应符合相应标准"出厂检验项目"规定(与试验报告大体相同)
4	无损探伤检验记录(必要时)	提供报告的代表数量、与设计、规范要求的符合性

注：1. 合理缺项除外；2. 表列凡有性能要求的均应符合设计和规范要求。

附：规范规定的施工"过程控制"要点

4.6   金属板防水层

4.6.1   金属板防水层适用于抗渗性能要求较高的地下工程；金属板应铺设在主体结构迎水面。

4.6.2   金属板防水层所采用的金属材料和保护材料应符合设计要求。金属板及其焊接材料的规格、外观质量和主要物理性能，应符合国家现行有关标准的规定。

4.6.3   金属板的拼接及金属板与工程结构的锚固件连接应采用焊接。金属板的拼接焊缝应进行外观检查和无损检验。

4.6.4   金属板表面有锈蚀、麻点或划痕等缺陷时，其深度不得大于该板材厚度的负偏差值。

4.6.5   金属板防水层分项工程检验批的抽样检验数量，应按铺设面积每 $10m^2$ 抽查 1 处，每处 $1m^2$，且不得少于 3 处。焊缝表面缺陷检验应按焊缝的条数抽查 5%，且不得少于 1 条焊缝；每条焊缝检查 1 处，总抽查数不得少于 10 处。

【膨润土防水材料防水层检验批质量验收记录】

膨润土防水材料防水层检验批质量验收记录表　　　　　表 208-7

单位(子单位)工程名称					
分部(子分部)工程名称				验 收 部 位	
施工单位				项 目 经 理	
分包单位				分包项目经理	
施工执行标准名称及编号					

检控项目	序号	质量验收规范规定		施工单位检查评定记录	监理(建设)单位验收记录
主控项目	1	膨润土防水材料要求	第 4.7.11 条		
	2	膨润土防水材料防水层在转角处和变形缝、施工缝、后浇带、穿墙管等部位做法	第 4.7.12 条		
一般项目	1	膨润土防水毯的织布面或防水板的膨润土面,应朝向工程主体结构的迎水面	第 4.7.13 条		
	2	立面或斜面铺设的膨润土防水材料应上层压住下层,防水层与基层、防水层与防水层之间质量要求	第 4.7.14 条		
	3	膨润土防水材料的搭接和收口部位(按第4.7.5条、第4.7.6条、第4.7.7条)	第 4.7.15 条		
	1)	水泥钉和垫片固定的立面和斜面固定间距(第4.7.5条)			
	2)	水泥钉和垫片固定的平面搭接在搭缝处固定(第4.7.5条)			
	3)	防水材料搭接宽度、固定间距等(第4.7.6条)			
	4)	防水材料收口部位做法(第4.7.7条)			
		项　　　　目	允许偏差(mm)	量 测 值(mm)	
	4	膨润土防水材料搭接宽度(第4.7.16条)	—10mm		

施工单位检查评定结果	专业工长(施工员)		施工班组长	
	项目专业质量检查员: 年 月 日			

监理(建设)单位验收结论	专业监理工程师: (建设单位项目专业技术负责人): 年 月 日

说明:膨润土防水材料防水层分项工程检验批的抽样检验数量,应按铺设面积每100m² 抽查1处,每处10m²,且不得少于3处。

【检查验收时执行的规范条目】

1. 主控项目

4.7.11　膨润土防水材料必须符合设计要求。

　　检验方法：检查产品合格证、产品性能检测报告和材料进场检验报告。

4.7.12　膨润土防水材料防水层在转角处和变形缝、施工缝、后浇带、穿墙管等部位做法必须符合设计要求。

　　检验方法：观察检查和检查隐蔽工程验收记录。

2. 一般项目

4.7.13　膨润土防水毯的织布面或防水板的膨润土面，应朝向工程主体结构的迎水面。

　　检验方法：观察检查。

4.7.14　立面或斜面铺设的膨润土防水材料应上层压住下层，防水层与基层、防水层与防水层之间应密贴，并应平整无折皱。

　　检验方法：观察检查。

4.7.15　膨润土防水材料的搭接和收口部位应符合本规范第4.7.5条、第4.7.6条、第4.7.7条的规定。

　　检验方法：观察和尺量检查。

4.7.16　膨润土防水材料搭接宽度的允许偏差应为—10mm。

　　检验方法：观察和尺量检查。

【检验批验收应提供的核查资料】

膨润土防水材料防水层检验批验收应提供的核查资料　　　　表208-7a

序号	核查资料名称	核查要点
1	材料、产品合格证或质量证明书	核查资料的真实性。核查需方及供方单位名称,材料或产品名称、规格、等级、数量(质量或件数)、批号或生产日期、出厂日期、材料或产品出厂检验项目的各项检验结果和供方质检部门印记(必须符合设计和标准与规范要求),材料或产品应用标准编号、生产许可证编号,应标明的材料或产品注意事项、材料或产品安全警语
2	材料出厂检验报告	检查内容同上。分别由厂家提供。提供的出厂检验报告的内容应符合相应标准"出厂检验项目"规定(与试验报告大体相同)
3	膨润土防水材料试验报告单(见证取样)	提供报告的代表数量、报告日期、质量、膨润土防水材料性能:核查单位面积质量(干重,g/m^2)、膨润土膨胀指数(mL/2g)、拉伸强度(N/100mm)、最大负荷下伸长率(%)、剥离强度[非织造布—纺织布(N/100mm)、PE膜—非织造布(N/100mm)]、渗透系数(m/s)、滤失量(mL)、膨润土耐久性(mL/2g)
4	膨润土防水材料防水层隐蔽工程验收记录	检查隐蔽工程在变形缝、施工缝、后浇带、穿墙管等部位的做法,应符合设计要求。膨润土防水毯的织布面和膨润土防水板的膨润土面均应与结构外表面密贴

　　注：1. 合理缺项除外；2. 表列凡有性能要求的均应符合设计和规范要求。

附：规范规定的施工"过程控制"要点

4.7 膨润土防水材料防水层

4.7.1 膨润土防水材料防水层适用于 pH 为 4～10 的地下环境中；膨润土防水材料防水层应用于复合式衬砌的初期支护与二次衬砌之间以及明挖法地下工程主体结构的迎水面，防水层两侧应具有一定的夹持力。

4.7.2 膨润土防水材料中的膨润土颗粒应采用钠基膨润土，不应采用钙基膨润土。

4.7.3 膨润土防水材料防水层基面应坚实、清洁，不得有明水，基面平整度应符合本规范第4.5.2条的规定；基层阴阳角应做成圆弧或坡角。

4.7.4 膨润土防水毯的织布面和膨润土防水板的膨润土面，均应与结构外表面密贴。

4.7.5 膨润土防水材料应采用水泥钉和垫片固定；立面和斜面上的固定间距宜为 400～500mm，平面上应在搭接缝处固定。

4.7.6 膨润土防水材料的搭接宽度应大于100mm；搭接部位的固定间距宜为 200～700mm，固定点与搭接边缘的距离宜为 25～30mm，搭接处应涂抹膨润土密封膏。平面搭接缝处可干撒膨润土颗粒，其用量宜为 0.3～0.5kg/m。

4.7.7 膨润土防水材料的收口部位应采用金属压条和水泥钉固定，并用膨润土密封膏覆盖。

4.7.8 转角处和变形缝、施工缝、后浇带等部位均应设置宽度不小于 500mm 加强层，加强层应设置在防水层与结构外表面之间。穿墙管件部位宜采用膨润土橡胶止水条、膨润土密封膏进行加强处理。

4.7.9 膨润土防水材料分段铺设时，应采取临时遮挡防护措施。

4.7.10 膨润土防水材料防水层分项工程检验批的抽样检验数量，应按铺设面积每100m² 抽查1处，每处 10m²，且不得少于3处。

【细部构造防水工程】
【施工缝检验批质量验收记录】

施工缝检验批质量验收记录表　　　　　　　　　　表 208-8

单位(子单位)工程名称				
分部(子分部)工程名称			验收部位	
施工单位			项目经理	
分包单位			分包项目经理	
施工执行标准名称及编号				

检控项目	序号	质量验收规范规定		施工单位检查评定记录	监理(建设)单位验收记录
主控项目	1	止水带、止水条或止水胶、防水涂料和预埋注浆管质量要求	第5.1.1条		
	2	施工缝防水构造要求	第5.1.2条		
一般项目	1	墙体水平施工缝留设,拱、板与墙结合的水平施工缝留置,垂直施工缝设置地段要求	第5.1.3条		
	2	施工缝处继续浇筑时的已浇混凝土强度规定(≥1.2MPa)	第5.1.4条		
	3	水平施工缝浇筑混凝土要求	第5.1.5条		
	4	垂直施工缝浇筑混凝土前的工艺实施要求	第5.1.6条		
	5	中埋式止水带及外贴式止水带埋设位置与固定	第5.1.7条		
	6	遇水膨胀止水条质量与安装要求	第5.1.8条		
	7	遇水膨胀止水胶粘结的相关要求、止水胶固化前不得浇筑混凝土	第5.1.9条		
	8	预埋注浆管设置、注浆导管与注浆管的连接要求	第5.1.10条		

施工单位检查评定结果	专业工长(施工员)		施工班组长	
	项目专业质量检查员:　　　　　　年　　月　　日			

监理(建设)单位验收结论	专业监理工程师: (建设单位项目专业技术负责人):　　　　年　　月　　日

【检查验收时执行的规范条目】

1. 主控项目

5.1.1　施工缝用止水带、遇水膨胀止水条或止水胶、水泥基渗透结晶型防水涂料和预埋注浆管必须符合设计要求。

　　检验方法：检查产品合格证、产品性能检测报告和材料进场检验报告。

5.1.2　施工缝防水构造必须符合设计要求。

　　检验方法：观察检查和检查隐蔽工程验收记录。

2. 一般项目

5.1.3　墙体水平施工缝应留设在高出底板表面不小于300mm的墙体上。拱、板与墙结合的水平施工缝，宜留在拱、板与墙交接处以下150～300mm处；垂直施工缝应避开地下水和裂隙水较多的地段，并宜与变形缝相结合。

　　检验方法：观察检查和检查隐蔽工程验收记录。

5.1.4　在施工缝处继续浇筑混凝土时，已浇筑的混凝土抗压强度不应小于1.2MPa。

　　检验方法：观察检查和检查隐蔽工程验收记录。

5.1.5　水平施工缝浇筑混凝土前，应将其表面浮浆和杂物清除，然后铺设净浆、涂刷混凝土界面处理剂或水泥基渗透结晶型防水涂料，再铺30～50mm厚的1∶1水泥砂浆，并及时浇筑混凝土。

　　检验方法：观察检查和检查隐蔽工程验收记录。

5.1.6　垂直施工缝浇筑混凝土前，应将其表面清理干净，再涂刷混凝土界面处理剂或水泥基渗透结晶型防水涂料，并及时浇筑混凝土。

　　检验方法：观察检查和检查隐蔽工程验收记录。

5.1.7　中埋式止水带及外贴式止水带埋设位置应准确，固定应牢靠。

　　检验方法：观察检查和检查隐蔽工程验收记录。

5.1.8　遇水膨胀止水条应具有缓膨胀性能；止水条与施工缝基面应密贴，中间不得有空鼓、脱离等现象；止水条应牢固地安装在缝表面或预留凹槽内；止水条采用搭接连接时，搭接宽度不得小于30mm。

　　检验方法：观察检查和检查隐蔽工程验收记录。

5.1.9　遇水膨胀止水胶应采用专用注胶器挤出粘结在施工缝表面，并做到连续、均匀、饱满，无气泡和孔洞，挤出宽度及厚度应符合设计要求；止水胶挤出成形后，固化期内应采取临时保护措施；止水胶固化前不得浇筑混凝土。

　　检验方法：观察检查和检查隐蔽工程验收记录。

5.1.10　预埋注浆管应设置在施工缝断面中部，注浆管与施工缝基面应密贴并固定牢靠，固定间距宜为200～300mm；注浆导管与注浆管的连接应牢固、严密，导管埋入混凝土内的部分应与结构钢筋绑扎牢固，导管的末端应临时封堵严密。

　　检验方法：观察检查和检查隐蔽工程验收记录。

【检验批验收应提供的核查资料】

施工缝检验批验收应提供的核查资料　　　　　　表 208-8a

序号	核查资料名称	核 查 要 点
1	材料、产品合格证或质量证明书	核查资料的真实性。核查需方及供方单位名称，材料或产品名称、规格、等级、数量（质量或件数）、批号或生产日期、出厂日期、材料或产品出厂检验项目的各项检验结果和供方质检部门印记（必须符合设计和标准与规范要求），材料或产品应用标准编号、生产许可证编号，应标明的材料或产品注意事项、材料或产品安全警语
2	施工缝用材料出厂检验报告	检查内容同上。分别由厂家提供。提供的出厂检验报告的内容应符合相应标准"出厂检验项目"规定（与试验报告大体相同）
3	施工缝用防水材料试验报告（止水带、遇水膨胀止水条或止水胶、水泥基渗透结晶型防水涂料和预埋注浆管）	检查其品种、提供报告的代表数量、报告日期、施工缝用防水材料性能： （1）橡胶止水带的主要物理性能： 硬度（邵尔 A，度）、拉伸强度（MPa）、扯断伸长率（%）、压缩永久变形（%）、撕裂强度（kN/m）、脆性温度（℃）、热空气老化：[70℃×168h：硬度变化（邵尔 A，度）、拉伸强度（MPa）、扯断伸长率（%）]、[100℃×168h：硬度变化（邵尔 A，度）、拉伸强度（MPa）、扯断伸长率（%）]、橡胶与金属粘合 （2）混凝土建筑接缝用密封胶的主要物理性能 流动性：[下垂度（N 型）：垂直（mm）、水平（mm）、流平性（S 型）]，挤出性（mL/min），弹性恢复率（%），拉伸模量（MPa），定伸粘结性，浸水后定伸粘结性，热压冷拉后粘结性，体积收缩率（%） （3）腻子型遇水膨胀止水条的主要物理性能 硬度（C 型微孔材料硬度计，度），7d 膨胀率，最终膨胀率（21d，%），耐热性（80℃×2h）低温柔性（−20℃×2h，绕 φ10 圆棒），耐水性（浸泡 15h） （4）遇水膨胀止水胶的主要物理性能 固含量（%），密度（g/cm³），下垂度（mm），表干时间（h），7d 拉伸粘结强度（MPa），低温柔性（−20℃），拉伸性能[拉伸强度（MPa）、断裂伸长率（%）]，体积膨胀倍率（%），长期浸水体积膨胀倍率保持率（%），抗水压（MPa） （5）弹性橡胶密封垫材料的主要物理性能 硬度（邵尔 A，度），伸长率（%），拉伸强度（MPa），热空气老化（70℃×96h）[硬度变化值（邵尔 A，度）、拉伸强度变化率（%）、扯断伸长率变化率（%）]，压缩永久变形（70℃×24h，%），防霉等级 （6）遇水膨胀橡胶密封垫胶料的主要物理性能 硬度（邵尔 A，度），拉伸强度（MPa），扯断伸长率（%），体积膨胀倍率（%），反复浸水试验[拉伸强度（MPa）、扯断伸长率（%）、体积膨胀倍率（%）]，低温弯折（−20℃×2h），防霉等级
4	隐蔽工程验收记录（材料质量、防水构造、留设尺寸、表面质量、保护措施等）	核查隐蔽工程验收记录内容的完整性，资料名称项下括号内的内容

注：1. 合理缺项除外；2. 表列凡有性能要求的均应符合设计和规范要求。

【变形缝检验批质量验收记录】

变形缝检验批质量验收记录表　　　　　**表 208-9**

单位(子单位)工程名称			
分部(子分部)工程名称		验收部位	
施工单位		项目经理	
分包单位		分包项目经理	
施工执行标准名称及编号			

检控项目	序号	质量验收规范规定		施工单位检查评定记录	监理(建设)单位验收记录
主控项目	1	变形缝用止水带、填缝材料和密封材料	第5.2.1条		
	1)	变形缝用止水带	第5.2.1条		
	2)	变形缝用填缝材料	第5.2.1条		
	3)	变形缝用密封材料	第5.2.1条		
	2	变形缝防水构造	第5.2.2条		
	3	中埋式止水带埋设位置要求	第5.2.3条		
一般项目	1	中埋式止水带的接缝与接头要求	第5.2.4条		
	2	中埋式止水带在转弯处、顶板、底板内止水带安装与固定	第5.2.5条		
	3	外贴式止水带配件位置与做法要求	第5.2.6条		
	4	可卸式止水带配件与紧固件数量	第5.2.7条		
	5	嵌填内密封材料嵌填要求	第5.2.8条		
	6	变形缝处的缝上隔离层和加强层的要求	第5.2.9条		

施工单位检查评定结果	专业工长(施工员)	施工班组长
	项目专业质量检查员：　　　　年　月　日	
监理(建设)单位验收结论	专业监理工程师： (建设单位项目专业技术负责人)：　　　年　月　日	

【检查验收时执行的规范条目】

1. 主控项目

5.2.1　变形缝用止水带、填缝材料和密封材料必须符合设计要求。

　　检验方法：检查产品合格证、产品性能检测报告和材料进场检验报告。

5.2.2　变形缝防水构造必须符合设计要求。

　　检验方法：观察检查和检查隐蔽工程验收记录。

5.2.3　中埋式止水带埋设位置应准确，其中间空心圆环与变形缝的中心线应重合。

　　检验方法：观察检查和检查隐蔽工程验收记录。

2. 一般项目

5.2.4　中埋式止水带的接缝应设在边墙较高位置上，不得设在结构转角处；接头宜采用热压焊接，接缝应平整、牢固，不得有裂口和脱胶现象。

　　检验方法：观察检查和检查隐蔽工程验收记录。

5.2.5　中埋式止水带在转弯处应做成圆弧形；顶板、底板内止水带应安装成盆状，并宜采用专用钢筋套或扁钢固定。

　　检验方法：观察检查和检查隐蔽工程验收记录。

5.2.6　外贴式止水带在变形缝与施工缝相交部位宜采用十字配件；外贴式止水带在变形缝转角部位宜采用直角配件。止水带埋设位置应准确，固定应牢靠，并与固定止水带的基层密贴，不得出现空鼓、翘边等现象。

　　检验方法：观察检查和检查隐蔽工程验收记录。

5.2.7　安设于结构内侧的可卸式止水带所需配件应一次配齐，转角处应做成45°坡角，并增加紧固件的数量。

　　检验方法：观察检查和检查隐蔽工程验收记录。

5.2.8　嵌填密封材料的缝内两侧基面应平整、洁净、干燥，并应涂刷基层处理剂；嵌缝底部应设置背衬材料；密封材料嵌填应严密、连续、饱满，粘结牢固。

　　检验方法：观察检查和检查隐蔽工程验收记录。

5.2.9　变形缝处表面粘贴卷材或涂刷涂料前，应在缝上设置隔离层和加强层。

　　检验方法：观察检查和检查隐蔽工程验收记录。

【检验批验收应提供的核查资料】

变形缝检验批验收应提供的核查资料　　　　表208-9a

序号	核查资料名称	核查要点
1	材料、产品合格证或质量证明书	核查资料的真实性。核查需方及供方单位名称，材料或产品名称、规格、等级、数量（质量或件数）、批号或生产日期、出厂日期、材料或产品出厂检验项目的各项检验结果和供方质检部门印记（必须符合设计和标准与规范要求），材料或产品应用标准编号、生产许可证编号，应标明的材料或产品注意事项、材料或产品安全警语
2	变形缝用材料出厂检验报告	检查内容同上。分别由厂家提供。提供的出厂检验报告的内容应符合相应标准"出厂检验项目"规定（与试验报告大体相同）
3	变形缝用防水材料试验报告（止水带、遇水膨胀止水条或止水胶、水泥基渗透结晶型防水涂料和预埋注浆管）	检查其品种、提供报告的代表数量、报告日期、施工缝用防水树料材性能。 （1）橡胶止水带的主要物理性能： 硬度（邵尔 A，度），拉伸强度（MPa），扯断伸长率（%），压缩永久变形（%），撕裂强度（kN/m），脆性温度（℃），热空气老化：[70℃×168h：硬度变化（邵尔 A，度）、拉伸强度（MPa）、扯断伸长率（%）]，[100℃×168h：硬度变化（邵尔 A，度）、拉伸强度（MPa）、扯断伸长率（%）]，橡胶与金属粘合 （2）混凝土建筑接缝用密封胶的主要物理性能 流动性：[下垂度（N 型）：垂直（mm）、水平（mm）]、流平性（S 型），挤出性（mL/min），弹性恢复率（%），拉伸模量（MPa），定伸粘结性，浸水后定伸粘结性，热压冷拉后粘结性，体积收缩率（%） （3）腻子型遇水膨胀止水条的主要物理性能 硬度（C 型微孔材料硬度计，度），7d膨胀率，最终膨胀率（21d，%），耐热性（80℃×2h）低温柔性（－20℃×2h，绕 φ10 圆棒），耐水性（浸泡 15h） （4）遇水膨胀止水胶的主要物理性能 固含量（%），密度（g/cm³），下垂度（mm），表干时间（h），7d拉伸粘结强度（MPa），低温柔性（－20℃），拉伸性能[拉伸强度（MPa）、断裂伸长率（%）]，体积膨胀倍率（%），长期浸水体积膨胀倍率保持率（%），抗水压（MPa） （5）弹性橡胶密封垫材料的主要物理性能 硬度（邵尔 A，度），伸长率（%），拉伸强度（MPa），热空气老化（70℃×96h）[硬度变化值（邵尔 A，度）、拉伸强度变化率（%）、扯断伸长率变化率（%）]，压缩永久变形（70℃×24h，%），防霉等级 （6）遇水膨胀橡胶密封垫胶料的主要物理性能 硬度（邵尔 A，度），拉伸强度（MPa），扯断伸长率（%），体积膨胀倍率（%），反复浸水试验[拉伸强度（MPa）、扯断伸长率（%）、体积膨胀倍率（%）]，低温弯折（－20℃×2h），防霉等级
4	隐蔽工程验收记录（止水带、埋设位置、安装与固定、粘贴质量、配件与紧固件数量、表面质量、密封嵌填、隔防层与加强层质量等，变形缝有无渗漏水）	核查隐蔽工程验收记录内容的完整性，资料名称项下括号内的内容

注：1. 合理缺项除外；2. 表列凡有性能要求的均应符合设计和规范要求。

【后浇带检验批质量验收记录】

后浇带检验批质量验收记录表

表 208-10

单位(子单位)工程名称					
分部(子分部)工程名称				验收部位	
施工单位				项目经理	
分包单位				分包项目经理	
施工执行标准名称及编号					

检控项目	序号	质量验收规范规定		施工单位检查评定记录	监理(建设)单位验收记录
主控项目	1	后浇带用遇水膨胀止水条或止水胶、预埋注浆管、外贴式止水带要求	第5.3.1条		
	2	补偿收缩混凝土的原材料及配合比要求	第5.3.2条		
	1)	补偿收缩混凝土的原材料要求	第5.3.2条		
	2)	补偿收缩混凝土的配合比要求	第5.3.2条		
	3	后浇带防水构造要求	第5.3.3条		
	4	采用掺膨胀剂的补偿收缩混凝土,其抗压强度、抗渗性能和限制膨胀率要求	第5.3.4条		
	1)	采用掺膨胀剂的补偿收缩混凝土抗压强度要求			
	2)	采用掺膨胀剂的补偿收缩混凝土抗渗性能要求			
	3)	采用掺膨胀剂的补偿收缩混凝土限制膨胀率要求			
一般项目	1	后浇带部位和外贴式止水带保护措施要求	第5.3.5条		
	2	后浇带两侧接缝表面施工和浇筑时间要求	第5.3.6条		
	3	遇水膨胀止水条的施工规定	第5.3.7条		
	1)	遇水膨胀止水条质量与密贴、止水条安装	第5.1.8条		
	2)	遇水膨胀止水胶粘结要求、止水胶固化前不得浇筑混凝土	第5.1.9条		
	3)	预埋注浆管设置、注浆导管与注浆管的连接要求	第5.1.10条		
	4)	外贴式止水带的施工与做法要求	第5.2.6条		
	4	后浇带混凝土浇筑、养护等施工要求	第5.3.8条		

施工单位检查评定结果	专业工长(施工员)		施工班组长	
	项目专业质量检查员:		年　月　日	
监理(建设)单位验收结论	专业监理工程师: (建设单位项目专业技术负责人):		年　月　日	

【检查验收时执行的规范条目】

1. 主控项目

5.3.1　后浇带用遇水膨胀止水条或止水胶、预埋注浆管、外贴式止水带必须符合设计要求。

　　检验方法：检查产品合格证、产品性能检测报告和材料进场检验报告。

5.3.2　补偿收缩混凝土的原材料及配合比必须符合设计要求。

　　检验方法：检查产品合格证、产品性能检测报告、计量措施和材料进场检验报告。

5.3.3　后浇带防水构造必须符合设计要求。

　　检验方法：观察检查和检查隐蔽工程验收记录。

5.3.4　采用掺膨胀剂的补偿收缩混凝土，其抗压强度、抗渗性能和限制膨胀率必须符合设计要求。

　　检验方法：检查混凝土抗压强度、抗渗性能和水中养护14d后的限制膨胀率检验报告。

2. 一般项目

5.3.5　补偿收缩混凝土浇筑前，后浇带部位和外贴式止水带应采取保护措施。

　　检验方法：观察检查。

5.3.6　后浇带两侧的接缝表面应先清理干净，再涂刷混凝土界面处理剂或水泥基渗透结晶型防水涂料；后浇混凝土的浇筑时间应符合设计要求。

　　检验方法：观察检查和检查隐蔽工程验收记录。

5.3.7　遇水膨胀止水条的施工应符合本规范第5.1.8条的规定；遇水膨胀止水胶的施工应符合本规范第5.1.9条的规定；预埋注浆管的施工应符合本规范第5.1.10条的规定；外贴式止水带的施工应符合本规范第5.2.6条的规定。

　　检验方法：观察检查和检查隐蔽工程验收记录。

　　附：第5.1.8条、第5.1.9条、第5.1.10条、第5.2.6条：

5.1.8　遇水膨胀止水条应具有缓膨胀性能；止水条与施工缝基面应密贴，中间不得有空鼓、脱离等现象；止水条应牢固地安装在缝表面或预留凹槽内；止水条采用搭接连接时，搭接宽度不得小于30mm。

　　检验方法：观察检查和检查隐蔽工程验收记录。

5.1.9　遇水膨胀止水胶应采用专用注胶器挤出粘结在施工缝表面，并做到连续、均匀、饱满、无气泡和孔洞，挤出宽度及厚度应符合设计要求；止水胶挤出成形后，固化期内应采取临时保护措施；止水胶固化前不得浇筑混凝土。

　　检验方法：观察检查和检查隐蔽工程验收记录。

5.1.10　预埋注浆管应设置在施工缝断面中部，注浆管与施工缝基面应密贴并固定牢靠，固定间距宜为200～300mm；注浆导管与注浆管的连接应牢固、严密，导管埋入混凝土内的部分应与结构钢筋绑扎牢固，导管的末端应临时封堵严密。

　　检验方法：观察检查和检查隐蔽工程验收记录。

5.2.6　外贴式止水带在变形缝与施工缝相交部位宜采用十字配件；外贴式止水带在变形缝转角部位宜采用直角配件。止水带埋设位置应准确，固定应牢靠，并与固定止水带的基层密贴，不得出现空鼓、翘边等现象。

　　检验方法：观察检查和检查隐蔽工程验收记录。

5.3.8　后浇带混凝土应一次浇筑，不得留设施工缝；混凝土浇筑后应及时养护，养护时间不得少于28d。

　　检验方法：观察检查和检查隐蔽工程验收记录。

【检验批验收应提供的核查资料】

后浇带检验批验收应提供的核查资料　　　　　　表 208-10a

序号	核查资料名称	核 查 要 点
1	材料、产品合格证或质量证明书	核查资料的真实性。核查需方及供方单位名称、材料或产品名称、规格、等级、数量(质量或件数)、批号或生产日期、出厂日期、材料或产品出厂检验项目的各项检验结果和供方质检部门印记(必须符合设计和标准与规范要求)、材料或产品应用标准编号、生产许可证编号,应标明的材料或产品注意事项、材料或产品安全警语
2	后浇带用材料出厂检验报告	检查内容同上。分别由厂家提供。提供的出厂检验报告的内容应符合相应标准"出厂检验项目"规定(与试验报告大体相同)
3	后浇带用防水材料试验报告(止水带、遇水膨胀止水条或止水胶、预埋注浆管)	检查其品种、提供报告的代表数量、报告日期、施工缝用防水材料性能: (1)橡胶止水带的主要物理性能: 硬度(邵尔 A,度),拉伸强度(MPa),扯断伸长率(%),压缩永久变形(%),撕裂强度(kN/m),脆性温度(℃),热空气老化:[70℃×168h:硬度变化(邵尔 A,度)、拉伸强度(MPa)、扯断伸长率(%)],[100℃×168h:硬度变化(邵尔 A,度)、拉伸强度(MPa)、扯断伸长率(%)],橡胶与金属粘合 (2)混凝土建筑接缝用密封胶的主要物理性能 流动性:[下垂度(N 型):垂直(mm)、水平(mm)],流平性(S 型),挤出性(mL/min),弹性恢复率(%),拉伸模量(MPa),定伸粘结性,浸水后定伸粘结性,热压冷拉后粘结性,体积收缩率(%) (3)腻子型遇水膨胀止水条的主要物理性能 硬度(C 型微孔材料硬度计,度),7d膨胀率,最终膨胀率(21d,%),耐热性(80℃×2h)低温柔性(−20℃×2h,绕 φ10 圆棒),耐水性(浸泡 15h) (4)遇水膨胀止水胶的主要物理性能 固含量(%),密度(g/cm³),下垂度(mm),表干时间(h),7d拉伸粘结强度(MPa),低温柔性(−20℃),拉伸性能[拉伸强度(MPa)、断裂伸长率(%)],体积膨胀倍率(%),长期浸水体积膨胀倍率保持率(%),抗水压(MPa) (5)弹性橡胶密封垫材料的主要物理性能 硬度(邵尔 A,度),伸长率(%),拉伸强度(MPa),热空气老化(70℃×96h)[硬度变化值(邵尔 A,度)、拉伸强度变化率(%)、扯断伸长率变化率(%)],压缩永久变形(70℃×24h,%),防霉等级 (6)遇水膨胀橡胶密封垫胶料的主要物理性能 硬度(邵尔 A,度),拉伸强度(MPa),扯断伸长率(%),体积膨胀倍率(%),反复浸水试验[拉伸强度(MPa)、扯断伸长率(%)、体积膨胀倍率(%)],低温弯折(−20℃×2h),防霉等级
4	隐蔽工程验收记录(质量状况、抽样检验、外观质量检查及保护措施,后浇带有无渗漏水)	核查隐蔽工程验收记录内容的完整性,资料名称项下括号内的内容

注:1. 合理缺项除外;2. 表列凡有性能要求的均应符合设计和规范要求。

【穿墙管检验批质量验收记录】

穿墙管检验批质量验收记录表

表 208-11

单位(子单位)工程名称					
分部(子分部)工程名称				验 收 部 位	
施工单位				项 目 经 理	
分包单位				分包项目经理	
施工执行标准名称及编号					

检控项目	序号	质量验收规范规定		施工单位检查评定记录	监理(建设)单位验收记录
主控项目	1	穿墙管用遇水膨胀止水条和密封材料要求	第5.4.1条		
	1)	穿墙管用遇水膨胀止水条			
	2)	穿墙管用密封材料			
	2	穿墙管防水构造要求	第5.4.2条		
一般项目	1	固定式穿墙管的施工做法要求	第5.4.3条		
	2	套管式穿墙管施工与做法要求	第5.4.4条		
	3	穿墙盒的封口钢板与混凝土结构墙上预埋的角钢等的施工与做法要求	第5.4.5条		
	4	主体结构迎水面柔性防水层与穿墙管连接增设加强层要求	第5.4.6条		
	5	密封材料嵌填应密实、连续、饱满,粘结牢固	第5.4.7条		

施工单位检查评定结果	专业工长(施工员)		施工班组长	
	项目专业质量检查员：　　　　　年　月　日			

监理(建设)单位验收结论	专业监理工程师： (建设单位项目专业技术负责人)：　　年　月　日

【检查验收时执行的规范条目】

1. 主控项目

5.4.1 穿墙管用遇水膨胀止水条和密封材料必须符合设计要求。

    检验方法：检查产品合格证、产品性能检测报告和材料进场检验报告。

5.4.2 穿墙管防水构造必须符合设计要求。

    检验方法：观察检查和检查隐蔽工程验收记录。

2. 一般项目

5.4.3 固定式穿墙管应加焊止水环或环绕遇水膨胀止水圈，并作好防腐处理；穿墙管应在主体结构迎水面预留凹槽，槽内应用密封材料嵌填密实。

    检验方法：观察检查和检查隐蔽工程验收记录。

5.4.4 套管式穿墙管的套管与止水环及翼环应连续满焊，并作好防腐处理；套管内表面应清理干净，穿墙管与套管之间应用密封材料和橡胶密封圈进行密封处理，并采用法兰盘及螺栓进行固定。

    检验方法：观察检查和检查隐蔽工程验收记录。

5.4.5 穿墙盒的封口钢板与混凝土结构墙上预埋的角钢应焊严，并从钢板上的预留浇注孔注入改性沥青密封材料或细石混凝土，封填后将浇注孔口用钢板焊接封闭。

    检验方法：观察检查和检查隐蔽工程验收记录。

5.4.6 当主体结构迎水面有柔性防水层时，防水层与穿墙管连接处应增设加强层。

    检验方法：观察检查和检查隐蔽工程验收记录。

5.4.7 密封材料嵌填应密实、连续、饱满，粘结牢固。

    检验方法：观察检查和检查隐蔽工程验收记录。

【检验批验收应提供的核查资料】

穿墙管检验批验收应提供的核查资料 表 208-11a

序号	核查资料名称	核查要点
1	材料、产品合格证或质量证明书	核查资料的真实性。核查需方及供方单位名称,材料或产品名称、规格、等级、数量(质量或件数)、批号或生产日期、出厂日期、材料或产品出厂检验项目的各项检验结果和供方质检部门印记(必须符合设计和标准与规范要求),材料或产品应用标准编号、生产许可证编号,应标明的材料或产品注意事项、材料或产品安全警语
2	穿墙管用材料出厂检验报告	检查内容同上。分别由厂家提供。提供的出厂检验报告的内容应符合相应标准"出厂检验项目"规定(与试验报告大体相同)
3	穿墙管用防水材料试验报告(遇水膨胀止水条或止水胶、密封材料)	检查其品种、提供报告的代表数量、报告日期、施工缝用防水材料性能: (1)混凝土建筑接缝用密封胶的主要物理性能 流动性:[下垂度(N 型):垂直(mm)、水平(mm)]、流平性(S 型)、挤出性(mL/min)、弹性恢复率(%)、拉伸模量(MPa)、定伸粘结性、浸水后定伸粘结性、热压冷拉后粘结性、体积收缩率(%) (2)腻子型遇水膨胀止水条的主要物理性能 硬度(C 型微孔材料硬度计,度)、7d 膨胀率、最终膨胀率(21d,%)、耐热性(80℃×2h)、低温柔性(−20℃×2h,绕 φ10 圆棒)、耐水性(浸泡 15h) (3)遇水膨胀止水胶的主要物理性能 固含量(%)、密度(g/cm³)、下垂度(mm)、表干时间(h)、7d 拉伸粘结强度(MPa)、低温柔性(−20℃)、拉伸性能[拉伸强度(MPa)、断裂伸长率(%)]、体积膨胀倍率(%)、长期浸水体积膨胀倍率保持率(%)、抗水压(MPa) (4)弹性橡胶密封垫材料的主要物理性能 硬度(邵尔 A,度)、伸长率(%)、拉伸强度(MPa)、热空气老化(70℃×96h)[硬度变化值(邵尔 A,度)、拉伸强度变化率(%)、扯断伸长率变化率(%)]、压缩永久变形(70℃×24h,%)、防霉等级 (5)遇水膨胀橡胶密封垫胶料的主要物理性能 硬度(邵尔 A,度)、拉伸强度(MPa)、扯断伸长率(%)、体积膨胀倍率(%)、反复浸水试验[拉伸强度(MPa)、扯断伸长率(%)、体积膨胀倍率(%)]、低温弯折(−20℃×2h)、防霉等级
4	隐蔽工程验收记录(固定式、套管式穿墙管、盒做法,防水层与穿墙管加强层,密封嵌填等的工艺与质量,穿墙管处有无渗漏水)	核查隐蔽工程验收记录内容的完整性,资料名称项下括号内的内容

注:1. 合理缺项除外;2. 表列凡有性能要求的均应符合设计和规范要求。

【埋设件检验批质量验收记录】

埋设件检验批质量验收记录表

表 208-12

单位(子单位)工程名称					
分部(子分部)工程名称				验 收 部 位	
施工单位				项 目 经 理	
分包单位				分包项目经理	
施工执行标准名称及编号					

检控项目	序号	质量验收规范规定		施工单位检查评定记录	监理(建设)单位验收记录
主控项目	1	埋设件用密封材料要求	第5.5.1条		
	2	埋设件防水构造要求	第5.5.2条		
一般项目	1	埋设件位置与固定,防腐处理	第5.5.3条		
	2	埋设件端部或预留孔、槽底部的混凝土厚度要求与局部加厚措施	第5.5.4条		
	3	结构迎水面埋设件周围预留凹槽的密封要求	第5.5.5条		
	4	固定模板的螺栓做法与拆模后的凹槽处理要求	第5.5.6条		
	5	预留孔、槽内防水层与主体防水层保持连续	第5.5.7条		
	6	密封材料嵌填应密实、连续、饱满,粘结牢固	第5.5.8条		

	专业工长(施工员)		施工班组长	
施工单位检查评定结果				
	项目专业质量检查员:　　　　　年　　月　　日			
监理(建设)单位验收结论				
	专业监理工程师: (建设单位项目专业技术负责人):　　　年　　月　　日			

【检查验收时执行的规范条目】

1. 主控项目

5.5.1 埋设件用密封材料必须符合设计要求。

　　检验方法：检查产品合格证、产品性能检测报告、材料进场检验报告。

5.5.2 埋设件防水构造必须符合设计要求。

　　检验方法：观察检查和检查隐蔽工程验收记录。

2. 一般项目

5.5.3 埋设件应位置准确，固定牢靠；埋设件应进行防腐处理。

　　检验方法：观察、尺量和手扳检查。

5.5.4 埋设件端部或预留孔、槽底部的混凝土厚度不得小于 250mm；当混凝土厚度小于 250mm 时，应局部加厚或采取其他防水措施。

　　检验方法：尺量检查和检查隐蔽工程验收记录。

5.5.5 结构迎水面的埋设件周围应预留凹槽，凹槽内应用密封材料填实。

　　检验方法：观察检查和检查隐蔽工程验收记录。

5.5.6 用于固定模板的螺栓必须穿过混凝土结构时，可采用工具式螺栓或螺栓加堵头，螺栓上应加焊止水环。拆模后留下的凹槽应用密封材料封堵密实，并用聚合物水泥砂浆抹平。

　　检验方法：观察检查和检查隐蔽工程验收记录。

5.5.7 预留孔、槽内的防水层应与主体防水层保持连续。

　　检验方法：观察检查和检查隐蔽工程验收记录。

5.5.8 密封材料嵌填应密实、连续、饱满，粘结牢固。

　　检验方法：观察检查和检查隐蔽工程验收记录。

【检验批验收应提供的核查资料】

埋设件检验批验收应提供的核查资料

表 208-12a

序号	核查资料名称	核 查 要 点
1	材料、产品合格证或质量证明书	核查资料的真实性。核查需方及供方单位名称,材料或产品名称、规格、等级、数量(质量或件数)、批号或生产日期、出厂日期、材料或产品出厂检验项目的各项检验结果和供方质检部门印记(必须符合设计和标准与规范要求),材料或产品应用标准编号、生产许可证编号,应标明的材料或产品注意事项、材料或产品安全警语
2	埋设件用材料出厂检验报告	检查内容同上。分别由厂家提供。提供的出厂检验报告的内容应符合相应标准"出厂检验项目"规定(与试验报告大体相同)
3	埋设件用防水材料试验报告(密封材料)	检查其品种、提供报告的代表数量、报告日期、施工缝用防水材料性能: (1)混凝土建筑接缝用密封胶的主要物理性能 流动性:[下垂度(N 型):垂直(mm)、水平(mm)]、流平性(S 型)、挤出性(mL/min)、弹性恢复率(%)、拉伸模量(MPa)、定伸粘结性、浸水后定伸粘结性、热压冷拉后粘结性、体积收缩率(%) (2)遇水膨胀止水胶的主要物理性能 固含量(%)、密度(g/cm³)、下垂度(mm)、表干时间(h)、7d 拉伸粘结强度(MPa)、低温柔性(-20℃)、拉伸性能[拉伸强度(MPa)、断裂伸长率(%)]、体积膨胀倍率(%)、长期浸水体积膨胀倍率保持率(%)、抗水压(MPa) (3)弹性橡胶密封垫材料的主要物理性能 硬度(邵尔 A,度)、伸长率(%)、拉伸强度(MPa)、热空气老化(70℃×96h)[硬度变化值(邵尔 A,度)、拉伸强度变化率(%)、扯断伸长率变化率(%)]、压缩永久变形(70℃×24h,%)、防霉等级 (4)遇水膨胀橡胶密封垫胶料的主要物理性能 硬度(邵尔 A,度)、拉伸强度(MPa)、扯断伸长率(%)、体积膨胀倍率(%)、反复浸水试验[拉伸强度(MPa)、扯断伸长率(%)、体积膨胀倍率(%)]、低温弯折(-20℃×2h)、防霉等级
4	隐蔽工程验收记录(防水构造与措施、埋设件位置、固定与防腐、埋设件端部槽底的混凝土厚度、密封材料嵌填质量等)	核查隐蔽工程验收记录内容的完整性,资料名称项下括号内的内容

注:1. 合理缺项除外;2. 表列凡有性能要求的均应符合设计和规范要求。

【预留通道接头检验批质量验收记录】

预留通道接头检验批质量验收记录表

表 208-13

单位(子单位)工程名称					
分部(子分部)工程名称			验 收 部 位		
施工单位			项 目 经 理		
分包单位			分包项目经理		
施工执行标准名称及编号					

检控项目	序号	质量验收规范规定		施工单位检查评定记录	监理(建设)单位验收记录
主控项目	1	中埋式止水带、遇水膨胀止水条或止水胶、预埋注浆管、密封材料和可卸式止水带要求	第5.6.1条		
	1)	止水带、止水条或止水胶			
	2)	预埋注浆管			
	3)	密封材料			
	4)	可卸式止水带			
	2	预留通道接头防水构造要求	第5.6.2条		
	3	中埋式止水带埋设位置准确,中间空心圆环与通道接头中心线应重合	第5.6.3条		
一般项目	1	预留通道先浇混凝土结构、中埋式止水带和预埋件应及时保护,预埋件应进行防锈处理	第5.6.4条		
	2	遇水膨胀止水条施工规定	第5.6.5条		
	1)	遇水膨胀止水条质量与密贴、止水条安装	第5.1.8条		
	2)	遇水膨胀止水胶粘结要求、止水胶固化前不得浇筑混凝土	第5.1.9条		
	3)	预埋注浆管设置、注浆导管与注浆管的连接要求	第5.1.10条		
	3	密封材料嵌填应密实、连续、饱满,粘结牢固	第5.6.6条		
	4	膨胀螺栓固定可卸式止水带的施工要求,金属膨胀螺栓的选材与防锈处理	第5.6.7条		
	5	预留通道接头外部应设保护墙	第5.6.8条		

施工单位检查评定结果	专业工长(施工员)			施工班组长	
	项目专业质量检查员:			年　月　日	

监理(建设)单位验收结论	专业监理工程师: (建设单位项目专业技术负责人):	年　月　日

【检查验收时执行的规范条目】

1. 主控项目

5.6.1 预留通道接头用中埋式止水带、遇水膨胀止水条或止水胶、预埋注浆管、密封材料和可卸式止水带必须符合设计要求。

　　检验方法：检查产品合格证、产品性能检测报告、材料进场检验报告。

5.6.2 预留通道接头防水构造必须符合设计要求。

　　检验方法：观察检查和检查隐蔽工程验收记录。

5.6.3 中埋式止水带埋设位置应准确，其中间空心圆环与通道接头中心线应重合。

　　检验方法：观察检查和检查隐蔽工程验收记录。

2. 一般项目

5.6.4 预留通道先浇混凝土结构、中埋式止水带和预埋件应及时保护，预埋件应进行防锈处理。

　　检验方法：观察检查。

5.6.5 遇水膨胀止水条的施工应符合本规范第5.1.8条的规定；遇水膨胀止水胶的施工应符合本规范第5.1.9条的规定；预埋注浆管的施工应符合本规范第5.1.10条的规定。

　　检验方法：观察检查和检查隐蔽工程验收记录。

5.6.6 密封材料嵌填应密实、连续、饱满，粘结牢固。

　　检验方法：观察检查和检查隐蔽工程验收记录。

5.6.7 用膨胀螺栓固定可卸式止水带时，止水带与紧固件压块以及止水带与基面之间应结合紧密。采用金属膨胀螺栓时，应选用不锈钢材料或进行防锈处理。

　　检验方法：观察检查和检查隐蔽工程验收记录。

5.6.8 预留通道接头外部应设保护墙。

　　检验方法：观察检查和检查隐蔽工程验收记录。

【检验批验收应提供的核查资料】

预留通道接头检验批验收应提供的核查资料 表 208-13a

序号	核查资料名称	核查要点
1	材料、产品合格证或质量证明书	核查资料的真实性。核查需方及供方单位名称,材料或产品名称、规格、等级、数量(质量或件数)、批号或生产日期、出厂日期、材料或产品出厂检验项目的各项检验结果和供方质检部门印记(必须符合设计和标准与规范要求),材料或产品应用标准编号,生产许可证编号,应标明的材料或产品注意事项、材料或产品安全警语
2	预留通道接头用防水材料出厂检验报告	检查内容同上。分别由厂家提供。提供的出厂检验报告的内容应符合相应标准"出厂检验项目"规定(与试验报告大体相同)
3	预留通道接头用防水材料试验报告(中埋式止水带、遇水膨胀止水条或止水胶、预埋注浆管、密封材料和可卸式止水带)	检查其品种、提供报告的代表数量、报告日期、施工缝用防水材料性能: (1)橡胶止水带的主要物理性能: 硬度(邵尔 A,度),拉伸强度(MPa),扯断伸长率(%),压缩永久变形(%),撕裂强度(kN/m),脆性温度(℃),热空气老化[70℃×168h:硬度变化(邵尔 A,度)、拉伸强度(MPa)、扯断伸长率(%)]、[100℃×168h:硬度变化(邵尔 A,度)、拉伸强度(MPa)、扯断伸长率(%)],橡胶与金属粘合 (2)混凝土建筑接缝用密封胶的主要物理性能 流动性[下垂度(N 型):垂直(mm)、水平(mm)]、流平性(S型),挤出性(mL/min),弹性恢复率(%),拉伸模量(MPa),定伸粘结性,浸水后定伸粘结性,热压冷拉后粘结性,体积收缩率(%) (3)腻子型遇水膨胀止水条的主要物理性能 硬度(C 型微孔材料硬度计,度),7d 膨胀率,最终膨胀率(21d,%),耐热性(80℃×2h)低温柔性(—20℃×2h,绕 φ10 圆棒),耐水性(浸泡 15h) (4)遇水膨胀止水胶的主要物理性能 固含量(%),密度(g/cm³),下垂度(mm),表干时间(h),7d 拉伸粘结强度(MPa),低温柔性(—20℃),拉伸性能[拉伸强度(MPa)、断裂伸长率(%)],体积膨胀倍率(%),长期浸水体积膨胀倍率保持率(%),抗水压(MPa) (5)弹性橡胶密封垫材料的主要物理性能 硬度(邵尔 A,度),伸长率(%),拉伸强度(MPa),热空气老化(70℃×96h)[硬度变化值(邵尔 A,度)、拉伸强度变化率(%)、扯断伸长率变化率(%)],压缩永久变形(70℃×24h,%),防霉等级 (6)遇水膨胀橡胶密封垫胶料的主要物理性能 硬度(邵尔 A,度),拉伸强度(MPa),扯断伸长率(%),体积膨胀倍率(%),反复浸水试验[拉伸强度(MPa)、扯断伸长率(%)、体积膨胀倍率(%)],低温弯折(—20℃×2h),防霉等级
4	隐蔽工程验收记录(止水带施工与埋设位置、施工顺序及预埋件防锈处理、止水条施工、可卸式止水带施工与做法、膨胀螺栓选材与防锈处理等)	核查隐蔽工程验收记录内容的完整性,资料名称项下括号内的内容

注:1. 合理缺项除外;2. 表列凡有性能要求的均应符合设计和规范要求。

【桩头检验批质量验收记录】

桩头检验批质量验收记录表

表 208-14

单位(子单位)工程名称					
分部(子分部)工程名称				验收部位	
施工单位				项目经理	
分包单位				分包项目经理	
施工执行标准名称及编号					

检控项目	序号	质量验收规范规定		施工单位检查评定记录	监理(建设)单位验收记录
主控项目	1	桩头用聚合物水泥防水砂浆、水泥基渗透结晶型防水涂料、遇水膨胀止水条或止水胶和密封材料要求	第5.7.1条		
	1)	聚合物水泥防水砂浆			
	2)	水泥基渗透结晶型防水涂料			
	3)	遇水膨胀止水条或止水胶			
	4)	密封材料			
	2	桩头防水构造要求	第5.7.2条		
	3	桩头混凝土应密实,如发现渗漏水应及时采取封堵措施	第5.7.3条		
一般项目	1	桩头顶面和侧面裸露处的施工做法与要求	第5.7.4条		
	2	结构底板防水层的做法位置与桩头侧壁接缝处的密封材料嵌填	第5.7.5条		
	3	桩头的受力钢筋根部应采用遇水膨胀止水条或止水胶,并应采取保护措施	第5.7.6条		
	4	遇水膨胀止水条的施工规定	第5.7.7条		
	1)	遇水膨胀止水条质量与密贴、止水条安装	第5.1.8条		
	2)	遇水膨胀止水胶粘结要求、止水胶固化前不得浇筑混凝土	第5.1.9条		
	5	密封材料嵌填应密实、连续、饱满,粘结牢固	第5.7.8条		

施工单位检查评定结果	专业工长(施工员)		施工班组长	
	项目专业质量检查员:　　　　　　　　　年　月　日			

监理(建设)单位验收结论	专业监理工程师: (建设单位项目专业技术负责人):　　　　　　　年　月　日

【检查验收时执行的规范条目】

1. 主控项目

5.7.1 桩头用聚合物水泥防水砂浆、水泥基渗透结晶型防水涂料、遇水膨胀止水条或止水胶和密封材料必须符合设计要求。

检验方法：检查产品合格证、产品性能检测报告和材料进场检验报告。

5.7.2 桩头防水构造必须符合设计要求。

检验方法：观察检查和检查隐蔽工程验收记录。

5.7.3 桩头混凝土应密实，如发现渗漏水应及时采取封堵措施。

检验方法：观察检查和检查隐蔽工程验收记录。

2. 一般项目

5.7.4 桩头顶面和侧面裸露处应涂刷水泥基渗透结晶型防水涂料，并延伸到结构底板垫层 150mm 处；桩头四周 300mm 范围内应抹聚合物水泥防水砂浆过渡层。

检验方法：观察检查和检查隐蔽工程验收记录。

5.7.5 结构底板防水层应做在聚合物水泥防水砂浆过渡层上，并延伸至桩头侧壁，且与桩头侧壁接缝处应采用密封材料嵌填。

检验方法：观察检查和检查隐蔽工程验收记录。

5.7.6 桩头的受力钢筋根部应采用遇水膨胀止水条或止水胶，并应采取保护措施。

检验方法：观察检查和检查隐蔽工程验收记录。

5.7.7 遇水膨胀止水条的施工应符合本规范第 5.1.8 条的规定；遇水膨胀止水胶的施工应符合本规范第 5.1.9 条的规定。

检验方法：观察检查和检查隐蔽工程验收记录。

5.7.8 密封材料嵌填应密实、连续、饱满，粘结牢固。

检验方法：观察检查和检查隐蔽工程验收记录。

【检验批验收应提供的核查资料】

桩头检验批验收应提供的核查资料　　　　　　　表 208-14a

序号	核查资料名称	核查要点
1	材料、产品合格证或质量证明书	核查资料的真实性。核查需方及供方单位名称,材料或产品名称、规格、等级、数量(质量或件数)、批号或生产日期、出厂日期,材料或产品出厂检验项目的各项检验结果和供方质检部门印记(必须符合设计和标准与规范要求),材料或产品应用标准编号、生产许可证编号,应标明的材料或产品注意事项、材料或产品安全警语
2	桩头用材料出厂检验报告	检查内容同上。分别由厂家提供。提供的出厂检验报告的内容应符合相应标准"出厂检验项目"规定(与试验报告大体相同)
3	桩头用防水材料试验报告(聚合物水泥防水砂浆、水泥基渗透结晶型防水涂料、遇水膨胀止水条或止水胶和密封材料)	检查其品种、提供报告的代表数量、报告日期、施工缝用防水材料性能: (1)聚合物水泥防水砂浆:检查其品种、提供报告的代表数量、报告日期、聚合物水泥防水砂浆性能: 1)聚合物水泥防水粘结材料的主要物理性能: 与水泥基面的粘结拉伸强度(MPa)(常温 7d、耐冻性),可操作时间(h),抗渗性(MPa,7d),剪切状态下的粘合性(N/mm,常温)(卷材与卷材、卷材与基面) 2)水泥试验报告:检查其品种、提供报告的代表数量、报告日期、水泥性能:抗折强度、抗压强度、初凝、终凝、安定性、依据标准、检验结论 3)砂试验报告:检查其品种、提供报告的代表数量、报告日期、砂子性能:表观密度(kg/m³);氯离子含量(%);堆积密度(kg/m³);含水率(%);紧密密度(kg/m³);吸水率(%);含泥量(%);云母含量(%);泥块含量(%);轻物质含量(%);有机物含量;硫酸盐、硫化物含量(%);压碎值指标(%);坚固性质量损失率(%);人工砂的石粉含量(%)、人工砂的 MB 值;碱活性;贝壳含量(%);颗料级配;细度模数、检验结论 (2)混凝土建筑接缝用密封胶的主要物理性能 流动性:[下垂度(N 型)]:垂直(%)、水平(mm)],流平性(S 型);挤出性(mL/min);弹性恢复率(%);拉伸模量(MPa),定伸粘结性,浸水后定伸粘结性,热压冷拉后粘结性,体积收缩率(%) (3)腻子型遇水膨胀止水条的主要物理性能 硬度(C 型微孔材料硬度计,度),7d 膨胀率,最终膨胀率(21d,%),耐热性(80℃×2h)低温柔性(−20℃×2h,绕 ϕ10 圆棒),耐水性(浸泡 15h) (4)遇水膨胀止水胶的主要物理性能 固含量(%),密度(g/cm³),下垂度(mm),表干时间(h),7d 拉伸粘结强度(MPa),低温柔性(−20℃),拉伸性能[拉伸强度(MPa)、断裂伸长率(%)],体积膨胀倍率(%),长期浸水体积膨胀倍率保持率(%),抗水压(MPa) (5)弹性橡胶密封垫材料的主要物理性能 硬度(邵尔 A,度),伸长率(%),拉伸强度(MPa),热空气老化(70℃×96h)[硬度变化值(邵尔 A,度)、拉伸强度变化率(%)、扯断伸长率变化率(%)],压缩永久变形(70℃×24h,%),防霉等级 (6)遇水膨胀橡胶密封垫胶料的主要物理性能 硬度(邵尔 A,度),拉伸强度(MPa),扯断伸长率(%),体积膨胀倍率(%),反复浸水试验[拉伸强度(MPa)、扯断伸长率(%)、体积膨胀倍率(%)],低温弯折(−20℃×2h),防霉等级
4	隐蔽工程验收记录(混凝土密实度,有无渗漏水,桩头侧、顶做法密封与嵌填,止水带、条、胶实施措施与质量)	核查隐蔽工程验收记录内容的完整性,资料名称项下括号内的内容

注:1. 合理缺项除外;2. 表列凡有性能要求的均应符合设计和规范要求。

【孔口检验批质量验收记录】

孔口检验批质量验收记录表

表 208-15

单位(子单位)工程名称						
分部(子分部)工程名称					验 收 部 位	
施工单位					项 目 经 理	
分包单位					分包项目经理	
施工执行标准名称及编号						

检控项目	序号	质量验收规范规定		施工单位检查评定记录	监理(建设)单位验收记录
主控项目	1	孔口用防水卷材、防水涂料和密封材料要求	第5.8.1条		
	1)	防水卷材			
	2)	防水涂料			
	3)	密封材料			
	2	孔口防水构造要求	第5.8.2条		
一般项目	1	人员出入口高出地面要求、汽车出入口设置明沟排水等施工与做法要求	第5.8.3条		
	2	窗井的墙体和底板防水处理施工与做法要求	第5.8.4条		
	3	窗井或窗井的一部分在最高地下水位以下时的施工技术、做法要求	第5.8.5条		
	4	窗井底板、墙的施工做法与密封嵌填	第5.8.6条		
	5	密封材料嵌填应密实、连续、饱满,粘结牢固	第5.8.7条		

施工单位检查评定结果	专业工长(施工员)		施工班组长	
	项目专业质量检查员:			年 月 日

监理(建设)单位验收结论	
	专业监理工程师: (建设单位项目专业技术负责人): 年 月 日

【检查验收时执行的规范条目】

1. 主控项目

5.8.1　孔口用防水卷材、防水涂料和密封材料必须符合设计要求。

　　检验方法：检查产品合格证、产品性能检测报告、材料进场检验报告。

5.8.2　孔口防水构造必须符合设计要求。

　　检验方法：观察检查和检查隐蔽工程验收记录。

2. 一般项目

5.8.3　人员出入口高出地面不应小于 500mm 汽车出入口设置明沟排水时，其高出地面宜为 150mm，并应采取防雨措施。

　　检验方法：观察和尺量检查。

5.8.4　窗井的底部在最高地下水位以上时，窗井的墙体和底板应作防水处理，并宜与主体结构断开。窗台下部的墙体和底板应做防水层。

　　检验方法：观察检查和检查隐蔽工程验收记录。

5.8.5　窗井或窗井的一部分在最高地下水位以下时，窗井应与主体结构连成整体，其防水层也应连成整体，并应在窗井内设置集水井。窗台下部的墙体和底板应做防水层。

　　检验方法：观察检查和检查隐蔽工程验收记录。

5.8.6　窗井内的底板应低于窗下缘 300mm。窗井墙高出室外地面不得小于 500mm；窗井外地面应做散水，散水与墙面间应采用密封材料嵌填。

　　检验方法：观察检查和尺量检查。

5.8.7　密封材料嵌填应密实、连续、饱满，粘结牢固。

　　检验方法：观察检查和检查隐蔽工程验收记录。

【检验批验收应提供的核查资料】

孔口检验批验收应提供的核查资料　　　　　表 208-15a

序号	核查资料名称	核 查 要 点
1	材料、产品合格证或质量证明书	核查资料的真实性。核查需方及供方单位名称,材料或产品名称、规格、等级、数量(质量或件数)、批号或生产日期、出厂日期、材料或产品出厂检验项目的各项检验结果和供方质检部门印记(必须符合设计和标准与规范要求),材料或产品应用标准号、生产许可证编号,应标明的材料或产品注意事项、材料或产品安全警语
2	材料出厂检验报告	检查内容同下。分别由厂家提供。提供的出厂检验报告的内容应符合相应标准"出厂检验项目"规定(与试验报告大体相同)
3	孔口用防水材料试验报告(防水卷材、防水涂料、密封材料)	检查其品种、提供报告的代表数量、报告日期、孔口用防水材料性能。 (1)防水卷材试验报告: 1)氯化聚乙烯卷材、聚氯乙烯卷材:核查其尺寸、外观和理化性能:拉伸强度、断裂伸长率、热处理尺寸变化率、低温弯折性 2)弹性体和塑性体改性沥青卷材:核查其尺寸、卷重、面积、厚度、外观和理化性能:不透水性、耐热度、拉力、最大拉力时的延伸率、低温柔度 (2)防水涂料试验报告:外观、固体含量、拉伸强度(无处理)、断裂伸长率(无处理)、粘结强度(无处理)、低温柔性、不透水性(Ⅰ型)、抗渗性(Ⅱ型、Ⅲ型)、自闭性(需要时) (3)密封材料试验报告:按施工图设计采用的密封材料,其检验内容按"标准规定的密封材料的检验规则中规定的出厂检验项目"进行核查
4	隐蔽工程验收记录(防水构造,窗井底部等的施工与做法,密封嵌填等)	核查隐蔽工程验收记录内容的完整性,资料名称项下括号内的内容

注：1. 合理缺项除外；2. 表列凡有性能要求的均应符合设计和规范要求。

【坑、池检验批质量验收记录】

坑、池检验批质量验收记录表

表 208-16

单位(子单位)工程名称				
分部(子分部)工程名称			验 收 部 位	
施工单位			项 目 经 理	
分包单位			分包项目经理	
施工执行标准名称及编号				

检控项目	序号	质量验收规范规定		施工单位检查评定记录	监理(建设)单位验收记录
主控项目	1	坑、池防水混凝土原材料、配合比及坍落度要求	第5.9.1条		
	1)	坑、池防水混凝土原材料			
	2)	坑、池防水混凝土配合比			
	3)	坑、池防水混凝土坍落度			
	2	坑、池防水构造要求	第5.9.2条		
	3	坑、池、储水库内部防水层的蓄水试验	第5.9.3条		
一般项目	1	坑、池、储水库的混凝土施工做法与质量、混凝土厚度、遮盖与防护要求	第5.9.4条		
	2	坑、池底板的混凝土厚度及采取局部加厚措施要求	第5.9.5条		
	3	坑、池施工完后,应及时遮盖和防止杂物堵塞	第5.9.6条		

施工单位检查评定结果	专业工长(施工员)		施工班组长	
	项目专业质量检查员:　　　　　　　年　月　日			

监理(建设)单位验收结论	专业监理工程师: (建设单位项目专业技术负责人):　　　　年　月　日

【检查验收时执行的规范条目】

1. 主控项目

5.9.1 坑、池防水混凝土的原材料、配合比及坍落度必须符合设计要求。

　　检验方法：检查产品合格证、产品性能检测报告、计量措施和材料进场检验报告。

5.9.2 坑、池防水构造必须符合设计要求。

　　检验方法：观察检查和检查隐蔽工程验收记录。

5.9.3 坑、池、储水库内部防水层完成后，应进行蓄水试验。

　　检验方法：观察检查和检查蓄水试验记录。

2. 一般项目

5.9.4 坑、池、储水库宜采用防水混凝土整体浇筑，混凝土表面应坚实、平整，不得有露筋、蜂窝和裂缝等缺陷。

　　检验方法：观察检查和检查隐蔽工程验收记录。

5.9.5 坑、池底板的混凝土厚度不应小于 250mm；当底板的厚度小于 250mm 时，应采取局部加厚措施，并应保证防水层保护性能。

　　检验方法：观察检查和检查隐蔽工程验收记录。

5.9.6 坑、池施工完后，应及时遮盖和防止杂物堵塞。

　　检验方法：观察检查。

【检验批验收应提供的核查资料】

坑、池检验批验收应提供的核查资料

表 208-16a

序号	核查资料名称	核查要点
1	材料、产品合格证或质量证明书	核查资料的真实性。核查需方及供方单位名称,材料或产品名称、规格、等级、数量(质量或件数)、批号或生产日期、出厂日期、材料或产品出厂检验项目的各项检验结果和供方质检部门印记(必须符合设计和标准与规范要求),材料或产品应用标准编号、生产许可证编号,应标明的材料或产品注意事项、材料或产品安全警语
2	坑、池防水混凝土试验报告(见证取样)	
1)	水泥试验报告	检查其品种、提供报告的代表数量、报告日期、水泥性能:抗折强度、抗压强度、初凝、终凝、安定性、依据标准、检验结论
2)	砂试验报告	检查其品种、提供报告的代表数量、报告日期、砂子性能:表观密度(kg/m³);氯离子含量(%);堆积密度(kg/m³);含水率(%);紧密密度(kg/m³);吸水率(%);含泥量(%);云母含量(%);泥块含量(%);轻物质含量(%);有机物含量;硫酸盐、硫化物含量(%);压碎值指标(%);坚固性质量损失率(%);人工砂的石粉含量(%)、人工砂的 MB 值;碱活性;贝壳含量(%);颗料级配;细度模数、检验结论
3)	石试验报告	检查其品种、提供报告的代表数量、报告日期、石性能:抗压检验[强度平均值(MPa)、强度标准值/最小值(MPa)、强度标准差(MPa)、变异系数]、外观质量、尺寸偏差、检验结论
4)	外加剂试验报告	检查其品种、提供报告的代表数量、报告日期、外加剂性能:含固量;含水率;密度;细度;pH 值;氯离子含量;硫酸钠含量;总碱量、检验结论
3	混凝土试配强度试验报告(见证取样)	核查试配强度试验报告必须满足设计要求
1)	配合比设计通知单	核查发出时间、与施工单位提出相关要求与设计符合性
2)	混凝土配合比开盘鉴定资料	核查配比计量、坍落度、责任制、拌合物外观等
3)	现场砂、石含水率测试记录	检查测试记录、按实测值调整配合比
4	坑、池防水混凝土坍落度检测报告	检查报告日期、坍落度性能:混凝土强度等级、搅拌方式、时间(年 月 日 时)、施工部位、要求坍落度、坍落度、应符合设计和规范要求
5	坑、池及储水库防水层蓄水试验报告	核查试水日期、年 月 日 时止、试水部位、试水简况检查结果、评定意见。 应 100%做蓄水试验。蓄水时最浅水位不得低于设计水深,应浸泡 24h 用水位标尺测定,检查无渗漏为合格。检查数量应为全部此类房间。检查时,应邀请建设单位参加并签章认可
6	隐蔽工程验收记录(防水构造、蓄水试验、混凝土厚度及外观及质量等)	核查隐蔽工程验收记录内容的完整性,资料名称项下括号内的内容

注:1. 合理缺项除外;2. 表列凡有性能要求的均应符合设计和规范要求;3. 应注意检验混凝土强度报告。

【特殊施工法结构防水工程】
【锚喷支护检验批质量验收记录】

锚喷支护检验批质量验收记录表　　　　　　　　表 208-17

单位(子单位)工程名称					
分部(子分部)工程名称				验收部位	
施工单位				项目经理	
分包单位				分包项目经理	
施工执行标准名称及编号					

检控项目	序号	质量验收规范规定		施工单位检查评定记录	监理(建设)单位验收记录
主控项目	1	喷射混凝土所用原材料、混合料配合比及钢筋网、锚杆、钢拱架等要求	第6.1.9条		
	1)	喷射混凝土用原材料			
	2)	喷射混凝土混合料配合比			
	3)	喷射混凝土用钢筋网、锚杆、钢拱架等要求			
	2	喷射混凝土抗压强度、抗渗性能和锚杆抗拔力要求	第6.1.10条		
	1)	喷射混凝土抗压强度要求			
	2)	喷射混凝土抗渗性能要求			
	3)	喷射混凝土锚杆抗拔力要求			
	3	锚喷支护混凝土的渗漏水量规定	第6.1.11条		
一般项目	1	喷层与围岩及喷层之间的粘结要求	第6.1.12条		
	2	喷射混凝土的质量	第6.1.14条		
	3	喷层平均厚度及最小厚度(第6.1.13条)	允许偏差(mm)　量测值(mm)		
	1)	平均厚度			
	2)	最小厚度			
	4	喷射混凝土表面平整度(第6.1.15条)	D/L不得大于1/6		

施工单位检查评定结果	专业工长(施工员)		施工班组长	
	项目专业质量检查员：　　　　　　年　月　日			

监理(建设)单位验收结论	专业监理工程师：(建设单位项目专业技术负责人)：　　　年　月　日

说明：锚喷支护分项工程检验批的抽样检验数量，应按区间或小于区间断面的结构每20延米抽查1处，车站每10延米抽查1处，每处10m²，且不得少于3处。

【检查验收时执行的规范条目】

1. 主控项目

6.1.9　喷射混凝土所用原材料、混合料配合比及钢筋网、锚杆、钢拱架等必须符合设计要求。

　　检验方法：检查产品合格证、产品性能检测报告、计量措施和材料进场检验报告。

6.1.10　喷射混凝土抗压强度、抗渗性能和锚杆抗拔力必须符合设计要求。

　　检验方法：检查混凝土抗压强度、抗渗性能检验报告和锚杆抗拔力检验报告。

6.1.11　锚喷支护的渗漏水量必须符合设计要求。

　　检验方法：观察检查和检查渗漏水检测记录。

2. 一般项目

6.1.12　喷层与围岩以及喷层之间应粘结紧密，不得有空鼓现象。

　　检验方法：用小锤轻击检查。

6.1.13　喷层厚度有 60% 以上检查点不应小于设计厚度，最小厚度不得小于设计厚度的 50%，且平均厚度不得小于设计厚度。

　　检验方法：用针探法或凿孔法检查。

6.1.14　喷射混凝土应密实、平整，无裂缝、脱落、漏喷、露筋。

　　检验方法：观察检查。

6.1.15　喷射混凝土表面平整度 D/L 不得大于 1/6。

　　检验方法：尺量检查。

【检验批验收应提供的核查资料】

锚喷支护检验批验收应提供的核查资料　　　　　　　　　表 208-17a

序号	核查资料名称	核　查　要　点
1	材料、产品合格证或质量证明书	核查资料的真实性。核查需方及供方单位名称,材料或产品名称、规格、等级、数量(质量或件数)、批号或生产日期、出厂日期、材料或产品出厂检验项目的各项检验结果和供方质检部门印记(必须符合设计和标准与规范要求),材料或产品应用标准编号、生产许可证编号,应标明的材料或产品注意事项、材料或产品安全警语
2	材料试验报告(见证取样)	
1)	水泥试验报告	检查其品种、提供报告的代表数量、报告日期、水泥性能:抗折强度、抗压强度、初凝、终凝、安定性、依据标准、检验结论
2)	砂试验报告	检查其品种、提供报告的代表数量、报告日期、砂子性能:表观密度(kg/m³);氯离子含量(%);堆积密度(kg/m³)、含水率(%);紧密密度(kg/m³)、吸水率(%)、含泥量(%)、云母含量(%)、泥块含量(%)、轻物质含量(%)、有机物含量、硫酸盐、硫化物含量、针片状颗粒含量(%);坚固性质量损失率(%);人工砂的石粉含量(%)、人工砂的 MB 值;碱活性;贝壳含量(%);颗料级配;细度模数、检验结论
3)	石试验报告	检查其品种、提供报告的代表数量、报告日期、石性能:抗压检验[强度平均值(MPa)、强度标准值/最小值(MPa)、强度标准差(MPa)、变异系数]、外观质量、尺寸偏差、检验结论
4)	外加剂试验报告	检查其品种、提供报告的代表数量、报告日期、外加剂性能:含量;含水率;密度;细度;pH 值;氯离子含量;硫酸钠含量;总碱量、检验结论
3	锚喷支护用材料出厂检验报告	检查内容同上。分别由厂家提供。提供的出厂检验报告的内容应符合相应标准"出厂检验项目"规定(与试验报告大体相同)
4	喷射混凝土混合料配合比试配报告	核查提供单位资质、试配强度试验报告必须满足设计要求
1)	配合比设计通知单	核查发出时间、与施工单位提出相关要求与设计符合性
2)	混凝土配合比开盘鉴定资料	核查配比计量、坍落度、责任制、拌合物外观等
3)	现场砂、石含水率测试记录	检查测试记录,按实测值调整配合比
5	喷射防水混凝土坍落度检测报告	检查报告日期、坍落度性能:混凝土强度等级、搅拌方式、时间(年　月　日　时);施工部位、要求坍落度、坍落度
6	喷射混凝土抗压强度试验报告(见证取样)	试件边长、成型日期、破型日期、龄期、强度值(抗压、抗折)、达到设计强度的百分数(%)、强度等级、提供报告的代表数量、报告日期、性能、质量与设计、标准符合性
7	喷射混凝土抗渗试验报告(见证取样)	抗渗混凝土强度等级、提供报告的代表数量、报告日期、抗渗混凝土试件核查:工程名称、混凝土强度等级(C)、设计抗渗等级(P)、混凝土配合比编号、成型日期、委托日期、养护方法、龄期、报告日期、试件上表渗水部位及剖开渗水高度(cm)、实际达到压力(MPa)、依据标准、检验结果等项试验内容必须齐全。实际试验项目根据工程实际择用
8	锚杆抗拔力试验报告	核查提供报告的代表数量、报告日期、拉拔力值、与设计、规范要求的符合性
9	渗漏水检测记录	核查检测记录,与设计、规范要求的符合性
10	喷射防水混凝土施工记录	核查混凝土材料、配合比、坍落度、抗渗混凝土试件的留置、施工工艺:配合比的配料、拌合物运输、自由落差、浇筑(分段、分层、均匀连续)、振捣、施工缝留置处理、养护、抗渗水压值、大体积混凝土施工措施、冬期施工、折模、模板支设、运输浇筑、成品保护、安全与环境措施、质量标准

注：1. 合理缺项除外；2. 表列凡有性能要求的均应符合设计和规范要求。

附：规范规定的施工"过程控制"要点

6 特殊施工法结构防水工程

6.1 锚喷支护

6.1.1 锚喷支护适用于暗挖法地下工程的支护结构及复合式衬砌的初期支护。

6.1.2 喷射混凝土施工前，应根据围岩裂隙及渗漏水的情况，预先采用引排或注浆堵水。

6.1.3 喷射混凝土所用原材料应符合下列规定：

1 选用普通硅酸盐水泥或硅酸盐水泥；

2 中砂或粗砂的细度模数宜大于 2.5，含泥量不应大于 3.0%；干法喷射时，含水率宜为 5%~7%；

3 采用卵石或碎石，粒径不应大于 15mm，含泥量不应大于 1.0%；使用碱性速凝剂时，不得使用含有活性二氧化硅的石料；

4 不含有害物质的洁净水；

5 速凝剂的初凝时间不应大于 5min，终凝时间不应大于 10min。

6.1.4 混合料必须计量准确，搅拌均匀，并应符合下列规定：

1 水泥与砂石质量比宜为 1:4~1:4.5，砂率宜为 45%~55%，水胶比不得大于 0.45，外加剂和外掺料的掺量应通过试验确定；

2 水泥和速凝剂称量允许偏差均为 ±2%，砂、石称量允许偏差均为 ±3%；

3 混合料在运输和存放过程中严防受潮，存放时间不应超过 2h；当掺入速凝剂时，存放时间不应超过 20min。

6.1.5 喷射混凝土终凝 2h 后应采取喷水养护，养护时间不得少于 14d；当气温低于 5℃时，不得喷水养护。

6.1.6 喷射混凝土试件制作组数应符合下列规定：

1 地下铁道工程应按区间或小于区间断面的结构，每 20 延米拱和墙各取抗压试件一组；车站取抗压试件两组。其他工程应按每喷射 50m³ 同一配合比的混合料或混合料小于 50m³ 的独立工程取抗压试件一组。

2 地下铁道工程应按区间结构每 40 延米取抗渗试件一组；车站每 20 延米取抗渗试件一组。其他工程当设计有抗渗要求时，可增做抗渗性能试验。

6.1.7 锚杆必须进行抗拔力试验。同一批锚杆每 100 根应取一组试件，每组 3 根，不足 100 根也取 3 根。同一批试件抗拔力平均值不应小于设计锚固力，且同一批试件抗拔力的最小值不应小于设计锚固力的 90%。

6.1.8 锚喷支护分项工程检验批的抽样检验数量，应按区间或小于区间断面的结构每 20 延米抽查 1 处，车站每 10 延米抽查 1 处，每处 10m²，且不得少于 3 处。

【地下连续墙检验批质量验收记录】

地下连续墙检验批质量验收记录表　　　　　　表 208-18

单位(子单位)工程名称					
分部(子分部)工程名称				验收部位	
施工单位				项目经理	
分包单位				分包项目经理	
施工执行标准名称及编号					

检控项目	序号	质量验收规范规定		施工单位检查评定记录	监理(建设)单位验收记录
主控项目	1	防水混凝土的原材料、配合比及坍落度要求	第 6.2.8 条		
	1)	防水混凝土原材料			
	2)	防水混凝土配合比			
	3)	防水混凝土坍落度			
	2	防水混凝土的抗压强度和抗渗性能要求	第 6.2.9 条		
	1)	防水混凝土抗压强度			
	2)	防水混凝土抗渗性能			
	3	地下连续墙的渗漏水量要求	第 6.2.10 条		
一般项目	1	地下连续墙的槽段接缝构造要求	第 6.2.11 条		
	2	地下连续墙墙面不得有露筋、露石和夹泥现象	第 6.2.12 条		
	3	地下连续墙墙体表面平整度(第 6.2.13 条)	允许偏差(mm)	量测值(mm)	
		1)临时支护墙体	50mm		
		2)单一或复合墙体	30mm		

施工单位检查评定结果	专业工长(施工员)		施工班组长	
	项目专业质量检查员：　　　　　　年　月　日			

监理(建设)单位验收结论	
	专业监理工程师： (建设单位项目专业技术负责人)：　　　　年　月　日

　　说明：地下连续墙分项工程检验批的抽样检验数量，应按每连续 5 个槽段抽查 1 个槽段，且不得少于 3 个槽段。

【检查验收时执行的规范条目】

1. 主控项目

6.2.8　防水混凝土的原材料、配合比及坍落度必须符合设计要求。

　　检验方法：检查产品合格证、产品性能检测报告、计量措施和材料进场检验报告。

6.2.9　防水混凝土的抗压强度和抗渗性能必须符合设计要求。

　　检验方法：检查混凝土的抗压强度、抗渗性能检验报告。

6.2.10　地下连续墙的渗漏水量必须符合设计要求。

　　检验方法：观察检查和检查渗漏水检测记录。

　　附：地下连续墙墙面、墙缝渗漏水检验

地下连续墙墙面、墙缝渗漏水检验

序号	检验项目		规　定	检验数量		检验方法
				范围	点数	
1	墙面渗漏	分离墙	无线流	每幅槽段	全数	尺量、观察和检查隐蔽工程验收记录
		单层墙或叠合墙	无滴漏和小于防水二级标准的湿渍			
2	墙缝渗漏	分离墙	仅有少量泥砂和水渗漏			观察和检查隐蔽工程验收记录
		单层墙或叠合墙	无可见泥砂和水渗漏			

2. 一般项目

6.2.11　地下连续墙的槽段接缝构造应符合设计要求。

　　检验方法：观察检查和检查隐蔽工程验收记录。

6.2.12　地下连续墙墙面不得有露筋、露石和夹泥现象。

　　检验方法：观察检查。

6.2.13　地下连续墙墙体表面平整度，临时支护墙体允许偏差应为50mm，单一或复合墙体允许偏差应为30mm。

　　检验方法：尺量检查。

【检验批验收应提供的核查资料】

地下连续墙检验批验收应提供的核查资料

表 208-18a

序号	核查资料名称	核查要点
1	材料、产品合格证或质量证明书	核查资料的真实性。核查需方及供方单位名称,材料或产品名称、规格、等级、数量(质量或件数)、批号或生产日期、出厂日期、材料或产品出厂检验项目的各项检验结果和供方质检部门印记(必须符合设计和标准与规范要求),材料或产品应用标准编号,生产许可证编号,应标明的材料或产品注意事项,材料或产品安全警语
2	地下连续墙用材料出厂检验报告	检查内容同下。分别由厂家提供。提供的出厂检验报告的内容应符合相应标准"出厂检验项目"规定(与试验报告大体相同)
3	地下连续墙用材料试验报告单(见证取样)	
1)	水泥试验报告	检查其品种、提供报告的代表数量、报告日期、水泥性能:抗折强度、抗压强度、初凝、终凝、安定性、依据标准、检验结论
2)	钢筋试验报告	检查其品种、提供报告的代表数量、报告日期、钢筋性能:屈服点、抗拉强度、伸长率、弯曲条件、弯曲结果、检验结论
3)	砂试验报告	检查其品种、提供报告的代表数量、报告日期、砂子性能:表观密度(kg/m^3)、氯离子含量(%)、堆积密度(kg/m^3);含水率(%);紧密密度(kg/m^3);吸水率(%);含泥量(%);云母含量(%);泥块含量(%);轻物质含量(%);有机物含量;硫酸盐、硫化物含量(%);压碎值指标(%);坚固性质量损失率(%);人工砂的石粉含量(%)、人工砂的 MB 值;碱活性;贝壳含量(%);颗料级配、细度模数、检验结论
4)	石试验报告	检查其品种、提供报告的代表数量、报告日期、砖(砌块)性能:抗压检验[强度平均值(MPa)、强度标准值/最小值(MPa)、强度标准差(MPa)、变异系数]、外观质量、尺寸偏差、泛霜、石灰爆裂、冻融、吸水率、饱和系数、检验结论
5)	外加剂试验报告	检查其品种、提供报告的代表数量、报告日期、外加剂性能:含固量;含水率;密度;细度;pH 值;氯离子含量;硫酸钠含量;总碱量、检验结论
6)	掺合料试验报告	按设计要求掺料的相关标准中的"出厂检验项目"项下的检验内容进行核查
4	地下连续墙试配通知单(见证取样)	试配强度等级、日期、性能,与设计、规范要求的符合性
5	地下连续墙试件强度试验报告(见证取样)	试件边长、成型日期、破型日期、龄期、强度值(抗压)、达到设计强度的百分数(%)、强度等级、提供报告的代表数量、日期、性能、质量与设计和标准符合性、检验结论
6	地下连续墙混凝土坍落度检测报告	检查报告日期、坍落度性能:混凝土强度等级、搅拌方式、时间(年　月　日　时)、施工部位、要求坍落度、坍落度
7	混凝土强度抗压试验报告(见证取样)	试件边长、成型日期、破型日期、龄期、强度值(抗压、抗折)、达到设计强度的百分数(%)、强度等级、提供报告的代表数量、日期、性能、质量与设计、标准符合性
8	混凝土抗渗试验报告(见证取样)	抗渗混凝土强度等级、提供报告的代表数量、报告日期、抗渗混凝土试件核查:工程名称、混凝土强度等级(C)、设计抗渗等级(P)、混凝土配合比编号、成型日期、委托单位、养护方法、龄期、报告日期、试件上表渗水部位及剖开渗水高度(cm)、实际达到压力(MPa)、依据标准、检验结果等项试验内容必须齐全。实际试验项目根据工程实际择用
9	渗漏水检测记录	核查检测记录与设计、规范要求的符合性
10	隐蔽工程验收记录(墙体渗漏水、槽段接缝构造、墙的表面与质量)	核查隐蔽工程验收记录内容的完整性,资料名称项下括号内的内容

注:1. 合理缺项除外;2. 表列凡有性能要求的均应符合设计和规范要求。

附：规范规定的施工"过程控制"要点

6.2　地下连续墙

6.2.1　地下连续墙适用于地下工程的主体结构、支护结构以及复合式衬砌的初期支护。

6.2.2　地下连续墙应采用防水混凝土。胶凝材料用量不应小于 400kg/m³，水胶比不得大于 0.55，坍落度不得小于 180mm。

6.2.3　地下连续墙施工时，混凝土应按每一个单元槽段留置一组抗压试件，每 5 个槽段留置一组抗渗试件。

6.2.4　叠合式侧墙的地下连续墙与内衬结构连接处，应凿毛并清洗干净，必要时应作特殊防水处理。

6.2.5　地下连续墙应根据工程要求和施工条件减少槽段数量；地下连续墙槽段接缝应避开拐角部位。

6.2.6　地下连续墙如有裂缝、孔洞、露筋等缺陷，应采用聚合物水泥砂浆修补；地下连续墙槽段接缝如有渗漏，应采用引排或注浆封堵。

6.2.7　地下连续墙分项工程检验批的抽样检验数量，应按每连续 5 个槽段抽查 1 个槽段，且不得少于 3 个槽段。

【盾构法隧道检验批质量验收记录】

盾构法隧道检验批质量验收记录表

表 208-19

单位(子单位)工程名称				
分部(子分部)工程名称			验收部位	
施工单位			项目经理	
分包单位			分包项目经理	
施工执行标准名称及编号				

检控项目	序号	质量验收规范规定		施工单位检查评定记录	监理(建设)单位验收记录
主控项目	1	盾构隧道衬砌所用防水材料要求	第6.3.11条		
	2	钢筋混凝土管片的抗压强度和抗渗性能要求	第6.3.12条		
	1)	钢筋混凝土管片抗压强度			
	2)	钢筋混凝土管片抗渗性能			
	3	盾构隧道衬砌的渗漏水量要求	第6.3.13条		
一般项目	1	管片接缝密封垫及其沟槽的断面尺寸要求	第6.3.14条		
	2	密封垫在沟槽内应套箍和粘贴牢固,不得歪斜、扭曲	第6.3.15条		
	3	管片嵌缝槽的深宽比及断面构造形式、尺寸要求	第6.3.16条		
	4	嵌缝材料嵌填应密实、连续、饱满,表面平整,密贴牢固	第6.3.17条		
	5	管片的环向及纵向螺栓应全部穿进并拧紧;衬砌内表面的外露铁件防腐处理要求	第6.3.18条		

施工单位检查评定结果	专业工长(施工员)		施工班组长	
	项目专业质量检查员:　　　　　　年　月　日			

监理(建设)单位验收结论	专业监理工程师: (建设单位项目专业技术负责人):　　　年　月　日

说明:盾构隧道分项工程检验批的抽样检验数量,应按每连续5环抽查1环,且不得少于3环。

【检查验收时执行的规范条目】

1. 主控项目

6.3.11　盾构隧道衬砌所用防水材料必须符合设计要求。

　　检验方法:检查产品合格证、产品性能检测报告和材料进场检验报告。

6.3.12　钢筋混凝土管片的抗压强度和抗渗性能必须符合设计要求。

　　检验方法:检查混凝土抗压强度、抗渗性能检验报告和管片单块检漏测试报告。

6.3.13　盾构隧道衬砌的渗漏水量必须符合设计要求。

检验方法：观察检查和检查渗漏水检测记录。

　　　　附：盾构隧道衬砌渗漏水量检验规定

盾构隧道衬砌渗漏水量检验

序号	检验项目			规　定	检验数量		检验方法
					范围	点数	
1	整条隧道	隧道渗漏	隧道渗漏量	符合设计要求	整条隧道任意100m²	1~2次	尺量、设临时围堰储水检测
			局部湿迹与渗漏量			2~4次	
2	管片混凝土	直径8m以下隧道	强度等级	符合设计要求	每10环	制作抗压试件一组	检查试验报告、质量评定记录
		直径8m以上隧道			每5环	制作抗压试件一组	
3		直径8m以下隧道	抗渗等级		每30环	制作抗渗试件一组	
		直径8m以上隧道			每10环	制作抗渗试件一组	
4	外防水涂层性能指标				整条隧道	1次	
5	管片接缝	直径8m以下隧道	密封垫	符合设计要求	常规指标每400~500环	1次	检查产品合格证、质保单及抽样检验报告
					全性能检测整条隧道	1~2次	若设计要求整环或局部嵌缝，则嵌缝材料的检查频率与方法同管片接缝其他防水材料
		直径8m以上隧道			常规指标每200~250环	1次	
					全性能检测整条隧道	2~3次	
6	隧道与井接头、隧道与连接通道接头	密封材料		符合设计要求	隧道与井、隧道与连接通道各一组接头	1次	检查产品合格证、质保单及抽样检验报告
7	连接通道	防水混凝土、塑料防水板等外防水材料或聚合物水泥防水砂浆等内防水材料		符合设计要求	每个连接通道	1次	检查产品合格证、质保单及抽样检验报告

2. 一般项目

6.3.14　管片接缝密封垫及其沟槽的断面尺寸应符合设计要求。

　　检验方法：观察检查和检查隐蔽工程验收记录。

6.3.15　密封垫在沟槽内应套箍和粘贴牢固，不得歪斜、扭曲。

　　检验方法：观察检查。

6.3.16　管片嵌缝槽的深宽比及断面构造形式、尺寸应符合设计要求。

　　检验方法：观察检查和检查隐蔽工程验收记录。

6.3.17　嵌缝材料嵌填应密实、连续、饱满，表面平整，密贴牢固。

　　检验方法：观察检查。

6.3.18　管片的环向及纵向螺栓应全部穿进并拧紧；衬砌内表面的外露铁件防腐处理应符合设计要求。

　　检验方法：观察检查。

【检验批验收应提供的核查资料】

盾构法隧道检验批验收应提供的核查资料 表208-19a

序号	核查资料名称	核 查 要 点
1	材料、产品合格证或质量证明书	核查资料的真实性。核查需方及供方单位名称,材料或产品名称、规格、等级、数量(质量或件数)、批号或生产日期、出厂日期、材料或产品出厂检验项目的各项检验结果和供方质检部门印记(必须符合设计和标准与规范要求),材料或产品应用标准编号、生产许可证编号,应标明的材料或产品注意事项、材料或产品安全警语
2	盾构法隧道用材料出厂检验报告	检查内容同下。分别由厂家提供。提供的出厂检验报告的内容应符合相应标准"出厂检验项目"规定(与试验报告大体相同)
3	盾构法隧道用材料试验报告单(见证取样)	
1)	弹性橡胶密封垫试验报告	检查其品种、提供报告的代表数量、报告日期、相关性能要求、检验结论
2)	遇水膨胀密封垫胶料试验报告	检查其品种、提供报告的代表数量、报告日期、相关性能要求、检验结论
4	管片单块检漏测试报告	核查检漏测试报告,与规范要求的符合性
5	盾构法隧道试配通知单(见证取样)	试配强度等级、日期、性能,与设计、规范要求的符合性
6	盾构法隧道混凝土坍落度检测报告	检查报告日期、坍落度性能:混凝土强度等级、搅拌方式、时间(年 月 日 时)、施工部位、要求坍落度、坍落度
7	盾构法隧道混凝土抗压强度试验报告	试件边长、成型日期、破型日期、龄期、强度值(抗压、抗折)、达到设计强度的百分数(%)、强度等级、提供报告的代表数量、日期、性能、质量与设计、标准符合性
8	盾构法隧道混凝土抗渗强度试验报告	核查抗渗混凝土强度等级、提供报告的代表数量、报告日期、抗渗混凝土试件核查:工程名称、混凝土强度等级(C)、设计抗渗等级(P)、混凝土配合比编号、成型日期、委托日期、养护方法、龄期、报告日期、试件上表渗水部位及剖开渗水高度(cm)、实际达到压力(MPa)、依据标准、检验结果等项试验内容必须齐全。实际试验项目根据工程实际择用

注:1. 合理缺项除外;2. 表列凡有性能要求的均应符合设计和规范要求。

附:规范规定的施工"过程控制"要点

6.3 盾构隧道

6.3.1 盾构隧道适用于在软土和软岩土中采用盾构掘进和拼装管片方法修建的衬砌结构。

6.3.2 盾构隧道衬砌防水措施应按表6.3.2选用。

盾构隧道衬砌防水措施   表 6.3.2

防水措施		高精度管片	接缝防水				混凝土内衬或其他内衬	外防水涂料
			密封垫	嵌缝材料	密封剂	螺孔密封圈		
防水等级	一级	必选	必选	全隧道或部分区段应选	可选	必选	宜选	对混凝土有中等以上腐蚀的地层应选,在非腐蚀地层宜选
	二级	必选	必选	部分区段宜选	可选	必选	局部宜选	对混凝土有中等以上腐蚀的地层宜选
	三级	应选	必选	部分区段宜选	—	应选	—	对混凝土有中等以上腐蚀的地层宜选
	四级	可选	宜选	可选	—	—	—	—

6.3.3 钢筋混凝土管片的质量应符合下列规定:

1 管片混凝土抗压强度和抗渗性能以及混凝土氯离子扩散系数均应符合设计要求;

2 管片不应有露筋、孔洞、疏松、夹渣、有害裂缝、缺棱掉角、飞边等缺陷;

3 单块管片制作尺寸允许偏差应符合表 6.3.3 的规定。

单块管片制作尺寸允许偏差   表 6.3.3

项 目	允许偏差(mm)
宽度	±1
弧长、弦长	±1
厚度	+3,−1

6.3.4 钢筋混凝土管片抗压和抗渗试件制作应符合下列规定:

1 直径 8m 以下隧道,同一配合比按每生产 10 环制作抗压试件一组,每生产 30 环制作抗渗试件一组;

2 直径 8m 以上隧道,同一配合比按每工作台班制作抗压试件一组,每生产 10 环制作抗渗试件一组。

6.3.5 钢筋混凝土管片的单块抗渗检漏应符合下列规定:

1 检验数量:管片每生产 100 环应抽查 1 块管片进行检漏测试,连续 3 次达到检漏标准,则改为每生产 200 环抽查 1 块管片,再连续 3 次达到检漏标准,按最终检测频率为 400 环抽查 1 块管片进行检漏测试。如出现一次不达标,则恢复每 100 环抽查 1 块管片的最初检漏频率,再按上述要求进行抽检。当检漏频率为每 100 环抽查 1 块时,如出现不达标,则双倍复检;如再出现不达标,必须逐块检漏。

2 检漏标准:管片外表在 0.8MPa 水压力下,恒压 3h,渗水进入管片外背高度不超过 50mm 为合格。

6.3.6 盾构隧道衬砌的管片密封垫防水应符合下列规定:

1 密封垫沟槽表面应干燥、无灰尘,雨天不得进行密封垫粘贴施工;

2 密封垫应与沟槽紧密贴合,不得有起鼓、超长和缺口现象;

3 密封垫粘贴完毕并达到规定强度后,方可进行管片拼装;

4 采用遇水膨胀橡胶密封垫时,非粘贴面应涂刷缓膨胀剂或采取符合缓膨胀的措施。

6.3.7 盾构隧道衬砌的管片嵌缝材料防水应符合下列规定：

  1 根据盾构施工方法和隧道的稳定性，确定嵌缝作业开始的时间；

  2 嵌缝槽如有缺损，应采用与管片混凝土强度等级相同的聚合物水泥砂浆修补；

  3 嵌缝槽表面应坚实、平整、洁净、干燥；

  4 嵌缝作业应在无明显渗水后进行；

  5 嵌填材料施工时，应先刷涂基层处理剂，嵌填应密实、平整。

6.3.8 盾构隧道衬砌的管片密封剂防水应符合下列规定：

  1 接缝管片渗漏时，应采用密封剂堵漏；

  2 密封剂注入口应无缺损，注入通道应通畅；

  3 密封剂材料注入施工前，应采取控制注入范围的措施。

6.3.9 盾构隧道衬砌的管片螺孔密封圈防水应符合下列规定：

  1 螺栓拧紧前，应确保螺栓孔密封圈定位准确，并与螺栓孔沟槽相贴合；

  2 螺栓孔渗漏时，应采取封堵措施；

  3 不得使用已破损或提前膨胀的密封圈。

6.3.10 盾构隧道分项工程检验批的抽样检验数量，应按每连续5环抽查1环，且不得少于3环。

【沉井检验批质量验收记录】

沉井检验批质量验收记录表

表 208-20

单位(子单位)工程名称						
分部(子分部)工程名称				验收部位		
施工单位				项目经理		
分包单位				分包项目经理		
施工执行标准名称及编号						

检控项目	序号	质量验收规范规定		施工单位检查评定记录	监理(建设)单位验收记录
主控项目	1	沉井混凝土的原材料、配合比及坍落度要求	第6.4.7条		
	1)	沉井混凝土原材料			
	2)	沉井混凝土配合比			
	3)	沉井混凝土坍落度			
	2	沉井混凝土的抗压强度和抗渗性能要求	第6.4.8条		
	1)	沉井混凝土抗压强度			
	2)	沉井混凝土抗渗性能			
	3	沉井的渗漏水量要求	第6.4.9条		
一般项目	1	沉井干封底和水下封底的施工规定	第6.4.10条		
	1)	干封底	第6.4.3条		
	2)	水下封底	第6.4.4条		
	2	沉井底板与井壁接缝处的防水处理要求	第6.4.11条		

施工单位检查评定结果	专业工长(施工员)		施工班组长	
	项目专业质量检查员：		年 月 日	

监理(建设)单位验收结论	
	专业监理工程师： (建设单位项目专业技术负责人)： 年 月 日

说明：沉井分项工程检验批的抽样检验数量，应按混凝土外露面积每 $100m^2$ 抽查 1 处，每处 $10m^2$，且不得少于 3 处。

【检查验收时执行的规范条目】

1. 主控项目

6.4.7 沉井混凝土的原材料、配合比及坍落度必须符合设计要求。

检验方法：检查产品合格证、产品性能检测报告、计量措施和材料进场检验报告。

6.4.8 沉井混凝土的抗压强度和抗渗性能必须符合设计要求。

检验方法：检查混凝土抗压强度、抗渗性能检验报告。

6.4.9 沉井的渗漏水量必须符合设计要求。

检验方法：观察检查和检查渗漏水检测记录。

附：沉井井壁、墙缝渗漏水检验规定

沉井井壁、墙缝渗漏水检验

序号	检验项目	规 定	检验数量		检验方法
			范围	点数	
1	井壁渗漏	无明显渗水和小于防水二级标准的湿渍	每两条水平施工缝之间的混凝土	10(均布)	尺量、观察和检查隐蔽工程验收记录
2	井壁接缝渗漏				尺量、观察和检查隐蔽工程验收记录
3	底板渗漏		底板混凝土	10(均布)	尺量、观察和检查隐蔽工程验收记录
4	底板与井壁或框架梁接缝				尺量、观察和检查隐蔽工程验收记录

2. 一般项目

6.4.10 沉井干封底和水下封底的施工应符合本规范第6.4.3条和第6.4.4条的规定。

检验方法：观察检查和检查隐蔽工程验收记录。

6.4.11 沉井底板与井壁接缝处的防水处理应符合设计要求。

检验方法：观察检查和检查隐蔽工程验收记录。

【检验批验收应提供的核查资料】

沉井检验批验收应提供的核查资料

表 208-20a

序号	核查资料名称	核查要点
1	材料、产品合格证或质量证明书	核查资料的真实性。核查需方及供方单位名称,材料或产品名称、规格、等级、数量(质量或件数)、批号或生产日期、出厂日期、材料或产品出厂检验项目的各项检验结果和供方质检部门印记(必须符合设计和标准与规范要求),材料或产品应用标准编号、生产许可证编号,应标明的材料或产品注意事项、材料或产品安全警语
2	沉井用材料出厂检验报告	检查内容同下。分别由厂家提供。提供的出厂检验报告的内容应符合相应标准"出厂检验项目"规定(与试验报告大体相同)
3	沉井用材料试验报告单(见证取样)	
1)	水泥试验报告	检查其品种、提供报告的代表数量、报告日期、水泥性能:抗折强度、抗压强度、初凝、终凝、安定性、依据标准、检验结论
2)	钢筋试验报告	检查其品种、提供报告的代表数量、报告日期、钢筋性能:屈服点、抗拉强度、伸长率、弯曲条件、弯曲结果、检验结论
3)	砂试验报告	检查其品种、提供报告的代表数量、报告日期、砂子性能:表观密度(kg/m^3);氯离子含量(%);堆积密度(kg/m^3);含水率(%);紧密密度(kg/m^3);吸水率(%);含泥量(%);云母含量(%);泥块含量(%);轻物质含量(%);有机物含量;硫酸盐、硫化物含量(%);压碎值指标(%);坚固性质量损失率(%);人工砂的石粉含量(%)、人工砂的 MB 值;碱活性;贝壳含量(%);颗粒级配、细度模数、检验结论
4)	石试验报告	检查其品种、提供报告的代表数量、报告日期、砖(砌块)性能:抗压检验[强度平均值(MPa)、强度标准值/最小值(MPa)、强度标准差(MPa)、变异系数]、外观质量、尺寸偏差、泛霜、石灰爆裂、冻融、吸水率、饱和系数、检验结论
5)	外加剂试验报告	检查其品种、提供报告的代表数量、报告日期、外加剂性能:含固量;含水率;密度;细度;pH 值;氯离子含量;硫酸钠含量;总碱量、检验结论
4	沉井混凝土试配通知单(见证取样)	试配强度等级、日期、性能、与设计、规范要求的符合性
5	沉井混凝土试件强度试验报告(见证取样)	核查试件边长、成型日期、破型日期、龄期、强度值(抗压)、达到设计强度的百分数(%)、强度等级、提供报告的代表数量、日期、性能、质量与设计和标准符合性、检验结论
6	沉井混凝土坍落度检测报告	检查报告日期、坍落度性能:混凝土强度等级、搅拌方式、时间(年　月　日　时)、施工部位、要求坍落度、坍落度
7	混凝土抗渗试验报告(见证取样)	核查抗渗混凝土强度等级、提供报告的代表数量、报告日期、抗渗混凝土试件核查:工程名称、混凝土强度等级(C)、设计抗渗等级(P)、混凝土配合比编号、成型日期、委托日期、养护方法、龄期、报告日期、试件上表渗水部位及剖开渗水高度(cm)、实际达到压力(MPa)、依据标准、检验结果等项试验内容必须齐全。实际试验项目根据工程实际择用
8	渗漏水检测记录	核查检测记录与设计、规范要求的符合性
9	隐蔽工程验收记录(混凝土强度与抗渗性能、渗漏水量、封底施工、接缝处防水处理)	核查隐蔽工程验收记录内容的完整性,资料名称项下括号内的内容

注：1. 合理缺项除外；2. 表列凡有性能要求的均应符合设计和规范要求。

附：规范规定的施工"过程控制"要点

6.4　沉井

6.4.1　沉井适用于下沉施工的地下建筑物或构筑物。

6.4.2　沉井结构应采用防水混凝土浇筑。沉井分段制作时，施工缝的防水措施应符合本规范第5.1节的有关规定；固定模板的螺栓穿过混凝土井壁时，螺栓部位的防水处理应符合本规范第5.5.6条的规定。

6.4.3　沉井干封底施工应符合下列规定：

　　1　沉井基底土面应全部挖至设计标高，待其下沉稳定后再将井内积水排干；

　　2　清除浮土杂物，底板与井壁连接部位应凿毛、清洗干净或涂刷混凝土界面处理剂，及时浇筑防水混凝土封底；

　　3　在软土中封底时，宜分格逐段对称进行；

　　4　封底混凝土施工过程中，应从底板上的集水井中不间断地抽水；

　　5　封底混凝土达到设计强度后，方可停止抽水；集水井的封堵应采用微膨胀混凝土填充捣实，并用法兰、焊接钢板等方法封平。

6.4.4　沉井水下封底施工应符合下列规定：

　　1　井底应将浮泥清除干净，并铺碎石垫层；

　　2　底板与井壁连接部位应冲刷干净；

　　3　封底宜采用水下不分散混凝土，其坍落度宜为180~220mm；

　　4　封底混凝土应在沉井全部底面积上连续均匀浇筑；

　　5　封底混凝土达到设计强度后，方可从井内抽水，并应检查封底质量。

6.4.5　防水混凝土底板应连续浇筑，不得留设施工缝；底板与井壁接缝处的防水处理应符合本规范第5.1节的有关规定。

6.4.6　沉井分项工程检验批的抽样检验数量，应按混凝土外露面积每100m^{2}抽查1处，每处10m^2，且不得少于3处。

【逆筑结构检验批质量验收记录】

逆筑结构检验批质量验收记录表　　　　　　表208-21

单位(子单位)工程名称				
分部(子分部)工程名称			验收部位	
施工单位			项目经理	
分包单位			分包项目经理	
施工执行标准名称及编号				

检控项目	序号	质量验收规范规定		施工单位检查评定记录	监理(建设)单位验收记录
主控项目	1	补偿收缩混凝土的原材料、配合比及坍落度要求	第6.5.8条		
	1)	补偿收缩混凝土原材料			
	2)	补偿收缩混凝土配合比			
	3)	补偿收缩混凝土坍落度			
	2	内衬墙接缝用遇水膨胀止水条或止水胶和预埋注浆管要求	第6.5.9条		
	3	逆筑结构的渗漏水量要求	第6.5.10条		
一般项目	1	逆筑结构施工规定	第6.5.11条		
	2	遇水膨胀止水条施工规定	第6.5.12条		
	1)	遇水膨胀止水条质量与密贴、止水条安装	第5.1.8条		
	2)	遇水膨胀止水胶粘结要求、止水胶固化前不得浇筑混凝土	第5.1.9条		
	3)	预埋注浆管设置、注浆导管与注浆管的连接要求	第5.1.10条		

施工单位检查评定结果	专业工长(施工员)		施工班组长	
	项目专业质量检查员：　　　　　　年　月　日			

监理(建设)单位验收结论	
	专业监理工程师： (建设单位项目专业技术负责人)：　　　　年　月　日

说明：逆筑结构分项工程检验批的抽样检验数量，应按混凝土外露面积每100m² 抽查1处，每处10m²，且不得少于3处。

【检查验收时执行的规范条目】

1. 主控项目

6.5.8　补偿收缩混凝土的原材料、配合比及坍落度必须符合设计要求。

　　检验方法：检查产品合格证、产品性能检测报告、计量措施和材料进场检验报告。

6.5.9　内衬墙接缝用遇水膨胀止水条或止水胶和预埋注浆管必须符合设计要求。

　　检验方法：检查产品合格证、产品性能检测报告和材料进场检验报告。

6.5.10　逆筑结构的渗漏水量必须符合设计要求。

　　检验方法：观察检查和检查渗漏水检测记录。

　　附：逆筑结构侧墙、墙缝渗漏水检验规定

逆筑结构侧墙、墙缝渗漏水检验

序号	检验项目	规　定	检验数量		检验方法
			范围	点数	
1	侧墙渗漏	根据不同的防水等级，达到相应的防水指标	每两条侧墙施工缝之间的混凝土每条逆筑施工接缝	10（均布）	尺量、观察和检查隐蔽工程验收记录
2	墙缝渗漏	根据不同的防水等级，达到相应的防水指标			尺量、观察和检查隐蔽工程验收记录

2. 一般项目

6.5.11　逆筑结构的施工应符合本规范第 6.5.2 条和第 6.5.3 条的规定。

　　检验方法：观察检查和检查隐蔽工程验收记录。

6.5.12　遇水膨胀止水条的施工应符合本规范第 5.1.8 条的规定；遇水膨胀止水胶的施工应符合本规范第 5.1.9 条的规定；预埋注浆管的施工应符合本规范第 5.1.10 条的规定。

　　检验方法：观察检查和检查隐蔽工程验收记录。

【检验批验收应提供的核查资料】

逆筑结构检验批验收应提供的核查资料　　　　　　　　　　表 208-21a

序号	核查资料名称	核查要点
1	逆筑结构用材料、产品合格证或质量证明书	核查资料的真实性。核查需方及供方单位名称，材料或产品名称、规格、等级、数量(质量或件数)、批号或生产日期、出厂日期、材料或产品出厂检验项目的各项检验结果和供方质检部门印记(必须符合设计和标准与规范要求)，材料或产品应用标准编号、生产许可证编号，应标明的材料或产品注意事项、材料或产品安全警语
2	逆筑结构用材料出厂检验报告	检查内容同下。分别由厂家提供。提供的出厂检验报告的内容应符合相应标准"出厂检验项目"规定(与试验报告大体相同)
3	逆筑结构用材料试验报告单(见证取样)	
1)	水泥试验报告	检查其品种、提供报告的代表数量、报告日期、水泥性能：抗折强度、抗压强度、初凝、终凝、安定性、依据标准、检验结论
2)	钢筋试验报告	检查其品种、提供报告的代表数量、报告日期、钢筋性能：屈服点、抗拉强度、伸长率、弯曲条件、弯曲结果、检验结论
3)	砂试验报告	检查其品种、提供报告的代表数量、报告日期、砂子性能：表观密度(kg/m³)；氯离子含量(%)；堆积密度(kg/m³)；含水率(%)；紧密度(kg/m³)；吸水率(%)；含泥量(%)；云母含量(%)；泥块含量(%)；轻物质含量(%)；有机物含量；硫酸盐、硫化物含量(%)；压碎值指标(%)；坚固性质量损失率(%)；人工砂的石粉含量(%)、人工砂的 MB 值；碱活性；贝壳含量(%)；颗料级配；细度模数、检验结论
4)	石试验报告	检查其品种、提供报告的代表数量、报告日期、砖(砌块)性能：抗压检验[强度平均值(MPa)、强度标准值/最小值(MPa)、强度标准差(MPa)、变异系数]、外观质量、尺寸偏差、泛霜、石灰爆裂、冻融、吸水率、饱和系数、检验结论
5)	外加剂试验报告	检查其品种、提供报告的代表数量、报告日期、外加剂性能：含固量；含水率；密度；细度；pH 值；氯离子含量；硫酸钠含量；总碱量、检验结论
6)	遇水膨胀止水条或止水胶试验报告	核查试验报告与设计、规范要求的符合性
7)	预埋注浆管试验报告	核查试验报告与设计、规范要求的符合性
4	逆筑结构试配通知单(见证取样)	试配强度等级、日期、性能，与设计、规范要求的符合性
5	逆筑结构混凝土试件强度试验报告(见证取样)	试件边长、成型日期、破型日期、龄期、强度值(抗压)、达到设计强度的百分数(%)、强度等级、提供报告的代表数量、日期、性能、质量与设计和标准符合性、检验结论
6	逆筑结构混凝土坍落度检测报告	检查报告日期、坍落度性能：混凝土强度等级、搅拌方式、时间(年 月 日 时)、施工部位、要求坍落度、坍落度
7	混凝土抗渗试验报告(见证取样)	核查抗渗混凝土强度等级、提供报告的代表数量、报告日期、抗渗混凝土试件核查：工程名称、混凝土强度等级(C)、设计抗渗等级(P)、混凝土配合比编号、成型日期、委托日期、养护方法、龄期、报告日期、试件上表渗水部位及剖开渗水高度(cm)、实际达到压力(MPa)、依据标准、检验结果等项试验内容必须齐全。实际试验项目根据工程实际择用
8	渗漏水检测记录	核查检测记录与设计、规范要求的符合性
9	隐蔽工程验收记录(渗漏水量、核查逆筑结构施工工艺与操作，有无错失及防水处理)	核查隐蔽工程验收记录内容的完整性，资料名称项下括号内的内容

注：1. 合理缺项除外；2. 表列凡有性能要求的均应符合设计和规范要求。

附：规范规定的施工"过程控制"要点

6.5　逆筑结构

6.5.1　逆筑结构适用于地下连续墙为主体结构或地下连续墙与内衬构成复合式衬砌进行逆筑法施工的地下工程。

6.5.2　地下连续墙为主体结构逆筑法施工应符合下列规定：

　　1　地下连续墙墙面应凿毛、清洗干净，并宜做水泥砂浆防水层；

　　2　地下连续墙与顶板、中楼板、底板接缝部位应凿毛处理，施工缝的施工应符合本规范第5.1节的有关规定；

　　3　钢筋接驳器处宜涂刷水泥基渗透结晶型防水涂料。

6.5.3　地下连续墙与内衬构成复合式衬砌逆筑法施工除应符合本规范第6.5.2条的规定外，尚应符合下列规定：

　　1　顶板及中楼板下部500mm内衬墙应同时浇筑，内衬墙下部应做成斜坡形；斜坡形下部应预留300~500mm宽间，并应作下部先浇混凝土施工14d后再行浇筑；

　　2　浇筑混凝土前，内衬墙的接缝面应凿毛、清洗干净，并应设置遇水膨胀止水条或止水胶和预埋注浆管；

　　3　内衬墙的后浇筑混凝土应采用补偿收缩混凝土，浇筑口宜高于斜坡顶端200mm以上。

6.5.4　内衬墙垂直施工缝应与地下连续墙的槽段接缝相互错开2.0~3.0m。

6.5.5　底板混凝土应连续浇筑，不宜留设施工缝；底板与桩头接缝部位的防水处理应符合本规范第5.7节的有关规定。

6.5.6　底板混凝土达到设计强度后方可停止降水，并应将降水井封堵密实。

6.5.7　逆筑结构分项工程检验批的抽样检验数量，应按混凝土外露面积每100m² 抽查1处，每处10m²，且不得少于3处。

【排水工程】
【渗排水、盲沟排水检验批质量验收记录】

渗排水、盲沟排水检验批质量验收记录表　　　　　　　表 208-22

单位(子单位)工程名称				
分部(子分部)工程名称			验收部位	
施工单位			项目经理	
分包单位			分包项目经理	
施工执行标准名称及编号				

检控项目	序号	质量验收规范规定		施工单位检查评定记录	监理(建设)单位验收记录
主控项目	1	盲沟反滤层的层次和粒径组成要求	第7.1.7条		
	2	集水管的埋置深度和坡度要求	第7.1.8条		
一般项目	1	渗排水构造要求	第7.1.9条		
	2	渗排水层的铺设应分层、铺平、拍实	第7.1.10条		
	3	盲沟排水构造要求	第7.1.11条		
	4	集水管采用平接式或承插式接口应连接牢固,不得扭曲变形和错位	第7.1.12条		

施工单位检查评定结果	专业工长(施工员)		施工班组长	
	项目专业质量检查员:　　　　　年　月　日			

监理(建设)单位验收结论	专业监理工程师: (建设单位项目专业技术负责人):　　　年　月　日

说明:渗排水、盲沟排水分项工程检验批的抽样检验数量,应按10%抽查,其中按两轴线间或10延米为1处,且不得少于3处。

【检查验收时执行的规范条目】

1. 主控项目

7.1.7　盲沟反滤层的层次和粒径组成必须符合设计要求。

　　检验方法：检查砂、石试验报告和隐蔽工程验收记录。

7.1.8　集水管的埋置深度和坡度必须符合设计要求。

　　检验方法：观察和尺量检查。

2. 一般项目

7.1.9　渗排水构造应符合设计要求。

　　检验方法：观察检查和检查隐蔽工程验收记录。

7.1.10　渗排水层的铺设应分层、铺平、拍实。

　　检验方法：观察检查和检查隐蔽工程验收记录。

7.1.11　盲沟排水构造应符合设计要求。

　　检验方法：观察检查和检查隐蔽工程验收记录。

7.1.12　集水管采用平接式或承插式接口应连接牢固，不得扭曲变形和错位。

　　检验方法：观察检查。

【检验批质量验收应提供的核查资料】

渗排水、盲沟排水检验批质量验收应提供的核查资料　　　　　　**表 208-22a**

序号	核查资料名称	核查要点
1	砂、石材料试验报告单(见证取样)	
1)	砂试验报告(粗砂)	检查其品种、提供报告的代表数量、报告日期、砂子性能：表观密度(kg/m³)；氯离子含量(%)；堆积密度(kg/m³)；含水率(%)；紧密密度(kg/m³)；吸水率(%)；含泥量(%，不大于2%)；云母含量(%)；泥块含量(%)；轻物质含量(%)；有机物含量；硫酸盐、硫化物含量(%)；压碎值指标(%)；坚固性质量损失率(%)；人工砂的石粉含量(%)、人工砂的 MB 值；碱活性；贝壳含量(%)；颗料级配；细度模数(达到粗砂标准)、检验结论
2)	石试验报告	检查其品种、提供报告的代表数量、报告日期、石性能：抗压检验[强度平均值(MPa)、强度标准值/最小值(MPa)、强度标准差(MPa)、变异系数]、外观质量、尺寸偏差、含泥量不大于2%、检验结论
2	隐蔽工程验收记录(渗排水层铺设、构造、集水管埋深与连接、盲沟排水构造)	核查隐蔽工程验收记录内容的完整性，资料名称项下括号内的内容

注：1. 合理缺项除外；2. 表列凡有性能要求的均应符合设计和规范要求。

附：规范规定的施工"过程控制"要点

7　排水工程

7.1　渗排水、盲沟排水

7.1.1　渗排水适用于无自流排水条件、防水要求较高且有抗浮要求的地下工程。盲沟排水适用于地基为弱透水性土层、地下水量不大或排水面积较小，地下水位在结构底板以下或在丰水期地下水位高于结构底板的地下工程。

7.1.2　渗排水应符合下列规定：

　　1　渗排水层用砂、石应洁净，含泥量不应大于 2.0%；

　　2　粗砂过滤层总厚度宜为 300mm，如较厚时应分层铺填；过滤层与基坑土层接触处，应采用厚度为 100～150mm、粒径为 5～10mm 的石子铺填；

　　3　集水管应设置在粗砂过滤层下部，坡度不宜小于 1%，且不得有倒坡现象。集水管之间的距离宜为 5～10m，并与集水井相通；

　　4　工程底板与渗排水层之间应做隔浆层，建筑周围的渗排水层顶面应做散水坡。

7.1.3　盲沟排水应符合下列规定：

　　1　盲沟成型尺寸和坡度应符合设计要求；

　　2　盲沟的类型及盲沟与基础的距离应符合设计要求；

　　3　盲沟用砂、石应洁净，含泥量不应大于 2.0%；

　　4　盲沟反滤层的层次和粒径组成应符合表 7.1.3 的规定；

盲沟反滤层的层次和粒径组成　　　　　　表 7.1.3

反滤层的层次	建筑物地区地层为砂性土时（塑性指数 $I_p<3$）	建筑地区地层为黏性土时（塑性指数 $I_p>3$）
第一层（贴天然土）	用 1～3mm 粒径砂子组成	用 2～5mm 粒径砂子组成
第二层	用 3～10mm 粒径小卵石组成	用 5～10mm 粒径小卵石组成

　　5　盲沟在转弯处和高低处应设置检查井，出水口处应设置滤水箅子。

7.1.4　渗排水、盲沟排水均应在地基工程验收合格后进行施工。

7.1.5　集水管宜采用无砂混凝土管、硬质塑料管或软式透水管。

7.1.6　渗排水、盲沟排水分项工程检验批的抽样检验数量，应按 10% 抽查，其中按两轴线间或 10 延米为 1 处，且不得少于 3 处。

【隧道、坑道排水检验批质量验收记录】

隧道、坑道排水检验批质量验收记录表   表 208-23

单位(子单位)工程名称				
分部(子分部)工程名称			验收部位	
施工单位			项目经理	
分包单位			分包项目经理	
施工执行标准名称及编号				

检控项目	序号	质量验收规范规定		施工单位检查评定记录	监理(建设)单位验收记录
主控项目	1	盲沟反滤层的层次和粒径组成要求	第7.2.10条		
	2	无砂混凝土管、硬质塑料管或软式透水管要求	第7.2.11条		
	3	隧道、坑道排水系统必须通畅	第7.2.12条		
一般项目	1	盲沟、盲管及横向导水管的管径、间距、坡度均要求	第7.2.13条		
	2	隧道或坑道内排水明沟及离壁式衬砌外排水沟,其断面尺寸及坡度要求	第7.2.14条		
	3	盲管应与岩壁或初期支护密贴,并应固定牢固;环向、纵向盲管接头宜与盲管相配套	第7.2.15条		
	4	贴壁式、复合式衬砌的盲沟与混凝土衬砌接触部位应做隔浆层	第7.2.16条		

施工单位检查评定结果	专业工长(施工员)		施工班组长	
	项目专业质量检查员:　　　　　　　　　年　月　日			

监理(建设)单位验收结论	
	专业监理工程师: (建设单位项目专业技术负责人):　　　　　年　月　日

说明:隧道排水、坑道排水分项工程检验批的抽样检验数量,应按10%抽查,其中按两轴线间或每10延米为1处,且不得少于3处。

【检查验收时执行的规范条目】

1. 主控项目

7.2.10 盲沟反滤层的层次和粒径组成必须符合设计要求。

检验方法：检查砂、石试验报告。

7.2.11 无砂混凝土管、硬质塑料管或软式透水管必须符合设计要求。

检验方法：检查产品合格证和产品性能检测报告。

7.2.12 隧道、坑道排水系统必须通畅。

检验方法：观察检查。

2. 一般项目

7.2.13 盲沟、盲管及横向导水管的管径、间距、坡度均应符合设计要求。

检验方法：观察和尺量检查。

7.2.14 隧道或坑道内排水明沟及离壁式衬砌外排水沟，其断面尺寸及坡度应符合设计要求。

检验方法：观察和尺量检查。

7.2.15 盲管应与岩壁或初期支护密贴，并应固定牢固；环向、纵向盲管接头宜与盲管相配套。

检验方法：观察检查。

7.2.16 贴壁式、复合式衬砌的盲沟与混凝土衬砌接触部位应做隔浆层。

检验方法：观察检查和检查隐蔽工程验收记录。

【检验批质量验收应提供的核查资料】

隧道排水、坑道排水检验批质量验收应提供的核查资料　　　　表 208-23a

序号	核查资料名称	核查要点
1	隧道排水、坑道排水用材料、产品合格证或质量证明书(砂、石、无砂混凝土管、硬塑料管或软式透水管)	核查资料的真实性。核查需方及供方单位名称，材料或产品名称、规格、等级、数量(质量或件数)、批号或生产日期、出厂日期、材料或产品出厂检验项目的各项检验结果和供方质检部门印记(必须符合设计和标准与规范要求)，材料或产品应用标准编号、生产许可证编号，应标明的材料或产品注意事项、材料或产品安全警语
2	隧道排水、坑道排水用材料出厂检验报告	检查内容相同。分别由厂家提供。提供的出厂检验报告的内容应符合相应标准"出厂检验项目"规定(与试验报告大体相同)
3	砂、石材料试验报告单(见证取样)	
1)	砂试验报告(粗砂)	检查其品种、提供报告的代表数量、报告日期、砂子性能：表观密度(kg/m³)；氯离子含量(%)；堆积密度(kg/m³)；含水率(%)；紧密密度(kg/m³)；吸水率(%)；含泥量(%,不大于2%)；云母含量(%)；泥块含量(%)；轻物质含量(%)；有机物含量；硫酸盐、硫化物含量(%)；压碎值指标(%)；坚固性质量损失率(%)；人工砂的石粉含量(%)、人工砂的MB值；碱活性；贝壳含量(%)；颗粒级配；细度模数(达到粗砂标准)、检验结论
2)	石试验报告	检查其品种、提供报告的代表数量、报告日期、石性能：抗压检验[强度平均值(MPa)、强度标准值/最小值(MPa)、强度标准差(MPa)、变异系数]、外观质量、尺寸偏差、含泥量不大于2%、检验结论
4	隐蔽工程验收记录(贴壁式、复合式衬砌隔浆层设置)	核查隐蔽工程验收记录内容的完整性，资料名称项下括号内的内容

注：1. 合理缺项除外；2. 表列凡有性能要求的均应符合设计和规范要求。

附：规范规定的施工"过程控制"要点

7.2 隧道排水、坑道排水

7.2.1 隧道排水、坑道排水适用于贴壁式、复合式、离壁式衬砌。

7.2.2 隧道或坑道内如设置排水泵房时，主排水泵站和辅助排水泵站、集水池的有效容积应符合设计要求。

7.2.3 主排水泵站、辅助排水泵站和污水泵房的废水及污水，应分别排入城市雨水和污水管道系统。污水的排放尚应符合国家现行有关标准的规定。

7.2.4 坑道排水应符合有关特殊功能设计的要求。

7.2.5 隧道贴壁式、复合式衬砌围岩疏导排水应符合下列规定：

　　1 集中地下水出露处，宜在衬砌背后设置盲沟、盲管或钻孔等引排措施；

　　2 水量较大、出水面广时，衬砌背后应设置环向、纵向盲沟组成排水系统，将水集排至排水沟内；

　　3 当地下水丰富、含水层明显且有计的来源时，宜采用辅助坑道或泄水洞导截、排水设施。

7.2.6 盲沟中心宜采用无砂混凝土管或硬质塑料管，其管周围应设置反滤层；盲管应采用软式透水管。

7.2.7 排水明沟的纵向坡度应与隧道或坑道坡度一致，排水明沟应设置盖板和检查井。

7.2.8 隧道离壁式衬砌侧墙外排水沟应做成明沟，其纵向坡度不应小于0.5%。

7.2.9 隧道排水、坑道排水分项工程检验批的抽样检验数量，应按10%抽查，其中按两轴线间或每10延米为1处，且不得少于3处。

【塑料排水板检验批质量验收记录】

塑料排水板检验批质量验收记录表　　　　　　　　　　表 208-24

单位(子单位)工程名称				
分部(子分部)工程名称			验收部位	
施工单位			项目经理	
分包单位			分包项目经理	
施工执行标准名称及编号				

检控项目	序号	质量验收规范规定		施工单位检查评定记录	监理(建设)单位验收记录
主控项目	1	塑料排水板和土工布要求	第7.3.8条		
	1)	塑料排水板			
	2)	塑料土工布			
	2	塑料排水板排水层必须与排水系统连通,不得有堵塞现象	第7.3.9条		
一般项目	1	塑料排水板排水层构造规定	第7.3.10条		
	2	塑料排水板的搭接宽度和搭接方法规定	第7.3.11条		
	3	土工布铺设应平整、无折皱;土工布的搭接宽度和搭接方法规定	第7.3.12条		

施工单位检查评定结果	专业工长(施工员)		施工班组长	
	项目专业质量检查员:　　　　　　　年　月　日			

监理(建设)单位验收结论	
	专业监理工程师: (建设单位项目专业技术负责人):　　　　　年　月　日

　　说明:塑料排水板排水分项工程检验批的抽样检验数量,应按铺设面积每10m² 抽查1处,每处10m²,且不得少于3处。

【检查验收时执行的规范条目】

1. 主控项目

7.3.8　塑料排水板和土工布必须符合设计要求。

检验方法：检查产品合格证、产品性能检测报告。

7.3.9　塑料排水板排水层必须与排水系统连通，不得有堵塞现象。

检验方法：观察检查。

2. 一般项目

7.3.10　塑料排水板排水层构造做法应符合本规范第7.3.3条的规定。

检验方法：观察检查和检查隐蔽工程验收记录。

7.3.11　塑料排水板的搭接宽度和搭接方法应符合本规范第7.3.4条的规定。

检验方法：观察和尺量检查。

7.3.12　土工布铺设应平整、无折皱；土工布的搭接宽度和搭接方法应符合本规范第7.3.6条的规定。

检验方法：观察和尺量检查。

【检验批质量验收应提供的核查资料】

塑料排水板检验批质量验收应提供的核查资料　　　　表 208-24a

序号	核查资料名称	核查要点
1	塑料排水板、土工布用材料、产品合格证或质量证明书	核查资料的真实性。核查需方及供方单位名称，材料或产品名称、规格、等级、数量（质量或件数）、批号或生产日期、出厂日期、材料或产品出厂检验项目的各项检验结果和供方质检部门印记（必须符合设计和标准与规范要求），材料或产品应用标准编号、生产许可证编号，应标明的材料或产品注意事项、材料或产品安全警语
2	塑料排水板、土工布用材料出厂检验报告	检查内容同下。分别由厂家提供。提供的出厂检验报告的内容应符合相应标准"出厂检验项目"规定（与试验报告大体相同）
3	隐蔽工程验收记录（排水连通无堵塞、构造做法等）	核查隐蔽工程验收记录内容的完整性，资料名称项下括号内的内容

注：1. 合理缺项除外；2. 表列凡有性能要求的均应符合设计和规范要求。

附：规范规定的施工"过程控制"要点

7.3　塑料排水板排水

7.3.1　塑料排水板适用于无自流排水条件且防水要求较高的地下工程以及地下工程种植顶板排水。

7.3.2　塑料排水板应选用抗压强度大且耐久性好的凸凹型排水板。

7.3.3　塑料排水板排水构造应符合设计要求，并宜符合以下工艺流程：

　　1　室内底板排水按混凝土底板→铺设塑料排水板（支点向下）→混凝土垫层→配筋混凝土面层等顺序进行；

　　2　室内侧墙排水按混凝土侧墙→粘贴塑料排水板（支点向墙面)→钢丝网固定→水泥砂浆面层等顺序进行；

　　3　种植顶板排水按混凝土顶板→找坡层→防水层→混凝土保护层→铺设塑料排水板

（支点向上）→铺设土工布→覆土等顺序进行；

　　4　隧道或坑道排水按初期支护→铺设土工布→铺设塑料排水板（支点向初期支护）→二次衬砌结构等顺序进行。

7.3.4　铺设塑料排水板应采用搭接法施工，长短边搭接宽度均不应小于100mm。塑料排水板的接缝处宜采用配套胶粘剂粘结或热熔焊接。

7.3.5　地下工程种植顶板种植土若低于周边土体，塑料排水板排水层必须结合排水沟或盲沟分区设置，并保证排水畅通。

7.3.6　塑料排水板应与土工布复合使用。土工布宜采用$200\sim400g/m^2$的聚酯无纺布。土工布应铺设在塑料排水板的凸面上，相邻土工布搭接宽度不应小于200mm，搭接部位应采用粘合或缝合。

7.3.7　塑料排水板排水分项工程检验批的抽样检验数量，应按铺设面积每$10m^2$抽查1处，每处$10m^2$，且不得少于3处。

【注浆工程】
【预注浆、后注浆检验批质量验收记录】

预注浆、后注浆检验批质量验收记录表   表 208-25

单位(子单位)工程名称					
分部(子分部)工程名称				验 收 部 位	
施工单位				项 目 经 理	
分包单位				分包项目经理	
施工执行标准名称及编号					

检控项目	序号	质量验收规范规定		施工单位检查评定记录	监理(建设)单位验收记录
主控项目	1	配制浆液的原材料及配合比要求	第 8.1.7 条		
	1)	配制浆液原材料			
	2)	配制浆液配合比			
	2	预注浆及后注浆的注浆效果要求	第 8.1.8 条		
一般项目	1	注浆孔的数量、布置间距、钻孔深度及角度要求	第 8.1.9 条		
	2	注浆各阶段的控制压力和注浆量要求	第 8.1.10 条		
	3	注浆时浆液不得溢出地面和超出有效注浆范围	第 8.1.11 条		
	4	注浆对地面产生的沉降量,地面的隆起规定(第 8.1.12 条)	允许偏差(mm)	量 测 值(mm)	
	1)	沉降量	≤30mm		
	2)	隆起	≤20mm		

施工单位检查评定结果	专业工长(施工员)		施工班组长	
	项目专业质量检查员:　　　　　　　　　年　月　日			
监理(建设)单位验收结论	专业监理工程师: (建设单位项目专业技术负责人):　　　　年　月　日			

说明:注浆、后注浆分项工程检验批的抽样检验数量,应按加固或堵漏面积每 $100m^2$ 抽查 1 处,每处 $10m^2$,且不得少于 3 处。

【检查验收时执行的规范条目】

1. 主控项目

8.1.7 配制浆液的原材料及配合比必须符合设计要求。

　　检验方法:检查产品合格证、产品性能检测报告、计量措施和材料进场检验报告。

8.1.8 预注浆及后注浆的注浆效果必须符合设计要求。

检验方法：采取钻孔取芯法检查；必要时采取压水或抽水试验方法检查。

2. 一般项目

注浆孔的数量、布置间距、钻孔深度及角度应符合设计要求。

检验方法：尺量检查和检查隐蔽工程验收记录。

8.1.10　注浆各阶段的控制压力和注浆量应符合设计要求。

检验方法：观察检查和检查隐蔽工程验收记录。

8.1.11　注浆时浆液不得溢出地面和超出有效注浆范围。

检验方法：观察检查。

8.1.12　注浆对地面产生的沉降量不得超过 30mm，地面的隆起不得超过 20mm。

检验方法：用水准仪测量。

【检验批质量验收应提供的核查资料】

预注浆、后注浆检验批质量验收应提供的核查资料　　　　　　表 208-25a

序号	核查资料名称	核查要点
1	材料产品合格证或质量证明书	核查资料的真实性。核查需方及供方单位名称,材料或产品名称、规格、等级、数量(质量或件数)、批号或生产日期、出厂日期、材料或产品出厂检验项目的各项检验结果和供方质检部门印记(必须符合设计和标准与规范要求),材料或产品应用标准编号、生产许可证编号,应标明的材料或产品注意事项、材料或产品安全警语
2	预注浆、后注浆用材料出厂检验报告	检查内容同下。分别由厂家提供。提供的出厂检验报告的内容应符合相应标准"出厂检验项目"规定(与试验报告大体相同)
3	配制浆液配合比试配报告	核查试配强度试验报告必须满足设计要求(浆液配合比根据注浆效果现场试验确定)
4	注浆材料试验报告	
1)	水泥试验报告	检查其品种、提供报告的代表数量、报告日期、水泥性能:抗折强度、抗压强度、初凝、终凝、安定性、依据标准、检验结论
2)	砂试验报告	检查其品种、提供报告的代表数量、报告日期、砂子性能:表观密度(kg/m³);氯离子含量(%);堆积密度(kg/m³);含水率(%);紧密密度(kg/m³);吸水率(%);含泥量(%);云母含量(%);泥块含量(%);轻物质含量(%);有机物含量;硫酸盐及硫化物含量(%);压碎值指标(%);坚固性质量损失率(%);人工砂的石粉含量(%)、人工砂的 MB 值;碱活性;贝壳含量(%);颗料级配;细度模数、检验结论
3)	黏土试验报告	核查黏土试验报告相关参数与设计、规范要求的符合性
4)	粉煤灰试验报告	核查粉煤灰试验报告相关参数与设计、规范要求的符合性
5)	石灰试验报告	核查石灰试验报告相关参数与设计、规范要求的符合性
5	隐蔽工程验收记录(注浆效果资料、注浆孔数量、间距、钻孔深度及角度、控制压力、注浆量等)	核查隐蔽工程验收记录内容的完整性,资料名称项下括号内的内容

注：1. 合理缺项除外；2. 表列凡有性能要求的均应符合设计和规范要求；3. 注浆浆液分为颗粒浆液和化学浆液。颗粒浆液：水泥浆、水泥砂浆、黏土浆、粉煤灰、石灰浆；化学浆液：聚氨酯类浆液、丙烯酰胺浆液、硅酸盐浆液、水玻璃类浆液、水泥—水玻璃类浆液。

附：规范规定的施工"过程控制"要点

8　注浆工程

8.1　预注浆、后注浆

8.1.1　预注浆适用于工程开挖前预计涌水量较大的地段或软弱地层；后注浆适用于工程开挖后处理围岩渗漏及初期壁后空隙回填。

8.1.2　注浆材料应符合下列规定：

　　1　具有较好的可注性；

　　2　具有固结体收缩小，良好的粘结性、抗渗性、耐久性和化学稳定性；

　　3　低毒并对环境污染小；

　　4　注浆工艺简单，施工操作方便，安全可靠。

8.1.3　在砂卵石层中宜采用渗透注浆法；在黏土层中宜采用劈裂注浆法；在淤泥质软土中宜采用高压喷射注浆法。

8.1.4　注浆浆液应符合下列规定：

　　1　预注浆宜采用水泥浆液、黏土水泥浆液或化学浆液；

　　2　后注浆宜采用水泥浆液、水泥砂浆或掺有石灰、黏土膨润土、粉煤灰的水泥浆液；

　　3　注浆浆液配合比应经现场试验确定。

　　注：浆液的主剂可分为颗粒浆液和化学浆液两种。颗粒浆液主要包括水泥浆、水泥砂浆、黏土浆、水泥黏土浆以及粉煤灰、石灰浆等；化学浆液常用的有聚氨酯类、丙烯酰胺类、硅酸盐类、水玻璃等。

8.1.5　注浆过程控制应符合下列规定：

　　1　根据工程地质条件、注浆目的等控制注浆压力和注浆量；

　　2　回填注浆应在衬砌混凝土达到设计强度的70%后进行，衬砌后围岩注浆应在充填注浆固结体达到设计强度的70%后进行；

　　3　浆液不得溢出地面和超出有效注浆范围，地面注浆结束后注浆孔应封填密实；

　　4　注浆范围和建筑物的水平距离很近时，应加强对邻近建筑物和地下埋设物的现场监控；

　　5　注浆点距离饮用水源或公共水域较近时，注浆施工如有污染应及时采取相应措施。

8.1.6　注浆、后注浆分项工程检验批的抽样检验数量，应按加固或堵漏面积每$100m^2$抽查1处，每处$10m^2$，且不得少于3处。

【结构裂缝注浆检验批质量验收记录】

结构裂缝注浆检验批质量验收记录表

表 208-26

单位(子单位)工程名称				
分部(子分部)工程名称			验收部位	
施工单位			项目经理	
分包单位			分包项目经理	
施工执行标准名称及编号				

检控项目	序号	质量验收规范规定		施工单位检查评定记录	监理(建设)单位验收记录
主控项目	1	注浆材料及其配合比要求	第8.2.6条		
	1)	注浆材料			
	2)	注浆配合比			
	2	结构裂缝注浆的注浆效果要求	第8.2.7条		
一般项目	1	注浆孔的数量、布置间距、钻孔深度及角度要求	第8.2.8条		
	2	注浆各阶段的控制压力和注浆量要求	第8.2.9条		

	专业工长(施工员)			施工班组长	
施工单位检查评定结果					
	项目专业质量检查员：　　　　　　年　月　日				
监理(建设)单位验收结论					
	专业监理工程师： (建设单位项目专业技术负责人)：　　年　月　日				

说明：结构裂缝注浆分项工程检验批的抽样检验数量，应按裂缝的条数抽查10%，每条裂缝检查1处，且不得少于3处。

【检查验收时执行的规范条目】

1. 主控项目

8.2.6　注浆材料及其配合比必须符合设计要求。

　　检验方法：检查产品合格证、产品性能检测报告、计量措施和材料进场检验报告。

8.2.7　结构裂缝注浆的注浆效果必须符合设计要求。

　　检验方法：观察检查和压水或压气检查；必要时钻取芯样采取劈裂抗拉强度试验方法检查。

2. 一般项目

8.2.8　注浆孔的数量、布置间距、钻孔深度及角度应符合设计要求。

　　检验方法：尺量检查和检查隐蔽工程验收记录。

8.2.9　注浆各阶段的控制压力和注浆量应符合设计要求。

　　检验方法：观察检查和检查隐蔽工程验收记录。

【检验批质量验收应提供的核查资料】

结构裂缝灌浆检验批质量验收应提供的核查资料　　　　表 208-26a

序号	核查资料名称	核查要点
1	结构裂缝注浆用材料、产品合格证或质量证明书(化学灌浆材料、聚氨酯灌浆材料、环氧树脂灌浆材料)	核查资料的真实性。核查需方及供方单位名称，材料或产品名称、规格、等级、数量(质量或件数)、批号或生产日期、出厂日期、材料或产品出厂检验项目的各项检验结果和供方质检部门印记(必须符合设计和标准与规范要求)，材料或产品应用标准编号、生产许可证编号，应标明的材料或产品注意事项、材料或产品安全警语
2	结构裂缝注浆用材料出厂检验报告	检查内容同下。分别由厂家提供。提供的出厂检验报告的内容应符合相应标准"出厂检验项目"规定(与试验报告大体相同)
3	注浆配合比试配报告	核查试配强度试验报告必须满足设计要求
1)	结构裂缝注浆试验报告	可采用向缝中通入压缩空气或压力水检验注浆密实度检查记录，用钻芯取样检查浆体外观质量和浆体力学性能报告
2)	注浆劈裂抗拉强度试验报告	注浆钻芯取样检验
4	隐蔽工程验收记录(注浆效果、注浆孔数量、间距、钻孔深度及角度、控制压力、注浆量等)	核查隐蔽工程验收记录内容的完整性，资料名称项下括号内的内容

　　注：1. 合理缺项除外；2. 表列凡有性能要求的均应符合设计和规范要求；3. 结构裂缝注浆应待结构基本稳定和混凝土达到设计强度后进行；4. 聚氨酯灌浆可用于防渗堵漏，油溶性聚氨酯可用于非结构性混凝土裂缝补强。

附1：规范规定的施工"过程控制"要点

8.2　结构裂缝注浆

8.2.1　结构裂缝注浆适用于混凝土结构宽度大于 0.2mm 的静止裂缝、贯穿性裂缝等堵水注浆。

8.2.2　裂缝注浆应待结构基本稳定和混凝土达到设计强度后进行。

8.2.3　结构裂缝堵水注浆宜选用聚氨酯、丙烯酸盐等化学浆液；补强加固的结构裂缝注浆宜选用改性环氧树脂、超细水泥等浆液。

8.2.4   结构裂缝注浆应符合下列规定：

    1   施工前，应沿缝清除基面上油污杂质；

    2   浅裂缝应骑缝粘埋注浆嘴，必要时沿缝开凿"U"形槽并用速凝水泥砂浆封缝；

    3   深裂缝应骑缝钻孔或斜向钻孔至裂缝深部，孔内安设注浆管或注浆嘴，间距应根据裂缝宽度而定，但每条裂缝至少有一个进浆孔和一个排气孔；

    4   注浆嘴及注浆管应设在裂缝的交叉处、较宽处及贯穿处等部位；对封缝的密封效果应进行检查；

    5   注浆后待缝内浆液固化后，方可拆下注浆嘴并进行封口抹平。

8.2.5   结构裂缝注浆分项工程检验批的抽样检验数量，应按裂缝的条数抽查10％，每条裂缝检查1处，且不得少于3处。

附　　　录

附录 A　地下工程用防水材料的质量指标

A.1　防水卷材

A.1.1　高聚物改性沥青类防水卷材的主要物理性能应符合表 A.1.1 的要求。

高聚物改性沥青类防水卷材的主要物理性能　　　　表 A.1.1

项　目		指　标				
		弹性体改性沥青防水卷材			自粘聚合物改性沥青防水卷材	
		聚酯毡胎体	玻纤毡胎体	聚乙烯膜胎体	聚酯毡胎体	无胎体
可溶物含量（g/m²）		3mm 厚≥2100 4mm 厚≥2900			3mm 厚 ≥2100	—
拉伸性能	拉力（N/50mm）	≥800（纵横向）	≥500（纵横向）	≥140（纵向） ≥120（横向）	≥450（纵横向）	≥180（纵横向）
	延伸率（%）	最大拉力时 ≥40（纵横向）	—	断裂时≥250（纵横向）	最大拉力时 ≥30（纵横向）	断裂时 ≥200（纵横向）
低温柔度（℃）		−25，无裂纹				
热老化后低温柔度（℃）		−20，无裂纹			−22，无裂纹	
不透水性		压力 0.3MPa，保持时间 120min，不透水				

A.1.2　合成高分子类防水卷材的主要物理性能应符合表 A.1.2 的要求。

合成高分子类防水卷材的主要物理性能　　　　表 A.1.2

项　目	指　标			
	三元乙丙橡胶防水卷材	聚氯乙烯防水卷材	聚乙烯丙纶复合防水卷材	高分子自粘胶膜防水卷材
断裂拉伸强度	≥7.5MPa	≥12MPa	≥60N/10mm	≥100N/10mm
断裂伸长率（%）	≥450	≥250	≥300	≥400
低温弯折性（℃）	−40，无裂纹	−20，无裂纹	−20，无裂纹	−20，无裂纹
不透水性	压力 0.3MPa，保持时间 120min，不透水			
撕裂强度	≥25kN/m	≥40kN/m	≥20N/10mm	≥120N/10mm
复合强度（表层与芯层）	—	—	≥1.2N/mm	—

A.1.3　聚合物水泥防水粘结材料的主要物理性能应符合表 A.1.3 的要求。

聚合物水泥防水粘结材料的主要物理性能   表 A.1.3

项　　　目		指　　　标
与水泥基面的粘结 拉伸强度(MPa)	常温 7d	≥0.6
	耐水性	≥0.4
	耐冻性	≥0.4
可操作时间(h)		≥2
抗渗性(MPa,7d)		≥1.0
剪切状态下的粘合性 (N/mm,常温)	卷材与卷材	≥2.0 或卷材断裂
	卷材与基面	≥1.8 或卷材断裂

A.2　防水涂料

A.2.1　有机防水涂料的主要物理性能应符合表 A.2.1 的要求。

有机防水涂料的主要物理性能   表 A.2.1

项　　　目		指　　　标		
		反应型防水涂料	水乳型防水涂料	聚合物水泥防水涂料
可操作时间(min)		≥20	≥50	≥30
潮湿基面粘结强度(MPa)		≥0.5	≥0.2	≥1.0
抗渗性 (MPa)	涂膜(120min)	≥0.3	≥0.3	≥0.3
	砂浆迎水面	≥0.8	≥0.8	≥0.8
	砂浆背水面	≥0.3	≥0.3	≥0.6
浸水 168h 后拉伸强度(MPa)		≥1.7	≥0.5	≥1.5
浸水 168h 后断裂伸长率(%)		≥400	≥350	≥80
耐水性(%)		≥80	≥80	≥80
表干(h)		≤12	≤4	≤4
实干(h)		≤24	≤12	≤12

注：1　浸水 168h 后的拉伸强度和断裂伸长率是在浸水取出后只经擦干即进行试验所得的值；

　　2　耐水性指标是指材料浸水 168h 后取出擦干即进行试验，其粘结强度及抗渗性的保持率。

A.2.2　无机防水涂料的主要物理性能应符合表 A.2.2 的要求。

无机防水涂料的主要物理性能   表 A.2.2

项　　　目	指　　　标	
	掺外加剂、掺合料水泥基防水涂料	水泥基渗透结晶型防水涂料
抗折强度(MPa)	>4	≥4
粘结强度(MPa)	>1.0	≥1.0
一次抗渗性(MPa)	>0.8	>1.0
二次抗渗性(MPa)	—	>0.8
冻融循环(次)	>50	>50

A.3　止水密封材料

A.3.1　橡胶止水带的主要物理性能应符合表 A.3.1 的要求。

橡胶止水带的主要物理性能　　表 A.3.1

项　目			指　标		
			变形缝 用止水带	施工缝 用止水带	有特殊耐老化要求的 接缝用止水带
硬度(邵尔 A,度)			60±5	60±5	60±5
拉伸强度(MPa)			≥15	≥12	≥10
扯断伸长率(%)			≥380	≥380	≥300
压缩永久变形 (%)	70℃×24h		≤35	≤35	≤25
	23℃×168h		≤20	≤20	≤20
撕裂强度(kN/m)			≥30	≥25	≥25
热空气老化		脆性温度(℃)	≤-45	≤-40	≤-40
	70℃×168h	硬度变化(邵尔 A,度)	+8	+8	—
		拉伸强度(MPa)	≥12	≥10	—
		扯断伸长率(%)	≥300	≥300	—
	100℃×168h	硬度变化(邵尔 A,度)	—	—	+8
		拉伸强度(MPa)	—	—	≥9
		扯断伸长率(%)	—	—	≥250
橡胶与金属粘合			断面在弹性体内		

注：橡胶与金属粘合指标仅适用于具有钢边的止水带。

A.3.2　混凝土建筑接缝用密封胶的主要物理性能应符合表 A.3.2 的要求。

混凝土建筑接缝用密封胶的主要物理性能　　表 A.3.2

项　目			指　标			
			25(低模量)	25(高模量)	20(低模量)	20(高模量)
流动性	下垂度 (N 型)	垂直(mm)	≤3			
		水平(mm)	≤3			
	流平性(S 型)		光滑平整			
挤出性(mL/min)			≥80			
弹性恢复率(%)			≥80		≥60	
拉伸模量 (MPa)	23℃ -20℃		≤0.4 和 ≤0.6	>0.4 或 >0.6	≤0.4 和 ≤0.6	>0.4 或 >0.6
定伸粘结性			无破坏			
浸水后定伸粘结性			无破坏			
热压冷拉后粘结性			无破坏			
体积收缩率(%)			≤25			

注：体积收缩率仅适用于乳胶型和溶剂型产品。

A.3.3 腻子型遇水膨胀止水条的主要物理性能应符合表 A.3.3 的要求。

腻子型遇水膨胀止水条的主要物理性能   表 A.3.3

项　　目	指　　标
硬度(C 型微孔材料硬度计,度)	≤40
7d 膨胀率	≤最终膨胀率的 60%
最终膨胀率(21d,%)	≥220
耐热性(80℃×2h)	无流淌
低温柔性(−20℃×2h,绕 φ10 圆棒)	无裂纹
耐水性(浸泡 15h)	整体膨胀无碎块

A.3.4 遇水膨胀止水胶的主要物理性能应符合表 A.3.4 的要求。

遇水膨胀止水胶的主要物理性能   表 A.3.4

项　　目		指　　标	
		PJ220	PJ400
固含量(%)		≥85	
密度(g/cm³)		规定值±0.1	
下垂度(mm)		≤2	
表干时间(h)		≤24	
7d 拉伸粘结强度(MPa)		≥0.4	≥0.2
低温柔性(−20℃)		无裂纹	
拉伸性能	拉伸强度(MPa)	≥0.5	
	断裂伸长率(%)	≥400	
体积膨胀倍率(%)		≥220	≥400
长期浸水体积膨胀倍率保持率(%)		≥90	
抗水压(MPa)		1.5,不渗水	2.5,不渗水

A.3.5 弹性橡胶密封垫材料的主要物理性能应符合表 A.3.5 的要求。

弹性橡胶密封垫材料的主要物理性能   表 A.3.5

项　　目		指　　标	
		氯丁橡胶	三元乙丙橡胶
硬度(邵尔 A,度)		45±5~60±5	55±5~70±5
伸长率(%)		≥350	≥330
拉伸强度(MPa)		≥10.5	≥9.5
热空气老化 (70℃×96h)	硬度变化值(邵尔 A,度)	≤+8	≤+6
	拉伸强度变化率(%)	≥−20	≥−15
	扯断伸长率变化率(%)	≥−30	≥−30
压缩永久变形(70℃×24h,%)		≤35	≤28
防霉等级		达到与优于 2 级	达到与优于 2 级

注：以上指标均为成品切片测试的数据,若只能以胶料制成试样测试,则其伸长率、拉伸强度应达到本指标的 120%。

A.3.6 遇水膨胀橡胶密封垫胶料的主要物理性能应符合表 A.3.6 的要求。

遇水膨胀橡胶密封垫胶料的主要物理性能 表 A.3.6

项 目		指 标		
		PZ-150	PZ-250	PZ-400
硬度(邵尔 A,度)		42±7	42±7	45±7
拉伸强度(MPa)		≥3.5	≥3.5	≥3.0
扯断伸长率(%)		≥450	≥450	≥350
体积膨胀倍率(%)		≥150	≥250	≥400
反复浸水试验	拉伸强度(MPa)	≥3	≥3	≥2
	扯断伸长率(%)	≥350	≥350	≥250
	体积膨胀倍率(%)	≥150	≥250	≥300
低温弯折(−20℃×2h)		无裂纹		
防霉等级		达到与优于 2 级		

注: 1 PZ-×××是指产品工艺为制品型,按产品在静态蒸馏水中的体积膨胀倍率(即浸泡后的试样质量与浸泡前的试样质量的比率)划分的类型;

   2 成品切片测试应达到本指标的 80%;

   3 接头部位的拉伸强度指标不得低于本指标的 50%。

A.4 其他防水材料

A.4.1 防水砂浆的主要物理性能应符合表 A.4.1 的要求。

防水砂浆的主要物理性能 表 A.4.1

项 目	指 标	
	掺外加剂、掺合料的防水砂浆	聚合物水泥防水砂浆
粘结强度(MPa)	≥0.6	≥1.2
抗渗性(MPa)	≥0.8	≥1.5
抗折强度(MPa)	同普通砂浆	≥8.0
干缩率(%)	同普通砂浆	≤0.15
吸水率(%)	≤3	≤4
冻融循环(次)	>50	>50
耐碱性	10%NaOH 溶液浸泡 14d 无变化	—
耐水性(%)	—	≥80

注:耐水性指标是指砂浆浸水 168h 后材料的粘结强度及抗渗性的保持率。

A.4.2   塑料防水板的主要物理性能应符合表 A.4.2 的要求。

塑料防水板的主要物理性能   表 A.4.2

项　目	指　标			
	乙烯—醋酸乙烯共聚物	乙烯—沥青共混聚合物	聚氯乙烯	高密度聚乙烯
拉伸强度(MPa)	≥16	≥14	≥10	≥16
断裂延伸率(%)	≥550	≥500	≥200	≥550
不透水性 (120min,MPa)(℃)	≥0.3	≥0.3	≥0.3	≥0.3
低温弯折性	-35,无裂纹	-35,无裂纹	-20,无裂纹	-35,无裂纹
热处理尺寸变化率(%)	≤2.0	≤2.5	≤2.0	≤2.0

A.4.3   膨润土防水毯的主要物理性能应符合表 A.4.3 的要求。

膨润土防水毯的主要物理性能   表 A.4.3

项　目		指　标		
		针刺法钠基膨润土防水毯	刺覆膜法钠基膨润土防水毯	胶粘法钠基膨润土防水毯
单位面积质量(干重,g/m²)		≥4000		
膨润土膨胀指数(mL/2g)		≥24		
拉伸强度(N/100mm)		≥600	≥700	≥600
最大负荷下伸长率(%)		≥10	≥10	≥8
剥离强度	非织造布—编织布(N/100mm)	≥40	≥40	—
	PE膜—非织造布(N/100mm)	—	≥30	—
渗透系数(m/s)		≤5.0×10⁻¹¹	≤5.0×10⁻¹²	≤1.0×10⁻¹²
滤失量(mL)		≤18		
膨润土耐久性(mL/2g)		≥20		

附录 B　地下工程用防水材料进场抽样检验

B.0.1　地下工程用防水材料进场抽样检验应符合表 B.0.1 的规定。

地下工程用防水材料进场抽样检验　　　　　　　　表 B.0.1

序号	材料名称	抽样数量	外观质量检验	物理性能检验
1	高聚物改性沥青类防水卷材	大于 1000 卷抽 5 卷，每 500～1000 卷抽 4 卷，100～499 卷抽 3 卷，100 卷以下抽 2 卷，进行规格尺寸和外观质量检验。在外观质量检验合格的卷材中，任取一卷作物理性能检验	断裂、折皱、孔洞、剥离、边缘不整齐、胎体露白、未浸透、撒布材料粒度、颜色，每卷卷材的接头	可溶物含量，拉力，延伸率，低温柔度，热老化后低温柔度，不透水性
2	合成高分子类防水卷材	大于 1000 卷抽 5 卷，每 500～1000 卷抽 4 卷，100～499 卷抽 3 卷，100 卷以下抽 2 卷，进行规格尺寸和外观质量检验。在外观质量检验合格的卷材中，任取一卷作物理性能检验	折痕、杂质、胶块、凹痕，每卷卷材的接头	断裂拉伸强度，断裂伸长率，低温弯折性，不透水性，撕裂强度
3	有机防水涂料	每 5t 为一批，不足 5t 按一批抽样均匀黏稠体，无凝胶，无结块	潮湿基面粘结强度，涂膜抗渗性，浸水 168h 后拉伸强度，浸水 168h 后断裂伸长率，耐水性	
4	无机防水涂料	每 10t 为一批，不足 10t 按一批抽样	液体组分：无杂质、凝胶的均匀乳液　固体组分：无杂质、结块的粉末	抗折强度，粘结强度，抗渗性
5	膨润土防水材料	每 100 卷为一批，不足 100 卷按一批抽样；100 卷以下抽 5 卷，进行尺寸偏差和外观质量检验。在外观质量检验合格的卷材中，任取一卷作物理性能检验	表面平整、厚度均匀，无破洞、破边，无残留断针，针刺均匀	单位面积质量，膨润土膨胀指数，渗透系数，滤失量
6	混凝土建筑接缝用密封胶	每 2t 为一批，不足 2t 按一批抽样	细腻、均匀膏状物或黏稠液体，无气泡、结皮和凝胶现象	流动性、挤出性、定伸粘结性
7	橡胶止水带	每月同标记的止水带产量为一批抽样	尺寸公差；开裂，缺胶，海绵状，中心孔偏心，凹痕，气泡，杂质，明疤	拉伸强度，扯断伸长率，撕裂强度
8	腻子型遇水膨胀止水条	每 5000m 为一批，不足 5000m 按一批抽样尺寸公差；柔软、弹性匀质，色泽均匀，无明显凹凸	硬度，7d 膨胀率，最终膨胀率，耐水性	
9	遇水膨胀止水胶	每 5t 为一批，不足 5t 按一批抽样细腻、黏稠、均匀膏状物，无气泡、结皮和凝胶	表干时间，拉伸强度，体积膨胀倍率	
10	弹性橡胶密封垫材料	每月同标记的密封垫材料产量为一批抽样	尺寸公差；开裂，缺胶，凹痕，气泡，杂质，明疤	硬度，伸长率，拉伸强度，压缩永久变形
11	遇水膨胀橡胶密封垫胶料	每月同标记的膨胀橡胶产量为一批抽样	尺寸公差；开裂，缺胶，凹痕，气泡，杂质，明疤	硬度，拉伸强度，扯断伸长率，体积膨胀倍率，低温弯折
12	聚合物水泥防水砂浆	每 10t 为一批，不足 10t 按一批抽样	干粉类：均匀，无结块；乳胶类：液料经搅拌后均匀无沉淀，粉料均匀，无结块	7d 粘结强度，7d 抗渗性，耐水性

附录 C　地下工程渗漏水调查与检测

C.1　渗漏水调查

C.1.1　明挖法地下工程应在混凝土结构和防水层验收合格以及回填土完成后，即可停止降水；待地下水位恢复至自然水位且趋向稳定时，方可进行地下工程渗漏水调查。

C.1.2　地下防水工程质量验收时，施工单位必须提供"结构内表面的渗漏水展开图"。

C.1.3　房屋建筑地下工程应调查混凝土结构内表面的侧墙和底板。地下商场、地铁车站、军事地下库等单建式地下工程，应调查混凝土结构内表面的侧墙、底板和顶板。

C.1.4　施工单位应在"结构内表面的渗漏水展开图"上标示下列内容：

1　发现的裂缝位置、宽度、长度和渗漏水现象；

2　经堵漏及补强的原渗漏水部位；

3　符合防水等级标准的渗漏水位置。

C.1.5　渗漏水现象的定义和标识符号，可按表 C.1.5 选用。

渗漏水现象的定义和标识符号　　　　　　　　　　　　　　　表 C.1.5

渗漏水现象	定　　义	标识符号
湿渍	地下混凝土结构背水面，呈现明显色泽变化的潮湿斑	♯
渗水	地下混凝土结构背水面有水渗出，墙壁上可观察到明显的流挂水迹	○
水珠	地下混凝土结构背水面的顶板或拱顶，可观察到悬垂的水珠，其滴落间隔时间超过 1min	◇
滴漏	地下混凝土结构背水面的顶板或拱顶，渗漏水滴落速度至少 1 滴/min	▽
线漏	地下混凝土结构背水面，呈渗漏成线或喷水状态	↓

C.1.6　"结构内表面的渗漏水展开图"应经检查、核对后，施工单位归入竣工验收资料。

C.2　渗漏水检测

C.2.1　当被验收的地下工程有结露现象时，不宜进行渗漏水检测。

C.2.2　渗漏水检测工具宜按表 C.2.2 使用。

渗漏水检测工具　　　　　　　　　　　　　　　表 C.2.2

名　　称	用　　途
0.5～1m 钢直尺	量测混凝土湿渍、渗水范围
精度为 0.1mm 的钢尺	量测混凝土裂缝宽度
放大镜	观测混凝土裂缝
有刻度的塑料量筒	量测滴水量
秒表	量测渗漏水滴落速度
吸墨纸或报纸	检验湿渍与渗水
粉笔	在混凝土上用粉笔勾画湿渍、渗水范围
工作登高扶梯	顶板渗漏水、混凝土裂缝检验
带有密封缘口的规定尺寸方框	量测明显滴漏和连续渗流，根据工程需要可自行设计

C.2.3　房屋建筑地下工程渗漏水检测应符合下列要求：

　　1　湿渍检测时，检查人员用干手触摸湿斑，无水分浸润感觉。用吸墨纸或报纸贴附，纸不变颜色；要用粉笔勾画出湿渍范围，然后用钢尺测量并计算面积，标示在"结构内表面的渗漏水展开图"上。

　　2　渗水检测时，检查人员用干手触摸可感觉到水分浸润，手上会沾有水分。用吸墨纸或报纸贴附，纸会浸润变颜色；要用粉笔勾画出渗水范围，然后用钢尺测量并计算面积，标示在"结构内表面的渗漏水展开图"上。

　　3　通过集水井积水，检测在设定时间内的水位上升数值，计算渗漏水量。

C.2.4　隧道工程渗漏水检测应符合下列要求：

　　1　隧道工程的湿渍和渗水应按房屋建筑地下工程渗漏水检测。

　　2　隧道上半部的明显滴漏和连续渗流，可直接用有刻度的容器收集量测，或用带有密封缘口的规定尺寸方框，安装在规定量测的隧道内表面，将渗漏水导入量测容器内，然后计算 24h 的渗漏水量，标示在"结构内表面的渗漏水展开图"上。

　　3　若检测器具或登高有困难时，允许通过目测计取每分钟或数分钟内的滴落数目，计算出该点的渗漏水量。通常，当滴落速度为 3~4 滴/min 时，24h 的漏水量就是 1L。当滴落速度大于 300 滴/min 时，则形成连续线流。

　　4　为使不同施工方法、不同长度和断面尺寸隧道的渗漏水状况能够相互加以比较，必须确定一个具有代表性的标准单位。渗漏水量的单位通常使用"$L/(m^2 \cdot d)$"。

　　5　未实施机电设备安装的区间隧道验收，隧道内表面积的计算应为横断面的内径周长乘以隧道长度，对盾构法隧道不计取管片嵌缝槽、螺栓孔盒子凹进部位等实际面积；完成了机电设备安装的隧道系统验收，隧道内表面积的计算应为横断面的内径周长乘以隧道长度，不计取凹槽、道床、排水沟等实际面积。

　　6　隧道渗漏水量的计算可通过集水井积水，检测在设定时间内的水位上升数值，计算渗漏水量；或通过隧道最低处积水，检测在设定时间内的水位上升数值，计算渗漏水量；或通过隧道内设量水堰，检测在设定时间内水流量，计算渗漏水量；或通过隧道专用排水泵运转，检测在设定时间内排水量，计算渗漏水量。

C.3　渗漏水检测记录

C.3.1　地下工程渗漏水调查与检测，应由施工单位项目技术负责人组织质量员、施工员实施。施工单位应填写地下工程渗漏水检测记录，并签字盖章；监理单位或建设单位应在记录上填写处理意见与结论，并签字盖章。

C.3.2　地下工程渗漏水检测记录应按表 C.3.2 填写。

地下工程渗漏水检测记录

表 C. 3. 2

工程名称		结构类型	
防水等级		检测部位	
渗漏水量检测	1 单个湿渍的最大面积　　m²;总湿渍面积　　m²		
	2 每100m² 的渗水量　　L/(m²·d);整个工程平均渗水量　　L/(m²·d)		
	3 单个漏水点的最大漏水量　　L/d;整个工程平均漏水量　　L/(m²·d)		
结构内表面的渗漏水展开图	(渗漏水现象用标识符号描述)		
处理意见与结论	(按地下工程防水等级标准)		

会签栏	监理或建设单位(签章)	施工单位(签章)		
		项目技术负责人	质量员	施工员
	年　月　日	年　月　日		

建筑地面工程施工质量验收文件

依据《建筑地面工程施工质量验收规范》
（GB 50209—2010）编写

1 验收实施与规定

《建筑地面工程施工质量验收规范》（GB 50209—2010）适用于建筑地面工程（含室外散水、明沟、踏步、台阶和坡道）施工质量的验收。不适用于超净、屏蔽、绝缘、防止放射线以及防腐蚀等特殊要求的建筑地面工程施工质量验收。

《建筑地面工程施工质量验收规范》（GB 50209—2010）应与现行国家标准《建筑工程施工质量验收统一标准》GB 50300 配套使用。

1.1 基本规定

（1）建筑地面工程子分部工程、分项工程的划分应按表 1.1 的规定执行。

建筑地面工程子分部工程、分项工程的划分表　　　　　　　　表 1.1

分部工程	子分部工程		分 项 工 程
建筑装饰装修工程	地面	整体面层	基层:基土、灰土垫层、砂垫层和砂石垫层、碎石垫层和碎砖垫层、三合土及四合土垫层、炉渣垫层、水泥混凝土垫层和陶粒混凝土垫层、找平层、隔离层、填充层、绝热层
			面层:水泥混凝土面层、水泥砂浆面层、水磨石面层、硬化耐磨面层、防油渗面层、不发火(防爆)面层、自流平面层、涂料面层、塑胶面层、地面辐射供暖的整体面层
		板块面层	基层:基土、灰土垫层、砂垫层和砂石垫层、碎石垫层和碎砖垫层、三合土及四合土垫层、炉渣垫层、水泥混凝土垫层和陶粒混凝土垫层、找平层、隔离层、填充层、绝热层
			面层:砖面层(陶瓷锦砖、缸砖、陶瓷地砖和水泥花砖面层)、大理石面层和花岗石面层、预制板块面层(水泥混凝土板块、水磨石板块、人造石板块面层)、料石面层(条石、块石面层)、塑料板面层、活动地板面层、金属板面层、地毯面层、地面辐射供暖的板块面层
		木、竹面层	基层:基土、灰土垫层、砂垫层和砂石垫层、碎石垫层和碎砖垫层、三合土及四合土垫层、炉渣垫层、水泥混凝土垫层和陶粒混凝土垫层、找平层、隔离层、填充层、绝热层
			面层:实木地板、实木集成地板、竹地板面层(条材、块材面层)、实木复合地板面层(条材、块材面层)、浸渍纸层压木质地板面层(条材、块材面层)、软木类地板面层(条材、块材面层)、地面辐射供暖的木板面层

（2）从事建筑地面工程施工的建筑施工企业，应有质量管理体系和相应的施工工艺技术标准。

（3）建筑地面工程采用的材料或产品应符合设计要求和国家现行有关标准的规定。无国家现行标准的，应具有省级住房和城乡建设行政主管部门的技术认可文件。材料或产品进场时还应符合下列规定：

1）应有质量合格证明文件；

2）应对型号、规格、外观等进行验收，对重要材料或产品应抽样进行复验。

（4）建筑地面工程采用的大理石、花岗石、料石等天然石材以及砖、预制板块、地毯、人造板材、胶粘剂、涂料、水泥、砂、石、外加剂等材料或产品应符合国家现行有关室内环境污染控制和放射性、有害物质限量的规定。材料进场应具有检测报告。

（5）厕浴间和有防滑要求的建筑地面应符合设计防滑要求。

（6）有种植要求的建筑地面，其构造做法应符合设计要求和现行行业标准《种植屋面工程技术规程》JGJ 155 的有关规定。设计无要求时，种植地面应低于相邻建筑地面50mm 以上或作槛台处理。

（7）地面辐射供暖系统的设计、施工及验收应符合现行行业标准《地面辐射供暖技术规程》JGJ 142 的规定。

（8）地面辐射供暖系统的施工验收合格后，方可进行面层铺设。面层分格缝的构造做法应符合设计要求。

（9）建筑地面下的沟槽、暗管、保温、隔热、隔声等工程完工后，应经检验合格并做隐蔽验收，方可进行建筑地面工程施工。

（10）建筑地面工程基层（各构造层）和面层的铺设，均应待其下一层检验合格后，方可施工上一层。建筑地面工程各层铺设前与相关专业的分部（子分部）工程、分项工程以及设备管道安装工程之间，应进行交接检验。

（11）建筑地面工程施工时，各层环境温度的控制应符合材料或产品的技术要求，并应符合下列规定：

1）采用掺有水泥、石灰的拌合料铺设以及用石油沥青胶结料铺贴时，不应低于 5℃；

2）采用有机胶粘剂粘贴时，不应低于 10℃；

3）采用砂、石材料铺设时，不应低于 0℃；

4）采用自流平、涂料铺设时，不应低于 5℃，也不应高于 30℃。

（12）铺设有坡度的地面应采用基土高差达到设计要求的坡度；铺设有坡度的楼面（或架空地面）应采用在结构楼层板上变更填充层（或找平层）铺设的厚度或以结构起坡达到设计要求的坡度。

（13）建筑物室内接触基土的首层地面施工应符合设计要求，并应符合下列规定：

1）在冻胀性土上铺设地面时，应按设计要求做好防冻胀土处理后方可施工，并不得在冻胀土层上进行填土施工；

2）在永冻土上铺设地面时，应按建筑节能要求进行隔热、保温处理后方可施工。

（14）室外散水、明沟、踏步、台阶和坡道等其面层和基层（各构造层）均应符合设计要求。施工时应按本规范基层铺设中基土和相应垫层以及面层的规定执行。

（15）水泥混凝土散水、明沟应设置伸、缩缝，其延米间距不得大于 10m；对日晒强烈且昼夜温差超过 15℃的地区，其延长米间距宜为 4～6m。水泥混凝土散水、明沟和台阶等与建筑物连接处及房屋转角处应设缝处理。上述缝的宽度为 15～20mm，缝内应填嵌柔性密封材料。

（16）建筑地面的变形缝应按设计要求设置，并应符合下列规定：

1）建筑地面的沉降缝、伸缝、缩缝和防震缝，应与结构相应缝的位置一致，且应贯通建筑地面的各构造层；

2）沉降缝和防震缝的宽度应符合设计要求，缝内清理干净，以柔性密封材料填嵌后用板封盖，并应与面层齐平。

（17）当建筑地面采用镶边时，应按设计要求设置并应符合下列规定：

1）有强烈机械作用下的水泥类整体面层与其他类型的面层邻接处，应设置金属镶边构件；

2）具有较大振动或变形的设备基础与周围建筑地面的邻接处，应沿设备基础周边设置贯通建筑地面各构造层的沉降缝（防震缝），缝的处理应执行本规范第 3.0.16 条的规定；

3）采用水磨石整体面层时，应用同类材料镶边，并用分格条进行分格；

4）条石面层和砖面层与其他面层邻接处，应用顶铺的同类材料镶边；

5）采用木竹面层和塑料板面层时，应用同类材料镶边；

6）地面面层与管沟、孔洞、检查井等邻接处，均应设置镶边；

7）管沟、变形缝等处的建筑地面面层的镶边构件，应在面层铺设前装设；

8）建筑地面的镶边宜与柱、墙面或踢脚线的变化协调一致。

（18）厕浴间、厨房和有排水（或其他液体）要求的建筑地面面层与相连接的各类面层的标高差应符合设计要求。

（19）检验同一施工批次、同一配合比水泥混凝土和水泥砂浆强度的试块，应按每一层（或检验批）建筑地面工程不少于 1 组。当每一层（或检验批）建筑地面工程面积大于 1000m² 时，每增加 1000m² 应增做 1 组试块；小于 1000m² 按 1000m² 计算，取样 1 组；检验同一施工批次、同一配合比的散水、明沟、踏步、台阶、坡道的水泥混凝土、水泥砂浆强度的试块，应按每 150 延长米不少于 1 组。

（20）各类面层的铺设宜在室内装饰工程基本完工后进行。木、竹面层、塑料板面层、活动地板面层、地毯面层的铺设，应待抹灰工程、管道试压等完工后进行。

1.2 分部（子分部）工程验收

（1）建筑地面工程施工质量中各类面层子分部工程的面层铺设与其相应的基层铺设的分项工程施工质量检验应全部合格。

（2）建筑地面工程子分部工程质量验收应检查下列工程质量文件和记录：

1）建筑地面工程设计图纸和变更文件等；

2）原材料的质量合格证明文件、重要材料或产品的进场抽样复验报告；

3）各层的强度等级、密实度等的试验报告和测定记录；

4）各类建筑地面工程施工质量控制文件；

5）各构造层的隐蔽验收及其他有关验收文件。

（3）建筑地面工程子分部工程质量验收应检查下列安全和功能项目：

1）有防水要求的建筑地面子分部工程的分项工程施工质量的蓄水检验记录，并抽查复验；

2）建筑地面板块面层铺设子分部工程和木、竹面层铺设子分部工程采用的砖、天然石材、预制板块、地毯、人造板材以及胶粘剂、胶结料、涂料等材料证明及环保资料。

（4）建筑地面工程子分部工程观感质量综合评价应检查下列项目：

1）变形缝、面层分格缝的位置和宽度以及填缝质量应符合规定；

2）室内建筑地面工程按各子分部工程经抽查分别作出评价；

3）楼梯、踏步等工程项目经抽查分别作出评价。

1.3　建筑地面工程验收的质量检验和质量等级评定

1. 建筑地面工程验收的质量检验

（1）检验批是工程验收的最小单位，是分项工程乃至整个建筑工程质量验收的基础。检验批是施工过程中条件相同并有一定数量的材料、构配件或安装项目，由于其质量基本均匀一致，因此可以作为检验的基础单位，并按批验收。

（2）分项工程的验收在检验批的基础上进行。一般情况下，两者具有相同或相近的性质，只是批量的大小不同而已。因此，将有关的检验批汇集构成分项工程。分项工程合格质量的条件比较简单，只要构成分项工程的各检验批的验收资料文件完整，并且均已验收合格，则分项工程验收合格。

（3）建筑地面工程的分项工程施工质量验收的主控项目必须达到（GB 50209）规范规定的质量标准，认定为合格；一般项目 80％以上的检查点符合（GB 50209）规范规定的质量要求，其他检查点（处）不得有明显影响装饰效果，并不得大于允许偏差值的 50％为合格。凡达不到质量标准时，应按国家标准《建筑工程施工质量验收统一标准》GB 50300 的规定进行处理。

允许有一定偏差的项目，其超过范围最多不超过 20％的检查点可以超过允许偏差值，但不能超过允许偏差值的 0.5 倍。

（4）建筑地面工程施工质量的检验，应符合下列规定：

1）基层（各构造层）和各类面层的分项工程的施工质量验收应按每一层次或每层施工段（或变形缝）划分检验批，高层建筑的标准层可按每三层（不足三层按三层计）划分检验批；

2）每检验批应以各子分部工程的基层（各构造层）和各类面层所划分的分项工程按自然间（或标准间）检验，抽查数量应随机检验不应少于 3 间；不足 3 间，应全数检查；其中走廊（过道）应以 10 延长米为 1 间，工业厂房（按单跨计）、礼堂、门厅应以两个轴线为 1 间计算；

3）有防水要求的建筑地面子分部工程的分项工程施工质量每检验批抽查数量应按其房间总数随机检验不应少于 4 间，不足 4 间，应全数检查。

2. 建筑地面工程验收的质量等级评定

（1）建筑地面工程的分项工程施工质量检验的主控项目，应达到本规范规定的质量标准，认定为合格；一般项目 80％以上的检查点（处）符合（GB 50209—2010）规范规定的质量要求，其他检查点（处）不得有明显影响使用，且最大偏差值不超过允许偏差值的 50％为合格。凡达不到质量标准时，应按现行国家标准《建筑工程施工质量验收统一标准》GB 50300 的规定处理。

（2）建筑地面工程的施工质量验收应在建筑施工企业自检合格的基础上，由监理单位或建设单位组织有关单位对分项工程、子分部工程进行检验。

1.4　建筑地面工程验收检验方法规定

（1）检验方法应符合下列规定：

1）检查允许偏差应采用钢尺、1m 直尺、2m 直尺、3m 直尺、2m 靠尺、楔形塞尺、坡度尺、游标卡尺和水准仪；

2）检查空鼓应采用敲击的方法；

3）检查防水隔离层应采用蓄水方法，蓄水深度最浅处不得小于 10mm，蓄水时间不得少于 24h；检查有防水要求的建筑地面的面层应采用泼水方法；

4）检查各类面层（含不需铺设部分或局部面层）表面的裂纹、脱皮、麻面和起砂等缺陷，应采用观感的方法。

（2）建筑地面工程完工后，应对面层采取保护措施。

2 建筑地面工程检验批质量验收记录表式与实施

【基层铺设】
【建筑地面工程基土检验批质量验收记录】

建筑地面工程基土检验批质量验收记录表

表 209-1

单位(子单位)工程名称					
分部(子分部)工程名称				验 收 部 位	
施工单位				项 目 经 理	
分包单位				分包项目经理	
施工执行标准名称及编号					

检控项目	序号	质量验收规范规定		施工单位检查评定记录	监理(建设)单位验收记录
主控项目	1	基土填土土料及填土土块粒径要求	第4.2.5条		
	2	Ⅰ类建筑基土的氡浓度测试规定	第4.2.6条		
		基土的压实系数(≥0.90)	第4.2.7条		
一般项目	1	基土表面的允许偏差	允许偏差(mm)	量 测 值(mm)	
	(1)	表面平整度	15		
	(2)	标高	0,−50		
	(3)	坡度	不大于房间相应尺寸的2/1000,且不大于30		
	(4)	厚度	在个别地方不大于设计厚度的1/10,且不大于20		

施工单位检查评定结果	专业工长(施工员)		施工班组长		
	项目专业质量检查员： 年 月 日				

监理(建设)单位验收结论	专业监理工程师： (建设单位项目专业技术负责人)： 年 月 日

【检查验收执行的规范条目】

主控项目

4.2.5 基土不应用淤泥、腐殖土、冻土、耕植土、膨胀土和建筑杂物作为填土，填土土块的粒径不应大于50mm。

检验方法：观察检查和检查土质记录。

检查数量：按本规范第3.0.21条规定的检验批检查。

第3.0.21条：

3.0.21 建筑地面工程施工质量的检验，应符合下列规定：

1 基层（各构造层）和各类面层的分项工程的施工质量验收应按每一层次或每层施工段（或变形缝）划分检验批，高层建筑的标准层可按每三层（不足三层按三层计）划分检验批；

2 每检验批应以各子分部工程的基层（各构造层）和各类面层所划分的分项工程按自然间（或标准间）检验，抽查数量应随机检验不应少于3间；不足3间，应全数检查；其中走廊（过道）应以10延长米为1间，工业厂房（按单跨计）、礼堂、门厅应以两个轴线为1间计算；

3 有防水要求的建筑地面子分部工程的分项工程施工质量每检验批抽查数量应按其房间总数随机检验不应少于4间，不足4间，应全数检查。

4.2.6 Ⅰ类建筑基土的氡浓度应符合现行国家标准《民用建筑工程室内环境污染控制规范》（GB 50325）的规定。

检验方法：检查检测报告。

检查数量：同一工程、同一土源地点检查一组。

4.2.7 基土应均匀密实，压实系数应符合设计要求，设计无要求时，不应小于0.9。

检验方法：观察检查和检查试验记录。

检查数量：按本规范第3.0.21条规定的检验批检查。

一般项目

4.2.8 基土表面的允许偏差应符合表4.1.7的规定。

检验方法：按表4.1.7中的检验方法检验。

检查数量：按（GB 50209—2010）第3.0.21条规定的检验批和第3.0.22条的规定检查。

第3.0.22条：

3.0.22 建筑地面工程的分项工程施工质量检验的主控项目，应达到本规范规定的质量标准，认定为合格；一般项目80%以上的检查点（处）符合本规范规定的质量要求，其他检查点（处）不得有明显影响使用，且最大偏差值不超过允许偏差值的50%为合格。凡达不到质量标准时，应按现行国家标准《建筑工程施工质量验收统一标准》GB 50300的规定处理。

基土的允许偏差和检验方法   表4.1.7

项次	基土	允许偏差(mm)	检验方法
1	表面平整度	15	用2m靠尺和楔形塞尺检查
2	标高	0，−50	用水准仪检查
3	坡度	不大于房间相应尺寸的2/1000，且不大于30	用坡度尺检查
4	厚度	在个别地方不大于设计厚度的1/10，且不大于20	用钢尺检查

【检验批验收应提供的核查资料】

建筑地面工程基土检验批验收应提供的核查资料　　　表 209-1a

序号	核查资料名称	核查要点
1	填土地基土层干密度测定报告(环刀法)	核查分层取样数量、干密度测定值，与设计、规范的符合性。填土土料：淤泥、腐殖土、杂填土、冻土、耕植土和有机物大于 8%的土料，不得作为填土土料。膨胀土需经处理后使用
2	基土氡浓度测试报告	检查检测报告，同一工程，同一土源地点检查一次。Ⅰ类建筑应对氡进行检测，执行 GB 50325 标准。核查氡浓度测试值与规范的符合性
3	压实系数测试记录(见证取样)	检查现场实测。被扰动基土换填时测试压实系数，核查压实系数的真实性
4	基土的土质检查记录	检查被检土质类别、含水率

注：1. 合理缺项除外；2. 表列凡有性能要求的均应符合设计和规范要求。

氡浓度与测试的几点说明

(1) 氡浓度系指实际测量的单位体积空气内氡的含量。

(2) 地表土壤氡浓度检测要求：

1) 地表土壤氡浓度检测报告应由当地建设行政主管部门或其委托单位批准的具有相应资质等级的实验单位提供的试验报告表式执行。

2) 地表土壤氡浓度检测报告是指为保证建筑工程质量对用于工程的地表土壤氡浓度检测进行的有关指标测试，由试验单位出具的试验证明文件。

3) 地表土壤氡浓度检测报告，相应规范、标准规定或施工图设计要求必须进行地表土壤氡浓度检测时均应对地表土壤氡浓度进行检测，并提供地表土壤氡浓度检测报告，试验结果必须符合设计和规范、标准的有关要求。

(3) 民用建筑工程验收时，必须进行室内环境污染物浓度检测。检测结果应符合表 6.0.4（GB 50325—2010 中第 6 章验收第 6.0.4 条）的规定。

民用建筑工程室内环境污染物浓度限量　　　表 6.0.4

检测项目	Ⅰ类民用建筑工程	Ⅱ类民用建筑工程
氡(Bq/m^3)	≤200	≤400
甲醛(mg/m^3)	≤0.08	≤0.1
苯(mg/m^3)	≤0.09	≤0.09
氨(mg/m^3)	≤0.2	≤0.5
TVOC(mg/m^3)	≤0.5	≤0.6

注：1. 当室内环境污染物浓度的全部检测结果符合《民用建筑工程室内环境污染控制规范》（GB 50325—2010）规范的规定时，可判定该工程室内环境质量合格。

2. 当室内环境污染物浓度检测结果不符合本规范的规定时，应查找原因并采取措施进行处理，并可进行再次检测。再次检测时，抽检数量应增加一倍。室内环境污染物浓度再次检测结果全部符合《民用建筑工程室内环境污染控制规范》（GB 50325—2010）规范的规定时，可判定该工程室内环境质量合格。

（4）采用防氡设计措施的民用建筑工程，其地下工程的变形缝、施工缝、穿墙管（盒）、埋设件、预留孔洞等特殊部位的施工工艺，应符合现行国家标准《地下工程防水技术规范》GB 50108 的有关规定（GB 50325—2010 中第 5 章工程施工第 5.3.1 条）。

（5）民用建筑工程室内空气中氡的检测，所选用方法的测量结果不确定度不应大于 25%（置信度 95%），方法的探测下限不应大于 10Bq/m³（GB 50325—2010 中第 6 章验收第 6.0.6 条）。

（6）民用建筑工程室内环境中氡浓度检测时，对采用集中空调的民用建筑工程，应在空调正常运转的条件下进行；对采用自然通风的民用建筑工程，应在房间的对外门窗关闭 24h 以后进行（GB 50325—2010 中第 6 章验收第 6.0.18 条）。

（7）土壤中氡浓度测定见附录 E.1。

附录 E.1　土壤中氡浓度测定

E.1.1　土壤中氡气的浓度可采用电离室法、静电收集法、闪烁瓶法、金硅面垒型探测器等方法进行测量。

E.1.2　测试仪器性能指标应包括：

1　工作温度应为：−10～40℃之间；

2　相对湿度不应大于 90%；

3　不确定度不应大于 20%；

4　探测下限不应大于 400Bq/m³。

E.1.3　测量区域范围应与工程地质勘察范围相同。

E.1.4　在工程地质勘察范围内布点时，应以间距 10m 作网格，各网格点即为测试点，当遇较大石块时，可偏离±2m，但布点数不应少于 16 个。布点位置应覆盖基础工程范围。

E.1.5　在每个测试点，应采用专用钢钎打孔。孔的直径宜为 20～40mm，孔的深度宜为 500～800mm。

E.1.6　成孔后，应使用头部有气孔的特制的取样器，插入打好的孔中，取样器在靠近地表处应进行密闭，避免大气渗入孔中，然后进行抽气。宜根据抽气阻力大小抽气 3～5 次。

E.1.7　所采集土壤间隙中的空气样品，宜采用静电扩散法、电离室法或闪烁瓶法、高压收集金硅面垒型探测器测量法等方法测定现场土壤氡浓度。

E.1.8　取样测试时间宜在 8：00～18：00 之间，现场取样测试工作不应在雨天进行，如遇雨天，应在雨后 24h 后进行。

E.1.9　现场测试应有记录，记录内容应包括：测试点布设图，成孔点土壤类别，现场地表状况描述，测试前 24h 以内工程地点的气象状况等。

E.1.10　地表土壤氡浓度测试报告的内容应包括：取样测试过程描述、测试方法、土壤氡浓度测试结果等。

附：规范规定的施工"过程控制"要点

4.2　基土

4.2.1　地面应铺设在均匀密实的基土上。土层结构被扰动的基土应进行换填，并予以压实。压实系数应符合设计要求。

4.2.2　对软弱土层应按设计要求进行处理。

4.2.3　填土应分层摊铺、分层压（夯）实、分层检验其密实度。填土质量应符合现行国家标准《建筑地基基础工程施工质量验收规范》GB 50202 的有关规定。

4.2.4　填土时的回填土应为最优含水量。重要工程或大面积的地面填土前，应取土样，按击实试验确定最优含水量与相应的最大干密度。

GB 50209—2010　基本规定：

3.0.13　建筑物室内接触基土的首层地面施工应符合设计要求，并应符合下列规定：

　　1　在冻胀性土上铺设地面时，应按设计要求做好防冻胀土处理后方可施工，并不得在冻胀土层上进行填土施工；

　　2　在永冻土上铺设地面时，应按建筑节能要求进行隔热、保温处理后方可施工。

3.0.14　室外散水、明沟、踏步、台阶和坡道等其面层和基层（各构造层）均应符合设计要求。施工时应按本规范基层铺设中基土和相应垫层以及面层的规定执行。

【建筑地面工程灰土垫层检验批质量验收记录】

建筑地面工程灰土垫层检验批质量验收记录表　　　　　表 209-2

单位(子单位)工程名称				
分部(子分部)工程名称			验收部位	
施工单位			项目经理	
分包单位			分包项目经理	
施工执行标准名称及编号				

检控项目	序号	质量验收规范规定		施工单位检查评定记录	监理(建设)单位验收记录
主控项目	1	灰土体积比应符合设计要求	第4.3.6条		
一般项目	1	熟化石灰颗粒、黏土质量及颗粒粒径	第4.3.7条		
	(1)	熟化石灰颗粒粒径	不得大于5mm		
	(2)	黏土(或粉质黏土、粉土)的颗粒粒径	不得大于16mm		
	2	灰土垫层表面(第4.3.8条)	允许偏差(mm)	量 测 值(mm)	
	(1)	表面平整度	10		
	(2)	标高	±10		
	(3)	坡度	不大于房间相应尺寸2/1000,且不大于30mm		
	(4)	厚度	在个别地方不大于设计厚度1/10,且不大于20mm		

施工单位检查评定结果	专业工长(施工员)		施工班组长	
	项目专业质量检查员：　　　　年　月　日			

监理(建设)单位验收结论	专业监理工程师： (建设单位项目专业技术负责人)：　　　年　月　日

注：1. 不应在基土受冻的状态下铺设灰土；不应采用冻土或夹有冻土块的土料。

　　2. 一般常规提出熟化石灰与黏土的比例为3：7。

【检查验收时执行的规范条目】

主控项目

4.3.6　灰土体积比应符合设计要求。

检验方法：观察检查和检查配合比试验报告。

检查数量：同一工程、同一体积比检查一次。

一般项目

4.3.7　熟化石灰颗粒粒径不得大于5mm；黏土（或粉质黏土、粉土）内不得含有有机物质，颗粒粒径不得大于16mm。

检验方法：观察检查和检查质量合格证明文件。

检查数量：按本规范第3.0.21条规定的检验批检查。

第3.0.21条

3.0.21　建筑地面工程施工质量的检验，应符合下列规定：

1　基层（各构造层）和各类面层的分项工程的施工质量验收应按每一层次或每层施工段（或变形缝）划分检验批，高层建筑的标准层可按每三层（不足三层按三层计）划分检验批；

2　每检验批应以各子分部工程的基层（各构造层）和各类面层所划分的分项工程按自然间（或标准间）检验，抽查数量应随机检验不应少于3间；不足3间，应全数检查；其中走廊（过道）应以10延长米为1间，工业厂房（按单跨计）、礼堂、门厅应以两个轴线为1间计算；

3　有防水要求的建筑地面子分部工程的分项工程施工质量每检验批抽查数量应按其房间总数随机检验不应少于4间，不足4间，应全数检查。

4.3.8　灰土垫层表面的允许偏差应符合表4.1.7的规定。

检验方法：按表4.1.7中的检验方法检验。

检查数量：按本规范第3.0.21条规定的检验批和第3.0.22条的规定检查。

第3.0.22条：

3.0.22　建筑地面工程的分项工程施工质量检验的主控项目，应达到本规范规定的质量标准，认定为合格；一般项目80%以上的检查点（处）符合本规范规定的质量要求，其他检查点（处）不得有明显影响使用，且最大偏差值不超过允许偏差值的50%为合格。凡达不到质量标准时，应按现行国家标准《建筑工程施工质量验收统一标准》GB 50300的规定处理。

灰土垫层表面的允许偏差和检验方法（mm）　　　　表4.1.7

项次	灰土	允许偏差	检验方法
1	表面平整度	10	用2m靠尺和楔形塞尺检查
2	标高	±10	用水准仪检查
3	坡度	不大于房间相应尺寸的2/1000,且不大于30	用坡度尺检查
4	厚度	在个别地方不大于设计厚度的1/10,且不大于20	用钢尺检查

【检验批验收应提供的核查资料】

建筑地面工程灰土垫层验收应提供的核查资料　　　　　　表 209-2a

序号	核 查 资 料 名 称	核 查 要 点
1	材料、产品合格证或质量证明书（土料、生石灰、磨细生石灰粉、粉煤灰）	核查资料的真实性。核查需方及供方单位名称，材料或产品名称、规格、等级、数量（质量或件数）、批号或生产日期、出厂日期、材料或产品出厂检验项目的各项检验结果和供方质检部门印记（必须符合设计和标准与规范要求），材料或产品应用标准编号、生产许可证编号，应标明的材料或产品注意事项、材料或产品安全警语
2	生石灰试验报告	检查其品种、报告提供量的代表数量、报告日期、生石灰性能：有效钙（活性氧化钙）加氧化镁含量（%）；未消化残渣含量（5mm 圆孔筛的筛孔，%）、检验结论
3	灰土配合比试验报告	通常为 3：7 或 2：8，应符合设计要求

灰土质量检测补充说明

（1）灰土质量检测可用环刀取出夯击土样，测定其干重度。质量标准可按压实系数鉴定，一般为 0.93～0.95。

（2）用贯入仪检查灰土质量时，应先进行现场试验以确定贯入度的具体要求。

（3）当设计用压实系数作为测定压实的灰土标准时，应注意先应在现场对被测试土取样，在试验时进行土的最大干密度测定，取得最大干密度参数才能和实际压实土的测定结果进行比较，看其是否满足设计要求。

（4）灰土质量标准可参考表附-1 选用。

灰土质量标准　　　　　　表附-1

项次	土料种类	灰土最小干重度（g/cm²）
1	粉土	1.55
2	粉质黏土	1.50
3	黏土	1.45

附：规范规定的施工"过程控制"要点

4.3　灰土垫层

4.3.1　灰土垫层应采用熟化石灰与黏土（或粉质黏土、粉土）的拌合料铺设，其厚度不应小于 100mm。

4.3.2　熟化石灰粉可采用磨细生石灰，亦可用粉煤灰代替。

注：1. 采用磨细生石灰代替熟化石灰时，在使用前按体积比预先与黏土拌合洒水堆放 8h 后，方可铺设。
　　2. 采用粉煤灰代替熟化石灰时，其颗粒不得大于 5mm。

4.3.3　灰土垫层应铺设在不受地下水浸泡的基土上。施工后应有防止水浸泡的措施。

4.3.4　灰土垫层应分层夯实，经湿润养护、晾干后方可进行下一道工序施工。

4.3.5　灰土垫层不宜在冬期施工。当必须在冬期施工时，应采取可靠措施。

3.0.14　室外散水、明沟、踏步、台阶和坡道等其面层和基层（各构造层）均应符合设计要求。施工时应按本规范基层铺设中基土和相应垫层以及面层的规定执行。

【建筑地面砂垫层和砂石垫层检验批质量验收记录】

建筑地面砂垫层和砂石垫层检验批质量验收记录表　　　　表 209-3

单位(子单位)工程名称					
分部(子分部)工程名称				验收部位	
施工单位				项目经理	
分包单位				分包项目经理	
施工执行标准名称及编号					

检控项目	序号	质量验收规范规定		施工单位检查评定记录	监理(建设)单位验收记录
主控项目	1	对砂、砂石材料质量要求	第4.4.3条		
		砂采用中砂、石子最大粒径不应大于垫层厚度的2/3			
	2	砂垫层和砂石垫层的干密度(或贯入度)应符合设计要求	第4.4.4条		
一般项目	1	表面不应有砂窝、石堆等现象	第4.4.5条		
	2	砂垫层和砂石垫层表面(第4.4.6条)	允许偏差(mm)	量　测　值(mm)	
	(1)	表面平整度	15mm		
	(2)	标高	±20mm		
	(3)	坡度	不大于房间相应尺寸2/1000,且不大于30mm		
	(4)	厚度	个别地方不大于设计厚度1/10,且不大于20mm		

施工单位检查评定结果	专业工长(施工员)		施工班组长	
	项目专业质量检查员：　　　　　　　年　月　日			

监理(建设)单位验收结论	专业监理工程师： (建设单位项目专业技术负责人)：　　　　年　月　日

【检查验收时执行的规范条目】

主控项目

4.4.3 砂和砂石不应含有草根等有机杂质；砂应采用中砂；石子最大粒径不应大于垫层厚度的 2/3。

　　检验方法：观察检查和检查质量合格证明文件。

　　检查数量：按本规范第 3.0.21 条规定的检验批和第 3.0.22 条的规定检查。

　　第 3.0.21 条：

3.0.21　建筑地面工程施工质量的检验，应符合下列规定：

　　1　基层（各构造层）和各类面层的分项工程的施工质量验收应按每一层次或每层施工段（或变形缝）划分检验批，高层建筑的标准层可按每三层（不足三层按三层计）划分检验批；

　　2　每检验批应以各子分部工程的基层（各构造层）和各类面层所划分的分项工程按自然间（或标准间）检验，抽查数量应随机检验不应少于 3 间；不足 3 间，应全数检查；其中走廊（过道）应以 10 延长米为 1 间，工业厂房（按单跨计）、礼堂、门厅应以两个轴线为 1 间计算；

　　3　有防水要求的建筑地面子分部工程的分项工程施工质量每检验批抽查数量应按其房间总数随机检验不应少于 4 间，不足 4 间，应全数检查。

　　第 3.0.22 条：

3.0.22　建筑地面工程的分项工程施工质量检验的主控项目，应达到本规范规定的质量标准，认定为合格；一般项目 80％以上的检查点（处）符合本规范规定的质量要求，其他检查点（处）不得有明显影响使用，且最大偏差值不超过允许偏差值的 50％为合格。凡达不到质量标准时，应按现行国家标准《建筑工程施工质量验收统一标准》GB 50300 的规定处理。

4.4.4 砂垫层和砂石垫层的干密度（或贯入度）应符合设计要求。

　　检验方法：观察检查和检查试验记录。

　　检查数量：按本规范第 3.0.21 条规定的检验批检查。

一般项目

4.4.5 表面不应有砂窝、石堆等现象。

　　检验方法：观察检查。

　　检查数量：按本规范第 3.0.21 条规定的检验批检查。

4.4.6 砂垫层和砂石垫层表面的允许偏差应符合本规范表 4.1.7 的规定。

　　检验方法：按表 4.1.7 中的检验方法检验。

　　检查数量：按本规范第 3.0.21 条规定的检验批和第 3.0.22 条的规定检查。

砂垫层和砂石垫层的允许偏差和检验方法（mm）　　　　　　　　　　表 4.1.7

项次	砂垫层和砂石垫层项目（第 4.4.6 条）	允许偏差	检验方法
1	表面平整度	15	用 2m 靠尺和楔形塞尺检查
2	标高	±20	用水准仪检查
3	坡度	不大于房间相应尺寸的 2/1000，且不大于 30	用坡度尺检查
4	厚度	在个别地方不大于设计厚度的 1/10，且不大于 20	用钢尺检查

【检验批验收应提供的核查资料】

砂垫层或砂石垫层验收应提供的核查资料

表 209-3a

序号	核查资料名称	核查要点
1	砂垫层或砂石垫层用材料、产品合格证或质量证明书	核查资料的真实性。核查需方及供方单位名称,材料或产品名称、规格、等级、数量(质量或件数)、批号或生产日期、出厂日期、材料或产品出厂检验项目的各项检验结果和供方质检部门印记(必须符合设计和标准与规范要求),材料或产品应用标准编号、生产许可证编号,应标明的材料或产品注意事项、材料或产品安全警语
2	砂、石材料试验报告(见证取样)	
1)	砂试验报告(宜用中砂)	检查其品种、报告提供量的代表数量、报告日期、砂子性能,表观密度(kg/m³);堆积干密度/松堆积密度(kg/m³);含水率(%);紧密密度(kg/m³);吸水率(%);含泥量(%);云母含量(%);泥块含量(%);轻物质含量(%);有机物含量;硫酸盐、硫化物含量(%);压碎值指标(%);坚固性质量损失率(%);人工砂的石粉含量(%)、人工砂的 MB 值;碱活性;贝壳含量(%);颗粒级配;细度模数、检验结论
2)	石试验报告(最大粒径不大于垫层厚度的 2/3)	检查其品种、报告提供量的代表数量、报告日期、石性能:抗压检验[强度平均值(MPa)、强度标准值/最小值(MPa)、强度标准差(MPa)、变异系数]、外观质量、尺寸偏差、检验结论
3	砂垫层或砂石垫层干密度测试或贯入度试验报告(见证取样)	检查取样数量、干密度或贯入度测定值,与设计、规范及贯入试验的符合性

注:表列凡有性能要求的均应符合设计和规范要求。

附:规范规定的施工"过程控制"要点

4.4 砂垫层和砂石垫层

4.4.1 砂垫层厚度不应小于 60mm;砂石垫层厚度不应小于 100mm。

4.4.2 砂石应选用天然级配材料。铺设时不应有粗细颗粒分离现象,压(夯)至不松动为止。

【建筑地面碎石垫层和碎砖垫层检验批质量验收记录】

建筑地面碎石垫层和碎砖垫层检验批质量验收记录表　　　　表 209-4

单位(子单位)工程名称					
分部(子分部)工程名称				验收部位	
施工单位				项目经理	
分包单位				分包项目经理	
施工执行标准名称及编号					

检控项目	序号	质量验收规范规定		施工单位检查评定记录	监理(建设)单位验收记录
主控项目	1	碎石强度及最大粒径规定	第4.5.3条		
	(1)	碎石的强度应均匀,最大粒径不应大于垫层厚度的2/3			
	(2)	碎砖不应采用风化、酥松、夹有有机杂质的砖料,颗粒粒径不应大于60mm			
	2	碎石、碎砖垫层的密实度应符合设计要求	第4.5.4条		
一般项目	1	碎石、碎砖垫层表面(第4.5.5条)	允许偏差(mm)	量　测　值(mm)	
	(1)	表面平整度	15mm		
	(2)	标高	±20mm		
	(3)	坡度	不大于房间相应尺寸2/1000,且不大于30mm		
	(4)	厚度	个别地方不大于设计厚度1/10,且不大于20mm		

施工单位检查评定结果	专业工长(施工员)		施工班组长	
	项目专业质量检查员:　　　　年　月　日			

监理(建设)单位验收结论	专业监理工程师: (建设单位项目专业技术负责人):　　　年　月　日

【检查验收时执行的规范条目】

主控项目

4.5.3　碎石的强度应均匀,最大粒径不应大于垫层厚度的 2/3;碎砖不应采用风化、酥松、夹有有机杂质的砖料,颗粒粒径不应大于 60mm。

　　检验方法:观察检查和检查质量合格证明文件。

　　检查数量:按本规范第 3.0.21 条规定的检验批检查。

　　第 3.0.21 条:

3.0.21　建筑地面工程施工质量的检验,应符合下列规定:

　　1　基层(各构造层)和各类面层的分项工程的施工质量验收应按每一层次或每层施工段(或变形缝)划分检验批,高层建筑的标准层可按每三层(不足三层按三层计)划分检验批;

　　2　每检验批应以各子分部工程的基层(各构造层)和各类面层所划分的分项工程按自然间(或标准间)检验,抽查数量应随机检验不应少于 3 间;不足 3 间,应全数检查;其中走廊(过道)应以 10 延长米为 1 间,工业厂房(按单跨计)、礼堂、门厅应以两个轴线为 1 间计算;

　　3　有防水要求的建筑地面子分部工程的分项工程施工质量每检验批抽查数量应按其房间总数随机检验不应少于 4 间,不足 4 间,应全数检查。

4.5.4　碎石、碎砖垫层的密实度应符合设计要求。

　　检验方法:观察检查和检查试验记录。

　　检查数量:按本规范第 3.0.21 条规定的检验批检查。

一般项目

4.5.5　碎石、碎砖垫层的表面允许偏差应符合本规范表 4.1.7 的规定。

　　检验方法:按表 4.1.7 中的检验方法检验。

　　检查数量:按本规范第 3.0.21 条规定的检验批和第 3.0.22 条的规定检查。

　　第 3.0.22 条:

3.0.22　建筑地面工程的分项工程施工质量检验的主控项目,应达到本规范规定的质量标准,认定为合格;一般项目 80% 以上的检查点(处)符合本规范规定的质量要求,其他检查点(处)不得有明显影响使用,且最大偏差值不超过允许偏差值的 50% 为合格。凡达不到质量标准时,应按现行国家标准《建筑工程施工质量验收统一标准》GB 50300 的规定处理。

碎石、碎砖垫层表面的允许偏差和检验方法 (mm)　　　　表 4.1.7

项次	碎石和碎砖垫层的项目(第 4.5.5 条)	允许偏差	检验方法
1	表面平整度	15	用 2m 靠尺和楔形塞尺检查
2	标高	±20	用水准仪检查
3	坡度	不大于房间相应尺寸的 2/1000,且不大于 30	用坡度尺检查
4	厚度	在个别地方不大于设计厚度的 1/10,且不大于 20	用钢尺检查

【检验批验收应提供的核查资料】

碎石和碎砖垫层验收应提供的核查资料　　　　　表 209-4a

序号	核查资料名称	核 查 要 点
1	碎石和碎砖垫层用材料、产品合格证或质量证明书	核查资料的真实性。核查需方及供方单位名称,材料或产品名称、规格、等级、数量(质量或件数)、批号或生产日期、出厂日期、材料或产品出厂检验项目的各项检验结果和供方质检部门印记(必须符合设计和标准与规范要求),材料或产品应用标准编号、生产许可证编号,应标明的材料或产品注意事项、材料或产品安全警语
2	碎石试验报告(最大粒径不大于垫层厚度的 2/3)	检查其品种、报告提供量的代表数量、报告日期、石性能:抗压检验[强度平均值(MPa)、强度标准值/最小值(MPa)、强度标准差(MPa)、变异系数]、外观质量、尺寸偏差、检验结论
3	密实度测试试验报告(见证取样)	检查取样数量、密实度测定值,与设计、规范的符合性

注:1. 合理缺项除外;2. 表列凡有性能要求的均应符合设计和规范要求;3. 碎砖不得用石灰爆裂试验不合格加工的碎砖。

附:规范规定的施工"过程控制"要点

4.5　碎石垫层和碎砖垫层

4.5.1　碎石垫层和碎砖垫层厚度不应小于 100mm。

4.5.2　垫层应分层压(夯)实,达到表面坚实、平整。

【建筑地面三合土垫层和四合土垫层检验批质量验收记录】

建筑地面三合土垫层和四合土垫层检验批质量验收记录表　　　表 209-5

单位(子单位)工程名称						
分部(子分部)工程名称				验 收 部 位		
施工单位				项 目 经 理		
分包单位				分包项目经理		
施工执行标准名称及编号						

检控项目	序号	质量验收规范规定		施工单位检查评定记录		监理(建设)单位验收记录
主控项目	1	三合土、四合土用材料质量要求	第 4.6.3 条			
	2	三合土、四合土的体积比应符合设计要求	第 4.6.4 条			
一般项目	1	三合土垫层和四合土垫层表面(第 4.6.5 条)	允许偏差(mm)	量 测 值(mm)		
	1)	表面平整度	10			
	2)	标高	±10			
	3)	坡度	不大于房间相应尺寸 2/1000,且不大于 30mm			
	4)	厚度	个别地方不大于设计厚度 1/10,且不大于 20mm			

	专业工长(施工员)		施工班组长	
施工单位检查评定结果				
	项目专业质量检查员：　　　　　　年　月　日			
监理(建设)单位验收结论				
	专业监理工程师： (建设单位项目专业技术负责人)：　　　　年　月　日			

【检查验收时执行的规范条目】

主控项目

4.6.3　水泥宜采用硅酸盐水泥、普通硅酸盐水泥；熟化石灰颗粒粒径不应大于 5mm；砂应用中砂，并不得含有草根等有机物质；碎砖不应采用风化、酥松和有机杂质的砖料，颗粒粒径不应大于 60mm。

　　检验方法：观察检查和检查质量合格证明文件。

　　检查数量：按本规范第 3.0.21 条规定的检验批检查。

　　第 3.0.21 条：

3.0.21　建筑地面工程施工质量的检验，应符合下列规定：

　　1　基层（各构造层）和各类面层的分项工程的施工质量验收应按每一层次或每层施工段（或变形缝）划分检验批，高层建筑的标准层可按每三层（不足三层按三层计）划分检验批；

　　2　每检验批应以各子分部工程的基层（各构造层）和各类面层所划分的分项工程按自然间（或标准间）检验，抽查数量应随机检验不应少于 3 间；不足 3 间，应全数检查；其中走廊（过道）应以 10 延长米为 1 间，工业厂房（按单跨计）、礼堂、门厅应以两个轴线为 1 间计算；

　　3　有防水要求的建筑地面子分部工程的分项工程施工质量每检验批抽查数量应按其房间总数随机检验不应少于 4 间，不足 4 间，应全数检查。

4.6.4　三合土、四合土的体积比应符合设计要求。

　　检验方法：观察检查和检查配合比试验报告。

　　检查数量：同一工程、同一体积比检查一次。

一般项目

4.6.5　三合土垫层和四合土垫层表面的允许偏差应符合本规范表 4.1.7 的规定。

　　检验方法：按表 4.1.7 中的检验方法检验。

　　检查数量：按本规范第 3.0.21 条规定的检验批和第 3.0.22 条的规定检查。

　　第 3.0.22 条：

3.0.22　建筑地面工程的分项工程施工质量检验的主控项目，应达到本规范规定的质量标准，认定为合格；一般项目 80% 以上的检查点（处）符合本规范规定的质量要求，其他检查点（处）不得有明显影响使用，且最大偏差值不超过允许偏差值的 50% 为合格。凡达不到质量标准时，应按现行国家标准《建筑工程施工质量验收统一标准》GB 50300 的规定处理。

三合土垫层和四合土垫层表面的允许偏差和检验方法（mm）　　　　表 4.1.7

项次	三合土垫层的项目 （第 4.6.5 条）	允许偏差	检验方法
1	表面平整度	10	用 2m 靠尺和楔形塞尺检查
2	标高	±10	用水准仪检查
3	坡度	不大于房间相应尺寸的 2/1000,且不大于 30	用坡度尺检查
4	厚度	在个别地方不大于设计厚度的 1/10,且不大于 20	用钢尺检查

【检验批验收应提供的核查资料】

三合土垫层和四合土垫层验收应提供的核查资料　　　　　表209-5a

序号	核查资料名称	核查要点
1	三合土垫层和四合土垫层用材料、产品合格证或质量证明书	核查资料的真实性。核查需方及供方单位名称，材料或产品名称、规格、等级、数量（质量或件数）、批号或生产日期、出厂日期、材料或产品出厂检验项目的各项检验结果和供方质检部门印记（必须符合设计和标准与规范要求），材料或产品应用标准编号、生产许可证编号，应标明的材料或产品注意事项、材料或产品安全警语
2	水泥、石灰、砂、黏土、碎砖等的试验报告（见证取样）	
1)	水泥试验报告	检查其品种、报告提供量的代表数量、报告日期、水泥性能、初凝时间、终凝时间、细度、安定性、需水性、低碱标准、检验结论
2)	生石灰试验报告	检查其品种、报告提供量的代表数量、报告日期、生石灰性能：有效钙（活性氧化钙）加氧化镁含量（%）；未消化残渣含量（5mm圆孔筛的筛孔，%）、检验结论
3)	砂试验报告	检查其品种、报告提供量的代表数量、报告日期、砂子性能：表观密度（kg/m³）；氯离子含量（%）；堆积密度（kg/m³）；含水率（%）；紧密密度（kg/m³）；吸水率（%）；含泥量（%）；云母含量（%）；泥块含量（%）；轻物质含量（%）；有机物含量（%）；硫酸盐、硫化物含量（%）；压碎值指标（%）；坚固性质量损失率（%）；人工砂的石粉含量（%）、人工砂的MB值；碱活性；贝壳含量（%）；颗料级配；细度模数、检验结论
4)	黏土试验报告	核查其不得使用淤泥、腐殖土、杂填土、冻土、耕殖土和有机物大于8%的土料。黏土质量应符合设计和规范要求
3	三合土或四合土配合比试验报告（同一工程，同一体积比检查一次）	核查提供配合比，应用材料质量与标准的符合性，应符合设计和规范要求

注：1. 合理缺项除外；2. 表列凡有性能要求的均应符合设计和规范要求。

附：规范规定的施工"过程控制"要点

4.6　三合土垫层和四合土垫层

4.6.1　三合土垫层采用石灰、砂（可掺入少量黏土）与碎砖的拌合料铺设，其厚度不应小于100mm；四合土垫层应采用水泥、石灰、砂（可掺入少量黏土）与碎砖的拌合料铺设，其厚度不应小于80mm。

4.6.2　三合土垫层和四合土垫层均应分层夯实。

【建筑地面炉渣垫层检验批质量验收记录】

建筑地面炉渣垫层检验批质量验收记录表

表 209-6

单位(子单位)工程名称					
分部(子分部)工程名称				验收部位	
施工单位				项目经理	
分包单位				分包项目经理	
施工执行标准名称及编号					

检控项目	序号	质量验收规范规定		施工单位检查评定记录	监理(建设)单位验收记录
主控项目	1	对炉渣的材质规定	第4.7.5条		
	(1)	炉渣内不应含有有机杂质和未燃尽的煤块,颗粒粒径不应大于40mm,且颗粒粒径在5mm及其以下的颗粒,不得超过总体积的40%			
	(2)	熟化石灰粒径不应大于5mm			
	2	炉渣垫层的体积比应符合设计要求	第4.7.6条		
一般项目	1	炉渣垫层与其下一层结合牢固,不得有空鼓和松散炉渣颗粒	第4.7.7条		
	2	炉渣垫层表面(第4.7.8条)	允许偏差(mm)	量 测 值(mm)	
	(1)	表面平整度	10		
	(2)	标高	±10		
	(3)	坡高	不大于房间相应尺寸2/1000,且不大于30mm		
	(4)	厚度	个别地方不大于设计厚度1/10,且不大于20mm		

施工单位检查评定结果	专业工长(施工员)		施工班组长	
	项目专业质量检查员:		年 月 日	

监理(建设)单位验收结论	专业监理工程师: (建设单位项目专业技术负责人): 年 月 日

【检查验收时执行的规范条目】

主控项目

4.7.5 炉渣内不应含有有机杂质和未燃尽的煤块，颗粒粒径不应大于40mm，且颗粒粒径在5mm及其以下的颗粒，不得超过总体积的40%；熟化石灰颗粒粒径不得大于5mm。

检验方法：观察检查和检查材质合格证明文件及检测报告。

检查数量：按本规范第3.0.21条规定的检验批检查。

第3.0.21条：

3.0.21 建筑地面工程施工质量的检验，应符合下列规定：

1 基层（各构造层）和各类面层的分项工程的施工质量验收应按每一层次或每层施工段（或变形缝）划分检验批，高层建筑的标准层可按每三层（不足三层按三层计）划分检验批；

2 每检验批应以各子分部工程的基层（各构造层）和各类面层所划分的分项工程按自然间（或标准间）检验，抽查数量应随机检验不应少于3间；不足3间，应全数检查；其中走廊（过道）应以10延米为1间，一年以及月工的楼梯使可以两个摊梯为1间计算。

3 有防水要求的建筑地面子分部工程的分项工程施工质量每检验批抽查数量应按其房间总数随机检验不应少于4间，不足4间，应全数检查。

4.7.6 炉渣垫层的体积比应符合设计要求。

检验方法：观察检查和检查配合比试验报告。

检查数量：同一工程、同一体积比检查一次。

一般项目

4.7.7 炉渣垫层与其下一层结合牢固，不得有空鼓和松散炉渣颗粒。

检验方法：观察检查和用小锤轻击检查。

检查数量：按本规范第3.0.21条规定的检验批检查。

4.7.8 炉渣垫层表面的允许偏差应符合本规范表4.1.7的规定。

检验方法：按表4.1.7中的检验方法检验。

检查数量：按本规范第3.0.21条规定的检验批和第3.0.22条的规定检查。

第3.0.22条：

3.0.22 建筑地面工程的分项工程施工质量检验的主控项目，应达到本规范规定的质量标准，认定为合格；一般项目80%以上的检查点（处）符合本规范规定的质量要求，其他检查点（处）不得有明显影响使用，且最大偏差值不超过允许偏差值的50%为合格。凡达不到质量标准时，应按现行国家标准《建筑工程施工质量验收统一标准》GB 50300的规定处理。

炉渣垫层表面的允许偏差和检验方法（mm）　　　　表4.1.7

项次	炉渣垫层的项目（第4.6.8条）	允许偏差	检验方法
1	表面平整度	10	用2m靠尺和楔形塞尺检查
2	标高	±10	用水准仪检查
3	坡度	不大于房间相应尺寸的2/1000,且不大于30	用坡度尺检查
4	厚度	在个别地方不大于设计厚度的1/10,且不大于20	用钢尺检查

【检验批验收应提供的核查资料】

炉渣垫层验收应提供的核查资料 表 209-6a

序号	核查资料名称	核查要点
1	炉渣垫层用材料、产品合格证或质量证明书	核查资料的真实性。核查需方及供方单位名称，材料或产品名称、规格、等级、数量(质量或件数)、批号或生产日期、出厂日期、材料或产品出厂检验项目的各项检验结果和供方质检部门印记(必须符合设计和标准与规范要求)，材料或产品应用标准编号、生产许可证编号，应标明的材料或产品注意事项、材料或产品安全警语
2	炉渣、石灰试验报告(见证取样)	
1)	炉渣试验报告	检查其品种、报告提供量的代表数量、报告日期、炉渣性能：炉渣内不应含有有机杂质和未燃尽的煤块，颗粒粒径不应大于 40mm，且颗粒粒径在 5mm 及其以下的颗粒，不得超过总体积的 40％；熟化石灰颗粒粒径不得大于 5mm；检验结论
2)	生石灰试验报告	检查其品种、报告提供量的代表数量、报告日期、生石灰性能：有效钙(活性氧化钙)加氧化镁含量(％)、未消化残渣含量(5mm 圆孔筛的筛孔，％)、检验结论
3	炉渣垫层配合比试验报告(同一工程,同一体积比检查一次)	提供配合比,应用材料质量与标准的符合性,应符合设计和规范要求

注：1. 合理缺项除外；2. 表列凡有性能要求的均应符合设计和规范要求。

附：规范规定的施工"过程控制"要点

4.7 炉渣垫层

4.7.1 炉渣垫层应采用炉渣或水泥与炉渣或水泥、石灰与炉渣的拌合料铺设，其厚度不应小于 80mm。

4.7.2 炉渣或水泥炉渣垫层的炉渣，使用前应浇水闷透；水泥石灰炉渣垫层的炉渣，使用前应用石灰浆或用熟化石灰浇水拌合闷透；闷透时间均不得少于 5d。

4.7.3 在垫层铺设前，其下一层应湿润；铺设时应分层压实，表面不得有泌水现象。铺设后应养护，待其凝结后方可进行下一道工序施工。

4.7.4 炉渣垫层施工过程中不宜留施工缝，当必须留缝时，应留直槎，并保证间隙处密实，接槎时应先刷水泥浆，再铺炉渣拌合料。

【水泥混凝土及陶粒混凝土垫层检验批质量验收记录】

水泥混凝土及陶粒混凝土垫层检验批质量验收记录表

表 209-7

单位(子单位)工程名称						
分部(子分部)工程名称				验 收 部 位		
施工单位				项 目 经 理		
分包单位				分包项目经理		
施工执行标准名称及编号						

检控项目	序号	质量验收规范规定		施工单位检查评定记录	监理(建设)单位验收记录
主控项目	1	对水泥混凝土、陶粒混凝土垫层用材质要求	第4.8.8条		
	(1)	粗骨料的最大粒径及含泥量			
	(2)	砂或陶粒的质量要求			
	2	水泥混凝土和陶粒混凝土的强度等级应符合设计要求,陶粒混凝土的密度应在800～1400kg/m³ 之间	第4.8.9条		
一般项目	1	水泥混凝土、陶粒混凝土垫层表面(第4.8.10条)	偏差值(mm)	量 测 值(mm)	
	(1)	表面平整度	10		
	(2)	标高	±10		
	(3)	坡度	不大于房间相应尺寸2/1000,且不大于30mm		
	(4)	厚度	个别地方不大于设计厚度1/10,且不大于20		

施工单位检查评定结果	专业工长(施工员)		施工班组长	
	项目专业质量检查员:		年 月 日	
监理(建设)单位验收结论	专业监理工程师: (建设单位项目专业技术负责人):		年 月 日	

【检查验收时执行的规范条目】

主控项目

4.8.8　水泥混凝土垫层和陶粒混凝土垫层采用的粗骨料，其最大粒径不应大于垫层厚度的 2/3，含泥量不应大于 3%；砂为中粗砂，其含泥量不应大于 3%。陶粒中粒径小于5mm 的颗粒含量应小于 10%；粉煤灰陶粒中大于 15mm 的颗粒含量不应大于 5%；陶粒中不得混夹杂物或黏土块。陶粒宜选用粉煤灰陶粒、页岩陶粒等。

　　检验方法：观察检查和检查质量合格证明文件。

　　检查数量：同一工程、同一强度等级、同一配合比检查一次。

4.8.9　水泥混凝土和陶粒混凝土的强度等级应符合设计要求，陶粒混凝土的密度应在800～1400kg/m³ 之间。

　　检验方法：检查配合比试验报告和强度等级检测报告。

　　检查数量：配合比试验报告按同一工程、同一强度等级、同一配合比检查一次；强度等级检测报告按本规范第 3.0.19 条的规定检查。

　　第 3.0.19 条：

3.0.19　检验同一施工批次、同一配合比水泥混凝土和水泥砂浆强度的试块，应按每一层（或检验批）建筑地面工程不少于 1 组。当每一层（或检验批）建筑地面工程面积大于 1000m² 时，每增加 1000m² 应增做 1 组试块；小于 1000m² 按 1000m² 计算，取样 1 组；检验同一施工批次、同一配合比的散水、明沟、踏步、台阶、坡道的水泥混凝土、水泥砂浆强度的试块，应按每 150 延长米不少于 1 组。

一般项目

4.8.10　水泥混凝土垫层和陶粒混凝土垫层表面的允许偏差应符合本规范表 4.1.7 的规定。

　　检验方法：按表 4.1.7 中的检验方法检验。

　　检查数量：按本规范第 3.0.21 条规定的检验批和第 3.0.22 条的规定检查。

　　第 3.0.21 条：

3.0.21　建筑地面工程施工质量的检验，应符合下列规定：

　　1　基层（各构造层）和各类面层的分项工程的施工质量验收应按每一层次或每层施工段（或变形缝）划分检验批，高层建筑的标准层可按每三层（不足三层按三层计）划分检验批；

　　2　每检验批应以各子分部工程的基层（各构造层）和各类面层所划分的分项工程按自然间（或标准间）检验，抽查数量应随机检验不应少于 3 间；不足 3 间，应全数检查；其中走廊（过道）应以 10 延长米为 1 间，工业厂房（按单跨计）、礼堂、门厅应以两个轴线为 1 间计算；

　　3　有防水要求的建筑地面子分部工程的分项工程施工质量每检验批抽查数量应按其房间总数随机检验不应少于 4 间，不足 4 间，应全数检查。

　　第 3.0.22 条：

3.0.22　建筑地面工程的分项工程施工质量检验的主控项目，应达到本规范规定的质量标准，认定为合格；一般项目 80% 以上的检查点（处）符合本规范规定的质量要求，其他检查点（处）不得有明显影响使用，且最大偏差值不超过允许偏差值的 50% 为合格。凡达不到质量标准时，应按现行国家标准《建筑工程施工质量验收统一标准》GB 50300 的规定处理。

水泥混凝土垫层和陶粒混凝土垫层表面的允许偏差和检验方法（mm）　表 4.1.7

项次	水泥混凝土和陶粒混凝土垫层的项目（第4.8.10条）	允许偏差	检验方法
1	表面平整度	10	用2m靠尺和楔形塞尺检查
2	标高	±10	用水准仪检查
3	坡度	不大于房间相应尺寸的2/1000，且不大于30	用坡度尺检查
4	厚度	在个别地方不大于设计厚度的1/10，且不大于20	用钢尺检查

【检验批验收应提供的核查资料】

水泥混凝土垫层和陶粒混凝土垫层验收应提供的核查资料　表 209-7a

序号	核查资料名称	核查项目
1	水泥、砂、石、陶粒出厂质量合格证明文件	检查材料品种、数量、生产厂家、日期，与试验报告对应
2	水泥、砂、石、陶粒进场检验记录	检查进场材料品种、数量、日期，与合格证或质量证书对应
3	水泥、砂、石、陶粒试验报告（见证取样）	检查代表数量、日期、性能、质量，与设计、规范要求的符合性
4	水泥混凝土垫层和陶粒混凝土垫层配合比试验报告	提供单位资质、人员、抽样相关规定执行，结果符合设计要求
5	水泥混凝土和陶粒混凝土强度试验报告(见证取样)	代表数量、日期、性能，与设计要求的符合性

注：1. 合理缺项除外；2. 表列凡有性能要求的均应符合设计和规范要求。

附：规范规定的施工"过程控制"要点

4.8　水泥混凝土垫层和陶粒混凝土垫层

4.8.1　水泥混凝土垫层和陶粒混凝土垫层应铺设在基土上。当气温长期处于0℃以下，设计无要求时，垫层应设置缩缝，缝的位置、嵌缝做法等应与面层伸、缩缝相一致，并应符合本规范第3.0.16条的规定。

4.8.2　水泥混凝土垫层的厚度不应小于60mm；陶粒混凝土垫层的厚度不应小于80mm。

4.8.3　垫层铺设前，当为水泥类基层时，其下一层表面应湿润。

4.8.4　室内地面的水泥混凝土垫层和陶粒混凝土垫层，应设置纵向缩缝和横向缩缝；纵向缩缝、横向缩缝的间距均不得大于6m。

4.8.5　垫层的纵向缩缝应做平头缝或加肋板平头缝。当垫层厚度大于150mm时，可做企口缝。横向缩缝应做假缝。平头缝和企口缝的缝间不得放置隔离材料，浇筑时应互相紧贴。企口缝尺寸应符合设计要求，假缝宽度宜为5~20mm，深度宜为垫层厚度的1/3，填缝材料应与地面变形缝的填缝材料相一致。

4.8.6　工业厂房、礼堂、门厅等大面积水泥混凝土、陶粒混凝土垫层应分区段浇筑。分区段应结合变形缝位置、不同类型的建筑地面连接处和设备基础的位置进行划分，并应与设置的纵向、横向缩缝的间距相一致。

4.8.7　水泥混凝土、陶粒混凝土施工质量检验尚应符合国家现行标准《混凝土结构工程施工质量验收规范》GB 50204和《轻骨料混凝土技术规程》JGJ 51的有关规定。

【建筑地面找平层检验批质量验收记录】

建筑地面找平层检验批质量验收记录表　　　　　　　　　　　　　　**表 209-8**

单位(子单位)工程名称													
分部(子分部)工程名称							验 收 部 位						
施工单位							项 目 经 理						
分包单位							分包项目经理						
施工执行标准名称及编号													

检控项目	序号	质量验收规范规定						施工单位检查评定记录					监理(建设)单位验收记录
主控项目	1	找平层用材料(碎石或卵石、砂)的质量要求					第4.9.6条						
	2	砂浆体积比和混凝土强度等级要求					第4.9.7条						
	(1)	水泥砂浆体积比不小于1∶3											
	(2)	混凝土强度等级不小于C15											
	3	立管、套管、地漏处的质量要求					第4.9.8条						
	4	有防静电要求时敷设导电地网系统要求					第4.9.9条						
一般项目	1	找平层与其下一层结合应牢固,不应有空鼓					第4.9.10条						
	2	找平层表面应密实,不应有起砂、蜂窝和裂缝等缺陷					第4.9.11条						
	3	找平层表面允许偏差(mm)					第4.9.12条						
		项目	垫层地板					量 测 值(mm)					
			拼花实木地板、拼花实木复合地板、软木类地板面层	其他种类面层	用胶结料做结合层铺设板块面层	用水泥砂浆做结合层铺设板块面层	用胶粘剂做结合层铺设拼花木板、木板、浸渍纸层压木质地板、实木复合地板、竹地板、软木地板面层	金属板面层						
		1)表面平整度	3	5	3	5	2	3						
		2)标高	±5	±8	±5	±8	±4	±4						
		3)坡度	不大于 房间相应尺寸 2/1000 且不大于 30											
		4)厚度	在个别地方不大于设计厚度 1/10,且不大于 20											

施工单位检查评定结果	专业工长(施工员)		施工班组长		
	项目专业质量检查员:			年　月　日	
监理(建设)单位验收结论	专业监理工程师:(建设单位项目专业技术负责人):			年　月　日	

【检查验收时执行的规范条目】

主控项目

4.9.6　找平层采用碎石或卵石的粒径不应大于其厚度的 2/3, 含泥量不应大于 2%; 砂为中粗砂, 其含泥量不应大于 3%。

　　检验方法: 观察检查和检查质量合格证明文件。

　　检查数量: 同一工程、同一强度等级、同一配合比检查一次。

4.9.7　水泥砂浆体积比、水泥混凝土强度等级应符合设计要求, 且水泥砂浆体积比不应小于 1∶3（或相应强度等级）；水泥混凝土强度等级不应小于 C15。

　　检验方法：观察检查和检查配合比试验报告、强度等级检验报告。

　　检查数量：配合比试验报告按同一工程、同一强度等级、同一配合比检查一次；强度等级检测报告按本规范第 3.0.19 条的规定检查。

　　第 3.0.19 条：

3.0.19　检验同一施工批次、同一配合比水泥混凝土和水泥砂浆强度的试块，应按每一层（或检验批）建筑地面工程不少于 1 组。当每一层（或检验批）建筑地面工程面积大于 1000m² 时，每增加 1000m² 应增做 1 组试块；小于 1000m² 按 1000m² 计算，取样 1 组；检验同一施工批次、同一配合比的散水、明沟、踏步、台阶、坡道的水泥混凝土、水泥砂浆强度的试块，应按每 150 延长米不少于 1 组。

4.9.8　有防水要求的建筑地面工程的立管、套管、地漏处不应渗漏，坡向应正确、无积水。

　　检验方法：观察检查和蓄水、泼水检验及坡度尺检查。

　　检查数量：按本规范第 3.0.21 条规定的检验批检查。

　　第 3.0.21 条：

3.0.21　建筑地面工程施工质量的检验，应符合下列规定：

　　1　基层（各构造层）和各类面层的分项工程的施工质量验收应按每一层次或每层施工段（或变形缝）划分检验批，高层建筑的标准层可按每三层（不足三层按三层计）划分检验批；

　　2　每检验批应以各子分部工程的基层（各构造层）和各类面层所划分的分项工程按自然间（或标准间）检验，抽查数量应随机检验不应少于 3 间；不足 3 间，应全数检查；其中走廊（过道）应以 10 延长米为 1 间，工业厂房（按单跨计）、礼堂、门厅应以两个轴线为 1 间计算；

　　3　有防水要求的建筑地面子分部工程的分项工程施工质量每检验批抽查数量应按其房间总数随机检验不应少于 4 间，不足 4 间，应全数检查。

4.9.9　在有防静电要求的整体面层的找平层施工前，其下敷设的导电地网系统应与接地引下线和地下接电体有可靠连接，经电性能检测且符合相关要求后进行隐蔽工程验收。

　　检验方法：观察检查和检查质量合格证明文件。

　　检查数量：按本规范第 3.0.21 条规定的检验批检查。

　　一般项目

4.9.10　找平层与其下一层结合应牢固，不应有空鼓。

　　检验方法：用小锤轻击检查。

　　检查数量：按本规范第 3.0.21 条规定的检验批检查。

4.9.11　找平层表面应密实，不应有起砂、蜂窝和裂缝等缺陷。

　　检验方法：观察检查。

　　检查数量：按本规范第 3.0.21 条规定的检验批检查。

4.9.12　找平层的表面允许偏差应符合本规范表 4.1.7 的规定。

　　检验方法：按本规范表 4.1.7 中的检验方法检验。

　　检查数量：按本规范第 3.0.21 条规定的检验批和第 3.0.22 条的规定检查。

　　第 3.0.22 条：

3.0.22　建筑地面工程的分项工程施工质量检验的主控项目，应达到本规范规定的质量标准，认定为合格；一般项目 80% 以上的检查点（处）符合本规范规定的质量要求，其他检查点（处）不得有明显影响使用，且最大偏差值不超过允许偏差值的 50% 为合格。凡达不到质量标准时，应按现行国家标准《建筑工程施工质量验收统一标准》GB 50300 的规定处理。

找平层表面的允许偏差和检验方法（mm）　　　　　　　　　表 4.1.7

项次	项 目	毛地板					金属板面层	检验方法
		拼花实木地板、拼花实木复合地板、软木类地板面层	其他种类面层	用胶结合层做铺设板面层	用水泥砂浆做结合层铺设板块面层	用胶粘剂做结合层铺设拼花木质地板、浸渍纸压木质地板、实木复合地板、竹地板、软木地板面层		
1	表面平整度	3	5	3	5	2	3	用 2m 靠尺和楔形塞尺检查
2	标高	±5	±8	±5	±8	±4	±4	用水准仪检查
3	坡度	不大于房间相应尺寸的 2/1000，且不大于 30						用坡度尺检查
4	厚度	在个别地方不大于设计厚度的 1/10，且不大于 20						用钢尺检查

【检验批验收应提供的核查资料】

找平层检验批质量验收应提供的核查资料　　　　　　　　　表 209-8a

序号	核查资料名称	核查要点
1	找平层用材料、产品合格证或质量证明书	核查资料的真实性。核查需方及供方单位名称，材料或产品名称、规格、等级、数量（质量或件数）、批号或生产日期、出厂日期、材料或产品出厂检验项目的各项检验结果和供方质检部门印记（必须符合设计和标准与规范要求），材料或产品应用标准编号、生产许可证编号，应标明的材料或产品注意事项、材料或产品安全警语
2	水泥、碎石或卵石、砂试验报告（见证取样）	
1)	水泥试验报告	检查其品种、报告提供量的代表数量、报告日期、水泥性能：抗折强度、抗压强度、初凝、终凝、安定性、依据标准、检验结论
2)	碎石或卵石试验报告	检查其品种、提供报告的代表数量、报告日期、砖（砌块）性能：抗压检验［强度平均值（MPa）、强度标准值/最小值（MPa）、强度标准差（MPa）、变异系数］、外观质量、尺寸偏差、泛霜、石灰爆裂、冻融、吸水率、饱和系数、检验结论
3)	砂试验报告	检查其品种、报告提供量的代表数量、报告日期、砂子性能：表观密度（kg/m³）；氯离子含量（%）；堆积密度（kg/m³）；含水率（%）；紧密密度（kg/m³）；吸水率（%）；含泥量（%）；云母含量（%）；泥块含量（%）；轻物质含量（%）；有机物含量；硫酸盐、硫化物含量（%）；压碎值指标（%）；坚固性质量损失率（%）；人工砂的石粉含量（%）、人工砂的 MB 值；碱活性；贝壳含量（%）；颗料级配；细度模数；检验结论
3	水泥砂浆、混凝土配合比试验报告	水泥砂浆体积比不应小于 1：3 或相应强度等级，混凝土配合比应符合设计要求
4	混凝土试件强度试验报告（强度等级≥C15）	核查试件边长、成型日期、破型日期、龄期、强度值（抗压）、达到设计强度的百分数（%）、强度等级、提供报告的代表数量、报告日期、性能、质量与设计、标准符合性
5	隐蔽工程验收记录（各构造隐验）	核查取样数量、混凝土强度值
6	蓄水或泼水试验报告	核查是否进行蓄水或泼水试验，有无渗漏。检查防水隔离层应采用蓄水方法，蓄水深度最浅处不得小于 10mm，蓄水时间不得少于 24h；检查有防水要求的建筑地面的面层应采用泼水方法

　　注：1. 合理缺项除外；2. 表列凡有性能要求的均应符合设计和规范要求；3. 有防水要求的建筑地面工程，铺设前必须对立管、套管和地漏与楼板节点之间进行密封处理，并进行隐蔽验收；排水坡度应符合设计要求。

附：规范规定的施工"过程控制"要点

4.9　找平层

4.9.1　找平层宜采用水泥砂浆或水泥混凝土铺设。当找平层厚度小于30mm时，宜用水泥砂浆做找平层；当找平层厚度不小于30mm时，宜用细石混凝土做找平层。

4.9.2　找平层铺设前，当其下一层有松散填充料时，应予铺平振实。

4.9.3　有防水要求的建筑地面工程，铺设前必须对立管、套管和地漏与楼板节点之间进行密封处理，并应进行隐蔽验收；排水坡度应符合设计要求。

4.9.4　在预制钢筋混凝土板上铺设找平层前，板缝填嵌的施工应符合下列要求：

　　1　预制钢筋混凝土板相邻缝底宽不应小于20mm。

　　2　填嵌时，板缝内应清理干净，保持湿润。

　　3　填缝采用细石混凝土，其强度等级不应小于C20。填缝高度应低于板面10～20mm，且振捣密实，填缝后应养护。当填缝混凝土的强度等级达到C15后方可继续施工。

　　4　当板缝底宽大于40mm时，应按设计要求配置钢筋。

4.9.5　在预制钢筋混凝土板上铺设找平层时，其板端应按设计要求做防裂的构造措施。

　　注：找平层养护对已浇筑完成的混凝土或砂浆，应在12h左右覆盖和浇水，一般养护不少于7d。

【建筑地面隔离层检验批质量验收记录】

建筑地面隔离层检验批质量验收记录表　　　　表 209-9

单位(子单位)工程名称						
分部(子分部)工程名称					验 收 部 位	
施工单位					项 目 经 理	
分包单位					分包项目经理	
施工执行标准名称及编号						

检控项目	序号	质量验收规范规定		施工单位检查评定记录		监理(建设)单位验收记录
主控项目	1	隔离层材料应符合设计要求和国家现行有关标准的规定	第4.10.9条			
	2	卷材类、涂料类隔离层材料进入施工现场,应对材料物理性能指标进行复验	第4.10.10条			
	3	**防水隔离层设置与楼层结构、房间做法与结构层质量要求**	**第4.10.11条**			
	4	水泥类防水隔离层的防水等级和强度等级应符合设计要求	第4.10.12条			
	5	**防水隔离层严禁渗漏,排水的坡向应正确、排水通畅**	**第4.10.13条**			
一般项目	1	隔离层厚度应符合设计要求	第4.10.14条			
	2	隔离层与下一层粘结防水涂层质量要求	第4.10.15条			
	3	隔离层表面(第4.10.16条)	允许偏差(mm)	量 测 值(mm)		
	1)	表面平整度	3			
	2)	标高	±4			
	3)	坡度	不大于房间相应尺寸2/1000,且不大于30			
	4)	厚度	在个别地方不大于设计厚度1/10,且不大于20			

施工单位检查评定结果	专业工长(施工员)		施工班组长	
	项目专业质量检查员:　　　　　　　　年　月　日			

监理(建设)单位验收结论	专业监理工程师: (建设单位项目专业技术负责人):　　　　年　月　日

【检查验收时执行的规范条目】

主控项目

4.10.9 隔离层材料应符合设计要求和国家现行有关标准的规定。

检验方法：观察检查和检查型式检验报告、出厂检验报告、出厂合格证。

检查数量：同一工程、同一材料、同一生产厂家、同一型号、同一规格、同一批号检查一次。

4.10.10 卷材类、涂料类隔离层材料进入施工现场，应对材料物理性能指标进行复验。

检验方法：检查复验报告。

检查数量：执行现行国家标准《屋面工程质量验收规范》GB 50207 的有关规定。

4.10.11 厕浴间和有防水要求的建筑地面必须设置防水隔离层。楼层结构必须采用现浇混凝土或整块预制混凝土板，混凝土强度等级不应小于 C20；房间的楼板四周除门洞外应做混凝土翻边，高度不应小于 200mm，宽同墙厚，混凝土强度等级不应小于 C20。施工时结构层标高和预留孔洞位置应准确，严禁乱凿洞。

检验方法：观察和钢尺检查。

检查数量：按本规范第 3.0.21 条规定的检验批检查。

第 3.0.21 条：

3.0.21 建筑地面工程施工质量的检验，应符合下列规定：

1 基层（各构造层）和各类面层的分项工程的施工质量验收应按每一层次或每层施工段（或变形缝）划分检验批，高层建筑的标准层可按每三层（不足三层按三层计）划分检验批；

2 每检验批应以各子分部工程的基层（各构造层）和各类面层所划分的分项工程按自然间（或标准间）检验，抽查数量应随机检验不应少于 3 间；不足 3 间，应全数检查；其中走廊（过道）应以 10 延长米为 1 间，工业厂房（按单跨计）、礼堂、门厅应以两个轴线为 1 间计算；

3 有防水要求的建筑地面子分部工程的分项工程施工质量每检验批抽查数量应按其房间总数随机检验不应少于 4 间，不足 4 间，应全数检查。

4.10.12 水泥类防水隔离层的防水等级和强度等级应符合设计要求。

检验方法：观察检查和检查防水等级检测报告、强度等级检测报告。

检查数量：防水等级检测报告、强度等级检测报告均按本规范第 3.0.19 条的规定检查。

第 3.0.19 条：

3.0.19 检验同一施工批次、同一配合比水泥混凝土和水泥砂浆强度的试块，应按每一层（或检验批）建筑地面工程不少于 1 组。当每一层（或检验批）建筑地面工程面积大于 $1000m^2$ 时，每增加 $1000m^2$ 应增做 1 组试块；小于 $1000m^2$ 按 $1000m^2$ 计算，取样 1 组；检验同一施工批次、同一配合比的散水、明沟、踏步、台阶、坡道的水泥混凝土、水泥砂浆强度的试块，应按每 150 延长米不少于 1 组。

4.10.13 防水隔离层严禁渗漏，排水的坡向应正确、排水通畅。

检验方法：观察检查和蓄水、泼水检验、坡度尺检查及检查验收记录。

检查数量：按本规范第 3.0.21 条规定的检验批检查。

一般项目

4.10.14 隔离层厚度应符合设计要求。

检验方法：观察检查和用钢尺、卡尺检查。

检查数量：按本规范第 3.0.21 条规定的检验批检查。

4.10.15 隔离层与其下一层应粘结牢固，不得有空鼓；防水涂层应平整、均匀，无脱皮、起壳、裂缝、鼓泡等缺陷。

　　检验方法：用小锤轻击检查和观察检查。

　　检查数量：按本规范第 3.0.21 条规定的检验批检查。

4.10.16 隔离层表面的允许偏差应符合本规范表 4.1.7 的规定。

　　检验方法：按本规范表 4.1.7 中的检验方法检验。

　　检查数量：按本规范第 3.0.21 条规定的检验批和第 3.0.22 条的规定检查。

　　第 3.0.22 条：

3.0.22 建筑地面工程的分项工程施工质量检验的主控项目，应达到本规范规定的质量标准，认定为合格；一般项目 80% 以上的检查点（处）符合本规范规定的质量要求，其他检查点（处）不得有明显影响使用，且最大偏差值不超过允许偏差值的 50% 为合格。凡达不到质量标准时，应按现行国家标准《建筑工程施工质量验收统一标准》GB 50300 的规定处理。

隔离层表面的允许偏差和检验方法（mm）　　　　　　表 4.1.7

项次	隔离层的项目(第 4.10.16 条) (防水、防潮、防油渗)	允许偏差	检验方法
1	表面平整度	3	用 2m 靠尺和楔形塞尺检查
2	标高	±4	用水准仪检查
3	坡度	不大于房间相应尺寸的 2/1000，且不大于 30	用坡度尺检查
4	厚度	在个别地方不大于设计厚度的 1/10，且不大于 20	用钢尺检查

【检验批验收应提供的核查资料】

隔离层检验批质量验收应提供的核查资料　　　　　表 209-9a

序号	核查资料名称	核查要点
1	隔离层用材料、产品合格证或质量证明书	核查资料的真实性。核查需方及供方单位名称,材料或产品名称、规格、等级、数量(质量或件数)、批号或生产日期、出厂日期、材料或产品出厂检验项目的各项检验结果和供方质检部门印记(必须符合设计和标准与规范要求),材料或产品应用标准编号、生产许可证编号,应标明的材料或产品注意事项、材料或产品安全警语
2	隔离层用材料、产品出厂检验报告	检查内容同上。分别由厂家提供。提供的出厂检验报告的内容应符合相应标准"出厂检验项目"规定(与试验报告大体相同)。隔离层材料出厂检验应提供型式检验报告
3	隔离层材料试验报告(见证取样)	检查批报告供应照材名称量、报告日期、性能、质量,与设计、规范要求符合性
(1)	卷材试验报告(合成高分子防水卷材、高聚物改性沥青防水卷材)	检查其品种、提供报告的代表数量、报告日期、卷材试验的性能: 1)氯化聚乙烯卷材、聚氯乙烯卷材等:核查其尺寸、外观和理化性能:拉伸强度、断裂伸长率、热处理尺寸变化率、低温弯折性 2)弹性体和塑性体改性沥青卷材等:核查其尺寸、卷重、面积、厚度、外观和理化性能:不透水性、耐热度、拉力、最大拉力时的延伸率、低温柔度
(2)	涂料类隔离层材料试验报告	根据设计要求的涂膜料在现场调制,在限定时间内用完
(3)	水泥类隔离层材料试验报告	
1)	水泥材料试验报告	检查其品种、代表数量、报告日期、水泥性能:抗折强度、抗压强度、初凝、终凝、安定性、依据标准、检验结论
2)	砂材料试验报告	检查其品种、代表数量、报告日期、砂子性能:表观密度(kg/m³);氯离子含量(%);堆积密度(kg/m³);含水率(%);紧密密度(kg/m³);吸水率(%);含泥量(%);云母含量(%);泥块含量(%);轻物质含量(%);有机物含量;硫酸盐、硫化物含量(%);压碎值指标(%);坚固性质量损失率(%);人工砂的石粉含量(%)、人工砂的 MB 值;碱活性;贝壳含量(%);颗料级配;细度模数、检验结论
3)	石材料试验报告	检查其品种、提供报告的代表数量、报告日期、砖(砌块)性能:抗压检验[强度平均值(MPa)、强度标准值/最小值(MPa)、强度标准差(MPa)、变异系数]、外观质量、尺寸偏差、泛霜、石灰爆裂、冻融、吸水率、饱和系数、检验结论
4	隔离层蓄水或泼水试(检)验记录	核查是否进行蓄水或泼水试验,有无渗漏。检查防水隔离层应采用蓄水方法,蓄水深度最浅处不得小于10mm,蓄水时间不得少于 24h;检查有防水要求的建筑地面的面层应采用泼水方法

注:1. 合理缺项除外;2. 表列凡有性能要求的均应符合设计和规范要求。

附：规范规定的施工"过程控制"要点

4.10 隔离层

4.10.1 隔离层材料的防水、防油渗性能应符合设计要求。

4.10.2 隔离层的铺设层数（或道数）、上翻高度应符合设计要求。有种植要求的地面隔离层的防根穿刺等应符合现行行业标准《种植屋面工程技术规程》JGJ 155 的规定。

4.10.3 在水泥类找平层上铺设卷材类、涂料类防水、防油渗隔离层时，其表面应坚固、洁净、干燥。铺设前，应涂刷基层处理剂。基层处理剂应采用与卷材性能相容的配套材料或采用与涂料性能相容的同类涂料的底子油。

4.10.4 当采用掺有防渗外加剂的水泥类隔离层时，其配合比、强度等级、外加剂的复合掺量等应符合设计要求。

4.10.5 铺设隔离层时，在管道穿过楼板面四周，防水、防油渗材料应向上铺涂，并超过套管的上口；在靠近柱、墙处，应高出面层200～300mm 或按设计要求的高度铺涂。阴阳角和管道穿过楼板面的根部应增加铺涂附加防水、防油渗隔离层。

4.10.6 隔离层兼作面层时，其材料不得对人体及环境产生不利影响，并应符合现行国家标准《食品安全性毒理学评价程序和方法》GB 15193.1 和《生活饮用水卫生标准》GB 5749 的有关规定。

4.10.7 防水隔离层铺设后，应按本规范第3.0.24 条的规定进行蓄水检验，并做记录。

　　第3.0.24 条

3.0.24 检验方法应符合下列规定：

　　1 检查允许偏差应采用钢尺、1m 直尺、2m 直尺、3m 直尺、2m 靠尺、楔形塞尺、坡度尺、游标卡尺和水准仪；

　　2 检查空鼓应采用敲击的方法；

　　3 检查防水隔离层应采用蓄水方法，蓄水深度最浅处不得小于10mm，蓄水时间不得少于24h；检查有防水要求的建筑地面的面层应采用泼水方法。

　　4 检查各类面层（含不需铺设部分或局部面层）表面的裂纹、脱皮、麻面和起砂等缺陷，应采用观感的方法。

4.10.8 隔离层施工质量检验还应符合现行国家标准《屋面工程质量验收规范》GB 50207 的有关规定。

【建筑地面填充层检验批质量验收记录】

建筑地面填充层检验批质量验收记录表

表 209-10

单位(子单位)工程名称					
分部(子分部)工程名称				验收部位	
施工单位				项目经理	
分包单位				分包项目经理	
施工执行标准名称及编号					

检控项目	序号	质量验收规范规定			施工单位检查评定记录	监理(建设)单位验收记录
主控项目	1	填充层材料应符合设计要求和国家现行有关标准的规定	第4.11.7条			
	2	填充层的厚度、配合比应符合设计要求	第4.11.8条			
	3	对填充材料接缝有密闭要求的应密封良好	第4.11.9条			
一般项目	1	松散材料填充层铺设应密实;板块状材料填充层应压实、无翘曲	第4.11.10条			
	2	填充层的坡度应符合设计要求,不应有倒泛水和积水现象	第4.11.11条			
	3	填充层表面(第4.11.12条)	允许偏差(mm)		量测值(mm)	
		项目	松散材料	板、块材料		
	1)	表面平整度	7	5		
	2)	标高	±4	±4		
	3)	坡度	不大于房间相应尺寸2/1000且不大于30mm			
	4)	厚度	在个别地方不大于设计厚度1/10,且不大于20			
	4	用作隔声的填充层表面(第4.11.13条)	允许偏差(mm)		量测值(mm)	
	1)	表面平整度	3			
	2)	标高	±4			
	3)	坡度	不大于房间相应尺寸2/1000,且不大于30			
	4)	厚度	在个别地方不大于设计厚度1/10,且不大于20			

	专业工长(施工员)		施工班组长	
施工单位检查评定结果	项目专业质量检查员:　　　　　　　　　　年　月　日			
监理(建设)单位验收结论	专业监理工程师: (建设单位项目专业技术负责人):　　　　　年　月　日			

【检查验收时执行的规范条目】

主控项目

4.11.7   填充层材料应符合设计要求和国家现行有关标准的规定。

检验方法：观察检查和检查质量合格证明文件。

检查数量：同一工程、同一材料、同一生产厂家、同一型号、同一规格、同一批号检查一次。

4.11.8   填充层的厚度、配合比应符合设计要求。

检验方法：用钢尺检查和检查配合比试验报告。

检查数量：按本规范第3.0.21条规定的检验批检查。

第3.0.21条：

3.0.21   建筑地面工程施工质量的检验，应符合下列规定：

1   基层（各构造层）和各类面层的分项工程的施工质量验收应按每一层次或每层施工段（或变形缝）划分检验批，高层建筑的标准层可按每三层（不足三层按三层计）划分检验批；

2   每检验批应以各子分部工程的基层（各构造层）和各类面层所划分的分项工程按自然间（或标准间）检验，抽查数量应随机检验不应少于3间；不足3间，应全数检查；其中走廊（过道）应以10延长米为1间，工业厂房（按单跨计）、礼堂、门厅应以两个轴线为1间计算；

3   有防水要求的建筑地面子分部工程的分项工程施工质量每检验批抽查数量应按其房间总数随机检验不应少于4间，不足4间，应全数检查。

4.11.9   对填充材料接缝有密闭要求的应密封良好。

检验方法：观察检查。

检查数量：按本规范第3.0.21条规定的检验批检查。

一般项目

4.11.10   松散材料填充层铺设应密实；板块状材料填充层应压实、无翘曲。

检验方法：观察检查。

检查数量：按本规范第3.0.21条规定的检验批检查。

4.11.11   填充层的坡度应符合设计要求，不应有倒泛水和积水现象。

检验方法：观察和采用泼水或用坡度尺检查。

检查数量：按本规范第3.0.21条规定的检验批检查。

4.11.12   填充层表面的允许偏差应符合本规范表4.1.7的规定。

检验方法：按本规范表4.1.7A中的检验方法检验。

检查数量：按本规范第3.0.21条规定的检验批和第3.0.22条的规定检查。

第3.0.22条：

3.0.22   建筑地面工程的分项工程施工质量检验的主控项目，应达到本规范规定的质量标准，认定为合格；一般项目80%以上的检查点（处）符合本规范规定的质量要求，其他检查点（处）不得有明显影响使用，且最大偏差值不超过允许偏差值的50%为合格。凡达不到质量标准时，应按现行国家标准《建筑工程施工质量验收统一标准》GB 50300的规定处理。

填充层表面的允许偏差和检验方法（mm）　　　　表4.1.7A

项次	隔离层的项目（第4.11.20条）	允许偏差		检验方法
		松散材料	板、块材料	
1	表面平整度	7	5	用2m靠尺和楔形塞尺检查
2	标高	±4	±4	用水准仪检查
3	坡度	不大于房间相应尺寸的2/1000,且不大于30		用坡度尺检查
4	厚度	在个别地方不大于设计厚度的1/10,且不大于20		用钢尺检查

4.11.13 用作隔声的填充层,其表面允许偏差应符合本规范表4.1.7中隔离层的规定。

检验方法:按本规范表4.1.7B中的检验方法检验。

检查数量:按本规范第3.0.21条规定的检验批和第3.0.22条的规定检查。

隔音层表面的允许偏差和检验方法 (mm)   表4.1.7B

项次	隔离层的项目 (第4.10.16条)	允许偏差	检验方法
1	表面平整度	3	用2m靠尺和楔形塞尺检查
2	标高	±4	用水准仪检查
3	坡度	不大于房间相应尺寸的2/1000,且不大于30	用坡度尺检查
4	厚度	在个别地方不大于设计厚度的1/10	用钢尺检查

【检验批验收应提供的核查资料】

填充层检验批质量验收应提供的核查资料   表209-10a

序号	核查资料名称	核查要点
1	填充层用材料、产品合格证或质量证明书(松散材料:水泥、炉渣、陶粒、膨胀珍珠岩、膨胀蛭石;板与块材料:泡沫混凝土板、矿棉板、沥青珍珠岩板、水泥蛭石板、泡沫塑料板、膨胀珍珠岩板、加气混凝土块)	核查资料的真实性。核查需方及供方单位名称,材料或产品名称、规格、等级、数量(质量或件数)、批号或生产日期、出厂日期、材料或产品出厂检验项目的各项检验结果和供方质检部门印记(必须符合设计和标准与规范要求),材料或产品应用标准编号、生产许可证编号,应标明的材料或产品注意事项、材料或产品安全警语
2	填充层配合比通知单	提供单位资质,材料配合比符合设计要求,核查其真实性

注:1. 合理缺项除外;2. 表列凡有性能要求的均应符合设计和规范要求。

附:规范规定的施工"过程控制"要点

4.11 填充层

4.11.1 填充层材料的密度应符合设计要求。

4.11.2 填充层的下一层表面应平整。当为水泥类时,尚应洁净、干燥,并不得有空鼓、裂缝和起砂等缺陷。

4.11.3 采用松散材料铺设填充层时,应分层铺平拍实;采用板、块状材料铺设填充层时,应分层错缝铺贴。

4.11.4 有隔声要求的楼面,隔声垫在柱、墙面的上翻高度应超出楼面20mm,且应收口于踢脚线内。地面上有竖向管道时,隔声垫应包裹管道四周,高度同卷向柱、墙面的高度。隔声垫保护膜之间应错缝搭接,搭接长度应大于100mm,并用胶带等封闭。

4.11.5 隔声垫上部应设置保护层,其构造做法应符合设计要求。当设计无要求时,混凝土保护层厚度不应小于30mm,内配间距不大于200mm×200mm的$\phi6$mm钢筋网片。

4.11.6 有隔声要求的建筑地面工程尚应符合现行国家标准《建筑隔声评价标准》GB/T 50121、《民用建筑隔声设计规范》GBJ 118 的有关要求。

注:填充层施工完成后,应及时施工保护层,避免破坏填充层。

【建筑地面绝热层检验批质量验收记录】

建筑地面绝热层检验批质量验收记录表   表 209-11

单位(子单位)工程名称					
分部(子分部)工程名称			验收部位	
施工单位			项目经理	
分包单位			分包项目经理	
施工执行标准名称及编号				

检控项目	序号	质量验收规范规定		施工单位检查评定记录	监理(建设)单位验收记录
主控项目	1	绝热层材料应符合设计要求和国家现行有关标准的规定	第4.12.10条		
	2	绝热层材料的进场复验	第4.12.11条		
	3	绝热层的板块材料应采用无缝铺贴法铺设,表面应平整	第4.12.12条		
一般项目	1	绝热层的厚度应符合设计要求,不应出现负偏差,表面应平整	第4.12.13条		
	2	绝热层表面应无开裂	第4.12.14条		
	3	绝热层与地面面层间质量及允许偏差(第4.12.15条)	允许偏差(mm)	量 测 值(mm)	
	(1)	表面平整度	4		
	(2)	标高	±4		
	(3)	坡度	不大于房间相应尺寸2/1000,且不大于30		
	(4)	厚度	在个别地方不大于设计厚度1/10,且不大于20		

施工单位检查评定结果	专业工长(施工员)		施工班组长	
	项目专业质量检查员: 年 月 日			

监理(建设)单位验收结论	专业监理工程师: (建设单位项目专业技术负责人): 年 月 日

【检查验收时执行的规范条目】

主控项目

4.12.10 绝热层材料应符合设计要求和国家现行有关标准的规定。

检验方法:观察检查和检查型式检验报告、出厂检验报告、出厂合格证。

检查数量:同一工程、同一材料、同一生产厂家、同一型号、同一规格、同一批号检查一次。

4.12.11　绝热层材料进入施工现场时，应对材料的导热系数、表观密度、抗压强度或压缩强度、阻燃性进行复验。

　　　检验方法：检查复验报告。

　　　检查数量：同一工程、同一材料、同一生产厂家、同一型号、同一规格、同一批号复验一组。

4.12.12　绝热层的板块材料应采用无缝铺贴法铺设，表面应平整。

　　　检查方法：观察检查、楔形塞尺检查。

　　　检查数量：按本规范第3.0.21条规定的检验批检查。

　　　第3.0.21条：

3.0.21　建筑地面工程施工质量的检验，应符合下列规定：

　　1　基层（各构造层）和各类面层的分项工程的施工质量验收应按每一层次或每层施工段（或变形缝）划分检验批，高层建筑的标准层可按每三层（不足三层按三层计）划分检验批；

　　2　每检验批应以各子分部工程的基层（各构造层）和各类面层所划分的分项工程按自然间（或标准间）检验，抽查数量应随机检验不应少于3间；不足3间，应全数检查；其中走廊（过道）应以10延长米为1间，工业厂房（按单跨计）、礼堂、门厅应以两个轴线为1间计算；

　　3　有防水要求的建筑地面子分部工程的分项工程施工质量每检验批抽查数量应按其房间总数随机检验不应少于4间，不足4间，应全数检查。

　一般项目

4.12.13　绝热层的厚度应符合设计要求，不应出现负偏差，表面应平整。

　　　检验方法：直尺或钢尺检查。

　　　检查数量：按本规范第3.0.21条规定的检验批检查。

4.12.14　绝热层表面应无开裂。

　　　检验方法：观察检查。

　　　检查数量：按本规范第3.0.21条规定的检验批检查。

4.12.15　绝热层与地面面层之间的水泥混凝土结合层或水泥砂浆找平层，表面应平整，允许偏差应符合本规范表4.1.7中"找平层"的规定。

　　　检验方法：按本规范表4.1.7中"找平层"的检验方法检验。

　　　检查数量：按本规范第3.0.21条规定的检验批和第3.0.22条的规定检查。

　　　第3.0.22条：

3.0.22　建筑地面工程的分项工程施工质量检验的主控项目，应达到本规范规定的质量标准，认定为合格；一般项目80%以上的检查点（处）符合本规范规定的质量要求，其他检查点（处）不得有明显影响使用，且最大偏差值不超过允许偏差值的50%为合格。凡达不到质量标准时，应按现行国家标准《建筑工程施工质量验收统一标准》GB 50300的规定处理。

绝热层表面的允许偏差和检验方法（mm）　　　　　　　　　　**表4.1.7**

项次	绝热层的项目 （第4.12.15条）	允许偏差	检验方法
1	表面平整度	4	用2m靠尺和楔形塞尺检查
2	标高	±4	用水准仪检查
3	坡度	不大于房间相应尺寸的2/1000,且不大于30	用坡度尺检查
4	厚度	在个别地方不大于设计厚度的1/10,且不大于20	用钢尺检查

【检验批验收应提供的核查资料】

绝热层检验批质量验收应提供的核查资料

表 209-11a

序号	核查资料名称	核查要点
1	绝热层用材料、产品合格证或质量证明书（膨胀珍珠岩制品、膨胀蛭石制品、硅酸钙绝热制品、硅藻土绝热制品）	核查资料的真实性。核查需方及供方单位名称，材料或产品名称、规格、等级、数量（质量或件数）、批号或生产日期、出厂日期、材料或产品出厂检验项目的各项检验结果和供方质检部门印记（必须符合设计和标准与规范要求），材料或产品应用标准编号、生产许可证编号，应标明的材料或产品注意事项、材料或产品安全警语
2	绝热层材料出厂检验报告	检查内容同上。分别由厂家提供。提供的出厂检验报告的内容应符合相应标准"出厂检验项目"规定（与试验报告大体相同）。应提供型式检验报告
3	绝热层材料（导热系数、表观密度、抗压强度或压缩强度、阻燃性）试验报告（见证取样）	不同材料的报告提供量的代表数量、日期、性能，与设计、规范要求的符合性。尚应核查的项目为：外观质量、尺寸偏差、密度、质量含水率、抗压强度

注：1. 合理缺项除外；2. 表列凡有性能要求的均应符合设计和规范要求；3. 绝热层材料应为制品类材料并符合设计和规范要求。

附：规范规定的施工"过程控制"要点

4.12　绝热层

4.12.1　绝热层材料的性能、品种、厚度、构造做法应符合设计要求和国家现行有关标准的规定。

4.12.2　建筑物室内接触基土的首层地面应增设水泥混凝土垫层后方可铺设绝热层，垫层的厚度及强度等级应符合设计要求。首层地面及楼层楼板铺设绝热层前，表面平整度宜控制在 3mm 以内。

4.12.3　有防水、防潮要求的地面，宜在防水、防潮隔离层施工完毕并验收合格后再铺设绝热层。

4.12.4　穿越地面进入非采暖保温区域的金属管道应采取隔断热桥的措施。

4.12.5　绝热层与地面面层之间应设有水泥混凝土结合层，构造做法及强度等级应符合设计要求。设计无要求时，水泥混凝土结合层的厚度不应小于 30mm，层内应设置间距不大于 200mm×200mm 的 φ6mm 钢筋网片。

4.12.6　有地下室的建筑，地上、地下交界部位楼板的绝热层应采用外保温做法，绝热层表面应设有外保护层。外保护层应安全、耐候，表面应平整、无裂纹。

4.12.7　建筑物勒脚处绝热层的铺设应符合设计要求。设计无要求时，应符合下列规定：

　　1　当地区冻土深度不大于 500mm 时，应采用外保温做法；

　　2　当地区冻土深度大于 500mm 且不大于 1000mm 时，宜采用内保温做法；

　　3　当地区冻土深度大于 1000mm 时，应采用内保温做法；

　　4　当建筑物的基础有防水要求时，宜采用内保温做法；

　　5　采用外保温做法的绝热层，宜在建筑物主体结构完成后再施工。

4.12.8　绝热层的材料不应采用松散型材料或抹灰浆料。

4.12.9　绝热层施工质量检查尚应符合现行国家标准《建筑节能工程施工质量验收规范》GB 50411 的有关规定。

【整体面层铺设】

5.1 一般规定

5.1.1 本章适用于水泥混凝土（含细石混凝土）面层、水泥砂浆面层、水磨石面层、硬化耐磨面层、防油渗面层、不发火（防爆）面层、自流平面层、涂料面层、塑胶面层、地面辐射供暖的整体面层等面层分项工程的施工质量检验。

5.1.2 铺设整体面层时，水泥类基层的抗压强度不得小于1.2MPa；表面应粗糙、洁净、湿润并不得有积水。铺设前宜凿毛或涂刷界面剂。硬化耐磨面层、自流平面层的基层处理应符合设计及产品的要求。

5.1.3 铺设整体面层时，地面变形缝的位置应符合本规范第3.0.16条的规定；大面积水泥类面层应设置分格缝。

第3.0.16条：

3.0.16 建筑地面的变形缝应按设计要求设置，并应符合下列规定：

1 建筑地面的沉降缝、伸缩缝、缩缝和防震缝，应与结构相应缝的位置一致，且应贯通建筑地面的各构造层；

2 沉降缝和防震缝的宽度应符合设计要求，缝内清理干净，以柔性密封材料填嵌后用板封盖，并应与面层齐平。

5.1.4 整体面层施工后，养护时间不应少于7d；抗压强度应达到5MPa后方准上人行走；抗压强度应达到设计要求后，方可正常使用。

5.1.5 当采用掺有水泥拌合料做踢脚线时，不得用石灰砂浆打底。

5.1.6 水泥类整体面层的抹平工作应在水泥初凝前完成，压光工作应在水泥终凝前完成。

5.1.7 整体面层的允许偏差和检验方法应符合表5.1.7的规定。

整体面层的允许偏差和检验方法（mm）　表5.1.7

项次	项目	允许偏差(mm)									检验方法
		水泥混凝土面层	水泥砂浆面层	普通水磨石面层	高级水磨石面层	硬化耐磨面层	防油渗混凝土和不发火（防爆)面层	自流平面层	涂料面层	塑胶面层	
1	表面平整度	5	4	3	2	4	5	2	2	2	用2m靠尺和楔形塞尺检查
2	踢脚线上口平直	4	4	3	3	4	4	3	3	3	拉5m线和用钢尺检查
3	缝格顺直	3	3	3	2	3	3	2	2	2	拉5m线和用钢尺检查

【建筑地面水泥混凝土面层检验批质量验收记录】

建筑地面水泥混凝土面层检验批质量验收记录表　　　表 209-12

单位(子单位)工程名称			
分部(子分部)工程名称		验收部位	
施工单位		项目经理	
分包单位		分包项目经理	
施工执行标准名称及编号			

检控项目	序号	质量验收规范规定		施工单位检查评定记录	监理(建设)单位验收记录
主控项目	1	水泥混凝土粗骨料的粒径要求	第5.2.3条		
	2	防水水泥混凝土中掺入外加剂性能和掺量规定	第5.2.4条		
	3	面层的强度等级应符合设计要求,且强度等级不应小于C20	第5.2.5条		
	4	面层与下一层结合牢固和质量要求及空鼓面限值	第5.2.6条		
一般项目	1	面层表面应洁净,不应有裂纹、脱皮、麻面、起砂等缺陷	第5.2.7条		
	2	面层表面的坡度应符合设计要求,不应有倒泛水和积水现象	第5.2.8条		
	3	踢脚线与柱、墙面质量要求及空鼓的限值	第5.2.9条		
	4	楼梯台阶踏步的宽度、高度等的做法与要求	第5.2.10条		
	5	水泥混凝土面层允许偏差(第5.2.11条)	允许偏差(mm)	量 测 值(mm)	
	1)	表面平整度	5		
	2)	踢脚线上口平直	4		
	3)	缝格平直	3		

施工单位检查评定结果	专业工长(施工员)	施工班组长
	项目专业质量检查员:　　　　年　月　日	

监理(建设)单位验收结论	专业监理工程师: (建设单位项目专业技术负责人):　　　　年　月　日

【检查验收时执行的规范条目】

主控项目

5.2.3　水泥混凝土采用的粗骨料,最大粒径不应大于面层厚度的 2/3,细石混凝土面层采用的石子粒径不应大于 16mm。

　　检验方法：观察检查和检查质量合格证明文件。

　　检查数量：同一工程、同一强度等级、同一配合比检查一次。

5.2.4　防水水泥混凝土中掺入的外加剂的技术性能应符合国家现行有关标准的规定，外加剂的品种和掺量应经试验确定。

　　检验方法：检查外加剂合格证明文件和配合比试验报告。

　　检查数量：同一工程、同一品种、同一掺量检查一次。

5.2.5　面层的强度等级应符合设计要求，且强度等级不应小于 C20。

　　检验方法：检查配合比试验报告和强度等级检测报告。

　　检查数量：配合比试验报告按同一工程、同一强度等级、同一配合比检查一次；强度等级检测报告按本规范第 3.0.19 条的规定检查。

　　第 3.0.19 条：

3.0.19　检验同一施工批次、同一配合比中水泥混凝土和水泥砂浆强度的试块，应按每一层（或检验批）建筑地面工程不少于 1 组。当每一层（或检验批）建筑地面工程面积大于 1000m² 时，每增加 1000m² 应增做 1 组试块；小于 1000m² 按 1000m² 计算，取样 1 组；检验同一施工批次、同一配合比的散水、明沟、踏步、台阶、坡道的水泥混凝土、水泥砂浆强度的试块，应按每 150 延长米不少于 1 组。

5.2.6　面层与下一层应结合牢固，且应无空鼓和开裂。当出现空鼓时，空鼓面积不应大于 400cm²，且每自然间或标准间不应多于 2 处。

　　检验方法：观察和用小锤轻击检查。

　　检查数量：按本规范第 3.0.21 条规定的检验批检查。

　　第 3.0.21 条：

3.0.21　建筑地面工程施工质量的检验，应符合下列规定：

　　1　基层（各构造层）和各类面层的分项工程的施工质量验收应按每一层次或每层施工段（或变形缝）划分检验批，高层建筑的标准层可按每三层（不足三层按三层计）划分检验批；

　　2　每检验批应以各子分部工程的基层（各构造层）和各类面层所划分的分项工程按自然间（或标准间）检验，抽查数量应随机检验不应少于 3 间；不足 3 间，应全数检查；其中走廊（过道）应以 10 延长米为 1 间，工业厂房（按单跨计）、礼堂、门厅应以两个轴线为 1 间计算；

　　3　有防水要求的建筑地面子分部工程的分项工程施工质量每检验批抽查数量应按其房间总数随机检验不应少于 4 间，不足 4 间，应全数检查。

　　一般项目

5.2.7　面层表面应洁净，不应有裂纹、脱皮、麻面、起砂等缺陷。

　　检验方法：观察检查。

　　检查数量：按本规范第 3.0.21 条规定的检验批检查。

5.2.8　面层表面的坡度应符合设计要求，不应有倒泛水和积水现象。

　　检验方法：观察和采用泼水或用坡度尺检查。

　　检查数量：按本规范第 3.0.21 条规定的检验批检查。

5.2.9　踢脚线与柱、墙面应紧密结合，踢脚线高度和出柱、墙厚度应符合设计要求且均匀一致。当出现空鼓时，局部空鼓长度不应大于 300mm，且每自然间或标准间不应多于 2 处。

　　检验方法：用小锤轻击、钢尺和观察检查。

检查数量：按本规范第 3.0.21 条规定的检验批检查。

5.2.10　楼梯、台阶踏步的宽度、高度应符合设计要求。楼层梯段相邻踏步高度差不应大于 10mm；每踏步两端宽度差不应大于 10mm，旋转楼梯段的每踏步两端宽度的允许偏差不应大于 5mm。踏步面层应做防滑处理，齿角应整齐，防滑条应顺直、牢固。

检验方法：观察和用钢尺检查。

检查数量：按本规范第 3.0.21 条规定的检验批检查。

5.2.11　水泥混凝土面层的允许偏差应符合本规范表 5.1.7 的规定。

检验方法：按本规范表 5.1.7 中的检验方法检验。

检查数量：按本规范第 3.0.21 条规定的检验批和第 3.0.22 条的规定检查。

第 3.0.22 条：

3.0.22　建筑地面工程的分项工程施工质量检验的主控项目，应达到本规范规定的质量标准，认定为合格；一般项目 80％以上的检查点（处）符合本规范规定的质量要求，其他检查点（处）不得有明显影响使用，且最大偏差值不超过允许偏差值的 50％为合格。凡达不到质量标准时，应按现行国家标准《建筑工程施工质量验收统一标准》GB 50300 的规定处理。

水泥混凝土面层的允许偏差和检验方法（mm）　　　　　　表 5.1.7

项次	水泥混凝土面层的项目 （第 5.2.10 条）	允许偏差	检验方法
1	表面平整度	5	用 2m 靠尺和楔形塞尺检查
2	踢脚线上口平直	4	拉 5m 线和用钢尺检查
3	缝格平直	3	拉 5m 线和用钢尺检查

【检验批验收应提供的核查资料】

水泥混凝土面层铺设检验批验收应提供的核查资料 表 209-12a

序号	核查资料名称	核 查 要 点
1	水泥混凝土面层用材料、产品合格证或质量证明书[水泥、砂(粒径≤16mm)、石(最大粒径不大于面层厚度的 2/3)、外加剂]	核查资料的真实性。核查需方及供方单位名称,材料或产品名称、规格、等级、数量(质量或件数)、批号或生产日期、出厂日期、材料或产品出厂检验项目的各项检验结果和供方质检部门印记(必须符合设计和标准与规范要求),材料或产品应用标准编号、生产许可证编号,应标明的材料或产品注意事项、材料或产品安全警语
2	水泥混凝土面层材料出厂检验记录	检查内容同上。分别由厂家提供。提供的出厂检验报告的内容应符合相应标准"出厂检验项目"规定(与试验报告大体相同)
3	水泥混凝土面层材料试验报告(见证取样)	核查其报告提供的代表数量、报告日期、性能、质量,与设计、规范要求的符合性
1)	水泥试验报告	检查其品种、代表数量、报告日期、水泥性能:抗折强度、抗压强度、初凝、终凝、安定性、依据标准、检验结论
2)	砂试验报告	检查其品种、代表数量、报告日期、砂子性能:表观密度(kg/m³);氯离子含量(%);堆积密度(kg/m³);含水率(%);紧密密度(kg/m³);吸水率(%);含泥量(%);云母含量(%);泥块含量(%);轻物质含量(%);有机物含量;硫酸盐、硫化物含量(%);压碎值指标(%);坚固性质量损失率(%);人工砂的石粉含量(%)、人工砂的 MB 值;碱活性;贝壳含量(%);颗粒级配;细度模数、检验结论
3)	石试验报告(最大粒径不大于垫层厚度的 2/3)	检查其品种、报告提供量的代表数量、报告日期、石性能:抗压检验[强度平均值(MPa)、强度标准值/最小值(MPa)、强度标准差(MPa)、变异系数]、外观质量、尺寸偏差、检验结论
4)	外加剂试验报告	检查其品种、代表数量、报告日期、外加剂性能:含固量;含水率;密度;细度;pH 值;氯离子含量;硫酸钠含量;总碱量、检验结论
4	混凝土配合比试配(含外加剂)试验报告(见证取样)	提供单位资质、材料配合比、符合设计要求、真实性
5	混凝土试件强度试验报告(见证取样)	检查试件边长、成型日期、破型日期、龄期、强度值(抗压、抗折)、达到设计强度的百分数(%)、强度等级、代表数量、日期、性能、质量与设计、标准符合性
6	地面面层泼水试验记录	检查试验记录的真实性。地面坡度有无积水或倒泛水、坡度实施的正确性,是否漏水,责任制齐全程度,不得渗漏

注:1. 合理缺项除外;2. 表列凡有性能要求的均应符合设计和规范要求。

附:规范规定的施工"过程控制"要点

5.2 水泥混凝土面层

5.2.1 水泥混凝土面层厚度应符合设计要求。

5.2.2 水泥混凝土面层铺设不得留施工缝。当施工间隙超过允许时间规定时,应对接槎处进行处理。

注:1. 按照设计要求面层所处位置情况及面积大小和厚度确定伸、缩缝的设置及施工做法。

2. 整体面层施工后,24h 内加以覆盖并浇水养护(也可采用分间、分块蓄水养护),在常温下连续养护时间不应少于 7d;抗压强度应达到 5MPa 后,方准上人行走;抗压强度应达到设计要求后,方可正常使用。

【建筑地面水泥砂浆面层检验批质量验收记录】

建筑地面水泥砂浆面层检验批质量验收记录表　　　　　　表209-13

单位(子单位)工程名称										
分部(子分部)工程名称						验 收 部 位				
施工单位						项 目 经 理				
分包单位						分包项目经理				
施工执行标准名称及编号										

检控项目	序号	质量验收规范规定		施工单位检查评定记录						监理(建设)单位验收记录
主控项目	1	水泥砂浆面层用材料的质量要求	第5.3.2条							
	2	防水水泥砂浆掺入外加剂性能与掺量	第5.3.3条							
	3	水泥砂浆体积比(强度等级)要求;体积比为1:2,强度等级≥M15	第5.3.4条							
	4	有排水要求的水泥砂浆地面,坡向应正确、排水通畅;防水水泥砂浆面层不应渗漏	第5.3.5条							
	5	面层与下一层结合的质量要求	第5.3.6条							
一般项目	1	面层表面的坡度应符合设计要求,不应有倒泛水和积水现象	第5.3.7条							
	2	面层表面应洁净,不应有裂纹、脱皮、麻面、起砂等现象	第5.3.8条							
	3	踢脚线与柱、墙面质量要求及空鼓的限值	第5.3.9条							
	4	楼梯台阶踏步的宽度、高度做法与要求	第5.3.10条							
	5	水泥砂浆(第5.3.11条)	允许偏差(mm)	量　测　值(mm)						
	1)	表面平整度	4							
	2)	踢脚线上口平直	4							
	3)	缝格平直	3							

施工单位检查评定结果	专业工长(施工员)		施工班组长	
	项目专业质量检查员:　　　　　　　年　月　日			

监理(建设)单位验收结论	专业监理工程师: (建设单位项目专业技术负责人):　　　　年　月　日

【检查验收时执行的规范条目】

主控项目

5.3.2 水泥宜采用硅酸盐水泥、普通硅酸盐水泥，不同品种、不同强度等级的水泥不应混用；砂应为中粗砂，当采用石屑时，其粒径应为1～5mm，且含泥量不应大于3%；防水水泥砂浆采用的砂或石屑，其含泥量不应大于1%。

检验方法：观察检查和检查质量合格证明文件。

检查数量：同一工程、同一强度等级、同一配合比检查一次。

5.3.3 防水水泥砂浆中掺入的外加剂的技术性能应符合国家现行有关标准的规定，外加剂的品种和掺量应经试验确定。

检验方法：观察检查和检查质量合格证明文件、配合比试验报告。

检查数量：同一工程、同一强度等级、同一配合比、同一外加剂品种、同一掺量检查一次。

5.3.4 水泥砂浆的体积比（强度等级）应符合设计要求，且体积比应为1:2，强度等级不应小于M15。

检验方法：检查强度等级检测报告。

检查数量：按本规范第3.0.19条的规定检查。

第3.0.19条：

3.0.19 检验同一施工批次、同一配合比水泥混凝土和水泥砂浆强度的试块，应按每一层（或检验批）建筑地面工程不少于1组。当每一层（或检验批）建筑地面工程面积大于1000m² 时，每增加1000m² 应增做1组试块；小于1000m² 按1000m² 计算，取样1组；检验同一施工批次、同一配合比的散水、明沟、踏步、台阶、坡道的水泥混凝土、水泥砂浆强度的试块，应按每150延长米不少于1组。

5.3.5 有排水要求的水泥砂浆地面，坡向应正确、排水通畅；防水水泥砂浆面层不应渗漏。

检验方法：观察检查和蓄水、泼水检验或坡度尺检查及检查检验记录。

检查数量：按本规范第3.0.21条规定的检验批检查。

第3.0.21条：

3.0.21 建筑地面工程施工质量的检验，应符合下列规定：

1 基层（各构造层）和各类面层的分项工程的施工质量验收应按每一层次或每层施工段（或变形缝）划分检验批，高层建筑的标准层可按每三层（不足三层按三层计）划分检验批；

2 每检验批应以各子分部工程的基层（各构造层）和各类面层所划分的分项工程按自然间（或标准间）检验，抽查数量应随机检验不应少于3间；不足3间，应全数检查；其中走廊（过道）应以10延长米为1间，工业厂房（按单跨计）、礼堂、门厅应以两个轴线为1间计算；

3 有防水要求的建筑地面子分部工程的分项工程施工质量每检验批抽查数量应按其房间总数随机检验不应少于4间，不足4间，应全数检查。

5.3.6 面层与下一层应结合牢固，且应无空鼓和开裂。当出现空鼓时，空鼓面积不应大于400cm²，且每自然间或标准间不应多于2处。

检验方法：观察和用小锤轻击检查。

检查数量：按本规范第3.0.21条规定的检验批检查。

一般项目

5.3.7 面层表面的坡度应符合设计要求，不应有倒泛水和积水现象。

检验方法：观察和采用泼水或坡度尺检查。

检查数量：按本规范第 3.0.21 条规定的检验批检查。

5.3.8　面层表面应洁净，不应有裂纹、脱皮、麻面、起砂等现象。

检验方法：观察检查。

检查数量：按本规范第 3.0.21 条规定的检验批检查。

5.3.9　踢脚线与柱、墙面应紧密结合，踢脚线高度及出柱、墙厚度应符合设计要求且均匀一致。当出现空鼓时，局部空鼓长度不应大于 300mm，且每自然间或标准间不应多于 2 处。

检验方法：用小锤轻击、钢尺和观察检查。

检查数量：按本规范第 3.0.21 条规定的检验批检查。

5.3.10　楼梯、台阶踏步的宽度、高度应符合设计要求。楼层梯段相邻踏步高度差不应大于 10mm；每踏步两端宽度差不应大于 10mm，旋转楼梯段的每踏步两端宽度的允许偏差不应大于 5mm。踏步面层应做防滑处理，齿角应整齐，防滑条应顺直、牢固。

检验方法：观察和用钢尺检查。

检查数量：按本规范第 3.0.21 条规定的检验批检查。

5.3.11　水泥砂浆面层的允许偏差应符合本规范表 5.1.7 的规定。

检验方法：按本规范表 5.1.7 中的检验方法检验。

检查数量：按本规范第 3.0.21 条规定的检验批和第 3.0.22 条的规定检查。

第 3.0.22 条：

3.0.22　建筑地面工程的分项工程施工质量检验的主控项目，应达到本规范规定的质量标准，认定为合格；一般项目 80% 以上的检查点（处）符合本规范规定的质量要求，其他检查点（处）不得有明显影响使用，且最大偏差值不超过允许偏差值的 50% 为合格。凡达不到质量标准时，应按现行国家标准《建筑工程施工质量验收统一标准》GB 50300 的规定处理。

水泥砂浆面层的允许偏差和检验方法（mm）　　　　表 5.1.7

项次	水泥砂浆面层的项目 （第 5.3.10 条）	允许偏差	检验方法
1	表面平整度	4	用 2m 靠尺和楔形塞尺检查
2	踢脚线上口平直	4	拉 5m 线和用钢尺检查
3	缝格平直	3	拉 5m 线和用钢尺检查

【检验批验收应提供的核查资料】

水泥砂浆面层验收应提供的核查资料

表 209-13a

序号	核查资料名称	核 查 要 点
1	水泥砂浆面层用材料、产品合格证或质量证明书	核查资料的真实性。核查需方及供方单位名称,材料或产品名称、规格、等级、数量(质量或件数)、批号或生产日期、出厂日期、材料或产品出厂检验项目的各项检验结果和供方质检部门印记(必须符合设计和标准与规范要求),材料或产品应用标准编号、生产许可证编号,应标明的材料或产品注意事项、材料或产品安全警语
2	水泥砂浆面层用材料出厂检验报告	检查内容同上。分别由厂家提供。提供的出厂检验报告的内容应符合相应标准"出厂检验项目"规定(与试验报告大体相同)
3	水泥砂浆面层用材料试验报告(见证取样)	核查其报告提供量的代表数量、报告日期、性能、质量,与设计、规范要求的符合性
1)	水泥试验报告	检查其品种、代表数量、报告日期、水泥性能:抗折强度、抗压强度、初凝、终凝、安定性、依据标准、检验结论
2)	砂试验报告	检查其品种、代表数量、报告日期、砂子性能:表观密度(kg/m³);氯离子含量(%);堆积密度(kg/m³);含水率(%);紧密密度(kg/m³);吸水率(%);含泥量(%);云母含量(%);泥块含量(%);轻物质含量(%);有机物含量;硫酸盐、硫化物含量(%);压碎值指标(%);坚固性质量损失率(%);人工砂的石粉含量(%)、人工砂的 MB 值;碱活性;贝壳含量(%);颗料级配;细度模数、检验结论
3)	外加剂试验报告	检查其品种、代表数量、报告日期、外加剂性能:含固量;含水率;密度;细度;pH 值;氯离子含量;硫酸钠含量;总碱量、检验结论
4	水泥砂浆配合比及试件强度试验报告	体积比应为 1:2,强度等级为≥M15
5	水泥砂浆试件强度试验报告(见证取样)	检查试件边长、成型日期、破型日期、龄期、强度值、达到设计强度的百分数(%)、强度等级、代表数量、日期、性能、质量与设计、标准符合性
6	地面面层蓄水、泼水试验记录	核查是否进行蓄水或泼水试验,有无渗漏。检查防水隔离层应采用蓄水方法,蓄水深度最浅处不得小于 10mm,蓄水时间不得少于 24h;检查有防水要求的建筑地面的面层应采用泼水方法

注：1. 合理缺项除外；2. 表列凡有性能要求的均应符合设计和规范要求。

【建筑地面水磨石面层检验批质量验收记录】

建筑地面水磨石面层检验批质量验收记录表　　　　表 209-14

单位(子单位)工程名称				
分部(子分部)工程名称			验收部位	
施工单位			项目经理	
分包单位			分包项目经理	
施工执行标准名称及编号				

检控项目	序号	质量验收规范规定		施工单位检查评定记录	监理(建设)单位验收记录
主控项目	1	面层用石粒的品种加工、粒径、颜料等要求	第5.4.8条		
	2	拌合料的体积比应符合设计要求,水泥与石粒的比例应为1:1.5~1:2.5	第5.4.9条		
	3	防静电水磨石面层的接地电阻和表面电阻检测	第5.4.10条		
	4	面层与下一层结合的质量要求及空鼓面积限值	第5.4.11条		
一般项目	1	面层表面质量要求	第5.4.12条		
	2	踢脚线与柱、墙面质量要求及空鼓的限值	第5.4.13条		
	3	楼梯台阶踏步的宽度、高度做法与要求	第5.4.14条		

一般项目	4	水磨石面层(第5.4.15条)	允许偏差(mm)	量 测 值(mm)							
		项 目	普通水磨石	高级水磨石							
	1)	表面平整度	3	2							
	2)	踢脚线上口平直	3	3							
	3)	缝格平直	3	3							

施工单位检查评定结果	专业工长(施工员)		施工班组长	
	项目专业质量检查员:　　　　　　　　　　年　月　日			

监理(建设)单位验收结论	专业监理工程师: (建设单位项目专业技术负责人):　　　　　年　月　日

【检查验收时执行的规范条目】

主控项目

5.4.8　水磨石面层的石粒,应采用白云石、大理石等岩石加工而成,石粒应洁净无杂物,其粒径除特殊要求外应为 6~16mm;颜料应采用耐光、耐碱的矿物原料,不得使用酸性颜料。

检验方法：观察检查和检查质量合格证明文件。

检查数量：同一工程、同一体积比检查一次。

5.4.9 水磨石面层拌合料的体积比应符合设计要求，且水泥与石粒的比例应为1：1.5～1：2.5。

检验方法：检查配合比试验报告。

检查数量：同一工程、同一体积比检查一次。

5.4.10 防静电水磨石面层应在施工前及施工完成表面干燥后进行接地电阻和表面电阻检测，并应做好记录。

检验方法：检查施工记录和检测报告。

检查数量：按本规范第3.0.21条规定的检验批检查。

第3.0.21条：

3.0.21 建筑地面工程施工质量的检验，应符合下列规定：

1 基层（各构造层）和各类面层的分项工程的施工质量验收应按每一层次或每层施工段（或变形缝）划分检验批，高层建筑的标准层可按每三层（不足三层按三层计）划分检验批；

2 每检验批应以各子分部工程的基层（各构造层）和各类面层所划分的分项工程按自然间（或标准间）检验，抽查数量应随机检验不应少于3间；不足3间，应全数检查；其中走廊（过道）应以10延长米为1间，工业厂房（按单跨计）、礼堂、门厅应以两个轴线为1间计算；

3 有防水要求的建筑地面子分部工程的分项工程施工质量每检验批抽查数量应按其房间总数随机检验不应少于4间，不足4间，应全数检查。

5.4.11 面层与下一层结合应牢固，且应无空鼓、裂纹。当出现空鼓时，空鼓面积不应大于400cm²，且每自然间或标准间不应多于2处。

检验方法：观察和用小锤轻击检查。

检查数量：按本规范第3.0.21条规定的检验批检查。

一般项目

5.4.12 面层表面应光滑，且应无裂纹、砂眼和磨痕；石粒应密实，显露应均匀；颜色图案应一致，不混色；分格条应牢固、顺直和清晰。

检验方法：观察检查。

检查数量：按本规范第3.0.21条规定的检验批检查。

5.4.13 踢脚线与柱、墙面应紧密结合，踢脚线高度及出柱、墙厚度应符合设计要求且均匀一致。当出现空鼓时，局部空鼓长度不应大于300mm，且每自然间或标准间不应多于2处。

检验方法：用小锤轻击、钢尺和观察检查。

检查数量：按本规范第3.0.21条规定的检验批检查。

5.4.14 楼梯、台阶踏步的宽度、高度应符合设计要求。楼层梯段相邻踏步高度差不应大于10mm；每踏步两端宽度差不应大于10mm，旋转楼梯段的每踏步两端宽度的允许偏差不应大于5mm。踏步面层应做防滑处理，齿角应整齐，防滑条应顺直、牢固。

检验方法：观察和用钢尺检查。

检查数量：按本规范第3.0.21条规定的检验批检查。

5.4.15 水磨石面层的允许偏差应符合本规范表5.1.7的规定。

检验方法：按本规范表5.1.7中的检验方法检验。

　　检查数量：按本规范第3.0.21条规定的检验批和第3.0.22条的规定检查。

　　第3.0.22条：

3.0.22　建筑地面工程的分项工程施工质量检验的主控项目，应达到本规范规定的质量标准，认定为合格；一般项目80%以上的检查点（处）符合本规范规定的质量要求，其他检查点（处）不得有明显影响使用，且最大偏差值不超过允许偏差值的50%为合格。凡达不到质量标准时，应按现行国家标准《建筑工程施工质量验收统一标准》GB 50300的规定处理。

水磨石面层的允许偏差和检验方法（mm）　　　　　　　　表5.1.7

项次	水磨石面层的项目 （第5.4.14条）	允许偏差		检验方法
		普通水磨石	高级水磨石	
1	表面平整度	3	2	用2m靠尺和楔形塞尺检查
2	踢脚线上口平直	3	3	拉5m线和用钢尺检查
3	缝格平直	3	2	拉5m线和用钢尺检查

【检验批验收应提供的核查资料】

水磨石面层验收应提供的核查资料　　　　　　　　表209-14a

序号	核查资料名称	核查要点
1	水磨石面层用材料、产品合格证或质量证明书	核查资料的真实性。核查需方及供方单位名称，材料或产品名称、规格、等级、数量（质量或件数）、批号或生产日期、出厂日期、材料或产品出厂检验项目的各项检验结果和供方质检部门印记（必须符合设计和标准与规范要求），材料或产品应用标准编号、生产许可证编号，应标明的材料或产品注意事项、材料或产品安全警语
2	水磨石面层用材料出厂检验报告	检查其材料品种、数量、报告日期，与合格证或质量证书对应
3	水磨石面层用材料试验报告（见证取样）	核查其报告提供量的代表数量、报告日期、性能、质量，与设计、规范要求的符合性
1)	白水泥试验报告	检查其品种、代表数量、报告日期、水泥性能：抗折强度、抗压强度、初凝、终凝、安定性、依据标准、检验结论
2)	通用水泥试验报告	检查其品种、代表数量、报告日期、水泥性能：抗折强度、抗压强度、初凝、终凝、安定性、依据标准、检验结论
3)	石粒试验报告（最大粒径不大于垫层厚度的2/3）	应用白云石、大理石（粒径6～16mm），检查其品种、报告提供量的代表数量、报告日期、石粒性能：抗压检验〔强度平均值(MPa)、强度标准值/最小值(MPa)、强度标准差(MPa)、变异系数〕、外观质量、尺寸偏差、检验结论
4	水磨石面层拌合料配合比试验报告（见证取样）	拌合料采用体积配合比。检查试验报告的真实性和试验单位资质，拌合料配合比应符合设计和规范要求
5	防静电水磨石面层接地电阻、表面电阻检测报告	检查试验单位资质、测试类别的内容与部位不缺项、接地电阻值与设计、规范要求的符合性。应分两个阶段进行，施工前进行接地电阻，施工完成后表面干燥后进行表面电阻检测
6	防静电水磨石面层施工记录	施工记录内容的完整性。防静电水磨石施工工艺、配合比、接地测试时间、表面电阻测试时间、电阻值、测试人员姓名

　　注：1. 合理缺项除外；2. 表列凡有性能要求的均应符合设计和规范要求。

水磨石面层质量控制的几点补充说明

1. 白色硅酸盐水泥的质量控制

（1）质量标准

白色或浅色的水磨石面层，应采用白水泥，要求新鲜、无结块。白水泥保管期为 3 个月，超过 3 个月的要重新进行复试。

（2）取样规则

同一水泥厂，同等级、同白度、同一进场日期，50t 为一验收批，不足 50t 亦按一验收批计算。

（3）取样数量

取样要有代表性。可连续取，亦可从 20 个以上不同部位取等量样品，总数至少 12kg。拌合均匀后分成两等份，一份送试验室按标准进行检验，一份密封保存备校验用。

（4）检验项目：细度、凝结时间、安定性、强度、白度。

（5）保管要求

要防潮、防水：保管水泥的仓库屋顶、外墙不得漏水或渗水。袋装水泥地面垫板应离地 300mm，四周离墙 300mm，堆放高度一般不超过 10 袋。

2. 水磨石的试磨、粗磨、中磨及细磨

（1）试磨

1）水磨石面层开磨前应进行试磨，以石粒不松动、不掉粒为准，经检查确认可磨后，方可正式开磨。一般开磨时间可参考表 5.4.3.2。

开磨时间参考表

表 5.4.3.2

平均气温 （℃）	开磨时间(d)	
	机磨	人工磨
20～30	2～3	1～2
10～20	3～4	1.5～2.5
5～10	5～6	2～3

2）普通水磨石面层磨光遍数不应少于 3 遍。高级水磨石面层的厚度和磨光遍数由设计确定。

（2）粗磨

1）粗磨用 60～90 号金刚石，磨石机在地面上呈横"8"字形移动，边磨边加水，随时清扫磨出的水泥浆，并用靠尺不断检查磨石表面的平整度，至表面磨平，全部显露出嵌条与石粒后，再清理干净。

2）待稍干再满涂同色水泥浆一道，以填补砂眼和细小的凹痕，脱落石粒应补齐。

（3）中磨

1）中磨应在粗磨结束并待第一遍水泥浆养护 2～3d 后进行。

2）使用 90～120 号金刚石，机磨方法同头遍，磨至表面光滑后，同样清洗干净，再满涂第二遍同色水泥浆一遍，然后养护 2～3d。

（4）细磨（磨第三遍）

1）第三遍磨光应在中磨结束养护后进行。

2）使用 180～240 号金刚石，机磨方法同头遍，磨至表面平整光滑，石子显露均匀，无细孔磨痕为止。

3）边角等磨石机磨不到之处，用人工手磨。

4）当为高级水磨石时，在第三遍磨光后，经满浆、养护后，用 240～300 号油石继续进行第四、第五遍磨光。

（5）草酸清洗

1）在水磨石面层磨光后，涂草酸和上蜡前，其表面不得污染。

2）用热水溶化草酸（1：0.35，重量比），冷却后在擦净的面层上用布均匀涂抹。每涂一段用 240～300 号油石磨出水泥及石粒本色，再冲洗干净，用棉纱或软布擦干。

3）亦可采取磨光后，在表面撒草酸粉洒水，进行擦洗，露出面层本色，再用清水洗净，用拖布拖干。

（6）打蜡抛光

1）酸洗后的水磨石面，应经擦净晾干。打蜡工作应在不影响水磨石面层质量的其他工序全部完成后进行。

2）地板蜡有成品供应，当采用自制时，其方法是将蜡、煤油按 1：4 的重量比放入桶内加热、熔化（约 120～130℃），再掺入适量松香水后调成稀糊状，凉后即可使用。

3）用布或干净麻丝沾蜡薄薄均匀涂在水磨石面上，待蜡干后，用包有麻布或细帆布的木块代替油石，装在磨石机的磨盘上进行磨光，或用打蜡机打磨，直到水磨石表面光滑洁亮为止。高级水磨石应打二遍蜡，抛光两遍。打蜡后，铺锯末进行养护。

打蜡工作应在不影响水磨石面层质量的其他工序全部完成后进行。

附：规范规定的施工"过程控制"要点

5.4　水磨石面层

5.4.1　水磨石面层应采用水泥与石粒拌合料铺设，有防静电要求时，拌合料内应按设计要求掺入导电材料。面层厚度除有特殊要求外，宜为 12～18mm，且宜按石粒粒径确定。水磨石面层的颜色和图案应符合设计要求。

5.4.2　白色或浅色的水磨石面层，应采用白水泥；深色的水磨石面层宜采用硅酸盐水泥、普通硅酸盐水泥或矿渣硅酸盐水泥；同颜色的面层应使用同一批水泥。同一彩色面层应使用同厂、同批的颜料；其掺入量宜为水泥重量的 3%～6% 或由试验确定。

5.4.3　水磨石面层的结合层采用水泥砂浆时，强度等级应符合设计要求且不应小于 M10，稠度宜为 30～35mm。

5.4.4　防静电水磨石面层中采用导电金属分格条时，分格条应经绝缘处理，且十字交叉处不得碰接。

5.4.5　普通水磨石面层磨光遍数不应少于 3 遍。高级水磨石面层的厚度和磨光遍数应由设计确定。

5.4.6　在水磨石面层磨光后，在涂草酸和上蜡前，其表面不得污染。

5.4.7　防静电水磨石面层应在表面经清净、干燥后，在表面均匀涂抹一层防静电剂和地板蜡，并应做抛光处理。

【建筑地面硬化耐磨面层检验批质量验收记录】

建筑地面硬化耐磨面层检验批质量验收记录表　　　　　　表209-15

单位(子单位)工程名称						
分部(子分部)工程名称				验收部位		
施工单位				项目经理		
分包单位				分包项目经理		
施工执行标准名称及编号						

检控项目	序号	质量验收规范规定		施工单位检查评定记录	监理(建设)单位验收记录
主控项目	1	硬化耐磨面层用材料要求和规定	第5.5.9条		
	2	面层用水泥、金属渣、屑、纤维、石英砂等的材质要求	第5.5.10条		
	3	硬化耐磨面层的世、硬度等级、耐磨性能要求	第5.5.11条		
	4	面层与下一层结合质量要求及空鼓面积限值	第5.5.12条		
一般项目	1	面层表面坡度要求,不倒泛水和积水	第5.5.13条		
	2	面层表面应色泽一致,切缝应顺直,不应有裂纹、脱皮、麻面、起砂等缺陷	第5.5.14条		
	3	踢脚线与柱、墙面质量要求及空鼓的限值	第5.5.15条		
	4	面层允许偏差(第5.5.16条)	允许偏差(mm)	量　测　值(mm)	
	1)	表面平整度	4		
	2)	踢脚线上口平直	4		
	3)	缝格平直	3		

施工单位检查评定结果	专业工长(施工员)		施工班组长	
	项目专业质量检查员:　　　　　　　　年　月　日			

监理(建设)单位验收结论	专业监理工程师:			
	(建设单位项目专业技术负责人):　　　　　　年　月　日			

【检查验收时执行的规范条目】

主控项目

5.5.9　硬化耐磨面层采用的材料应符合设计要求和国家现行有关标准的规定。

　　检验方法:观察检查和检查质量合格证明文件。

　　检查数量:采用拌合料铺设的,按同一工程、同一强度等级检查一次;采用撒布铺设的,按同一工程、同一材料、同一生产厂家、同一型号、同一规格、同一批号检查一次。

5.5.10　硬化耐磨面层采用拌合料铺设时，水泥的强度不应小于 42.5MPa。金属渣、屑、纤维不应有其他杂质，使用前应去油除锈，冲洗干净并干燥；石英砂应用中粗砂，含泥量不应大于 2%。

　　检验方法：观察检查和检查质量合格证明文件。

　　检查数量：同一工程、同一强度等级检查一次。

5.5.11　硬化耐磨面层的厚度、强度等级、耐磨性能应符合设计要求。

　　检验方法：用钢尺检查和检查配合比试验报告、强度等级检测报告、耐磨性能检测报告。

　　检查数量：厚度按本规范第 3.0.21 条规定的检验批检查；配合比试验报告按同一工程、同一强度等级、同一配合比检查一次；强度等级检测报告按本规范第 3.0.19 条的规定检查；耐磨性能检测报告按同一工程抽样检查一次。

　　第 3.0.21 条：

3.0.21　建筑地面工程施工质量的检验，应符合下列规定：

　　1　基层（各构造层）和各类面层的分项工程的施工质量验收应按每一层次或每层施工段（或变形缝）划分检验批，高层建筑的标准层可按每三层（不足三层按三层计）划分检验批；

　　2　每检验批应以各子分部工程的基层（各构造层）和各类面层所划分的分项工程按自然间（或标准间）检验，抽查数量应随机检验不应少于 3 间；不足 3 间，应全数检查；其中走廊（过道）应以 10 延长米为 1 间，工业厂房（按单跨计）、礼堂、门厅应以两个轴线为 1 间计算；

　　3　有防水要求的建筑地面子分部工程的分项工程施工质量每检验批抽查数量应按其房间总数随机检验不应少于 4 间，不足 4 间，应全数检查。

　　第 3.0.19 条：

3.0.19　检验同一施工批次、同一配合比水泥混凝土和水泥砂浆强度的试块，应按每一层（或检验批）建筑地面工程不少于 1 组。当每一层（或检验批）建筑地面工程面积大于 1000m² 时，每增加 1000m² 应增做 1 组试块；小于 1000m² 按 1000m² 计算，取样 1 组；检验同一施工批次、同一配合比的散水、明沟、踏步、台阶、坡道的水泥混凝土、水泥砂浆强度的试块，应按每 150 延长米不少于 1 组。

5.5.12　面层与基层（或下一层）结合应牢固，且应无空鼓、裂缝。当出现空鼓时，空鼓面积不应大于 400cm²，且每自然间或标准间不应多于 2 处。

　　检验方法：观察和用小锤轻击检查。

　　检查数量：按本规范第 3.0.21 条规定的检验批检查。

一般项目

5.5.13　面层表面坡度应符合设计要求，不应有倒泛水和积水现象。

　　检验方法：观察和采用泼水或用坡度尺检查。

　　检查数量：按本规范第 3.0.21 条规定的检验批检查。

5.5.14　面层表面应色泽一致，切缝应顺直，不应有裂纹、脱皮、麻面、起砂等缺陷。

　　检验方法：观察检查。

　　检查数量：按本规范第 3.0.21 条规定的检验批检查。

5.5.15　踢脚线与柱、墙面应紧密结合，踢脚线高度及出柱、墙厚度应符合设计要求且均匀一致。当出现空鼓时，局部空鼓长度不应大于 300mm，且每自然间或标准间不应多于 2 处。

　　检验方法：用小锤轻击、钢尺和观察检查。

　　检查数量：按本规范第 3.0.21 条规定的检验批检查。

5.5.16　硬化耐磨面层的允许偏差应符合本规范表5.1.7的规定。

　　检验方法：按本规范表5.1.7中的检验方法检验。

　　检查数量：按本规范第3.0.21条规定的检验批和第3.0.22条的规定检查。

　　第3.0.22条：

3.0.22　建筑地面工程的分项工程施工质量检验的主控项目，应达到本规范规定的质量标准，认定为合格；一般项目80%以上的检查点（处）符合本规范规定的质量要求，其他检查点（处）不得有明显影响使用，且最大偏差值不超过允许偏差值的50%为合格。凡达不到质量标准时，应按现行国家标准《建筑工程施工质量验收统一标准》GB 50300的规定处理。

水泥基硬化耐磨面层的允许偏差和检验方法（mm）　　　　　　表 5.1.7

项次	水泥基硬化耐磨面层的项目 （第5.5.15条）	允许偏差	检验方法
1	表面平整度	4	用2m靠尺和楔形塞尺检查
2	踢脚线上口平直	4	拉5m线和用钢尺检查
3	缝格平直	3	拉5m线和用钢尺检查

【检验批验收应提供的核查资料】

硬化耐磨面层验收应提供的核查资料　　　　　　表 209-15a

序号	核查资料名称	核查要点
1	硬化耐磨面层用材料、产品合格证或质量证明书（金属渣、屑、纤维或石英砂、金刚砂、水泥等级≥42.5）	核查资料的真实性。核查需方与供方单位名称，材料或产品名称、规格、等级、数量（质量或件数）、批号或生产日期、出厂日期、材料或产品出厂检验项目的各项检验结果和供方质检部门印记（必须符合设计和标准与规范要求），材料或产品应用标准编号、生产许可证编号，应标明的材料或产品注意事项、材料或产品安全警语
2	金属渣、屑、纤维或石英砂、金刚砂等材料出厂检验报告	检查内容同上。分别由厂家提供。提供的出厂检验报告的内容应符合相应标准"出厂检验项目"规定（与试验报告大体相同）
3	金属渣、屑、纤维或石英砂、金刚砂等试件试验报告单（见证取样）	试件边长、成型日期、破型日期、龄期、强度值（抗压、抗折）、达到设计强度的百分数（%）、强度等级、代表数量、日期、性能、质量与设计、标准符合性
1)	硬化耐磨面层耐磨性检测报告	水泥的强度不应小于42.5MPa，金属渣、屑、纤维不应有其他杂质，石英砂应用中粗砂，含泥量不应大于2%。面层的厚度、强度等级、耐磨性能应符合设计要求
2)	硬化耐磨面层强度等级检测报告	检查其报告提供量的代表数量、报告日期、性能、质量，与设计、规范要求的符合性［检验同一施工批次、同一配合比水泥混凝土和水泥砂浆强度的试块，应按每一层（或检验批）建筑地面工程不得少于1组。当每一层（或检验批）建筑地面工程面积大于1000m² 时，每增加1000m² 应增做1组试块；小于1000m² 按1000m² 计算，取样1组；检验同一施工批次、同一配合比的散水、明沟、踏步、台阶、坡道的水泥混凝土、水泥砂浆强度的试块，应按每150延长米不少于1组］
4	配合比试验报告（同一工程，同一强度等级，同一配合比检查一次）	提供单位资质，材料配合比符合设计要求，核查其真实性

注：1. 合理缺项除外；2. 表列凡有性能要求的均应符合设计和规范要求。

硬化耐磨面层质量控制的几点补充说明

1. 钢（铁）屑材料质量控制

（1）钢（铁）屑粒径为1～5mm，颗粒大的应予以破碎，颗粒小于1mm的应筛去。

（2）钢屑或铁屑要求不含有杂物，如有油脂，用10%浓度的氢氧化钢溶液煮沸去油，再用热水清洗干净并干燥。如有锈蚀，用稀酸溶液除锈，再以清水冲洗后使用。

2. 硬化耐磨面层的表面处理

表面处理是提高面层耐磨性和耐腐蚀性能，防止外露钢（铁）屑遇水生锈。表面处理可用环氧树脂胶泥喷涂或刷涂。

（1）环氧树脂胶泥采用环氧树脂及胺固化剂和稀释剂配制而成。其配方根据产品说明书和施工时的气温情况经试验确定，一般为环氧树脂：乙二胺：丙酮=100：80：30。

（2）表面处理时，需待水泥钢（铁）屑面层基本干燥后进行。

（3）先用砂纸打磨表面，后清扫干净。在室内温度不低于20℃情况下，涂刷环氧树脂稀胶泥一度。

（4）涂刷应均匀，不得漏涂。

（5）涂刷后可用橡皮刮板或油漆刮刀轻轻将多余的胶泥刮去，在气温不低于20℃的条件下，养护48h后即成。

附：规范规定的施工"过程控制"要点

5.5   硬化耐磨面层

5.5.1   硬化耐磨面层应采用金属渣、屑、纤维或石英砂、金刚砂等，并应于水泥类胶凝材料拌合铺设或在水泥类基层上撒布铺设。

5.5.2   硬化耐磨面层采用拌合料铺设时，拌合料的配合比应通过试验确定；采用撒布铺设时，耐磨材料的撒布量应符合设计要求，且应在水泥类基层初凝前完成撒布。

5.5.3   硬化耐磨面层采用拌合料铺设时，宜先铺设一层强度等级不小于M15、厚度不小于20mm的水泥砂浆，或水灰比宜为0.4的素水泥浆结合层。

5.5.4   硬化耐磨面层采用拌合料铺设时，铺设厚度和拌合料强度应符合设计要求。当设计无要求时，水泥钢（铁）屑面层铺设厚度不应小于30mm，抗压强度不应小于40MPa；水泥石英砂浆面层铺设厚度不应小于20mm，抗压强度不应小于30MPa；钢纤维混凝土铺设厚度不应小于40mm，抗压强度不应小于40MPa。

5.5.5   硬化耐磨面层采用撒布铺设时，耐磨材料应撒布均匀，厚度应符合设计要求；混凝土基层或砂浆基层的厚度及强度应符合设计要求。当设计无要求时，混凝土基层的厚度不应小于50mm，强度等级不应小于C25；砂浆基层的厚度不应小于20mm，强度等级不应小于M15。

5.5.6   硬化耐磨面层分格缝的间距及缝深、缝宽、填缝材料应符合设计要求。

5.5.7   硬化耐磨面层铺设后应在湿润条件下静置养护，养护期限应符合材料的技术要求。

5.5.8   硬化耐磨面层应在强度达到设计强度后方可投入使用。

【建筑地面防油渗面层检验批质量验收记录】

建筑地面防油渗面层检验批质量验收记录表　　表 209-16

单位(子单位)工程名称					
分部(子分部)工程名称				验 收 部 位	
施工单位				项 目 经 理	
分包单位				分包项目经理	
施工执行标准名称及编号					

检控项目	序号	质量验收规范规定		施工单位检查评定记录	监理(建设)单位验收记录
主控项目	1	防油渗混凝土用材料质量规定	第5.6.7条		
	2	防油渗混凝土的强度等级和抗渗性能	第5.6.8条		
	3	防油渗混凝土面层与下一层应结合牢固、无空鼓	第5.6.9条		
	4	防油渗涂料面层与基层应粘结牢固,不应有起皮、开裂、漏涂等缺陷	第5.6.10条		
一般项目	1	表面坡度应符合设计要求,不得有倒泛水和积水现象	第5.6.11条		
	2	表面应洁净,不应有裂纹、脱皮、麻面和起砂现象	第5.6.12条		
	3	踢脚线与柱、墙面质量要求	第5.6.13条		
	4	防油渗面层允许偏差(第5.6.14条)	允许偏差(mm)	量 测 值(mm)	
	1)	表面平整度	5		
	2)	踢脚线上口平直	4		
	3)	缝格平直	3		

	专业工长(施工员)		施工班组长	
施工单位检查评定结果				
	项目专业质量检查员:　　　　年　月　日			
监理(建设)单位验收结论				
	专业监理工程师: (建设单位项目专业技术负责人):　　　年　月　日			

【检查验收时执行的规范条目】

主控项目

5.6.7 防油渗混凝土所用的水泥应采用普通硅酸盐水泥；碎石应采用花岗石或石英石，不应使用松散、多孔和吸水率大的石子，粒径为 5～16mm，最大粒径不应大于 20mm；含泥量不应大于 1%；砂应为中砂，且应洁净无杂物；掺入的外加剂和防油渗剂应符合有关标准的规定。防油渗涂料应具有耐油、耐磨、耐火和粘结性能。

检验方法：观察检查和检查质量合格证明文件。

检查数量：同一工程、同一强度等级、同一配合比、同一粘结强度检查一次。

5.6.8 防油渗混凝土的强度等级和抗渗性能应符合设计要求，且强度等级不应小于 C30；防油渗涂料的粘结强度不应小于 0.3MPa。

检验方法：检查配合比试验报告、强度等级检测报告、粘结强度检测报告。

检查数量：配合比试验报告按同一工程、同一强度等级、同一配合比检查一次；强度等级检测报告按本规范第 3.0.19 条的规定检查；抗拉粘结强度检测报告按同一工程、同一涂料品种、同一生产厂家、同一型号、同一规格、同一批号检查一次。

第 3.0.19 条：

3.0.19 检验同一施工批次、同一配合比水泥混凝土和水泥砂浆强度的试块，应按每一层（或检验批）建筑地面工程不少于 1 组。当每一层（或检验批）建筑地面工程面积大于 1000m² 时，每增加 1000m² 应增做 1 组试块；小于 1000m² 按 1000m² 计算，取样 1 组；检验同一施工批次、同一配合比的散水、明沟、踏步、台阶、坡道的水泥混凝土、水泥砂浆强度的试块，应按每 150 延长米不少于 1 组。

5.6.9 防油渗混凝土面层与下一层应结合牢固、无空鼓。

检验方法：用小锤轻击检查。

检查数量：按本规范第 3.0.21 条规定的检验批检查。

第 3.0.21 条：

3.0.21 建筑地面工程施工质量的检验，应符合下列规定：

1 基层（各构造层）和各类面层的分项工程的施工质量验收应按每一层次或每层施工段（或变形缝）划分检验批，高层建筑的标准层可按每三层（不足三层按三层计）划分检验批；

2 每检验批应以各子分部工程的基层（各构造层）和各类面层所划分的分项工程按自然间（或标准间）检验，抽查数量应随机检验不应少于 3 间；不足 3 间，应全数检查；其中走廊（过道）应以 10 延长米为 1 间，工业厂房（按单跨计）、礼堂、门厅应以两个轴线为 1 间计算；

3 有防水要求的建筑地面子分部工程的分项工程施工质量每检验批抽查数量应按其房间总数随机检验不应少于 4 间，不足 4 间，应全数检查。

5.6.10 防油渗涂料面层与基层应粘结牢固，不应有起皮、开裂、漏涂等缺陷。

检验方法：观察检查。

检查数量：按本规范第 3.0.21 条规定的检验批检查。

一般项目

5.6.11 防油渗面层表面坡度应符合设计要求，不得有倒泛水和积水现象。

检验方法：观察和采用泼水或用坡度尺检查。

检查数量：按本规范第 3.0.21 条规定的检验批检查。

5.6.12 防油渗混凝土面层表面应洁净，不应有裂纹、脱皮、麻面和起砂等现象。

检验方法：观察检查。

　　　　检查数量：按本规范第 3.0.21 条规定的检验批检查。

5.6.13　踢脚线与柱、墙面应紧密结合，踢脚线高度及出柱、墙厚度应符合设计要求且均匀一致。

　　　　检验方法：用小锤轻击、钢尺和观察检查。

　　　　检查数量：按本规范第 3.0.21 条规定的检验批检查。

5.6.14　防油渗面层的允许偏差应符合本规范表 5.1.7 的规定。

　　　　检验方法：按本规范表 5.1.7 中的检验方法检验。

　　　　检查数量：按本规范第 3.0.21 条规定的检验批和第 3.0.22 条的规定检查。

　　　　第 3.0.22 条：

3.0.22　建筑地面工程的分项工程施工质量检验的主控项目，应达到本规范规定的质量标准，认定为合格；一般项目 80% 以上的检查点（处）符合本规范规定的质量要求，其他检查点（处）不得有明显影响使用，且最大偏差值不超过允许偏差值的 50% 为合格。凡达不到质量标准时，应按现行国家标准《建筑工程施工质量验收统一标准》GB 50300 的规定处理。

防油渗面层的允许偏差和检验方法（mm）　　　　　　　表 5.1.7

项次	防油渗面层的项目 （第 5.6.14 条）	允许偏差	检验方法
1	表面平整度	5	用 2m 靠尺和楔形塞尺检查
2	踢脚线上口平直	4	拉 5m 线和用钢尺检查
3	缝格平直	3	拉 5m 线和用钢尺检查

【检验批验收应提供的核查资料】

防油渗面层验收应提供的核查资料 表 209-16a

序号	核查资料名称	核查要点
1	防油渗面层用材料、产品合格证或质量证明书[水泥、碎石(花岗石或石英石)、外加剂、防油渗涂料]	核查资料的真实性。核查需方及供方单位名称,材料或产品名称、规格、等级、数量(质量或件数)、批号或生产日期、出厂日期、材料或产品出厂检验项目的各项检验结果和供方质检部门印记(必须符合设计和标准与规范要求),材料或产品应用标准编号、生产许可证编号,应标明的材料或产品注意事项、材料或产品安全警语
2	防油渗面层材料出厂检验报告	检查内容同上。分别由厂家提供。提供的出厂检验报告的内容应符合相应标准"出厂检验项目"规定(与试验报告大体相同)
3	防油渗面层材料试验报告(见证取样)	
1)	水泥试验报告	检查其品种、报告提供量的代表数量、报告日期、水泥性能:抗折强度、抗压强度、初凝、终凝、安定性、依据标准、检验结论
2)	砂试验报告(中砂)	检查其品种、报告提供量的代表数量、报告日期、砂子性能:表观密度(kg/m³);氯离子含量(%);堆积密度(kg/m³);含水率(%);紧密密度(kg/m³);吸水率(%);含泥量(%);云母含量(%);泥块含量(%);轻物质含量(%);有机物含量(%);硫酸盐、硫化物含量(%);压碎值指标(%);坚固性质量损失率(%);人工砂的石粉含量(%)、人工砂的 MB 值、碱活性;贝壳含量(%);颗料级配;细度模数、检验结论
3)	石试验报告(粒径:5～16mm,最大粒径不大于20mm,含泥量不大于1%)	检查其品种、报告提供量的代表数量、报告日期、石性能:抗压检验[强度平均值(MPa)、强度标准值/最小值(MPa)、强度标准差(MPa)、变异系数]、外观质量、尺寸偏差、检验结论
4)	外加剂试验报告(减水剂、加气剂、塑化剂)	检查其品种、报告提供量的代表数量、报告日期、外加剂性能:含固量;含水率;密度;细度;pH 值;氯离子含量;硫酸钠含量;总碱量、检验结论。按合格证和其技术性能应用
4	防油渗混凝土试件强度等级、抗渗性能试验报告(见证取样)	
1)	防油渗混凝土试件强度等级试验报告(见证取样)	检查试件边长、成型日期、破型日期、龄期、强度值(抗压、抗折)、达到设计强度的百分数(%)、代表数量、日期、性能、质量与设计、标准符合性。强度等级不小于C30
2)	防油渗混凝土试件抗渗性能试验报告(见证取样)	检查抗渗混凝土强度等级、提供报告的代表数量、报告日期、抗渗混凝土试件核查:工程名称、混凝土强度等级(C)、设计抗渗等级(P)、混凝土配合比编号、成型日期、委托日期、养护方法、龄期、报告日期、试件上表渗水部位及剖开渗水高度(cm)、实际达到压力(MPa)、依据标准、检验结果等项试验内容必须齐全。实际试验项目根据工程实际择用
3)	防油渗混凝土配合比试验报告(见证取样)	检查提供单位资质、配合比应符合设计要求
5	防油渗涂料粘结强度试验报告(见证取样)	检查提供单位资质、应符合设计要求。粘结强度不应小于 0.3MPa
6	防油渗面层坡度检查记录或泼水试验记录	检查试验记录的真实性。地面坡度有无积水或倒泛水、坡度实施的正确性,是否漏水,责任制齐全程度,不得渗漏

注:1. 合理缺项除外;2. 表列凡有性能要求的均应符合设计和规范要求。

防油渗面层质量控制的几点补充说明

1. 防油渗面层用材料质量

（1）防油渗涂料

1）涂料的品种应按设计的要求选用，宜采用树脂乳液涂料，其产品的主要技术性能应符合现行有关产品质量标准。

2）树脂乳液涂料主要有聚醋酸乙烯乳液涂料、氯偏乳液涂料和苯丙—环氧乳液涂料等。

3）防油渗涂料应具有耐油、耐磨、耐火和粘结性能，抗拉粘结强度不应低于 0.3MPa。

4）涂料的配合比及施工，应按涂料的产品特点、性能等要求进行。

（2）B 型防油渗剂（或密实剂）、减水剂、加气剂或塑化剂应有生产厂家产品合格证，并应取样复试，其产品的主要技术性能应符合产品质量标准。

（3）防油渗涂料、外加剂、防油渗剂等的保管要求：按一般危险化学品搬运、运输和贮存，防止阳光直射。

（4）玻璃纤维布：用无碱网格布。

（5）防油渗胶泥应符合产品质量标准，并按使用说明书配制。

（6）蜡：可用石油蜡、地板蜡、200 号溶剂油、煤油、颜料、调配剂等调配而成；可选用液体型、糊型和水乳化型等多种地板蜡。

2. 分格缝处理

（1）防油渗混凝土面层应按厂房柱网分区段浇筑，区段划分及分区段缝应符合设计要求。

（2）当设计无具体要求时，每区段面积不宜大于 50m²；分格缝应设置纵、横向伸缩缝，纵向分格缝间距为 3～6m，横向为 6～9m，并应与建筑轴线对齐。分格缝的深度为面层的总厚度，上下贯通，其宽度为 15～20mm。防油渗面层构造和分格缝构造做法可参照图 1 和图 2 所示的方法设置。

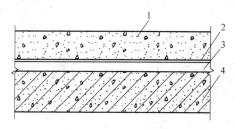

图 1 防油渗面层构造

1—防油渗混凝土；2—防油渗隔离层；3—水泥砂浆找平层；

4—钢筋混凝土楼板式结构整浇层

（3）分格条在混凝土终凝后取出并修好，当防油渗混凝土面层的强度达到 5MPa 时，将分格缝内清理干净，并干燥，涂刷一遍防油渗胶泥底子油后，应趁热灌注防油渗胶泥材料，亦可采用弹性多功能聚氨酯类涂膜材料嵌缝，缝的上部留 20～25mm 深度采用膨胀水泥砂浆封缝。

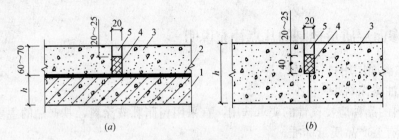

图 2 防油渗面层和分格缝做法

(*a*) 楼层地面；(*b*) 底层地面

1—水泥基层；2—一布二胶隔离层；3—防油渗混凝土面层；

4—防油渗胶泥；5—膨胀水泥砂浆

附：规范规定的施工"过程控制"要点

5.6 防油渗面层

5.6.1 防油渗面层应采用防油渗混凝土铺设或采用防油渗涂料涂刷。

5.6.2 防油渗隔离层及防油渗面层与墙、柱连接处的构造应符合设计要求。

5.6.3 防油渗混凝土面层厚度应符合设计要求，防油渗混凝土的配合比应按设计要求的强度等级和抗渗性能通过试验确定。

5.6.4 防油渗混凝土面层应按厂房柱网分区段浇筑，区段划分及分区段缝应符合设计要求。

5.6.5 防油渗混凝土面层内不得敷设管线。露出面层的电线管、接线盒、预埋套管和地脚螺栓等的处理，以及与墙、柱、变形缝、孔洞等连接处泛水均应采取防油渗措施并应符合设计要求。

5.6.6 防油渗面层采用防油渗涂料时，材料应按设计要求选用，涂层厚度宜为 5～7mm。

注：养护：防油渗混凝土浇筑完成 12h 后，表面应覆盖草袋，浇水养护不少于 14d。

【建筑地面不发火（防爆）面层检验批质量验收记录】

建筑地面不发火（防爆）面层检验批质量验收记录表   表 209-17

单位(子单位)工程名称					
分部(子分部)工程名称				验 收 部 位	
施工单位				项 目 经 理	
分包单位				分包项目经理	
施工执行标准名称及编号					

检控项目	序号	质量验收规范规定		施工单位检查评定记录	监理(建设)单位验收记录
主控项目	1	不发火（防爆）面层用碎石、砂、水泥、胶结料等	第5.7.4条		
	2	不发火（防爆）面层的强度等级要求	第5.7.5条		
	3	面层与下一层结合牢固及空鼓面积限值规定	第5.7.6条		
	4	不发火（防爆）面层的试件应检验合格	第5.7.7条		
一般项目	1	面层表面质量要求	第5.7.8条		
	2	踢脚线与柱、墙面质量要求及空鼓的限值	第5.7.9条		
	3	面层允许偏差（第5.7.10条）	允许偏差(mm)	量 测 值(mm)	
	1)	表面平整度	5		
	2)	踢脚线上口平直	4		
	3)	缝格平直	3		

施工单位检查评定结果	专业工长(施工员)		施工班组长	
	项目专业质量检查员：		年 月 日	
监理(建设)单位验收结论	专业监理工程师： (建设单位项目专业技术负责人)：		年 月 日	

【检查验收时执行的规范条目】

主控项目

5.7.4 不发火（防爆）面层中碎石的不发火性必须合格；砂应质地坚硬、表面粗糙，其粒径应为 0.15～5mm，含泥量不应大于 3%，有机物含量不应大于 0.5%；水泥应采用硅酸盐水泥、普通硅酸盐水泥；面层分格的嵌条应采用不发生火花的材料配制。配制时应随时检查，不得混入金属或其他易发生火花的杂质。

检验方法：观察检查和检查质量合格证明文件。

检验数量：按本规范第 3.0.19 中的规定检查。

第 3.0.19 条：

3.0.19　检验同一施工批次、同一配合比水泥混凝土和水泥砂浆强度的试块，应按每一层（或检验批）建筑地面工程不少于 1 组。当每一层（或检验批）建筑地面工程面积大于 1000m² 时，每增加 1000m² 应增做 1 组试块；小于 1000m² 按 1000m² 计算，取样 1 组；检验同一施工批次、同一配合比的散水、明沟、踏步、台阶、坡道的水泥混凝土、水泥砂浆强度的试块，应按每 150 延长米不少于 1 组。

5.7.5 不发火（防爆）面层的强度等级应符合设计要求。

检验方法：检查配合比试验报告和强度等级检测报告。

检查数量：配合比试验报告按同一工程、同一强度等级、同一配合比检查一次；强度等级检测报告按本规范第 3.0.19 条的规定检查。

5.7.6 面层与下一层应结合牢固，且应无空鼓和开裂。当出现空鼓时，空鼓面积不应大于 400m²，且每自然间或标准间不应多于 2 处。

检验方法：观察和用小锤轻击检查。

检查数量：按本规范第 3.0.21 条规定的检验批检查。

第 3.0.21 条：

3.0.21　建筑地面工程施工质量的检验，应符合下列规定：

1　基层（各构造层）和各类面层的分项工程的施工质量验收应按每一层次或每层施工段（或变形缝）划分检验批，高层建筑的标准层可按每三层（不足三层按三层计）划分检验批；

2　每检验批应以各子分部工程的基层（各构造层）和各类面层所划分的分项工程按自然间（或标准间）检验，抽查数量应随机检验不应少于 3 间；不足 3 间，应全数检查；其中走廊（过道）应以 10 延长米为 1 间，工业厂房（按单跨计）、礼堂、门厅应以两个轴线为 1 间计算；

3　有防水要求的建筑地面子分部工程的分项工程施工质量每检验批抽查数量应按其房间总数随机检验不应少于 4 间，不足 4 间，应全数检查。

5.7.7 不发火（防爆）面层的试件应检验合格。

检验方法：检查检测报告。

检查数量：同一工程、同一强度等级、同一配合比检查一次。

一般项目

5.7.8 面层表面应密实，无裂缝、蜂窝、麻面等缺陷。

检验方法：观察检查。

检查数量：按本规范第 3.0.21 条规定的检验批检查。

5.7.9 踢脚线与柱、墙面应紧密结合，踢脚线高度及出柱、墙厚度应符合设计要求且均匀一致。当出现空鼓时，局部空鼓长度不应大于 300mm，且每自然间或标准间不应多于 2 处。

检验方法：用小锤轻击、钢尺和观察检查。

检查数量：按本规范第 3.0.21 条规定的检验批检查。

5.7.10　不发火（防爆）面层的允许偏差应符合本规范表 5.1.7 的规定。

检验方法：按本规范表 5.1.7 中的检验方法检验。

检查数量：按本规范第 3.0.21 条规定的检验批和第 3.0.22 条的规定检查。

第 3.0.22 条：

3.0.22　建筑地面工程的分项工程施工质量检验的主控项目，应达到本规范规定的质量标准，认定为合格；一般项目 80% 以上的检查点（处）符合本规范规定的质量要求，其他检查点（处）不得有明显影响使用，且最大偏差值不超过允许偏差值的 50% 为合格。凡达不到质量标准时，应按现行国家标准《建筑工程施工质量验收统一标准》GB 50300 的规定处理。

不发火（防爆的）面层的允许偏差和检验方法（mm）　　　　表 5.1.7

项次	不发火(防爆的)面层的项目(第5.7.10条)	允许偏差	检验方法
1	表面平整度	5	用 2m 靠尺和楔形塞尺检查
2	踢脚线上口平直	4	拉 5m 线和用钢尺检查
3	缝格平直	3	拉 5m 线和用钢尺检查

【检验批验收应提供的核查资料】

不发火（防爆）面层验收应提供的核查资料

表 209-17a

序号	核查资料名称	核查要点
1	不发火（防爆）面层用材料、产品合格证或质量证明书	核查资料的真实性。核查需方及供方单位名称，材料或产品名称、规格、等级、数量（质量或件数）、批号或生产日期、出厂日期、材料或产品出厂检验项目的各项检验结果和供方质检部门印记（必须符合设计和标准与规范要求），材料或产品应用标准编号、生产许可证编号，应标明的材料或产品注意事项、材料或产品安全警语
2	不发火（防爆）面层材料出厂检验报告	检查内容同上。分别由厂家提供。提供的出厂检验报告的内容应符合相应标准"出厂检验项目"规定（与试验报告大体相同）
3	不发火（防爆）面层材料试验报告（见证取样）	检查其报告提供量的代表数量、报告日期、性能、质量，与设计、规范要求的符合性
1)	水泥试验报告	检查其品种、报告提供量的代表数量、报告日期、水泥性能：抗折强度、抗压强度、初凝、终凝、安定性、依据标准、检验结论
2)	砂试验报告（中砂）	检查其品种、报告提供量的代表数量、报告日期、砂子性能：表观密度（kg/m^3）；氯离子含量（%）；堆积密度（kg/m^3）；含水率（%）；紧密密度（kg/m^3）；吸水率（%）；含泥量（%）；云母含量（%）；泥块含量（%）；轻物质含量（%）；有机物含量（%）；硫酸盐、硫化物含量（%）；压碎值指标（%）；坚固性质量损失率（%）；人工砂的石粉含量（%）；人工砂的 MB 值；碱活性；贝壳含量（%）；颗料级配；细度模数、检验结论
3)	石试验报告（粒径：5～16mm，最大粒径不大于20mm，含泥量不大于1%）	检查其品种、报告提供量的代表数量、报告日期、石性能：抗压检验［强度平均值（MPa）、强度标准值/最小值（MPa）、强度标准差（MPa）、变异系数］、外观质量、尺寸偏差、检验结论
4	不发火（防爆）面层试件强度试验报告	检查试件的代表数量、报告日期、性能、质量，与设计、规范要求的符合性。不发火（防爆）面层中碎石的不发火性必须合格；砂应质地坚硬，表面粗糙，其粒径应为 0.15～5mm，含泥量不应大于 3%，有机物含量不应大于 0.5%；水泥应采用硅酸盐水泥、普通硅酸盐水泥；面层分格的嵌条应采用不发生火花的材料配制。配制时应随时检查，不得混入金属或其他易发生火花的杂质。 ［检验同一施工批次、同一配合比水泥混凝土和水泥砂浆强度的试块，应按每一层（或检验批）建筑地面工程不得少于 1 组。当每一层（或检验批）建筑地面工程面积大于 1000m² 时，每增加 1000m² 应增做 1 组试块；小于 1000m² 按 1000m² 计算，取样 1 组；检验同一施工批次、同一配合比的散水、明沟、踏步、台阶、坡道的水泥混凝土、水泥砂浆强度的试块，应按每 150 延长米不少于 1 组］
5	不发火（防爆）面层配合比试验报告（见证取样）	检查单位资质、材料配合比、符合设计要求、真实性

注：1. 合理缺项除外；2. 表列凡有性能要求的均应符合设计和规范要求；3. 不发火（防爆）地面建筑地面材料及其制品不发火性的试验方法按 GB 50209—2010 附录 A 执行。

不发火（防爆）面层质量控制的几点补充说明

1. 不发火（防爆）面层用材料质量

（1）砂、石均应按（GB 50209—2010）规范中的检验方法检验不发火性，合格后方可使用。

（2）嵌条：采用不发生火花的材料制成。

2. 不发火（防爆）面层试块的留置

（1）检验水泥混凝土和水泥砂浆强度试块的组数，按每一层（或检验批）建筑地面工程不应小于 1 组。当每一层（或检验批）建筑地面工程面积大于 1000m^2 时，每增加 1000m^2 应增做 1 组试块；小于 1000m^2 按 1000m^2 计算。当改变配合比时，亦应相应地制作试块组数。

（2）尚应留置一组用于检验面层不发火性的试件。

3. 养护：最后一道压光后根据气温（常温情况下 24h），洒水养护，时间不少于 7d，养护期间不得上人和堆放物品。

4. 不发火（防爆）面层，其试件应按附录 A 做不发火试验合格后，方可使用。

附录 A
不发火（防爆）建筑地面材料及其制品不发火性的试验方法

A.0.1　试验前的准备：准备直径为 150mm 的砂轮，在暗室内检查其分离火花的能力。如发生清晰的火花，则该砂轮可用于不发火（防爆）建筑地面材料及其制品不发火性的试验。

A.0.2　粗骨料的试验：从不少于 50 个，每个重 50～250g（准确度达到 1g）的试件中选出 10 个，在暗室内进行不发火性试验。只有每个试件上磨掉不少于 20g，且试验过程中未发现任何瞬时的火花，方可判定为不发火性试验合格。

A.0.3　粉状骨料的试验：粉状骨料除应试验其制造的原料外，还应将骨料用水泥或沥青胶结料制成块状材料后进行试验。原料、胶结块状材料的试验方法同本规范第 A.0.2 条。

A.0.4　不发火水泥砂浆、水磨石和水泥混凝土的试验。试验方法同本规范第 A.0.2 条、第 A.0.3 条。

附：规范规定的施工"过程控制"要点

5.7　不发火（防爆）面层

5.7.1　不发火（防爆）面层应采用水泥类拌合料及其他不发火材料铺设，其材质和厚度应符合设计要求。

5.7.2　不发火（防爆）面层的铺设应符合本规范相应面层的规定。

5.7.3　不发火（防爆）面层采用的材料和硬化后的试件，应按本规范附录 A 做不发火试验。

【建筑地面自流平面层检验批质量验收记录】

建筑地面自流平面层检验批质量验收记录表

表 209-18

单位(子单位)工程名称												
分部(子分部)工程名称							验收部位					
施工单位							项目经理					
分包单位							分包项目经理					
施工执行标准名称及编号												

检控项目	序号	质量验收规范规定		施工单位检查评定记录	监理(建设)单位验收记录
主控项目	1	自流平面层的铺涂材料应符合设计要求和国家现行有关标准的规定	第5.8.6条		
	2	自流平面层的涂料进入施工现场时,应有以下有害物质限量合格的检测报告	第5.8.7条		
	3	自流平面层的基层的强度等级不应小于C20	第5.8.8条		
	4	自流平面层的各构造层之间应粘结牢固,层与层之间不应出现分离、空鼓现象	第5.8.9条		
	5	自流平面层的表面不应有开裂、漏涂和倒泛水、积水等现象	第5.8.10条		
一般项目	1	自流平面层应分层施工,面层找平施工时不应留有抹痕	第5.8.11条		
	2	自流平面层表面应光洁,色泽应均匀、一致,不应有起泡、泛砂等现象	第5.8.12条		
	3	自流平面层允许偏差(第5.8.13条)	允许偏差(mm)	量测值(mm)	
	1)	表面平整度	2		
	2)	踢脚线上口平直	3		
	3)	缝格平直	2		

施工单位检查评定结果	专业工长(施工员)		施工班组长	
	项目专业质量检查员:		年 月 日	

监理(建设)单位验收结论	专业监理工程师: (建设单位项目专业技术负责人):	年 月 日

【检查验收时执行的规范条目】

主控项目

5.8.6　自流平面层的铺涂材料应符合设计要求和国家现行有关标准的规定。

　　检验方法：观察检查和检查型式检验报告、出厂检验报告、出厂合格证。

　　检查数量：同一工程、同一材料、同一生产厂家、同一型号、同一规格、同一批号检查一次。

5.8.7　自流平面层的涂料进入施工现场时，应有以下有害物质限量合格的检测报告。

　　1　水性涂料中的挥发性有机化合物（VOC）和游离甲醛；

　　2　溶剂型涂料中的苯、甲苯＋二甲苯、挥发性有机化合物（VOC）和游离甲苯二异氰醛酯（TDI）。

　　检验方法：检查检测报告。

　　检查数量：同一工程，同一材料、同一生产厂家、同一型号、同一规格、同一批号检查一次。

5.8.8　自流平面层的基层的强度等级不应小于C20。

　　检验方法：检查强度等级检测报告。

　　检验数量：按本规范第3.0.19中的规定检查。

　　第3.0.19条：

3.0.19　检验同一施工批次、同一配合比水泥混凝土和水泥砂浆强度的试块，应按每一层（或检验批）建筑地面工程不少于1组。当每一层（或检验批）建筑地面工程面积大于1000m²时，每增加1000m²应增做1组试块；小于1000m²按1000m²计算，取样1组；检验同一施工批次、同一配合比的散水、明沟、踏步、台阶、坡道的水泥混凝土、水泥砂浆强度的试块，应按每150延长米不少于1组。

5.8.9　自流平面层的各构造层之间应粘结牢固，层与层之间不应出现分离、空鼓现象。

　　检验方法：用小锤轻击检查。

　　检查数量：按本规范第3.0.21条规定的检验批检查。

　　第3.0.21条：

3.0.21　建筑地面工程施工质量的检验，应符合下列规定：

　　1　基层（各构造层）和各类面层的分项工程的施工质量验收应按每一层次或每层施工段（或变形缝）划分检验批，高层建筑的标准层可按每三层（不足三层按三层计）划分检验批；

　　2　每检验批应以各子分部工程的基层（各构造层）和各类面层所划分的分项工程按自然间（或标准间）检验，抽查数量应随机检验不应少于3间；不足3间，应全数检查；其中走廊（过道）应以10延长米为1间，工业厂房（按单跨计）、礼堂、门厅应以两个轴线为1间计算；

　　3　有防水要求的建筑地面子分部工程的分项工程施工质量每检验批抽查数量应按其房间总数随机检验不应少于4间，不足4间，应全数检查。

5.8.10　自流平面层的表面不应有开裂、漏涂和倒泛水、积水等现象。

　　检验方法：观察和泼水检查。

　　检查数量：按本规范第3.0.21条规定的检验批检查。

一般项目

5.8.11　自流平面层应分层施工，面层找平施工时不应留有抹痕。

　　检验方法：观察检查和检查施工记录。

　　检查数量：按本规范第3.0.21条规定的检验批检查。

5.8.12   自流平面层表面应光洁，色泽应均匀、一致，不应有起泡、泛砂等现象。

检验方法：观察检查。

检查数量：按本规范第 3.0.21 条规定的检验批检查。

第 3.0.21 条：

3.0.21   建筑地面工程施工质量的检验，应符合下列规定：

1   基层（各构造层）和各类面层的分项工程的施工质量验收应按每一层次或每层施工段（或变形缝）划分检验批，高层建筑的标准层可按每三层（不足三层按三层计）划分检验批；

2   每检验批应以各子分部工程的基层（各构造层）和各类面层所划分的分项工程按自然间（或标准间）检验，抽查数量应随机检验不应少于 3 间；不足 3 间，应全数检查；其中走廊（过道）应以 10 延长米为 1 间，工业厂房（按单跨计）、礼堂、门厅应以两个轴线为 1 间计算；

3   有防水要求的建筑地面子分部工程的分项工程施工质量每检验批抽查数量应按其房间总数随机检验不应少于 4 间，不足 4 间，应全数检查。

5.8.13   自流平面层的允许偏差应符合本规范表 5.1.7 的规定。

检验方法：按本规范表 5.1.7 中的检验方法检验。

检查数量：按本规范第 3.0.21 条规定的检验批和第 3.0.22 条的规定检查。

第 3.0.22 条：

3.0.22   建筑地面工程的分项工程施工质量检验的主控项目，应达到本规范规定的质量标准，认定为合格；一般项目 80% 以上的检查点（处）符合本规范规定的质量要求，其他检查点（处）不得有明显影响使用，且最大偏差值不超过允许偏差值的 50% 为合格。凡达不到质量标准时，应按现行国家标准《建筑工程施工质量验收统一标准》GB 50300 的规定处理。

自流平面层的允许偏差和检验方法（mm）   表 5.1.7

项次	自流平面层的项目 （第 5.8.14 条）	允许偏差	检验方法
1	表面平整度	2	用 2m 靠尺和楔形塞尺检查
2	踢脚线上口平直	3	拉 5m 线和用钢尺检查
3	缝格平直	2	拉 5m 线和用钢尺检查

【检验批验收应提供的核查资料】
自流平面层验收应提供的核查资料
表 209-18a

序号	核查资料名称	核查要点
1	自流平面层用材料、产品合格证或质量证明书（水泥基、石膏基、合成树脂基）	核查资料的真实性。核查需方及供方单位名称，材料或产品名称、规格、等级、数量（质量或件数）、批号或生产日期、出厂日期、材料或产品出厂检验项目的各项检验结果和供方质检部门印记（必须符合设计和标准与规范要求），材料或产品应用标准编号、生产许可证编号，应标明的材料或产品注意事项、材料或产品安全警语
2	自流平面层涂料出厂检验报告（含型式检验报告）	检查内容同上。分别由厂家提供。提供的出厂检验报告的内容应符合相应标准"出厂检验项目"规定（与试验报告大体相同）
3	自流平面层基层的强度等级试验报告（见证取样）	检查试件边长、成型日期、破型日期、龄期、强度值、达到设计强度的百分数（%）、代表数量、日期、性能、质量与设计、标准符合性。强度等级不应小于C20
4	自流平面层涂料试验报告（同一工程、同一材料、同一生产厂家、同一型号、同一规格、同一批号检查一次）	检验项目：水性涂料：挥发性有机化合物（VOC）和游离甲醛；溶剂型涂料：苯、甲苯＋二甲苯、挥发性有机化合物（VOC）和游离甲苯二异氰酸酯（TDI）
5	自流平面层的泼水检查记录	检查试验记录的真实性。地面坡度有无积水或倒泛水、坡度实施的正确性，是否漏水，责任制齐全程度，不得渗漏
6	自流平面层施工记录	施工记录内容的完整性。自流平面层用材料质量、分层施工、面层找平施工质量（不留抹痕）、表面质量

注：1. 合理缺项除外；2. 表列凡有性能要求的均应符合设计和规范要求。

附：规范规定的施工"过程控制"要点

5.8 自流平面层

5.8.1 自流平面层可采用水泥基、石膏基、合成树脂基等拌合物铺设。

5.8.2 自流平面层与墙、柱等连接处的构造做法应符合设计要求，铺设时应分层施工。

5.8.3 自流平面层的基层应平整、洁净，基层的含水率应与面层材料的技术要求相一致。

5.8.4 自流平面层的构造做法、厚度、颜色等应符合设计要求。

5.8.5 有防水、防潮、防油渗、防尘要求的自流平面层应达到设计要求。

【建筑地面涂料面层检验批质量验收记录】

建筑地面涂料面层检验批质量验收记录表　　　　　　　表 209-19

单位(子单位)工程名称					
分部(子分部)工程名称				验 收 部 位	
施工单位				项 目 经 理	
分包单位				分包项目经理	
施工执行标准名称及编号					

检控项目	序号	质量验收规范规定		施工单位检查评定记录	监理(建设)单位验收记录
主控项目	1	涂料应符合设计要求和国家现行有关标准的规定	第5.9.4条		
	2	涂料进入施工现场时,应有苯、甲苯＋二甲苯、挥发性有机化合物(VOC)和游离甲苯二异氰酸酯(TDI)限量合格的检测报告	第5.9.5条		
	3	涂料面层的表面不应有开裂、空鼓、漏涂和倒泛水、积水等现象	第5.9.6条		
一般项目	1	涂料找平层应平整,不应有刮痕	第5.9.7条		
	2	涂料面层应光洁,色泽应均匀、一致,不应有起泡、起皮、泛砂等现象	第5.9.8条		
	3	楼梯台阶踏步的宽度、高度做法与要求	第5.9.9条		
	4	涂料面层允许偏差(第5.9.10条)	允许偏差(mm)	量 测 值(mm)	
	1)	表面平整度	2		
	2)	踢脚线上口平直	3		
	3)	缝格平直	2		

施工单位检查评定结果	专业工长(施工员)		施工班组长	
	项目专业质量检查员:　　　　　　　年　月　日			

监理(建设)单位验收结论	专业监理工程师: (建设单位项目专业技术负责人):　　　年　月　日

【检查验收时执行的规范条目】

主控项目

5.9.4 涂料应符合设计要求和国家现行有关标准的规定。

检验方法：观察检查和检查型式检验报告、出厂检验报告、出厂合格证。

检查数量：同一工程、同一材料、同一生产厂家、同一型号、同一规格、同一批号检查一次。

5.9.5 涂料进入施工现场时，应有苯、甲苯＋二甲苯、挥发性有机化合物（VOC）和游离甲苯二异氰酸酯（TDI）限量合格的检测报告。

检验方法：检查检测报告。

检查数量：同一材料、同一生产厂家、同一型号、同一规格、同一批号检查一次。

5.9.6 涂料面层的表面不应有开裂、空鼓、漏涂和倒泛水、积水等现象。

检验方法：观察和泼水检查。

检查数量：按本规范第 3.0.21 条规定的检验批检查。

一般项目

5.9.7 涂料找平层应平整，不应有刮痕。

检验方法：观察检查。

检查数量：按本规范第 3.0.21 条规定的检验批检查。

5.9.8 涂料面层应光洁，色泽应均匀、一致，不应有起泡、起皮、泛砂等现象。

检验方法：观察检查。

检查数量：按本规范第 3.0.21 条规定的检验批检查。

5.9.9 楼梯、台阶踏步的宽度、高度应符合设计要求。楼层梯段相邻踏步高度差不应大于 10mm；每踏步两端宽度差不应大于 10mm，旋转楼梯梯段的每踏步两端宽度的允许偏差不应大于 5mm。踏步面层应做防滑处理，齿角应整齐，防滑条应顺直、牢固。

检验方法：观察和用钢尺检查。

检查数量：按本规范第 3.0.21 条规定的检验批检查。

5.9.10 涂料面层的允许偏差应符合本规范表 5.1.7 的规定。

检验方法：按本规范表 5.1.7 中的检验方法检验。

检查数量：按本规范第 3.0.21 条规定的检验批和第 3.0.22 条的规定检查。

第 3.0.22 条：

3.0.22 建筑地面工程的分项工程施工质量检验的主控项目，应达到本规范规定的质量标准，认定为合格；一般项目 80% 以上的检查点（处）符合本规范规定的质量要求，其他检查点（处）不得有明显影响使用，且最大偏差值不超过允许偏差值的 50% 为合格。凡达不到质量标准时，应按现行国家标准《建筑工程施工质量验收统一标准》GB 50300 的规定处理。

薄涂型地面涂料面层的允许偏差和检验方法（mm） 表 5.1.7

项次	薄涂型地面涂料面层的项目（第 4.12.17 条）	允许偏差	检验方法
1	表面平整度	2	用 2m 靠尺和楔形塞尺检查
2	踢脚线上口平直	3	拉 5m 线和用钢尺检查
3	缝格平直	2	拉 5m 线和用钢尺检查

【检验批验收应提供的核查资料】

涂料面层验收应提供的核查资料

表 209-19a

序号	核查资料名称	核查要点
1	涂料面层用材料、产品合格证或质量证明书(丙烯酸、环氧、聚氨酯等树脂型涂料)	核查资料的真实性。核查需方及供方单位名称,材料或产品名称、规格、等级、数量(质量或件数)、批号或生产日期、出厂日期、材料或产品出厂检验项目的各项检验结果和供方质检部门印记(必须符合设计和标准与规范要求),材料或产品应用标准编号、生产许可证编号,应标明的材料或产品注意事项、材料或产品安全警语
2	涂料面层用丙烯酸、环氧、聚氨酯等树脂型涂料出厂检验报告(含型式检验报告)	检查内容同上。分别由厂家提供。提供的出厂检验报告的内容应符合相应标准"出厂检验项目"规定(与试验报告大体相同)
3	涂料面层用丙烯酸、环氧、聚氨酯等树脂型涂料试验报告	
1)	涂料面层丙烯酸试验报告	核查其报告日期、性能、质量,与设计、规范要求的符合性
2)	涂料面层环氧试验报告	核查其报告日期、性能、质量,与设计、规范要求的符合性
3)	涂料面层聚氨酯试验报告	核查其报告日期、性能、质量,与设计、规范要求的符合性
4	涂料试验报告(同一材料、同一生产厂家、同一型号、同一规格、同一批号检查一次)	核查的涂料试验应有苯、甲苯+二甲苯、挥发性有机化合物(VOC)和游离甲苯二异氰酸酯(TDI)限量合格的检测内容
5	蓄水或泼水试验报告	检查试验记录的真实性。地面坡度有无积水或倒泛水、坡度实施的正确性,是否漏水,责任制齐全程度,不得渗漏

注：1. 合理缺项除外；2. 表列凡有性能要求的均应符合设计和规范要求。

附：规范规定的施工"过程控制"要点

5.9　涂料面层

5.9.1　涂料面层应采用丙烯酸、环氧、聚氨酯等树脂型涂料涂刷。

5.9.2　涂料面层的基层应符合下列规定：

1　应平整、洁净；

2　强度等级不应小于C20；

3　含水率应与涂料的技术要求相一致。

5.9.3　涂料面层的厚度、颜色应符合设计要求,铺设时应分层施工。

【建筑地面塑胶面层检验批质量验收记录】

建筑地面塑胶面层检验批质量验收记录表　　　　　　　表 209-20

单位(子单位)工程名称				
分部(子分部)工程名称			验收部位	
施工单位			项目经理	
分包单位			分包项目经理	
施工执行标准名称及编号				

检查项目	序号	质量验收规范规定		施工单位检查评定记录	监理(建设)单位验收记录
主控项目	1	塑胶面层采用的材料应符合设计要求和国家现行有关标准的规定	第5.10.4条		
	2	现浇型塑胶面层的配合比应符合设计要求,成品试件应检测合格	第5.10.5条		
	3	现浇型塑胶面层与基层的粘结与面层表面质量	第5.10.6条		
一般项目	1	塑胶面层各组合层厚度、坡度、表面平整度要求	第5.10.7条		
	2	塑胶面层表面质量	第5.10.8条		
	3	塑胶卷材面层质量及焊缝凹凸允许偏差	第5.10.9条		
	4	塑胶面层允许偏差(第5.9.10条)	允许偏差(mm)	量　测　值(mm)	
	1)	表面平整度	2		
	2)	踢脚线上口平直	3		
	3)	缝格平直	2		

施工单位检查评定结果	专业工长(施工员)		施工班组长	
	项目专业质量检查员:　　　　　　　　年　月　日			

监理(建设)单位验收结论	专业监理工程师: (建设单位项目专业技术负责人):　　　　　　年　月　日

【检查验收时执行的规范条目】

主控项目

5.10.4　塑胶面层采用的材料应符合设计要求和国家现行有关标准的规定。

　　检验方法：观察检查和检查型式检验报告、出厂检验报告、出厂合格证。

　　检查数量：现浇型塑胶材料按同一工程、同一配合比检查一次；塑胶卷材按同一工程、同一材料、同一生产厂家、同一型号、同一规格、同一批号检查一次。

5.10.5　现浇型塑胶面层的配合比应符合设计要求，成品试件应检测合格。

　　检验方法：检查配合比试验报告、试件检测报告。

　　检查数量：同一工程、同一配合比检查一次。

5.10.6　现浇型塑胶面层与基层应粘结牢固，面层厚度应一致，表面颗粒应均匀，不应有裂痕、分层、气泡、脱（秃）粒等现象；塑胶卷材面层的卷材与基层应粘结牢固，面层不应有断裂、起泡、起鼓、空鼓、脱胶、翘边、溢液等现象。

　　检验方法：观察和用敲击法检查。

　　检验数量：按本规范第3.0.21条规定的检验批检查。

　　第3.0.21条：

3.0.21　建筑地面工程施工质量的检验，应符合下列规定：

　　1　基层（各构造层）和各类面层的分项工程的施工质量验收应按每一层次或每层施工段（或变形缝）划分检验批，高层建筑的标准层可按每三层（不足三层按三层计）划分检验批；

　　2　每检验批应以各子分部工程的基层（各构造层）和各类面层所划分的分项工程按自然间（或标准间）检验，抽查数量应随机检验不应少于3间；不足3间，应全数检查；其中走廊（过道）应以10延长米为1间，工业厂房（按单跨计）、礼堂、门厅应以两个轴线为1间计算；

　　3　有防水要求的建筑地面子分部工程的分项工程施工质量每检验批抽查数量应按其房间总数随机检验不应少于4间，不足4间，应全数检查。

一般项目

5.10.7　塑胶面层的各组合层厚度、坡度、表面平整度应符合设计要求。

　　检验方法：采用钢尺、坡度尺、2m或3m水平尺检查。

　　检验数量：按本规范第3.0.21条规定的检验批检查。

5.10.8　塑胶面层应表面洁净，图案清晰，色泽一致；拼缝处的图案、花纹应吻合，无明显高低差及缝隙，无胶痕；与周边接缝应严密，阴阳角应方正、收边整齐。

　　检验方法：观察检查。

　　检验数量：按本规范第3.0.21条规定的检验批检查。

5.10.9　塑胶卷材面层的焊缝应平整、光洁，无焦化变色、斑点、焊瘤、起鳞等缺陷，焊缝凹凸允许偏差不应大于0.6mm。

　　检验方法：观察检查。

　　检验数量：按本规范第3.0.21条规定的检验批检查。

5.10.10　塑胶面层的允许偏差应符合本规范表5.1.7的规定。

　　检验方法：按本规范表5.1.7中的检验方法检验。

　　检查数量：按本规范第3.0.21条规定的检验批和第3.0.22条的规定检查。

　　第3.0.22条：

3.0.22　建筑地面工程的分项工程施工质量检验的主控项目，应达到本规范规定的质量标准，认定为合格；一般项目80％以上的检查点（处）符合本规范规定的质量要求，其他检查点（处）不得有明显影响使用，且最大偏差值不超过允许偏差值的50％为合格。凡达不到质量标准时，应按现行国家标准《建筑工程施工质量验收统一标准》GB 50300 的规定处理。

塑胶面层的允许偏差和检验方法（mm）　　　　　　　　　　表 5.1.7

项次	塑胶面层的项目 （第5.10.11条）	允许偏差	检验方法
1	表面平整度	1.5	用2m靠尺和楔形塞尺检查
2	踢脚线上口平直	3	拉5m线和用钢尺检查
3	缝格平直	2	拉5m线和用钢尺检查

【检验批验收应提供的核查资料】

塑胶面层验收应提供的核查资料　　　　　　　　　　表 209-20a

序号	核查资料名称	核查要点
1	塑胶面层用材料、产品合格证或质量证明书（现浇型塑胶或塑胶卷材）	核查资料的真实性。核查需方及供方单位名称，材料或产品名称、规格、等级、数量（质量或件数）、批号或生产日期、出厂日期、材料或产品出厂检验项目的各项检验结果和供方质检部门印记（必须符合设计和标准与规范要求），材料或产品应用标准编号、生产许可证编号，应标明的材料或产品注意事项、材料或产品安全警语
2	塑胶面层用材料出厂检验报告（型式检验报告）	检查内容同上。分别由厂家提供。提供的出厂检验报告的内容应符合相应标准"出厂检验项目"规定（与试验报告大体相同）
3	现浇型塑胶、塑胶卷材试验报告（见证取样）	
1)	现浇型塑胶材料试验报告（见证取样）	检查其报告提供量的代表数量、报告日期、性能参数，应符合设计、规范要求
2)	塑胶卷材试验报告（见证取样）	检查其报告提供量的代表数量、报告日期、性能参数，应符合设计、规范要求
4	现浇型塑胶面层配合比试验报告（同一工程，同一配合比检查一次）	检查单位资质、报告真实性、材料配合比应符合设计要求

注：1. 合理缺项除外；2. 表列凡有性能要求的均应符合设计和规范要求。

附：规范规定的施工"过程控制"要点

5.10　塑胶面层

5.10.1　塑胶面层应采用现浇型塑胶材料或塑胶卷材，宜在沥青混凝土或水泥类基层上铺设。

注：现浇型塑胶面层材料一般是指以聚氨酯为主要材料的混合弹性体以及丙烯酸，采用现浇法施工；卷材型塑胶面层材料一般是指聚氨酯面层（含组合层）、PVC面层（含组合层）、橡胶面层（含组合层）等，采用粘贴法施工。

　　塑胶面层按使用功能分类，可分为塑胶运动地板（面）和一般塑料面层。用作体育竞赛的塑胶运动地板（面）除应符合本节的要求外，还应符合国家现行体育竞赛场地专业规范的要求。

5.10.2 基层的强度和厚度应符合设计要求，表面应平整、干燥、洁净，无油脂及其他杂质。

　　注：对于水泥类基层，可用水泥砂浆或水泥基自流平涂层作为找平层，应视塑胶面层的具体要求而定；沥青混凝土应采用不含蜡或低蜡沥青，沥青混凝土基层应符合现行国家标准《沥青路面施工及验收规范》GB 50092 的要求。一般情况下，塑胶运动地板（面）的基层宜采用半刚性的沥青混凝土。

5.10.3 塑胶面层铺设时的环境温度宜为 10～30℃。

建筑地面的地面辐射供暖整体面层的
水泥混凝土面层和水泥砂浆面层检验批质量验收
【建筑地面的地面辐射供暖整体面层的水泥
混凝土面层检验批质量验收记录】

建筑地面的地面辐射供暖整体面层的水泥混凝土面层检验批质量验收记录表

表 209-21A

单位(子单位)工程名称					
分部(子分部)工程名称			验收部位		
施工单位			项目经理		
分包单位			分包项目经理		
施工执行标准名称及编号					

检控项目	序号	质量验收规范规定		施工单位检查评定记录	监理(建设)单位验收记录
主控项目	1	地面辐射供暖的整体面层用材料或产品质量要求	第5.11.3条		
	2	地面辐射供暖的整体面层的分格缝及其留置空隙要求	第5.11.4条		
	3	地面辐射供暖的整体面层的水泥混凝土面层(质量标准按5.2节中第5.2.3条~第5.2.6条)	第5.11.5条		
	(1)	水泥混凝土粗骨料的品质	第5.2.3条		
	(2)	防水水泥混凝土中掺入的外加剂规定	第5.2.4条		
	(3)	面层的强度等级规定	第5.2.5条		
	(4)	面层与下一层结合的质量规定及空鼓面积限值	第5.2.6条		
一般项目		(质量标准按5.2节中第5.2.7条~第5.2.10条)			
	(1)	面层表面质量要求	第5.2.7条		
	(2)	面层表面坡度要求	第5.2.8条		
	(3)	踢脚线与墙面质量要求	第5.2.9条		
	(4)	楼梯台阶踏步的宽度、高度做法与要求	第5.2.10条		
	(5)	水泥混凝土面层允许偏差(第5.2.10条)	允许偏差(mm)	量 测 值(mm)	
	1)	表面平整度	5		
	2)	踢脚线上口平直	4		
	3)	缝格平直	3		

施工单位检查评定结果	专业工长(施工员)		施工班组长	
	项目专业质量检查员:		年 月 日	

监理(建设)单位验收结论	专业监理工程师: (建设单位项目专业技术负责人): 年 月 日

【检查验收时执行的规范条目】

主控项目

5.11.3　地面辐射供暖的整体面层采用的材料或产品除应符合设计要求和本规范相应面层的规定外，还应具有耐热性、热稳定性、防水、防潮、防霉变等特点。

　　检验方法：观察检查和检查质量合格证明文件。

　　检查数量：同一工程、同一材料、同一生产厂家、同一型号、同一规格、同一批号检查一次。

5.11.4　地面辐射供暖的整体面层的分格缝应符合设计要求，面层与柱、墙之间应留不小于 10mm 的空隙。

　　检验方法：观察和用钢尺检查。

　　检验数量：按本规范第 3.0.21 条规定的检验批检查。

　　第 3.0.21 条：

3.0.21　建筑地面工程施工质量的检验，应符合下列规定：

　　1　基层（各构造层）和各类面层的分项工程的施工质量验收应按每一层次或每层施工段（或变形缝）划分检验批，高层建筑的标准层可按每三层（不足三层按三层计）划分检验批；

　　2　每检验批应以各子分部工程的基层（各构造层）和各类面层所划分的分项工程按自然间（或标准间）检验，抽查数量应随机检验不应少于 3 间；不足 3 间，应全数检查；其中走廊（过道）应以 10 延长米为 1 间，工业厂房（按单跨计）、礼堂、门厅应以两个轴线为 1 间计算；

　　3　有防水要求的建筑地面子分部工程的分项工程施工质量每检验批抽查数量应按其房间总数随机检验不应少于 4 间，不足 4 间，应全数检查。

5.11.5　其余主控项及检验方法、检查数量应符合规范第 5.2 节（水泥混凝土面层）、第 5.3 节（水泥砂浆面层）的有关规定。

　　第 5.2 节（辐射供暖水泥混凝土面层主控项目执行第 5.2 节的第 5.2.3 条～第 5.2.6 条）：

5.2.3　水泥混凝土采用的粗骨料，最大粒径不应大于面层厚度的 2/3，细石混凝土面层采用的石子粒径不应大于 16mm。

　　检验方法：观察检查和检查质量合格证明文件。

　　检查数量：同一工程、同一强度等级、同一配合比检查一次。

5.2.4　防水水泥混凝土中掺入的外加剂的技术性能应符合国家现行有关标准的规定，外加剂的品种和掺量应经试验确定。

　　检验方法：检查外加剂合格证明文件和配合比试验报告。

　　检查数量：同一工程、同一品种、同一掺量检查一次。

5.2.5　面层的强度等级应符合设计要求，且强度等级不应小于 C20。

　　检验方法：检查配合比试验报告和强度等级检测报告。

　　检查数量：配合比试验报告按同一工程、同一强度等级、同一配合比检查一次；强度等级检测报告按本规范第 3.0.19 条的规定检查。

　　第 3.0.19 条：

3.0.19　检验同一施工批次、同一配合比水泥混凝土和水泥砂浆强度的试块，应按每一层（或检验批）建筑地面工程不少于 1 组。当每一层（或检验批）建筑地面工程面积大于 1000m² 时，每增加 1000m² 应增做 1 组试块；小于 1000m² 按 1000m² 计算，取样 1 组；检验同一施工批次、同一配合比的散水、明沟、踏步、台阶、坡道的水泥混凝土、水泥砂浆强度的试块，应按每 150 延长米不少于 1 组。

5.2.6　面层与下一层应结合牢固，且应无空鼓和开裂。当出现空鼓时，空鼓面积不应大于 400cm²，且每自然间或标准间不应多于2处。

　　检验方法：观察和用小锤轻击检查。

　　检查数量：按本规范第3.0.21条规定的检验批检查。

　　一般项目

5.11.6　一般项目及检验方法、检查数量应符合本章第5.2节（水泥混凝土面层）、第5.3节（水泥砂浆面层）的有关规定。

　　第5.2节（辐射供暖水泥混凝土面层一般项目执行第5.2节的第5.2.7条～第5.2.11条）：

5.2.7　面层表面应洁净，不应有裂纹、脱皮、麻面、起砂等缺陷。

　　检验方法：观察检查。

　　检查数量：按本规范第3.0.21条规定的检验批检查。

5.2.8　面层表面的坡度应符合设计要求，不应有倒泛水和积水现象。

　　检验方法：观察和采用泼水或用坡度尺检查。

　　检查数量：按本规范第3.0.21条规定的检验批检查。

5.2.9　踢脚线与柱、墙面应紧密结合，踢脚线高度和出柱、墙厚度应符合设计要求且均匀一致。当出现空鼓时，局部空鼓长度不应大于300mm，且每自然间或标准间不应多于2处。

　　检验方法：用小锤轻击、钢尺和观察检查。

　　检查数量：按本规范第3.0.21条规定的检验批检查。

5.2.10　楼梯、台阶踏步的宽度、高度应符合设计要求。楼层梯段相邻踏步高度差不应大于10mm；每踏步两端宽度差不应大于10mm，旋转楼梯段的每踏步两端宽度的允许偏差不应大于5mm。踏步面层应做防滑处理，齿角应整齐，防滑条应顺直、牢固。

　　检验方法：观察和用钢尺检查。

　　检查数量：按本规范第3.0.21条规定的检验批检查。

5.2.11　水泥混凝土面层的允许偏差应符合本规范表5.1.7的规定。

　　检验方法：按本规范表5.1.7中的检验方法检验。

　　检查数量：按本规范第3.0.21条规定的检验批和第3.0.22条的规定检查。

水泥混凝土面层的允许偏差和检验方法（mm）　　　表5.1.7

项次	水泥混凝土面层的项目 （第5.2.10条）	允许偏差	检验方法
1	表面平整度	5	用2m靠尺和楔形塞尺检查
2	踢脚线上口平直	4	拉5m线和用钢尺检查
3	缝格平直	3	拉5m线和用钢尺检查

3.0.22　建筑地面工程的分项工程施工质量检验的主控项目，应达到本规范规定的质量标准，认定为合格；一般项目80%以上的检查点（处）符合本规范规定的质量要求，其他检查点（处）不得有明显影响使用，且最大偏差值不超过允许偏差值的50%为合格。凡达不到质量标准时，应按现行国家标准《建筑工程施工质量验收统一标准》GB 50300的规定处理。

【检验批验收应提供的核查资料】

建筑地面的地面辐射供暖整体面层的水泥混凝土面层检验批验收应提供的核查资料

表 209-21A1

序号	核查资料名称	核查要点
1	地面辐射供暖整体面层的水泥混凝土面层用材料、产品合格证或质量证明书	核查资料的真实性。核查需方及供方单位名称，材料或产品名称、规格、等级、数量(质量或件数)、批号或生产日期、出厂日期、材料或产品出厂检验项目的各项检验结果和供方质检部门印记(必须符合设计和标准与规范要求)，材料或产品应用标准编号、生产许可证编号，应标明的材料或产品注意事项、材料或产品安全警语
2	地面辐射供暖整体面层的水泥混凝土面层材料出厂检验记录	检查内容同上。分别由厂家提供。提供的出厂检验报告的内容应符合相应标准"出厂检验项目"规定(与试验报告大体相同)
3	地面辐射供暖整体面层的水泥混凝土面层材料试验报告(见证取样)	核查其报告提供量的代表数量、报告日期、性能、质量，与设计、规范要求的符合性
1)	水泥试验报告	检查其品种、代表数量、报告日期、水泥性能:抗折强度、抗压强度、初凝、终凝、安定性、依据标准、检验结论
2)	砂试验报告	检查其品种、代表数量、报告日期、砂子性能:表观密度(kg/m³);氯离子含量(%);堆积密度(kg/m³);含水率(%);紧密密度(kg/m³);吸水率(%);含泥量(%);云母含量(%);泥块含量(%);轻物质含量(%);有机物含量;硫酸盐、硫化物含量(%);压碎值指标(%);坚固性质量损失率(%);人工砂的石粉含量(%)、人工砂的 MB 值;碱活性;贝壳含量(%);颗粒级配;细度模数、检验结论
3)	石试验报告(最大粒径不大于垫层厚度的2/3)	检查其品种、报告提供量的代表数量、报告日期、石性能:抗压检验[强度平均值(MPa)、强度标准值/最小值(MPa)、强度标准差(MPa)、变异系数]、外观质量、尺寸偏差、检验结论
4)	外加剂试验报告	检查其品种、代表数量、报告日期、外加剂性能:含固量;含水率;密度;细度;pH 值;氯离子含量;硫酸钠含量;总碱量、检验结论
4	混凝土配合比试配(含外加剂)试验报告(见证取样)	提供单位资质、材料配合比、符合设计要求、真实性
5	混凝土试件强度试验报告(见证取样)	检查试件边长、成型日期、破型日期、龄期、强度值(抗压、抗折)、达到设计强度的百分数(%)、强度等级、代表数量、日期、性能、质量与设计、标准符合性
6	地面面层泼水试验记录	检查试验记录的真实性。地面坡度有无积水或倒泛水、坡度实施的正确性、是否漏水、责任制齐全程度，不得渗漏

注：1. 合理缺项除外；2. 表列凡有性能要求的均应符合设计和规范要求。

附：规范规定的施工"过程控制"要点

5.11　地面辐射供暖的整体面层

5.11.1 地面辐射供暖的整体面层宜采用水泥混凝土、水泥砂浆等，应在填充层上铺设。

5.11.2 地面辐射供暖的整体面层铺设时不得扰动填充层，不得向填充层内楔入任何物件。面层铺设尚应符合本规范第5.2节（水泥混凝土面层）、第5.3节（水泥砂浆面层）的有关规定。

第5.2节

5.2 水泥混凝土面层

5.2.1 水泥混凝上面层厚度应符合设计要求。

5.2.2 水泥混凝土面层铺设不得留施工缝。当施工间隙超过允许时间规定时，应对接槎处进行处理。

【建筑地面的地面辐射供暖整体面层的水泥砂浆面层检验批质量验收记录】

建筑地面的地面辐射供暖整体面层的水泥砂浆面层检验批质量验收记录表　　表 209-21B

单位(子单位)工程名称					验 收 部 位		
分部(子分部)工程名称					项 目 经 理		
施工单位					分包项目经理		
分包单位							
施工执行标准名称及编号							

检控项目	序号	质量验收规范规定		施工单位检查评定记录	监理(建设)单位验收记录
主控项目	1	地面辐射供暖的整体面层用材料或产品质量要求	第5.11.3条		
	2	地面辐射供暖的整体面层的分格缝及其留置空隙要求	第5.11.4条		
	3	地面辐射供暖的整体面层的水泥砂浆面层(质量标准按5.3节中第5.3.2条~第5.3.6条)	第5.11.5条		
	(1)	水泥砂浆面层用材料的材质	第5.3.2条		
	(2)	防水水泥砂浆掺入外加剂规定	第5.3.3条		
	(3)	水泥砂浆体积比(强度等级)规定	第5.3.4条		
	(4)	有排水要求的水泥砂浆地面坡向及规定	第5.3.5条		
	(5)	面层与下一层结合的质量要求及空鼓面积限值	第5.3.6条		
一般项目		(质量标准按5.3节中第5.3.7条~第5.3.11条)			
	(1)	面层表面坡度规定	第5.3.7条		
	(2)	面层表面质量	第5.3.8条		
	(3)	踢脚线与柱、墙质量及出现空鼓的检查规定	第5.3.9条		
	(4)	楼梯、台阶踏步的宽度、高度的质量规定	第5.3.10条		
	(5)	水泥砂浆(第5.3.11条)	允许偏差(mm)	量 测 值(mm)	
	1)	表面平整度	4		
	2)	踢脚线上口平直	4		
	3)	缝格平直	3		

施工单位检查评定结果	专业工长(施工员)		施工班组长	
	项目专业质量检查员:　　　　　　　　年　月　日			

监理(建设)单位验收结论	专业监理工程师: (建设单位项目专业技术负责人):　　　　年　月　日

【检查验收时执行的规范条目】

主控项目

5.11.3 地面辐射供暖的整体面层采用的材料或产品除应符合设计要求和本规范相应面层的规定外，还应具有耐热性、热稳定性、防水、防潮、防霉变等特点。

检验方法：观察检查和检查质量合格证明文件。

检查数量：同一工程、同一材料、同一生产厂家、同一型号、同一规格、同一批号检查一次。

5.11.4 地面辐射供暖的整体面层的分格缝应符合设计要求，面层与柱、墙之间应留不小于10mm的空隙。

检验方法：观察和用钢尺检查。

检验数量：按本规范第3.0.21条规定的检验批检查。

第3.0.21条：

3.0.21 建筑地面工程施工质量的检验，应符合下列规定：

1 基层（各构造层）和各类面层的分项工程的施工质量验收应按每一层次或每层施工段（或变形缝）划分检验批，高层建筑的标准层可按每三层（不足三层按三层计）划分检验批；

2 每检验批应以各子分部工程的基层（各构造层）和各类面层所划分的分项工程按自然间（或标准间）检验，抽查数量应随机检验不应少于3间；不足3间，应全数检查；其中走廊（过道）应以10延长米为1间，工业厂房（按单跨计）、礼堂、门厅应以两个轴线为1间计算；

3 有防水要求的建筑地面子分部工程的分项工程施工质量每检验批抽查数量应按其房间总数随机检验不应少于4间，不足4间，应全数检查。

5.11.5 其余主控项及检验方法、检查数量应符合本章第5.2节（水泥混凝土面层）、第5.3节（水泥砂浆面层）的有关规定。

第5.3节（辐射供暖水泥混凝土面层主控项目执行第5.2节的第5.3.2条～第5.3.6条）：

5.3.2 水泥宜采用硅酸盐水泥、普通硅酸盐水泥，不同品种、不同强度等级的水泥不应混用；砂应为中粗砂，当采用石屑时，其粒径应为1～5mm，且含泥量不应大于3%；防水水泥砂浆采用的砂或石屑，其含泥量不应大于1%。

检验方法：观察检查和检查质量合格证明文件。

检查数量：同一工程、同一强度等级、同一配合比检查一次。

5.3.3 防水水泥砂浆中掺入的外加剂的技术性能应符合国家现行有关标准的规定，外加剂的品种和掺量应经试验确定。

检验方法：观察检查和检查质量合格证明文件、配合比试验报告。

检查数量：同一工程、同一强度等级、同一配合比、同一外加剂品种、同一掺量检查一次。

5.3.4 水泥砂浆的体积比（强度等级）应符合设计要求，且体积比应为1:2，强度等级不应小于M15。

检验方法：检查强度等级检测报告。

检查数量：按本规范第3.0.19条的规定检查。

第3.0.19条：

3.0.19 检验同一施工批次、同一配合比水泥混凝土和水泥砂浆强度的试块，应按每一层（或检验批）建筑地面工程不少于1组。当每一层（或检验批）建筑地面工程面积大于1000m² 时，每增加1000m² 应增做1组试块；小于1000m² 按1000m² 计算，取样1组；检验同一施工批次、同一配合比的散水、明沟、踏步、台阶、坡道的水泥混凝土、水泥砂浆强度的试块，应按每150延长米不少于1组。

5.3.5 有排水要求的水泥砂浆地面，坡向应正确、排水通畅；防水水泥砂浆面层不应渗漏。

　·　检验方法：观察检查和蓄水、泼水检验或坡度尺检查及检查检验记录。

检查数量：按本规范第 3.0.21 条规定的检验批检查。

5.3.6　面层与下一层应结合牢固，且应无空鼓和开裂。当出现空鼓时，空鼓面积不应大于 400cm^2，且每自然间或标准间不应多于 2 处。

检验方法：观察和用小锤轻击检查。

检查数量：按本规范第 3.0.21 条规定的检验批检查。

一般项目

5.11.6　一般项目及检验方法、检查数量应符合本章第 5.2 节（水泥混凝土面层）、第 5.3 节（水泥砂浆面层）的有关规定。

第 5.3 节（辐射供暖水泥混凝土面层主控项目执行第 5.2 节的第 5.3.7 条～第 5.3.11 条）：

5.3.7　面层表面的坡度应符合设计要求，不应有倒泛水和积水现象。

检验方法：观察和采用泼水或坡度尺检查。

检查数量：按本规范第 3.0.21 条规定的检验批检查。

5.3.8　面层表面应洁净，不应有裂纹、脱皮、麻面、起砂等现象。

检验方法：观察检查。

检查数量：按本规范第 3.0.21 条规定的检验批检查。

5.3.9　踢脚线与柱、墙面应紧密结合，踢脚线高度及出柱、墙厚度应符合设计要求且均匀一致。当出现空鼓时，局部空鼓长度不应大于 300mm，且每自然间或标准间不应多于 2 处。

检验方法：用小锤轻击、钢尺和观察检查。

检查数量：按本规范第 3.0.21 条规定的检验批检查。

5.3.10　楼梯、台阶踏步的宽度、高度应符合设计要求。楼层梯段相邻踏步高度差不应大于 10mm；每踏步两端宽度差不应大于 10mm，旋转楼梯段的每踏步两端宽度的允许偏差不应大于 5mm。踏步面层应做防滑处理，齿角应整齐，防滑条应顺直、牢固。

检验方法：观察和用钢尺检查。

检查数量：按本规范第 3.0.21 条规定的检验批检查。

5.3.11　水泥砂浆面层的允许偏差应符合本规范表 5.1.7 的规定。

水泥砂浆面层的允许偏差和检验方法（mm）　　　　表 5.1.7

项次	水泥砂浆面层的项目 （第 5.3.10 条）	允许偏差	检验方法
1	表面平整度	4	用 2m 靠尺和楔形塞尺检查
2	踢脚线上口平直	4	拉 5m 线和用钢尺检查
3	缝格平直	3	拉 5m 线和用钢尺检查

检验方法：按本规范表 5.1.7 中的检验方法检验。

检查数量：按本规范第 3.0.21 条规定的检验批和第 3.0.22 条的规定检查。

第 3.0.22 条：

3.0.22　建筑地面工程的分项工程施工质量检验的主控项目，应达到本规范规定的质量标准，认定为合格；一般项目 80％以上的检查点（处）符合本规范规定的质量要求，其他检查点（处）不得有明显影响使用，且最大偏差值不超过允许偏差值的 50％为合格。凡达不到质量标准时，应按现行国家标准《建筑工程施工质量验收统一标准》GB 50300 的规定处理。

【检验批验收应提供的核查资料】

建筑地面的地面辐射供暖整体面层的水泥砂浆面层检验批验收应提供的核查资料

表 209-21B1

序号	核查资料名称	核查要点
1	地面辐射供暖整体面层的水泥砂浆面层用材料、产品合格证或质量证明书	核查资料的真实性。核查需方及供方单位名称,材料或产品名称、规格、等级、数量(质量或件数)、批号或生产日期、出厂日期、材料或产品出厂检验项目的各项检验结果和供方质检部门印记(必须符合设计和标准与规范要求),材料或产品应用标准编号、生产许可证编号,应标明的材料或产品注意事项、材料或产品安全警语
2	地面辐射供暖整体面层的水泥砂浆面层用材料出厂检验报告	检查内容同上。分别由厂家提供。提供的出厂检验报告的内容应符合相应标准"出厂检验项目"规定(与试验报告大体相同)
3	地面辐射供暖整体面层的水泥砂浆面层用材料试验报告(见证取样)	核查其报告提供量的代表数量、报告日期、性能、质量,与设计、规范要求的符合性
1)	水泥试验报告	检查其品种、代表数量、报告日期、水泥性能:抗折强度、抗压强度、初凝、终凝、安定性、依据标准、检验结论
2)	砂试验报告	检查其品种、代表数量、报告日期、砂子性能:表观密度(kg/m³);氯离子含量(%);堆积密度(kg/m³);含水率(%);紧密密度(kg/m³);吸水率(%);含泥量(%);云母含量(%);泥块含量(%);轻物质含量(%);有机物含量;硫酸盐、硫化物含量(%);压碎值指标(%);坚固性质量损失率(%);人工砂的石粉含量(%)、人工砂的 MB 值;碱活性;贝壳含量(%);颗粒级配;细度模数、检验结论
3)	外加剂试验报告	检查其品种、代表数量、报告日期、外加剂性能:含固量;含水率;密度;细度;pH 值;氯离子含量;硫酸钠含量;总碱量、检验结论
4	水泥砂浆配合比及试件强度试验报告	体积比应为 1:2,强度等级为≥M15
5	水泥砂浆试件强度试验报告(见证取样)	检查试件边长、成型日期、破型日期、龄期、强度值、达到设计强度的百分数(%)、强度等级、代表数量、日期、性能、质量与设计、标准符合性
6	地面面层蓄水、泼水试验记录	核查是否进行蓄水或泼水试验,有无渗漏。检查防水隔离层应采用蓄水方法,蓄水深度最浅处不得小于10mm,蓄水时间不得少于24h;检查有防水要求的建筑地面的面层应采用泼水方法

注:1. 合理缺项除外;2. 表列凡有性能要求的均应符合设计和规范要求。

附：规范规定的施工"过程控制"要点

5.11　地面辐射供暖的整体面层

5.11.1　地面辐射供暖的整体面层宜采用水泥混凝土、水泥砂浆等,应在填充层上铺设。

5.11.2　地面辐射供暖的整体面层铺设时不得扰动填充层,不得向填充层内楔入任何物件。面层铺设尚应符合本规范第 5.2 节(水泥混凝土面层)、第 5.3 节(水泥砂浆面层)的有关规定。

5.3　水泥砂浆面层

5.3.1　水泥砂浆面层的厚度应符合设计要求。

【板块面层铺设】

6.1 一般规定

6.1.1 本章适用于砖面层、大理石和花岗石面层、预制板块面层、料石面层、塑料板面层、活动地板面层、金属板面层、地毯面层、地面辐射供暖的板块面层等面层分项工程的施工质量验收。

6.1.2 铺设板块面层时，其水泥类基层的抗压强度不得小于1.2MPa。

6.1.3 铺设板块面层的结合层和板块间的填缝采用水泥砂浆时，应符合下列规定：

　　1 配制水泥砂浆应采用硅酸盐水泥、普通硅酸盐水泥或矿渣硅酸盐水泥；

　　2 配制水泥砂浆的砂应符合现行行业标准《普通混凝土用砂、石质量及检验方法标准》JGJ 52 的有关规定；

　　3 水泥砂浆的体积比（或强度等级）应符合设计要求。

6.1.4 结合层和板块面层填缝的胶结材料应符合国家现行有关标准和设计要求。

6.1.5 铺设水泥混凝土板块、水磨石板块、人造石板块、陶瓷锦砖、陶瓷地砖、缸砖、水泥花砖、料石、大理石和花岗石等面层的结合层和填缝材料采用水泥砂浆时，在面层铺设后，表面应覆盖、湿润，养护时间不应少于7d。当板块面层的水泥砂浆结合层的抗压强度达到设计要求后，方可正常使用。

6.1.6 大面积板块面层的伸、缩缝及分格缝应符合设计要求。

6.1.7 板块类踢脚线施工时，不得采用混合砂浆打底。

6.1.8 板块面层的允许偏差和检验方法应符合表6.1.8的规定。

板、块面层的允许偏差和检验方法（mm）　　　　表 6.1.8

项次	项目	允许偏差											检验方法
		陶瓷锦砖面层、陶瓷地砖面层、高级水磨石板块、陶瓷地砖面层	缸砖面层	水泥花砖面层	水磨石板块面层	大理石面层、花岗石面层、人造石面层、金属板面层	塑料板面层	水泥混凝土板块面层	碎拼大理石、碎拼花岗石面层	活动地板面层	条石面层	块石面层	
1	表面平整度	2.0	4.0	3.0	3.0	1.0	2.0	4.0	3.0	2.0	10	10	用2m靠尺和楔形塞尺检查
2	缝格平直	3.0	3.0	3.0	3.0	2.0	3.0	3.0	—	2.5	8.0	8.0	拉5m线和用钢尺检查
3	接缝高低差	0.5	1.5	0.5	1.0	0.5	0.5	1.5	—	0.4	2.0	—	用钢尺和楔形塞尺检查
4	脚线上口平直	3.0	4.0	—	4.0	1.0	2.0	4.0	1.0	—	—	—	拉5m线和用钢尺检查
5	板块间隙宽度	2.0	2.0	2.0	2.0	1.0	—	6.0	—	0.3	5.0	—	用钢尺检查

【建筑地面板块面层砖面层检验批质量验收记录】

建筑地面板块面层砖面层检验批质量验收记录表 　　表 209-22

单位（子单位）工程名称								
分部（子分部）工程名称					验 收 部 位			
施 工 单 位					项 目 经 理			
分包单位					分包项目经理			
施工执行标准名称及编号								

检控项目	序号	质量验收规范规定				施工单位检查评定记录			监理（建设）单位验收记录
主控项目	1	砖面层所用板块产品的要求与规定	第6.2.5条						
	2	砖面层用板块产品进场时，应有放射性限量合格的检测报告	第6.2.6条						
	3	面层与下一层结合质量要求	第6.2.7条						
一般项目	1	砖面层表面质量要求	第6.2.8条						
	2	面层邻接处镶边用料及尺寸要求	第6.2.9条						
	3	踢脚线表面和踢脚线高度的质量要求	第6.2.10条						
	4	楼梯台阶踏步的宽度、高度做法与要求	第6.2.11条						
	5	面层表面坡度要求	第6.2.12条						
	6	砖表面允许偏差（第6.2.13条）	允许偏差（mm）			量 测 值（mm）			
		项目	陶瓷锦砖高级水、磨石板、陶瓷地砖	缸砖面层	水泥花砖	水磨石板块			
		表面平整度	2	4	3	3			
		缝格平直	3	3	3	3			
		接缝高低差	0.5	1.5	0.5	1			
		踢脚线上口平直	3	4	—	4			
		板块间隙宽度	2	2	2	2			

施工单位检查评定结果	专业工长（施工员）	施工班组长
	项目专业质量检查员：　　　　　年 月 日	

监理（建设）单位验收结论	专业监理工程师： （建设单位项目专业技术负责人）：　　　　年 月 日

【检查验收时执行的规范条目】

主控项目

6.2.5 砖面层所用板块产品应符合设计要求和国家现行有关标准的规定。

　　检验方法：观察检查和检查型式检验报告、出厂检验报告、出厂合格证。

　　检查数量：同一工程、同一材料、同一生产厂家、同一型号、同一规格、同一批号检查一次。

6.2.6 砖面层所用板块产品进入施工现场时，应有放射性限量合格的检测报告。

　　检验方法：检查检测报告。

　　检查数量：同一工程、同一材料、同一生产厂家、同一型号、同一规格、同一批号检查一次。

6.2.7 面层与下一层的结合（粘结）应牢固，无空鼓（单块砖边角允许有局部空鼓，但每自然间或标准间的空鼓砖不应超过总数的5%）。

　　检验方法：用小锤轻击检查。

　　检查数量：按本规范第3.0.21条规定的检验批检查。

　　第3.0.21条：

3.0.21 建筑地面工程施工质量的检验，应符合下列规定：

　　1 基层（各构造层）和各类面层的分项工程的施工质量验收应按每一层次或每层施工段（或变形缝）划分检验批，高层建筑的标准层可按每三层（不足三层按三层计）划分检验批；

　　2 每检验批应以各子分部工程的基层（各构造层）和各类面层所划分的分项工程按自然间（或标准间）检验，抽查数量应随机检验不应少于3间；不足3间，应全数检查；其中走廊（过道）应以10延长米为1间，工业厂房（按单跨计）、礼堂、门厅应以两个轴线为1间计算；

　　3 有防水要求的建筑地面子分部工程的分项工程施工质量每检验批抽查数量应按其房间总数随机检验不应少于4间，不足4间，应全数检查。

　　一般项目

6.2.8 砖面层的表面应洁净、图案清晰，色泽应一致，接缝应平整，深浅应一致，周边应顺直。板块应无裂纹、掉角和缺棱等缺陷。

　　检验方法：观察检查。

　　检查数量：按本规范第3.0.21条规定的检验批检查。

6.2.9 面层邻接处的镶边用料及尺寸应符合设计要求，边角应整齐、光滑。

　　检验方法：观察和用钢尺检查。

　　检查数量：按本规范第3.0.21条规定的检验批检查。

6.2.10 踢脚线表面应洁净，与柱、墙面的结合应牢固。踢脚线高度及出柱、墙厚度应符合设计要求，且均匀一致。

　　检验方法：观察和用小锤轻击及钢尺检查。

　　检查数量：按本规范第3.0.21条规定的检验批检查。

6.2.11 楼梯、台阶踏步的宽度、高度应符合设计要求。踏步板块的缝隙宽度应一致；楼层梯段相邻踏步高度差不应大于10mm；每踏步两端宽度差不应大于10mm，旋转楼梯段的每踏步两端宽度的允许偏差不应大于5mm。踏步面层应做防滑处理，齿角应整齐，防滑条应顺直、牢固。

检验方法：观察和用钢尺检查。

检查数量：按本规范第 3.0.21 条规定的检验批检查。

6.2.12 面层表面的坡度应符合设计要求，不倒泛水、无积水；与地漏、管道结合处应严密牢固，无渗漏。

检验方法：观察、泼水或用坡度尺及蓄水检查。

检查数量：按本规范第 3.0.21 条规定的检验批检查。

6.2.13 砖面层的允许偏差应符合本规范表 6.1.8 的规定。

检验方法：按本规范表 6.1.8 中的检验方法检验。

检查数量：按本规范第 3.0.21 条规定的检验批和第 3.0.22 条的规定检查。

第 3.0.22 条：

3.0.22 建筑地面工程的分项工程施工质量检验的主控项目，应达到本规范规定的质量标准，认定为合格；一般项目 80% 以上的检查点（处）符合本规范规定的质量要求，其他检查点（处）不得有明显影响使用，且最大偏差值不超过允许偏差值的 50% 为合格。凡达不到质量标准时，应按现行国家标准《建筑工程施工质量验收统一标准》GB 50300 的规定处理。

板、块面层的允许偏差和检验方法（mm） 表 6.1.8

项次	项　　目	允许偏差				检验方法
		陶瓷锦砖面层、高级水磨石板、陶瓷地砖面层	缸砖面层	水泥花砖面层	水磨石板块面层	
1	表面平整度	2	4	3	3	用 2m 靠尺和楔形塞尺检查
2	缝格平直	3	3	3	3	拉 5m 线和用钢尺检查
3	接缝高低差	0.5	1.5	0.5	1	用钢尺检查和楔形塞尺检查
4	踢脚线上口平直	3	4	—	4	拉 5m 线和用钢尺检查
5	板块间隙宽度	2	2	2	2	用钢尺检查

【检验批验收应提供的核查资料】

砖面层检验批验收应提供的核查资料　　　　　　　表 209-22a

序号	核查资料名称	核 查 要 点
1	砖面层用材料、产品合格证或质量证明书(陶瓷锦砖、缸砖、陶瓷地砖、水泥花砖)	核查资料的真实性。核查需方及供方单位名称,材料或产品名称、规格、等级、数量(质量或件数)、批号或生产日期、出厂日期、材料或产品出厂检验项目的各项检验结果和供方质检部门印记(必须符合设计和标准与规范要求),材料或产品应用标准编号、生产许可证编号,应标明的材料或产品注意事项、材料或产品安全警语
2	陶瓷锦砖、缸砖、陶瓷地砖和水泥花砖出厂检验报告	检查内容同上。分别由厂家提供。提供的出厂检验报告的内容应符合相应标准"出厂检验项目"规定(与试验报告大体相同)
3	陶瓷锦砖、缸砖、陶瓷地砖和水泥花砖试件试验报告(含防辐射试验报告等,见证取样)	·检查其报告提供量的代表数量、报告日期、花色性能、质量,与设计、规范要求的符合性
1)	陶瓷锦砖试件试验报告(含防辐射)	核查其品种、规格、尺寸允许偏差、外观质量(夹层、釉裂、开裂、斑点、粘疤、起泡、坯粉、麻面、波纹、缺釉、橘釉、棕眼、落脏、溶洞、缺角、缺边、变形)、吸水率(≤1%)、耐急冷急热性、成联质量要求
2)	缸砖试验报告(含防辐射)	与陶瓷地砖检验项目相同
3)	陶瓷地砖试件试验报告(含防辐射)	检查尺寸偏差,表面质量,物理性能(吸水率、破坏强度和断裂模数、抗热震性、抗釉裂性、抗冻性、耐磨性、抗冲击性、线性热膨胀系数、湿膨胀、小色差、摩擦系数),化学性能(耐化学腐蚀性、耐污染性、铅和镉的溶出量)
4)	水泥花砖试件试验报告(含防辐射)	外观质量(缺棱、掉底、越线、图案偏差),尺寸偏差(长、宽、厚),物理力学性能(抗折、耐磨、吸水率),结构性能(厚度最小值,分层现象:一等品不允许,合格品允许有不明显分层)
4	砂浆强度试验报告(见证取样)	检查试验单位资质,检查其报告提供量的代表数量、报告日期,砂浆强度值,达到设计要求的百分比,试验结论
5	蓄水或泼水试验记录	核查是否进行蓄水或泼水试验,有无渗漏。检查防水隔离层应采用蓄水方法,蓄水深度最浅处不得小于 10mm,蓄水时间不得少于 24h;检查有防水要求的建筑地面的面层应采用泼水方法

注：1. 陶瓷锦砖、缸砖、陶瓷地砖和水泥花砖出厂合格证应附有放射性限量合格的检测报告；

2. 合理缺项除外；

3. 表列凡有性能要求的均应符合设计和规范要求。

砖面层质量控制的几点补充说明

1. 砖面层用材料质量

(1) 颜料：颜料用于擦缝,颜色可视饰面板色择定。同一面层应使用同厂、同批的颜料,以避免造成颜色深浅不一；其掺入量宜为水泥重量的 3%～6% 或由试验确定。

(2) 沥青胶结料：宜用石油沥青与纤维、粉状或纤维和粉状混合的填充料配制。

（3）胶粘剂：应防水、防菌，其选用应按基层材料和面层材料使用的相容性要求，通过试验确定，并符合现行国家标准《民用建筑工程室内环境污染控制规范》GB 50325—2010的规定。产品应有出厂合格证和技术质量指标检验报告。超过生产期三个月的产品，应取样检验，合格后方可使用；超过保质期的产品不得使用。

2. 地漏（清扫口）施工

地漏（清扫口）位置在符合设计要求的前提下，宜结合地面面层排板设计进行适当调整。并用整块（块材规格较小时用四块）块材进行套割，地漏（清扫口）双向中心线应与整块块材的双向中心线重合；用四块块材套割时，地漏（清扫口）中心应与四块块材的交点重合。套割尺寸宜比地漏面板外围每侧大 2～3mm，周边均匀一致。镶贴时，套割的块材内侧与地漏面板平，且比外侧低（找坡）5mm（清扫口不找坡）。待镶贴凝固后，清理地漏（清扫口）周围缝隙，用密封胶封闭，防止地漏（清扫口）周围渗漏。

3. 面层养护

面层铺贴完毕 24h 后，洒水养护 2d，用防水材料临时封闭地漏，放水深 20～30mm 进行 24h 蓄水试验，经监理、施工单位共同检查验收签字，确认无渗漏后，地面铺贴工作方可完工。

附：规范规定的施工"过程控制"要点

6.2　砖面层

6.2.1　砖面层可采用陶瓷锦砖、缸砖、陶瓷地砖和水泥花砖，应在结合层上铺设。

6.2.2　在水泥砂浆结合层上铺贴缸砖、陶瓷地砖和水泥花砖面层时，应符合下列规定：

1　在铺贴前，应对砖的规格尺寸、外观质量、色泽等进行预选，需要时，浸水湿润晾干待用；

2　勾缝和压缝应采用同品种、同强度等级、同颜色的水泥，并做养护和保护。

6.2.3　在水泥砂浆结合层上铺贴陶瓷锦砖面层时，砖底面应洁净，每联陶瓷锦砖之间、与结合层之间以及在墙角、镶边和靠柱、墙处，应紧密贴合。在靠柱、墙处不得采用砂浆填补。

6.2.4　在胶结料结合层上铺贴缸砖面层时，缸砖应干净，铺贴应在胶结料凝结前完成。

【建筑地面大理石和花岗石面层（或碎拼）检验批质量验收记录】

建筑地面大理石和花岗石面层（或碎拼）检验批质量验收记录表　　　表 209-23

单位（子单位）工程名称					
分部（子分部）工程名称				验收部位	
施工单位				项目经理	
分包单位				分包项目经理	
施工执行标准名称及编号					
检控项目	序号	质量验收规范规定		施工单位检查评定记录	监理（建设）单位验收记录
主控项目	1	大理石、花岗石面层所用板块产品要求与规定	第6.3.4条		
	2	大理石、花岗石面层所用板块产品进场时，应有放射性限量合格的检测报告	第6.3.5条		
	3	面层与下一层结合与空鼓限值	第6.3.6条		
一般项目	1	大理石、花岗石面层铺设前的防碱处理	第6.3.7条		
	2	大理石、花岗石面层的表面质量要求	第6.3.8条		
	3	踢脚线表面和踢脚线高度的质量要求	第6.3.9条		
	4	楼梯台阶踏步的宽度、高度做法与要求	第6.3.10条		
	5	面层表面坡度要求	第6.3.11条		
	6	面层允许偏差（第6.3.12条）	允许偏差（mm）	量　测　值（mm）	
	1)	表面平整度	1.0(3.0)		
	2)	缝格平直	2.0		
	3)	接缝高低差	0.5		
	4)	踢脚线上口平直	1.0(3.0)		
	5)	板块间隙宽度	1.0		
施工单位检查评定结果	专业工长（施工员）			施工班组长	
	项目专业质量检查员：　　　　　　　　　　　　　　　年　　月　　日				
监理（建设）单位验收结论	专业监理工程师： （建设单位项目专业技术负责人）：　　　　　　　年　　月　　日				

注：碎拼大理石、碎拼花岗石表面平整度为3mm，其他详表。

【检查验收时执行的规范条目】

主控项目

6.3.4 大理石、花岗石面层所用板块产品应符合设计要求和国家现行有关标准的规定。

检验方法：观察检查和检查质量合格证明文件。

检查数量：同一工程、同一材料、同一生产厂家、同一型号、同一规格、同一批号检查一次。

6.3.5 大理石、花岗石面层所用板块产品进入施工现场时，应有放射性限量合格的检测报告。

检验方法：检查检测报告。

检查数量：同一工程、同一材料、同一生产厂家、同一型号、同一规格、同一批号检查一次。

6.3.6 面层与下一层应结合牢固，无空鼓（单块板现边角有局部空鼓，但每自然间或标准间的空鼓板块不应超过总数的 5%）。

检验方法：用小锤轻击检查。

检查数量：按本规范第 3.0.21 条规定的检验批检查。

第 3.0.21 条：

3.0.21 建筑地面工程施工质量的检验，应符合下列规定：

1 基层（各构造层）和各类面层的分项工程的施工质量验收应按每一层次或每层施工段（或变形缝）划分检验批，高层建筑的标准层可按每三层（不足三层按三层计）划分检验批；

2 每检验批应以各子分部工程的基层（各构造层）和各类面层所划分的分项工程按自然间（或标准间）检验，抽查数量应随机检验不应少于 3 间；不足 3 间，应全数检查；其中走廊（过道）应以 10 延长米为 1 间，工业厂房（按单跨计）、礼堂、门厅应以两个轴线为 1 间计算；

3 有防水要求的建筑地面子分部工程的分项工程施工质量每检验批抽查数量应按其房间总数随机检验不应少于 4 间，不足 4 间，应全数检查。

一般项目

6.3.7 大理石、花岗石面层铺设前，板块的背面和侧面应进行防碱处理。

检验方法：观察检查和检查施工记录。

检查数量：按本规范第 3.0.21 条规定的检验批检查。

6.3.8 大理石、花岗石面层的表面应洁净、平整、无磨痕，且应图案清晰，色泽一致，接缝均匀，周边顺直，镶嵌正确，板块应无裂纹、掉角、缺楞等缺陷。

检验方法：观察检查。

检查数量：按本规范第 3.0.21 条规定的检验批检查。

6.3.9 踢脚线表面应洁净，与柱、墙面的结合应牢固。踢脚线高度及出柱、墙厚度应符合设计要求，且均匀一致。

检验方法：观察和用小锤轻击及钢尺检查。

检查数量：按本规范第 3.0.21 条规定的检验批检查。

6.3.10 楼梯、台阶踏步的宽度、高度应符合设计要求。踏步板块的缝隙宽度应一致；楼层梯段相邻踏步高度差不应大于 10mm；每踏步两端宽度差不应大于 10mm，旋转楼梯梯段的每踏步两端宽度的允许偏差不应大于 5mm。踏步面层应做防滑处理，齿角应整齐，防滑条应顺直、牢固。

　　检验方法：观察和用钢尺检查。

　　检查数量：按本规范第 3.0.21 条规定的检验批检查。

6.3.11　面层表面的坡度应符合设计要求，不倒泛水、无积水；与地漏、管道结合处应严密牢固，无渗漏。

　　检验方法：观察、泼水或坡度尺及蓄水检查。

　　检查数量：按本规范第 3.0.21 条规定的检验批检查。

6.3.12　大理石和花岗石面层（或碎拼大理石面层、碎拼花岗石面层）的允许偏差应符合本规范表 6.1.8 的规定。

　　检验方法：按本规范表 6.1.8 中的检验方法检验。

　　检查数量：按本规范第 3.0.21 条规定的检验批和第 3.0.22 条的规定检查。

　　第 3.0.22 条：

3.0.22　建筑地面工程的分项工程施工质量检验的主控项目，应达到本规范规定的质量标准，认定为合格；一般项目 80% 以上的检查点（处）符合本规范规定的质量要求，其他检查点（处）不得有明显影响使用，且最大偏差值不超过允许偏差值的 50% 为合格。凡达不到质量标准时，应按现行国家标准《建筑工程施工质量验收统一标准》GB 50300 的规定处理。

板、块面层的允许偏差和检验方法（mm）　　　　　　　　　　表 6.1.8

项次	项　　目	允许偏差	检验方法
		大理石面层、花岗石面层、人造石面层、钢板面层	
1	表面平整度	1.0	用 2m 靠尺和楔形塞尺检查
2	缝格平直	2.0	拉 5m 线和用钢尺检查
3	接缝高低差	0.5	用钢尺检查和楔形塞尺检查
4	踢脚线上口平直	1.0	拉 5m 线和用钢尺检查
5	板块间隙宽度	1.0	用钢尺检查

　　注：括号内为碎拼大理石、花岗石石层偏差值。碎拼大理石、花岗石其他项目不检查。

【检验批验收应提供的核查资料】

大理石面层和花岗石面层（或碎拼）检验批质量验收应提供的核查资料　　表 209-23a

序号	核查资料名称	核　查　要　点
1	大理石面层和花岗石面层（或碎拼）用材料、产品合格证或质量证明书（大理石、花岗石）	核查资料的真实性。核查需方及供方单位名称,材料或产品名称、规格、等级、数量(质量或件数)、批号或生产日期、出厂日期、材料或产品出厂检验项目的各项检验结果和供方质检部门印记(必须符合设计和标准与规范要求),材料或产品应用标准编号、生产许可证编号,应标明的材料或产品注意事项、材料或产品安全警语
2	大理石和花岗石出厂检验报告	检查内容同下。分别由厂家提供。提供的出厂检验报告的内容应符合相应标准"出厂检验项目"规定(与试验报告大体相同)
3	大理石和花岗石试验报告(含防辐射试验报告等,见证取样)	检查报告提供量的代表数量、报告日期、外观质量(缺棱、缺角、裂纹、色斑、色线)、大理石和花岗石试验性能:体积密度,吸水率,压缩强度(干燥、水饱和),弯曲强度(干燥、水饱和),耐磨性和放射性
4	蓄水和泼水试验记录	核查是否进行蓄水或泼水试验,有无渗漏。检查防水隔离层应采用蓄水方法,蓄水深度最浅处不得小于 10mm,蓄水时间不得少于 24h;检查有防水要求的建筑地面的面层应采用泼水方法

　　注：1. 合理缺项除外；2. 表列凡有性能要求的均应符合设计和规范要求。

大理石、花岗石面层质量控制的几点补充说明

1. 大理石、花岗石面层用材料质量

(1) 天然大理石、花岗石板块：

1) 天然大理石、花岗石板块的花色、品种、规格应符合设计要求。其技术等级、光泽度、外观等质量要求应符合相应标准的规定。

2) 板块有裂缝、掉角、翘曲和表面有缺陷时，应予剔除，品种不同的板材不得混杂使用。

(2) 胶粘剂：胶粘剂应有出厂合格证和使用说明书，有害物质限量见表 209-23b1 和表 209-23b2。本体型胶粘剂中有害物质限量值的规定是：总挥发性有机物≤100g/L。

溶剂型胶粘剂中有害物质限量值　　　　　　　　　　表 209-23b1

项　目	指　标			
	氯丁橡胶胶粘剂	SBS 胶粘剂	聚氨酯类胶粘剂	其他胶粘剂
游离甲醛(g/kg)	≤0.00			
苯(g/kg)	≤5.0			
甲苯＋二甲苯(g/kg)	≤200	≤150	≤150	≤150
甲苯二异氰酸脂(g/kg)	—		≤10	—
二氯甲烷(g/kg)		≤50		
1,2-二氯乙烷(g/kg)	总量≤5.0			≤50
1,1,2-三氯乙烷(g/kg)		总量≤5.0	—	
三氯乙烯(g/kg)				
总挥发性有机物(g/L)	≤700	≤650	≤700	≤700

注：如产品规定了稀释比例或产品有双组分或多组分组成时，应分别测定稀释剂和各组分中的含量，再按产品规定的配比计算混合后的总量。如稀释剂的使用量为某一范围时，应按照推荐的最大稀释量进行计算。

水基型胶粘剂中有害物质限量值　　　　　　　　　　表 209-23b2

项　目		指　标				
		缩甲醛类胶粘剂	聚乙酸乙烯酯胶粘剂	橡胶类胶粘剂	聚氨酯类胶粘剂	其他胶粘剂
游离甲醛(g/kg)	≤	1	1	1	—	1
苯(g/kg)	≤	0.2				
甲苯＋二甲苯(g/kg)	≤	10				
总挥发性有机物(g/L)	≤	350	110	250	100	350

2. 大理石、花岗石面层的打蜡

踢脚线打蜡同楼地面打蜡一起进行。应在结合层砂浆达到强度要求、各道工序完工、不再上人时，方可打蜡，打蜡应达到光滑、亮洁。

附：规范规定的施工"过程控制"要点

6.3　大理石面层和花岗石面层

6.3.1　大理石、花岗石面层采用天然大理石、花岗石（或碎拼大理石、碎拼花岗石）板材，应在结合层上铺设。

6.3.2　板材有裂缝、掉角、翘曲和表面有缺陷时应予剔除，品种不同的板材不得混杂使用；在铺设前，应根据石材的颜色、花纹、图案、纹理等按设计要求，试拼编号。

6.3.3　铺设大理石、花岗石面层前，板材应浸湿、晾干；结合层与板材应分段同时铺设。

【建筑地面预制板块面层检验批质量验收记录】

建筑地面预制板块面层检验批质量验收记录表

表209-24

单位(子单位)工程名称				
分部(子分部)工程名称			验收部位	
施工单位			项目经理	
分包单位			分包项目经理	
施工执行标准名称及编号				

检控项目	序号	质量验收规范规定		施工单位检查评定记录	监理(建设)单位验收记录
主控项目	1	预制板块面层用板块产品要求与规定	第6.4.6条		
	2	预制板块面层所用板块产品进场时,应有放射性限量合格的检测报告	第6.4.7条		
	3	面层与下一层结合与空鼓限值	第6.4.8条		
一般项目	1	预制板块表面应无裂缝、掉角、翘曲等明显缺陷	第6.4.9条		
	2	预制板块面层应平整洁净,图案清晰,色泽一致,接缝均匀,周边顺直,镶嵌正确	第6.4.10条		
	3	面层邻接处的镶边用料尺寸应符合设计要求,边角应整齐、光滑	第6.4.11条		
	4	踢脚线表面和踢脚线高度的质量要求	第6.4.12条		
	5	楼梯台阶踏步的宽度、高度做法与要求	第6.4.13条		

	6	板块面层(第6.4.14条)	允许偏差(mm)	量 测 值(mm)							
		项目	水泥混凝土预制板块面层								
		表面平整度	4								
		缝格平直	3								
		接缝高低差	1.5								
		踢脚线上口平直	4								
		板块间隙宽度	6								

施工单位检查评定结果	专业工长(施工员)		施工班组长	
	项目专业质量检查员:			年 月 日
监理(建设)单位验收结论	专业监理工程师: (建设单位项目专业技术负责人):			年 月 日

【检查验收时执行的规范条目】

主控项目

6.4.6 预制板块面层所用板块产品应符合设计要求和国家现行有关标准的规定。

检验方法：观察检查和检查型式检验报告、出厂检验报告、出厂合格证。

检查数量：同一工程、同一材料、同一生产厂家、同一型号、同一规格、同一批号检查一次。

6.4.7 预制板块面层所用板块产品进入施工现场时，应有放射性限量合格的检测报告。

检验方法：检查检测报告。

检查数量：同一工程、同一材料、同一生产厂家、同一型号、同一规格、同一批号检查一次。

6.4.8 面层与下一层应粘合牢固，无空鼓（单块板块边角允许有局部空鼓，但每自然间或标准间的空鼓板块不应超过总数的5%）。

检验方法：用小锤轻击检查。

检查数量：按本规范第3.0.21条规定的检验批检查。

第3.0.21条：

3.0.21 建筑地面工程施工质量的检验，应符合下列规定：

1 基层（各构造层）和各类面层的分项工程的施工质量验收应按每一层次或每层施工段（或变形缝）划分检验批，高层建筑的标准层可按每三层（不足三层按三层计）划分检验批；

2 每检验批应以各子分部工程的基层（各构造层）和各类面层所划分的分项工程按自然间（或标准间）检验，抽查数量应随机检验不应少于3间；不足3间，应全数检查；其中走廊（过道）应以10延长米为1间，工业厂房（按单跨计）、礼堂、门厅应以两个轴线为1间计算；

3 有防水要求的建筑地面子分部工程的分项工程施工质量每检验批抽查数量应按其房间总数随机检验不应少于4间，不足4间，应全数检查。

一般项目

6.4.9 预制板块表面应无裂缝、掉角、翘曲等明显缺陷。

检验方法：观察检查。

检查数量：按本规范第3.0.21条规定的检验批检查。

6.4.10 预制板块面层应平整洁净，图案清晰，色泽一致，接缝均匀，周边顺直，镶嵌正确。

检验方法：观察检查。

检查数量：按本规范第3.0.21条规定的检验批检查。

6.4.11 面层邻接处的镶边用料尺寸应符合设计要求，边角应整齐、光滑。

检验方法：观察和用钢尺检查。

检查数量：按本规范第3.0.21条规定的检验批检查。

6.4.12 踢脚线表面应洁净，与柱、墙面的结合应牢固。踢脚线高度及出柱、墙厚度应符合设计要求，且均匀一致。

检验方法：观察和用小锤轻击及钢尺检查。

检查数量：按本规范第3.0.21条规定的检验批检查。

6.4.13 楼梯、台阶踏步的宽度、高度应符合设计要求。踏步板块的缝隙宽度应一致；楼层梯段相邻踏步高度差不应大于 10mm；每踏步两端宽度差不应大于 10mm，旋转楼梯梯段的每踏步两端宽度的允许偏差不应大于 5mm。踏步面层应做防滑处理，齿角应整齐，防滑条应顺直、牢固。

检验方法：观察和用钢尺检查。

检查数量：按本规范第 3.0.21 条规定的检验批检查。

6.4.14　水泥混凝土板块、水磨石板块、人造石板块面层的允许偏差应符合本规范表6.1.8 的规定。

检验方法：按本规范表 6.1.8 中的检验方法检验。

检查数量：按本规范第 3.0.21 条规定的检验批和第 3.0.22 条的规定检查。

第 3.0.22 条：

3.0.22　建筑地面工程的分项工程施工质量检验的主控项目，应达到本规范规定的质量标准，认定为合格；一般项目 80% 以上的检查点（处）符合本规范规定的质量要求，其他检查点（处）不得有明显影响使用，且最大偏差值不超过允许偏差值的 50% 为合格。凡达不到质量标准时，应按现行国家标准《建筑工程施工质量验收统一标准》GB 50300 的规定处理。

预制板块面层的允许偏差和检验方法（mm）　　　　表 6.1.8

项次	项　目	允许偏差	检验方法
		水泥混凝土板块面层	
1	表面平整度	4	用 2m 靠尺和楔形塞尺检查
2	缝格平直	3	拉 5m 线和用钢尺检查
3	接缝高低差	1.5	用钢尺检查和楔形塞尺检查
4	踢脚线上口平直	4	拉 5m 线和用钢尺检查
5	板块间隙宽度	6	用钢尺检查

【检验批验收应提供的核查资料】

预制板块面层验收应提供的核查资料　　　　表 209-24a

序号	核查资料名称	核查要点
1	预制板块（水泥混凝土板、水磨石板、人造石板块）面层用材料、产品合格证或质量证明书	核查资料的真实性。核查需方及供方单位名称，材料或产品名称、规格、等级、数量（质量或件数）、批号或生产日期、出厂日期、材料或产品出厂检验项目的各项检验结果和供方质检部门印记（必须符合设计和标准与规范要求），材料或产品应用标准编号、生产许可证编号，应标明的材料或产品注意事项、材料或产品安全警语
2	预制板块出厂检验报告（型式检验报告）	检查内容同上。分别由厂家提供。提供的出厂检验报告的内容应符合相应标准"出厂检验项目"规定（与试验报告大体相同）
3	预制板块试验报告	
1)	水泥混凝土板试验报告（含防辐射试验报告，见证取样）	检查报告提供量的代表数量、报告日期、性能参数与设计、规范要求的符合性
2)	水磨石板试验报告（含防辐射试验报告，见证取样）	检查报告提供量的代表数量、报告日期、性能参数与设计、规范要求的符合性
3)	人造石板块试验报告（含防辐射试验报告，见证取样）	检查报告提供量的代表数量、报告日期、性能参数与设计、规范要求的符合性

注：1. 合理缺项除外；2. 表列凡有性能要求的均应符合设计和规范要求。

预制板块面层质量控制的几点补充说明

预制板块面层施工质量

（1）嵌缝、养护：预制板块面层铺完 24h 后，用素水泥浆或水泥砂浆灌缝 2/3 高，再用同色水泥浆擦（勾）缝，并用干锯末将板块擦亮，铺上湿锯末覆盖养护，7d 内禁止上人。

（2）镶贴踢脚板：安装前先将踢脚板背面预刷水湿润、晾干。踢脚板的阳角处应按设计要求，做成海棠角或割成 45°角。

附：规范规定的施工"过程控制"要点

6.4 预制板块面层

6.4.1 预制板块面层采用水泥混凝土板块、水磨石板块、人造石板块，应在结合层上铺设。

6.4.2 在现场加工的预制板块应按本规范第 5 章的有关规定执行。

6.4.3 水泥混凝土板块面层的缝隙中，应采用水泥浆（或砂浆）填缝；彩色混凝土板块、水磨石板块、人造石板块应用同色水泥浆（或砂浆）擦缝。

6.4.4 强度和品种不同的预制板块不宜混杂使用。

6.4.5 板块间的缝隙宽度应符合设计要求。当设计无要求时，混凝土板块面层缝宽不宜大于 6mm，水磨石板块、人造石板块间的缝宽不应大于 2mm。预制板块面层铺完 24h 后，应用水泥砂浆灌缝至 2/3 高度，再用同色水泥浆擦（勾）缝。

注：混凝土板块：混凝土板块边长通常为 250～500mm，板厚等于或大于 60mm，混凝土强度等级不低于 C20。

【建筑地面料石面层检验批质量验收记录】

建筑地面料石面层检验批质量验收记录表   表 209-25

单位(子单位)工程名称							
分部(子分部)工程名称					验收部位		
施工单位					项目经理		
分包单位					分包项目经理		
施工执行标准名称及编号							

检控项目	序号	质量验收规范规定		施工单位检查评定记录		监理(建设)单位验收记录	
主控项目	1	石材质量要求与规定及条石、块石强度等级规定	第6.5.5条				
	2	料石面层所用石材产品进场时,应有放射性限量合格的检测报告	第6.5.6条				
	3	面层与下一层应结合牢固,无松动	第6.5.7条				
一般项目	1	条石面层组砌,铺砌方向和坡度;块石面层石料缝隙及通缝不应超过两块石料	第6.5.8条				
	2	条石、块石面层允许偏差(第6.5.9条)	允许偏差值(mm)	量 测 值(mm)			
		项 目	条石面层 / 块石面层				
		表面平整度	10 / 10				
		缝格平直	8 / 8				
		接缝高低差	2 / —				
		踢脚线上口平直	— / —				
		板块间隙宽度	5 /				

施工单位检查评定结果	专业工长(施工员)		施工班组长	
	项目专业质量检查员: 年 月 日			

监理(建设)单位验收结论	
	专业监理工程师: (建设单位项目专业技术负责人): 年 月 日

【检查验收时执行的规范条目】

主控项目

6.5.5 石材应符合设计要求和国家现行有关标准的规定；条石的强度等级应大于 MU60，块石的强度等级应大于 MU30。

检验方法：观察检查和检查质量合格证明文件。

检查数量：同一工程、同一材料、同一生产厂家、同一型号、同一规格、同一批号检查一次。

6.5.6 石材进入施工现场时，应有放射性限量合格的检测报告。

检验方法：检查检测报告。

检查数量：同一工程、同一材料、同一生产厂家、同一型号、同一规格、同一批号检查一次。

6.5.7 面层与下一层应结合牢固，无松动。

检验方法：观察和用锤击检查。

检查数量：按本规范第 3.0.21 条规定的检验批检查。

第 3.0.21 条：

3.0.21 建筑地面工程施工质量的检验，应符合下列规定：

1 基层（各构造层）和各类面层的分项工程的施工质量验收应按每一层次或每层施工段（或变形缝）划分检验批，高层建筑的标准层可按每三层（不足三层按三层计）划分检验批；

2 每检验批应以各子分部工程的基层（各构造层）和各类面层所划分的分项工程按自然间（或标准间）检验，抽查数量应随机检验不应少于 3 间；不足 3 间，应全数检查；其中走廊（过道）应以 10 延长米为 1 间，工业厂房（按单跨计）、礼堂、门厅应以两个轴线为 1 间计算；

3 有防水要求的建筑地面子分部工程的分项工程施工质量每检验批抽查数量应按其房间总数随机检验不应少于 4 间，不足 4 间，应全数检查。

一般项目

6.5.8 条石面层应组砌合理，无十字缝，铺砌方向和坡度应符合设计要求；块石面层石料缝隙应相互错开，通缝不应超过两块石料。

检验方法：观察和用坡度尺检查。

检查数量：按本规范第 3.0.21 条规定的检验批检查。

6.5.9 条石面层和块石面层的允许偏差应符合本规范表 6.1.8 的规定。

检验方法：按本规范表 6.1.8 中的检验方法检验。

检查数量：按本规范第 3.0.21 条规定的检验批和第 3.0.22 条的规定检查。

第 3.0.22 条：

3.0.22 建筑地面工程的分项工程施工质量检验的主控项目，应达到本规范规定的质量标准，认定为合格；一般项目 80% 以上的检查点（处）符合本规范规定的质量要求，其他检查点（处）不得有明显影响使用，且最大偏差值不超过允许偏差值的 50% 为合格。凡达不到质量标准时，应按现行国家标准《建筑工程施工质量验收统一标准》GB 50300 的规定处理。

料石面层的允许偏差和检验方法（mm）　　　表 6.1.8

项次	项　目	允许偏差		检验方法
		条石面层	块石面层	
1	表面平整度	10	10	用 2m 靠尺和楔形塞尺检查
2	缝格平直	8	8	拉 5m 线和用钢尺检查
3	接缝高低差	2	—	用钢尺检查和楔形塞尺检查
4	踢脚线上口平直	—	—	拉 5m 线和用钢尺检查
5	板块间隙宽度	5		用钢尺检查

【检验批验收应提供的核查资料】

料石面层验收应提供的核查资料　　　表 209-25a

序号	核查资料名称	核查要点
1	料石（条石和块石）面层用材料、产品合格证或质量证明书	核查资料的真实性。核查需方及供方单位名称，材料或产品名称、规格、等级、数量（质量或件数）、批号或生产日期、出厂日期、材料或产品出厂检验项目的各项检验结果和供方质检部门印记（必须符合设计和标准与规范要求），材料或产品应用标准编号、生产许可证编号，应标明的材料或产品注意事项、材料或产品安全警语。条石强度等级≥MU60，块石≥MU30
2	料石（条石和块石）出厂检验报告	检查内容同上。分别由厂家提供。提供的出厂检验报告的内容应符合相应标准"出厂检验项目"规定（与试验报告大体相同）
3	料石（条石和块石）试验报告（含防辐射试验报告等，见证取样）	检查其报告提供量的代表数量、报告日期、性能、质量，与设计、规范要求的符合性

注：1. 合理缺项除外；2. 表列凡有性能要求的均应符合设计和规范要求。

料石面层质量控制的几点补充说明

1. 料石面层用材料质量

（1）料石

1）条石和块石面层所用的石材的规格、技术等级和厚度应符合设计要求。

2）条石采用质量均匀，强度等级不应低于 MU60 的岩石加工而成。其形状接近矩形六面体，厚度为 80～120mm。

3）块石采用强度等级不低于 MU30 的岩石加工而成。其形状接近直棱柱体或有规则的四边形或多边形，其底面截锥体，顶面粗琢平整，底面积不应小于顶面积的 60%，厚度为 100～150mm。

4）不导电料石应采用辉绿岩石制成。填缝材料亦采用辉绿岩加工的砂嵌实。耐高温的料石面层的石料，应按设计要求选用。

（2）沥青胶结料：宜用石油沥青与纤维、粉状或纤维和粉状混合的填充料配制。

2. 料石构造做法

料石面层采用天然条石和块石，应在结合层上铺设。采用块石做面层应铺在基土或砂垫层上；采用条石做面层应铺在砂、水泥砂浆或沥青胶结料结合层上。构造做法见图 1。

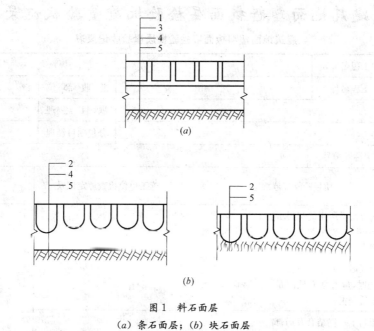

图 1　料石面层

（a）条石面层；（b）块石面层

1—条石；2—块石；3—结合层；4—垫层；5—基土

附：规范规定的施工"过程控制"要点

6.5　料石面层

6.5.1　料石面层采用天然条石和块石，应在结合层上铺设。

6.5.2　条石和块石面层所用的石材的规格、技术等级和厚度应符合设计要求。条石的质量应均匀，形状为矩形六面体，厚度为 80～120mm；块石形状为直棱柱体，顶面粗琢平整，底面面积不宜小于顶面面积的 60%，厚度为 100～150mm。

6.5.3　不导电的料石面层的石料应采用辉绿岩石加工制成。填缝材料亦采用辉绿岩石加工的砂嵌实。耐高温的料石面层的石料，应按设计要求选用。

6.5.4　条石面层的结合层宜采用水泥砂浆，其厚度应符合设计要求；块石面层的结合层宜采用砂垫层，其厚度不应小于 60mm；基土层应为均匀密实的基土或夯实的基土。

【建筑地面塑料板面层检验批质量验收记录】

建筑地面塑料板面层检验批质量验收记录表　　　　　表 209-26

单位(子单位)工程名称					
分部(子分部)工程名称				验收部位	
施工单位				项目经理	
分包单位				分包项目经理	
施工执行标准名称及编号					

检控项目	序号	质量验收规范规定		施工单位检查评定记录	监理(建设)单位验收记录
主控项目	1	塑料板面层所用的塑料板块、塑料卷材、胶粘剂等的要求和规定	第6.6.8条		
	2	塑料板面层所用塑料板产品进场时,应有放射性限量合格的检测报告	第6.6.9条		
	3	面层与下一层结合及局部脱胶限值	第6.6.10条		
一般项目	1	塑料板面层质量	第6.6.11条		
	2	塑料板面层板块焊接与焊缝质量要求	第6.6.12条		
	3	镶边用料应尺寸准确、边角整齐、拼缝严密、接缝顺直	第6.6.13条		
	4	踢脚线宜与地面面层对缝一致,踢脚线与基层的粘合应密实	第6.6.14条		
	5	塑料板面层(第6.6.15条)	允许偏差值(mm)	量　测　值(mm)	
	1)	表面平整度	2		
	2)	缝格平直	3		
	3)	接缝高低差	0.5		
	4)	踢脚线上口平直	2		

施工单位检查评定结果	专业工长(施工员)		施工班组长	
	项目专业质量检查员:		年　月　日	

监理(建设)单位验收结论	专业监理工程师: (建设单位项目专业技术负责人):		年　月　日	

【检查验收时执行的规范条目】

主控项目

6.6.8 塑料板面层所用的塑料板块、塑料卷材、胶粘剂等应符合设计要求和国家现行有关标准的规定。

检验方法：观察检查和检查型式检验报告、出厂检验报告、出厂合格证。

检查数量：同一工程、同一材料、同一生产厂家、同一型号、同一规格、同一批号检查一次。

6.6.9 塑胶板面层采用的胶粘剂进入施工现场时，应有以下有害物质限量合格的检测报告：

　　1 溶剂型胶粘剂中的挥发性有机化合物（VOC）、苯、甲苯＋二甲苯；

　　2 水性胶粘剂中的挥发性有机化合物（VOC）和游离甲醛。

检验方法：检查检测报告。

检查数量：同一工程、同一材料、同一生产厂家、同一型号、同一规格、同一批号检查一次。

6.6.10 面层与下一层的粘结应牢固，不翘边、不脱胶、无溢胶（单块板块边角允许有局部脱胶，但每自然间或标准间的脱胶板块不超过总数的5%；卷材局部脱胶处面积不应大于$20cm^2$，且相隔间距应大于或等于50cm）。

检验方法：观察、敲击及钢尺检查。

检查数量：按本规范第3.0.21条规定的检验批检查。

　第3.0.21条：

3.0.21 建筑地面工程施工质量的检验，应符合下列规定：

　　1 基层（各构造层）和各类面层的分项工程的施工质量验收应按每一层次或每层施工段（或变形缝）划分检验批，高层建筑的标准层可按每三层（不足三层按三层计）划分检验批；

　　2 每检验批应以各子分部工程的基层（各构造层）和各类面层所划分的分项工程按自然间（或标准间）检验，抽查数量应随机检验不应少于3间；不足3间，应全数检查；其中走廊（过道）应以10延长米为1间，工业厂房（按单跨计）、礼堂、门厅应以两个轴线为1间计算；

　　3 有防水要求的建筑地面子分部工程的分项工程施工质量每检验批抽查数量应按其房间总数随机检验不应少于4间，不足4间，应全数检查。

一般项目

6.6.11 塑胶板面层应表面洁净，图案清晰，色泽一致，接缝应严密、美观。拼缝处的图案、花纹应吻合，无胶痕；与柱、墙边交接应严密，阴阳角收边应方正。

检验方法：观察检查。

检查数量：按本规范第3.0.21条规定的检验批检查。

6.6.12 板块的焊接，焊缝应平整、光洁，无焦化变色、斑点、焊瘤和起鳞等缺陷，其凹凸允许偏差不应大于0.6mm。焊缝的抗拉强度应不小于塑料板强度的75%。

检验方法：观察检查和检查检测报告。

检查数量：按本规范第3.0.21条规定的检验批检查。

6.6.13 镶边用料应尺寸准确、边角整齐、拼缝严密、接缝顺直。

检验方法：观察和用钢尺检查。

检查数量：按本规范第3.0.21条规定的检验批检查。

6.6.14 踢脚线宜与地面面层对缝一致，踢脚线与基层的粘合应密实。

检验方法：观察检查。

检查数量：按本规范第3.0.21条规定的检验批检查。

6.6.15 塑胶板面层的允许偏差应符合本规范表6.1.8的规定。

检验方法：按本规范表6.1.8中的检验方法检验。

检查数量：按本规范第3.0.21条规定的检验批和第3.0.22条的规定检查。

第3.0.22条：

3.0.22 建筑地面工程的分项工程施工质量检验的主控项目，应达到本规范规定的质量标准，认定为合格；一般项目80%以上的检查点（处）符合本规范规定的质量要求，其他检查点（处）不得有明显影响使用，且最大偏差值不超过允许偏差值的50%为合格。凡达不到质量标准时，应按现行国家标准《建筑工程施工质量验收统一标准》GB 50300 的规定处理。

塑料板面层的允许偏差和检验方法（mm）　　　　　　表6.1.8

项次	项　目	允许偏差	检验方法
		塑料板	
1	表面平整度	2	用2m靠尺和楔形塞尺检查
2	缝格平直	3	拉5m线和用钢尺检查
3	接缝高低差	0.5	用钢尺检查和楔形塞尺检查
4	踢脚线上口平直	2	拉5m线和用钢尺检查

【检验批验收应提供的核查资料】

塑料面层检验批验收应提供的核查资料　　　　　表209-26a

序号	核查资料名称	核查要点
1	塑料面层用材料、产品合格证或质量证明书（塑料板块、塑料卷材、胶粘剂）	核查资料的真实性。核查需方及供方单位名称，材料或产品名称、规格、等级、数量(质量或件数)、批号或生产日期、出厂日期、材料或产品出厂检验项目的各项检验结果和供方质检部门印记(必须符合设计和标准与规范要求)，材料或产品应用标准编号、生产许可证编号，应标明的材料或产品注意事项、材料或产品安全警语
2	塑料板块、塑料卷材、胶粘剂等出厂检验报告（含型式检验报告）	检查内容同上。分别由厂家提供。提供的出厂检验报告的内容应符合相应标准"出厂检验项目"规定(与试验报告大体相同)
3	塑料板块、塑料卷材、胶粘剂等试验报告	
1)	塑料板块试验报告(含防辐射试验报告等)	检查其报告提供量的代表数量、报告日期、性能参数与设计、规范要求的符合性
2)	塑料卷材试验报告(含防辐射试验报告等)	检查其报告提供量的代表数量、报告日期、性能参数与设计、规范要求的符合性
3)	胶粘剂试验报告(含防辐射试验报告等)	检查其报告提供量的代表数量、报告日期、性能参数与设计、规范要求的符合性

注：1. 合理缺项除外；2. 表列凡有性能要求的均应符合设计和规范要求。

塑料板面层质量控制的几点补充说明

1. 塑料板面层用材料质量

（1）塑料板

面层应平整、光洁、无裂纹、色泽均匀、厚薄一致、边缘平直、密实无孔，无皱纹，板内不允许有杂物和气泡并应符合产品各项技术指标。

（2）塑料焊条：选用等边三角形或圆形截面，表面应平整光洁，无孔眼、节瘤、皱纹，颜色均匀一致，焊条成分和性能应与被焊的板相同，质量应符合有关技术标准的规定，并有出厂合格证。

（3）胶粘剂

1）胶粘剂产品应按基层材料和面层材料使用的相容性要求，通过试验确定。一般常与地板配套供应，根据不同的基层，铺贴时应选用与之配套的胶粘剂，并按使用说明选用，在使用前应经充分搅拌。对于双组分胶粘剂要先将各组分分别搅拌均匀，再按规定配比准确称量，然后混合拌匀后使用。

2）Ⅰ类民用建筑工程室内装修粘贴塑料地板时，不应采用溶剂型胶粘剂。

3）Ⅱ类民用建筑工程中地下室及不与室外直接自然通风的房间粘贴塑料地板时，不宜采用溶剂型胶粘剂。使用溶剂型胶粘剂，应测定总挥发性有机物（TVOC）和苯的含量，其含量应符合有关国家标准的规定。

4）使用水溶性胶粘剂，应测定总挥发性有机物（TVOC）和游离甲醛的含量。

附：规范规定的施工"过程控制"要点

6.6　塑料板面层

6.6.1　塑料板面层应采用塑料板块材、塑料板焊接、塑料卷材以胶粘剂在水泥类基层上采用满粘或点粘法铺设。

6.6.2　水泥类基层表面应平整、坚硬、干燥、密实、洁净、无油脂及其他杂质，不应有麻面、起砂、裂缝等缺陷。

6.6.3　胶粘剂应按基层材料和面层材料使用的相容性要求，通过试验确定，其质量应符合国家现行有关标准的规定。

6.6.4　焊条成分和性能应与被焊的板相同，其质量应符合有关技术标准的规定，并应有出厂合格证。

6.6.5　铺贴塑料板面层时，室内相对湿度不宜大于70%，温度宜在10～32℃之间。

6.6.6　塑料板面层施工完成后的静置时间应符合产品的技术要求。

6.6.7　防静电塑料板配套的胶粘剂、焊条等应具有防静电性能。

【建筑地面活动地板面层检验批质量验收记录】

建筑地面活动地板面层检验批质量验收记录表　　　　　　　　　表 209-27

单位(子单位)工程名称					
分部(子分部)工程名称				验收部位	
施工单位				项目经理	
分包单位				分包项目经理	
施工执行标准名称及编号					

检控项目	序号	质量验收规范规定		施工单位检查评定记录	监理(建设)单位验收记录
主控项目	1	活动地板面层质量要求、规定及性能要求	第6.7.11条		
	2	活动地板面层应安装牢固、无裂纹、掉角和缺楞等缺陷	第6.7.12条		
一般项目	1	活动地板面层应排列整齐、表面洁净、色泽一致、接缝均匀、周边顺直	第6.7.13条		
	2	活动地板面层允许偏差(第6.7.14条)	允许偏差值(mm)	量　测　值(mm)	
	1)	表面平整度	2.0		
	2)	缝格平直	2.5		
	3)	接缝高低差	0.4		
	4)	板块间隙宽度	0.3		

施工单位检查评定结果	专业工长(施工员)		施工班组长	
	项目专业质量检查员：　　　　　　　　　　年　　月　　日			

监理(建设)单位验收结论	
	专业监理工程师： (建设单位项目专业技术负责人)：　　　　　　年　　月　　日

【检查验收时执行的规范条目】

主控项目

6.7.11 活动地板应符合设计要求和国家现行有关标准的规定，且应具有耐磨、防潮、阻燃、耐污染、耐老化和导静电等性能。

检验方法：观察检查和检查型式检验报告、出厂检验报告、出厂合格证。

检查数量：同一工程、同一材料、同一生产厂家、同一型号、同一规格、同一批号检查一次。

6.7.12 活动地板面层应安装牢固，无裂纹、掉角和缺楞等缺陷。

检验方法：观察和行走检查。

检查数量：按本规范第 3.0.21 条规定的检验批检查。

第 3.0.21 条，

3.0.21 建筑地面工程施工质量的检验，应符合下列规定：

1 基层（各构造层）和各类面层的分项工程的施工质量验收应按每一层次或每层施工段（或变形缝）划分检验批，高层建筑的标准层可按每三层（不足三层按三层计）划分检验批；

2 每检验批应以各子分部工程的基层（各构造层）和各类面层所划分的分项工程按自然间（或标准间）检验，抽查数量应随机检验不应少于 3 间；不足 3 间，应全数检查；其中走廊（过道）应以 10 延长米为 1 间，工业厂房（按单跨计）、礼堂、门厅应以两个轴线为 1 间计算；

3 有防水要求的建筑地面子分部工程的分项工程施工质量每检验批抽查数量应按其房间总数随机检验不应少于 4 间，不足 4 间，应全数检查。

一般项目

6.7.13 活动地板面层应排列整齐、表面洁净、色泽一致、接缝均匀、周边顺直。

检验方法：观察检查。

检查数量：按本规范第 3.0.21 条规定的检验批检查。

6.7.14 活动地板面层的允许偏差应符合本规范表 6.1.8 的规定。

检验方法：按本规范表 6.1.8 中的检验方法检验。

检查数量：按本规范第 3.0.21 条规定的检验批和第 3.0.22 条的规定检查。

第 3.0.22 条：

3.0.22 建筑地面工程的分项工程施工质量检验的主控项目，应达到本规范规定的质量标准，认定为合格；一般项目 80% 以上的检查点（处）符合本规范规定的质量要求，其他检查点（处）不得有明显影响使用，且最大偏差值不超过允许偏差值的 50% 为合格。凡达不到质量标准时，应按现行国家标准《建筑工程施工质量验收统一标准》GB 50300 的规定处理。

活动地板面层的允许偏差和检验方法（mm） 表 6.1.8

项次	项　　目	允许偏差	检验方法
		活动地板面层	
1	表面平整度	2	用 2m 靠尺和楔形塞尺检查
2	缝格平直	2.5	拉 5m 线和用钢尺检查
3	接缝高低差	0.4	用钢尺检查和楔形塞尺检查
4	板块间隙宽度	0.3	拉 5m 线和用钢尺检查

【检验批验收应提供的核查资料】

建筑地面活动地板面层检验批验收应提供的核查资料　　　　表 209-27a

序号	核查资料名称	核查要点
1	活动地板面层用材料、产品合格证或质量证明书[标准地板、异形地板、地板附件（支架和横梁）]	核查资料的真实性。核查需方及供方单位名称,材料或产品名称、规格、等级、数量（质量或件数）、批号或生产日期、出厂日期、材料或产品出厂检验项目的各项检验结果和供方质检部门印记（必须符合设计和标准与规范要求）,材料或产品应用标准编号、生产许可证编号,应标明的材料或产品注意事项、材料或产品安全警语
2	活动地板面层出厂检验报告（含型式检验报告）	检查内容同上。分别由厂家提供。提供的出厂检验报告的内容应符合相应标准"出厂检验项目"规定（与试验报告大体相同）
3	活动地板面层承载力试验报告（见证取样）	活动地板面层应包括标准地板、异形地板和地板附件（即支架和横梁组件）。采用的活动地板块应平整、坚实,面层承载力不应小于 7.5MPa
4	活动地板面层系统电阻试验报告（见证取样）	A 级板的系统电阻应为 $1.0 \times 10^5 \sim 1.0 \times 10^8 \Omega$;B 级板的系统电阻应为 $1.0 \times 10^5 \sim 1.0 \times 10^{10} \Omega$

注：1. 合理缺项除外；2. 表列凡有性能要求的均应符合设计和规范要求。

活动地板面层构造与质量控制的几点补充说明

1. 活动地板面层构造

（1）活动地板面层采用特制的平压刨花板为基材,表面饰以装饰板和底层用镀锌钢板经粘结胶合组成的活动地板块,配以横梁、橡胶垫条和可供调节高度的金属支架组装成的架空活动地板,在水泥类基层上铺设而成。面层下可敷设管道和导线,适用于防尘和导静电要求的专业用房,如仪表控制室、计算机房、变电所控制室、通信枢纽等。活动地板面层具有板面平整（可达毫米精度）、光洁、装饰性好等优点。活动地板面层与原楼、地面之间的空间（即活动支架高度）可按使用要求进行设计,可容纳大量的电缆和空调管线。所有构件均可预制,运输、安装和拆卸十分方便。活动地板构造见图 1。

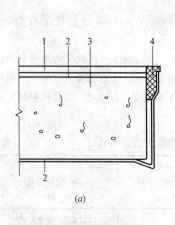
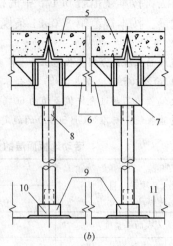

图 1　活动地板面层构造

(a) 抗静电活动地板构造；(b) 活动地板安装

1—柔光高压三聚氰胺贴面板；2—镀锌钢板；3—刨花板基材；4—橡胶密封条；5—活动地板块；
6—横梁；7—柱帽；8—螺栓；9—活动支架；10—底座；11—楼地面标高

（2）活动地板块共有三层，中间一层是 25mm 左右厚的刨花板，面层采用柔光高压三聚氰胺装饰板 1.5mm 厚粘贴，底层粘贴一层 1mm 厚镀锌钢板，四周侧边用塑料板封闭或用镀锌钢板包裹并以胶条封边。常用规格为 600mm×600mm 和 500mm×500mm 两种。

（3）支承部分：支承部分由标准钢支柱和框架组成，钢支柱采用管材制作，框架采用轻型槽钢制成。支承结构有高架（1000mm）和低架（200、300、350mm）两种。地板附件有支架组件和横梁组件。

2. 活动地板面层用材料质量

（1）活动地板表面应平整、坚实；具有耐磨、耐污染、耐老化、防潮、阻燃和导静电等性能，并应符合设计要求。

（2）活动地板面层包括标准地板、异形地板和地板附件（即支架和横梁组件）。采用的活动地板块面层承载力不得小于 7.5MPa，其系统体积电阻率宜为：A 级板为 $1.0×10^5$～$1.0×10^8\,\Omega$；D 级板为 $1.0×10^5$～$1.0×10^{10}\,\Omega$。

附：规范规定的施工"过程控制"要点

6.7 活动地板面层

6.7.1 活动地板面层宜用于有防尘和防静电要求的专业用房的建筑地面。应采用特制的平压刨花板为基材，表面可饰以装饰板，底层应用镀锌板经粘结胶合形成活动地板块，配以横梁、橡胶垫条和可供调节高度的金属支架组装成架空板，应在水泥类面层（或基层）上铺设。

6.7.2 活动地板所有的支座柱和横梁应构成框架一体，并与基层连接牢固；支架抄平后高度应符合设计要求。

6.7.3 活动地板面层应包括标准地板、异形地板和地板附件（即支架和横梁组件）。采用的活动地板块应平整、坚实，面层承载力不应小于 7.5MPa，A 级板的系统电阻应为 $1.0×10^5$～$1.0×10^8\,\Omega$；B 级板的系统电阻应为 $1.0×10^5$～$1.0×10^{10}\,\Omega$。

6.7.4 活动地板面层的金属支架应支承在现浇水泥混凝土基层（或面层）上，基层表面应平整、光洁、不起灰。

6.7.5 当房间的防静电要求较高，需要接地时，应将活动地板面层的金属支架、金属横梁连通跨接，并与接地体相连，接地方法应符合设计要求。

6.7.6 活动板块与横梁接触搁置处应达到四角平整、严密。

6.7.7 当活动地板不符合模数时，其不足部分可在现场根据实际尺寸将板块切割后镶补，并应配装相应的可调支撑和横梁。切割边不经处理不得镶补安装，并不得有局部膨胀变形情况。

6.7.8 活动地板在门口处或预留洞口处应符合设置构造要求，四周侧边应用耐磨硬质板材封闭或用镀锌钢板包裹，胶条封边应符合耐磨要求。

6.7.9 活动地板与柱、墙面接缝处的处理应符合设计要求，设计无要求时应做木踢脚线；通风口处，应选用异形活动地板铺贴。

6.7.10 用于电子信息系统机房的活动地板面层，其施工质量检验尚应符合现行国家标准《电子信息系统机房施工及验收规范》GB 50462 的有关规定。

【建筑地面金属板面层检验批质量验收记录】

建筑地面金属板面层检验批质量验收记录表

表 209-28

单位(子单位)工程名称						
分部(子分部)工程名称					验 收 部 位	
施工单位					项 目 经 理	
分包单位					分包项目经理	
施工执行标准名称及编号						

检控项目	序号	质量验收规范规定		施工单位检查评定记录	监理(建设)单位验收记录
主控项目	1	金属板的质量要求和规定	第6.8.6条		
	2	面层与基层的固定方法、面层的接缝处理应符合设计要求	第6.8.7条		
	3	面层及其附件需焊接时的焊缝质量要求和规定	第6.8.8条		
	4	面层与基层的结合应牢固,无翘边、松动、空鼓等	第6.8.9条		
一般项目	1	金属板表面应无裂痕、刮伤、刮痕、翘曲等外观质量缺陷	第6.8.10条		
	2	面层应平整、洁净、色泽一致,接缝应均匀,周边应顺直	第6.8.11条		
	3	镶边用料及尺寸应符合设计要求,边角应整齐	第6.8.12条		
	4	踢脚线表面、与柱、墙面的结合、踢脚线高度及出柱、墙厚度要求	第6.8.13条		
	5	金属板面层(第6.8.14条)	允许偏差值(mm)	量 测 值(mm)	
	(1)	表面平整度	1.0		
	(2)	缝格平直	2.0		
	(3)	接缝高低差	0.5		
	(4)	踢脚线上口平直	1.0		
	(5)	板块间隙宽度	1.0		

施工单位检查评定结果	专业工长(施工员)		施工班组长	
	项目专业质量检查员:		年　月　日	

监理(建设)单位验收结论	专业监理工程师: (建设单位项目专业技术负责人):　　　　　　　年　月　日

【检查验收时执行的规范条目】

主控项目

6.8.6　金属板应符合设计要求和国家现行有关标准的规定。

　　　检验方法：观察检查和检查型式检验报告、出厂检验报告、出厂合格证。

　　　检查数量：同一工程、同一材料、同一生产厂家、同一型号、同一规格、同一批号检查一次。

6.8.7　面层与基层的固定方法、面层的接缝处理应符合设计要求。

　　　检验方法：观察检查。

　　　检查数量：按本规范第 3.0.21 条规定的检验批检查。

　　　第 3.0.21 条：

3.0.21　建筑地面工程施工质量的检验，应符合下列规定：

　　1　基层（各构造层）和各类面层的分铺与搭接施工质量验收应符合，层次或各层施工后（或变形缝）划分检验批，高层建筑的标准层可按每三层（不足三层按三层计）划分检验批；

　　2　每检验批应以各子分部工程的基层（各构造层）和各类面层所划分的分项工程按自然间（或标准间）检验，抽查数量应随机检验不应少于 3 间；不足 3 间，应全数检查；其中走廊（过道）应以 10 延长米为 1 间，工业厂房（按单跨计）、礼堂、门厅应以两个轴线为 1 间计算；

　　3　有防水要求的建筑地面子分部工程的分项工程施工质量每检验批抽查数量应按其房间总数随机检验不应少于 4 间，不足 4 间，应全数检查。

6.8.8　面层及其附件如需焊接，焊缝质量应符合设计要求和现行国家标准《钢结构工程施工质量验收规范》GB 50205 的有关规定。

　　　检验方法：观察检查和按现行国家标准《钢结构工程施工质量验收规范》GB 50205 规定的方法检验。

　　　注：通常采用观察检查或使用放大镜、用焊缝量规抽查测量和钢尺检查。

　　　检查数量：按本规范第 3.0.21 条规定的检验批检查。

6.8.9　面层与基层的结合应牢固，无翘边、松动、空鼓等。

　　　检验方法：观察和用小锤轻击检查。

　　　检查数量：按本规范第 3.0.21 条规定的检验批检查。

一般项目

6.8.10　金属板表面应无裂痕、刮伤、刮痕、翘曲等外观质量缺陷。

　　　检验方法：观察检查。

　　　检查数量：按本规范第 3.0.21 条规定的检验批检查。

6.8.11　面层应平整、洁净、色泽一致，接缝应均匀，周边应顺直。

　　　检验方法：观察和用钢尺检查。

　　　检查数量：按本规范第 3.0.21 条规定的检验批检查。

6.8.12　镶边用料及尺寸应符合设计要求，边角应整齐。

　　　检验方法：观察检查和用钢尺检查。

　　　检查数量：按本规范第 3.0.21 条规定的检验批检查。

6.8.13　踢脚线表面应洁净，与柱、墙面的结合应牢固。踢脚线高度及出柱、墙厚度应符合设计要求，且均匀一致。

检验方法：观察和用小锤轻击及钢尺检查。

检查数量：按本规范第 3.0.21 条规定的检验批检查。

6.8.14　金属板面层的允许偏差应符合本规范表 6.1.8 的规定。

检验方法：按本规范表 6.1.8 中的检验方法检验。

检查数量：按本规范第 3.0.2 1 条规定的检验批和第 3.0.22 条的规定检查。

第 3.0.22 条：

3.0.22　建筑地面工程的分项工程施工质量检验的主控项目，应达到本规范规定的质量标准，认定为合格；一般项目 80% 以上的检查点（处）符合本规范规定的质量要求，其他检查点（处）不得有明显影响使用，且最大偏差值不超过允许偏差值的 50% 为合格。凡达不到质量标准时，应按现行国家标准《建筑工程施工质量验收统一标准》GB 50300 的规定处理。

金属板面层的允许偏差和检验方法（mm）　　　　　　表 6.1.8

项次	项　目	允许偏差	检验方法
		金属板面层	
1	表面平整度	1.0	用 2m 靠尺和楔形塞尺检查
2	缝格平直	2.0	拉 5m 线和用钢尺检查
3	接缝高低差	0.5	用钢尺检查和楔形塞尺检查
4	踢脚线上口平直	1.0	拉 5m 线和用钢尺检查
5	板块间隙宽度	1.0	用钢尺检查

【检验批验收应提供的核查资料】

金属板面层验收应提供的核查资料　　　　　　表 209-28a

序号	核查资料名称	核查要点
1	金属板面层用材料、产品合格证或质量证明书(镀锌板、镀锡板、复合钢板、彩色涂层钢板、铸铁板、不锈钢板、铜板及其他合成金属板)	核查资料的真实性。核查需方及供方单位名称,材料或产品名称、规格、等级、数量(质量或件数)、批号或生产日期、出厂日期、材料或产品出厂检验项目的各项检验结果和供方质检部门印记(必须符合设计和标准与规范要求),材料或产品应用标准编号、生产许可证编号,应标明的材料或产品注意事项、材料或产品安全警语
2	镀锌板、镀锡板、复合钢板、彩色涂层钢板、铸铁板、不锈钢板、铜板及其他合成金属板等出厂检验报告(含型式检验报告)	检查内容同上。分别由厂家提供。提供的出厂检验报告的内容应符合相应标准"出厂检验项目"规定(与试验报告大体相同)
3	焊接用材料试验报告(见证取样)	检查其报告提供量的代表数量、报告日期、焊接材料性能、质量,与设计、规范要求的符合性。按设计要求的板材类焊接用材料执行标准的"出厂检验项目"规定进行试(检)验
4	镀锌板、镀锡板、复合钢板、彩色涂层钢板、铸铁板、不锈钢板、铜板及其他合成金属板等试验报告(见证取样)	检查其报告提供的代表数量、报告日期、金属板类材料性能、质量,与设计、规范要求的符合性。按设计要求的板材类别执行标准的"出厂检验项目"规定进行试(检)验
5	焊接试验报告(见证取样)	检查其报告提供量的代表数量、报告日期、性能、质量,与设计、规范要求的符合性
6	焊工合格证书检查记录	核查焊工考试合格证书的真实性,发证单位资质。证书必须包括:操作技能和理论考试、证书的有效期

注：1. 合理缺项除外；2. 表列凡有性能要求的均应符合设计和规范要求。

附：规范规定的施工"过程控制"要点

6.8　金属板面层

6.8.1　金属板面层采用镀锌板、镀锡板、复合钢板、彩色涂层钢板、铸铁板、不锈钢板、铜板及其他合成金属板铺设。

6.8.2　金属板面层及其配件宜使用不锈蚀或经过防锈处理的金属制品。

6.8.3　用于通道（走道）和公共建筑的金属板面层，应按设计要求进行防腐、防滑处理。

6.8.4　金属板面层的接地做法应符合设计要求。

6.8.5　具有磁吸性的金属板面层不得用于有磁场所。

【建筑地面地毯面层检验批质量验收记录】

建筑地面地毯面层检验批质量验收记录表

表 209-29

单位(子单位)工程名称				
分部(子分部)工程名称			验收部位	
施工单位			项目经理	
分包单位			分包项目经理	
施工执行标准名称及编号				

检控项目	序号	质量验收规范规定		施工单位检查评定记录	监理(建设)单位验收记录
主控项目	1	地毯面层采用的材料应符合设计要求和国家现行有关标准的规定	第6.9.7条		
	2	地毯产品进场时,应有挥发性有机化合物(VOC)和甲醛限量合格的检测报告	第6.9.8条		
	3	地毯表面应平服,拼缝处应粘贴牢固、严密平整、图案吻合	第6.9.9条		
一般项目	1	地毯表面不应起鼓、起皱、翘边、卷边、显拼缝、露线和毛边,绒面毛应顺光一致,毯面应洁净、无污染和损伤	第6.9.10条		
	2	地毯同其他面层连接处、收口处和墙边、柱子周围应顺直、压紧	第6.9.11条		

施工单位检查评定结果	专业工长(施工员)			施工班组长	
	项目专业质量检查员:　　　　　　　　年　月　日				

监理(建设)单位验收结论	专业监理工程师: (建设单位项目专业技术负责人):　　　　年　月　日

【检查验收时执行的规范条目】

主控项目

6.9.7　地毯面层采用的材料应符合设计要求和国家现行有关标准的规定。

检验方法:观察检查和检查型式检验报告、出厂检验报告、出厂合格证。

检查数量:同一工程、同一材料、同一生产厂家、同一型号、同一规格、同一批号检查一次。

6.9.8　地毯面层采用的材料进入施工现场时,应有地毯、衬垫、胶粘剂中的挥发性有机化合物（VOC）和甲醛限量合格的检测报告。

　　检验方法：检查检测报告。

　　检查数量：同一工程、同一材料、同一生产厂家、同一型号、同一规格、同一批号检查一次。

6.9.9　地毯表面应平服，拼缝处应粘贴牢固、严密平整、图案吻合。

　　检验方法：观察检查。

　　检查数量：按本规范第3.0.21条规定的检验批检查。

　　第3.0.21条：

3.0.21　建筑地面工程施工质量的检验，应符合下列规定：

　　1　基层（各构造层）和各类面层的分项工程的施工质量验收应按每一层次或每层施工段（或变形缝）划分检验批，高层建筑的标准层可按每三层（不足三层按三层计）划分检验批；

　　2　每检验批应以各子分部工程的基层（各构造层）和各类面层所划分的分项工程按自然间（或标准间）检验，抽查数量应随机检验不应少于3间；不足3间，应全数检查，其中走廊（过道）按以自然间的两个开间计为1间，工业厂房（按单跨计）、礼堂、门厅应以两个轴线为1间计算；

　　3　有防水要求的建筑地面子分部工程的分项工程施工质量每检验批抽查数量应按其房间总数随机检验不应少于4间，不足4间，应全数检查。

　　一般项目

6.9.10　地毯表面不应起鼓、起皱、翘边、卷边、显拼缝、露线和毛边，绒面毛应顺光一致，毯面应洁净、无污染和损伤。

　　检验方法：观察检查。

　　检查数量：按本规范第3.0.21条规定的检验批检查。

6.9.11　地毯同其他面层连接处、收口处和墙边、柱子周围应顺直、压紧。

　　检验方法：观察检查。

　　检查数量：按本规范第3.0.21条规定的检验批检查。

【检验批验收应提供的核查资料】

建筑地面地毯面层检验批验收应提供的核查资料　　　　表209-29a

序号	核查资料名称	核查要点
1	地毯面层用材料、产品合格证或质量证明书（地毯、衬垫、胶粘剂、倒刺钉板条、铝合金倒刺条、金属压条）	核查资料的真实性。核查需方及供方单位名称，材料或产品名称、规格、等级、数量（质量或件数）、批号或生产日期、出厂日期、材料或产品出厂检验项目的各项检验结果和供方质检部门印记（必须符合设计和标准与规范要求），材料或产品应用标准编号、生产许可证编号，应标明的材料或产品注意事项、材料或产品安全警语
2	地毯材料出厂检验报告（含型式检验报告）	检查内容同上。分别由厂家提供。提供的出厂检验报告的内容应符合相应标准"出厂检验项目"规定（与试验报告大体相同）
3	地毯材料检测报告［含挥发性有机化合物（VOC）和甲醛限量等］	检查地毯的品种、规格、颜色、图案，报告提供量的代表数量、日期、性能、质量，与设计、规范要求的符合性

　　注：1. 合理缺项除外；2. 表列凡有性能要求的均应符合设计和规范要求；3. 所提地毯材料报告应有挥发性有机化合物（VOC）和甲醛限量。

地毯面层材料质量、细部处理及楼梯地毯铺设质量控制的几点补充说明

1. 地毯面层材料质量

（1）地毯应具有一定的耐磨性、富有弹性、脚感舒适、隔声、隔潮、防尘。地毯的品种、规格、颜色、主要性能和技术指标必须符合设计要求，应有出厂合格证明文件。

（2）衬垫：衬垫的品种、规格、主要性能和技术指标必须符合设计要求。应有出厂合格证明。

（3）倒刺钉板条

在 1200mm×24mm×6mm 的板条上钉有两排斜钉（间距为 35～40mm），另有五个高强度钢钉均匀分布在全长上（钢钉间距约 400mm，距两端各约 100mm）。

（4）铝合金倒刺条

用于地毯端头露明处，起固定和收头作用。用在外门口或与其他材料的地面相接处。倒刺板必须符合设计要求。

（5）金属压条

宜采用厚度为 2mm 左右的铝合金材料制成，用于门框下的地面处，压住地毯的边缘，使其免于被踢起或损坏。

（6）胶粘剂

无毒、快干、对地面有足够的粘结强度、可剥离、施工方便的胶粘剂均可用于地毯与地面、地毯与地毯连接拼缝处的粘结。一般采用天然乳胶添加增稠剂、防霉剂等制成。胶粘剂中有害物质释放限量应符合现行国家标准《民用建筑工程室内环境污染控制规范》GB 50325—2010 的规定。产品应有出厂合格证和技术质量指标检验报告。超过生产期三个月的产品，应取样检验，合格后方可使用；超过保质期的产品不得使用。

2. 细部处理及楼梯地毯铺设

（1）细部处理及清理：要注意门口压条的处理和门框、走道与门厅，地面与管根、暖气罩、槽盒，走道与卫生间门坎，楼梯踏步与过道平台，内门与外门，不同颜色地毯交接处和踢脚板等部位地毯的套割、固定和掩边工作，必须粘结牢固，不应有显露、后找补条等。要特别注意上述部位的基层本身接槎是否平整，如严重者应返工处理。地毯铺设完毕，固定收口条后，应用吸尘器清扫干净，并将毯面上脱落的绒毛等彻底清理干净。

（2）楼梯地毯铺设：

1）先将倒刺板钉在踏步板和挡脚板的阴角两边，两条倒刺板顶角之间应留出地毯塞入的空隙，一般约 15mm，朝天小钉倾向阴角面。

2）海绵衬垫超出踏步板转角应不小于 50mm，把角包住。

3）地毯下料长度，应按实量出每级踏步的宽度和高度之和。如考虑今后的使用中可挪动常受磨损的位置，可预留 450～600mm 的余量。

4）地毯铺设由上至下，逐级进行。每梯段顶级地毯应用压条固定于平台上，每级阴角处应用卡条固定牢，用扁铲将地毯绷紧后压入两根倒刺板之间的缝隙内。

5）防滑条应铺钉在踏步板阳角边缘。用不锈钢膨胀螺钉固定，钉距 150～300mm。

附：规范规定的施工"过程控制"要点

6.9　地毯面层

6.9.1　地毯面层应采用地毯块材或卷材，以空铺法或实铺法铺设。

6.9.2　铺设地毯的地面面层（或基层）应坚实、平整、洁净、干燥，无凹坑、麻面、起砂、裂缝，并不得有油污、钉头及其他凸出物。

6.9.3　地毯衬垫应满铺平整，地毯拼缝处不得露底衬。

6.9.4　空铺地毯面层应符合下列要求：

　　1　块材地毯宜先拼成整块，然后按设计要求铺设；

　　2　块材地毯的铺设，块与块之间应挤紧服帖；

　　3　卷材地毯宜先长向缝合，然后按设计要求铺设；

　　4　地毯面层的周边应压入踢脚线下；

　　5　地毯面层与不同类型的建筑地面面层的连接处，其收口做法应符合设计要求。

6.9.5　实铺地毯面层应符合下列要求：

　　1　实铺地毯面层采用的金属卡条（倒刺板）、金属压条、专用双面胶带、胶粘剂等应符合设计要求；

　　2　铺设时，地毯的表面层宜张拉适度，四周应采用卡条固定；门口处宜用金属压条或双面胶带等固定；

　　3　地毯周边应塞入卡条和踢脚线下；

　　4　地毯面层采用胶粘剂或双面胶带粘结时，应与基层粘贴牢固。

6.9.6　楼梯地毯面层铺设时，梯段顶级（头）地毯应固定于平台上，其宽度应不小于标准楼梯、台阶踏步尺寸；阴角处应固定牢固；梯段末级（头）地毯与水平段地毯的连接处应顺畅、牢固。

【建筑地面的地面辐射供暖的板块面层检验批质量验收记录】

建筑地面的地面辐射供暖的板块面层检验批质量验收记录表　　　　表 209-30A

单位(子单位)工程名称								
分部(子分部)工程名称					验 收 部 位			
施工单位					项 目 经 理			
分包单位					分包项目经理			
施工执行标准名称及编号								

检控项目	序号	质量验收规范规定		施工单位检查评定记录				监理(建设)单位验收记录
主控项目	1	地面辐射供暖的板块面层用材料或产品质量要求	第 6.10.4 条					
	2	地面辐射供暖的板块面层的伸、缩缝及分格缝,及其与柱、墙的留置空隙要求	第 6.10.5 条					
	3	地面辐射供暖的板块面层的砖面层(质量标准按 6.2 节中第 6.2.5 条～第 6.2.7 条)	第 6.10.6 条					
	(1)	砖面层所用板块产品的要求与规定	第 6.2.5 条					
	(2)	砖面层用板块产品进场时,应有放射性限量合格的检测报告	第 6.2.6 条					
	(3)	面层与下一层结合要求	第 6.2.7 条					
一般项目	1	一般项目及检验方法、检查数量应符合本规范第 6.2 节(第 6.2.8 条～第 6.2.13 条)	第 6.10.7 条					
	(1)	砖面层表面质量要求	第 6.2.8 条					
	(2)	面层邻接处镶边用料及尺寸要求	第 6.2.9 条					
	(3)	踢脚线表面质量和踢脚线高度的质量要求	第 6.2.10 条					
	(4)	楼梯台阶踏步的宽度、高度做法与要求	第 6.2.11 条					
	(5)	面层表面坡度要求	第 6.2.12 条					
	(6)	板块表面允许偏差(第 6.2.13 条)	允许偏差(mm)		量 测 值(mm)			

项　目	陶瓷锦砖、高级水磨石板、陶瓷地砖	缸砖面层	水泥花砖	水磨石板块					
表面平整度	2	4	3	3					
缝格平直	3	3	3	3					
接缝高低差	0.5	1.5	0.5	1					
踢脚线上口平直	3	4	—	4					
板块间隙宽度	2	2	2	2					

施工单位检查评定结果	专业工长(施工员)		施工班组长		
	项目专业质量检查员:			年　月　日	
监理(建设)单位验收结论	专业监理工程师: (建设单位项目专业技术负责人):			年　月　日	

【检查验收时执行的规范条目】

主控项目

6.10.4　地面辐射供暖的板块面层采用的材料或产品除应符合设计要求和本规范相应面层的规定外，还应具有耐热性、热稳定性、防水、防潮、防霉变等特点。

　　检验方法：观察检查和检查质量合格证明文件。

　　检查数量：同一工程、同一材料、同一生产厂家、同一型号、同一规格、同一批号检查一次。

6.10.5　地面辐射供暖的板块面层的伸、缩缝及分格缝应符合设计要求；面层与柱、墙之间应留不小于10mm的空隙。

　　检验方法：观察和用钢尺检查。

　　检查数量：按本规范第3.0.21条规定的检验批检查。

　　第3.0.21条：

3.0.21　检验地面工程施工质量的检验，应符合下列规定：

　　1　基层（各构造层）和各类面层的分项工程的施工质量验收应按每一层次或每层施工段（或变形缝）划分检验批，高层建筑的标准层可按每三层（不足三层按三层计）划分检验批；

　　2　每检验批应以各子分部工程的基层（各构造层）和各类面层所划分的分项工程按自然间（或标准间）检验，抽查数量应随机检验不应少于3间；不足3间，应全数检查；其中走廊（过道）应以10延长米为1间，工业厂房（按单跨计）、礼堂、门厅应以两个轴线为1间计算；

　　3　有防水要求的建筑地面子分部工程的分项工程施工质量每检验批抽查数量应按其房间总数随机检验不应少于4间，不足4间，应全数检查。

6.10.6　其余主控项目及检验方法、检查数量应符合本规范第6.2节的有关规定。

　　第6.2节

6.2.5　砖面层所用板块产品应符合设计要求和国家现行有关标准的规定。

　　检验方法：观察检查和检查型式检验报告、出厂检验报告、出厂合格证。

　　检查数量：同一工程、同一材料、同一生产厂家、同一型号、同一规格、同一批号检查一次。

6.2.6　砖面层所用板块产品进入施工现场时，应有放射性限量合格的检测报告。

　　检验方法：检查检测报告。

　　检查数量：同一工程、同一材料、同一生产厂家、同一型号、同一规格、同一批号检查一次。

6.2.7　面层与下一层的结合（粘结）应牢固，无空鼓（单块砖边角允许有局部空鼓，但每自然间或标准间的空鼓砖不应超过总数的5%）。

　　检验方法：用小锤轻击检查。

　　检查数量：按本规范第3.0.21条规定的检验批检查。

一般项目

6.10.7　一般项目及检验方法、检查数量应符合本规范第6.2节的有关规定。

　　第6.2节

6.2.8　砖面层的表面应洁净、图案清晰，色泽应一致，接缝应平整，深浅应一致，周边应顺直。板块应无裂纹、掉角和缺楞等缺陷。

　　检验方法：观察检查。

　　检查数量：按本规范第3.0.21条规定的检验批检查。

6.2.9　面层邻接处的镶边用料及尺寸应符合设计要求，边角应整齐、光滑。

　　检验方法：观察和用钢尺检查。

检查数量：按本规范第 3.0.21 条规定的检验批检查。

6.2.10　踢脚线表面应洁净，与柱、墙面的结合应牢固。踢脚线高度及出柱、墙厚度应符合设计要求，且均匀一致。

　　检验方法：观察和用小锤轻击及钢尺检查。

　　检查数量：按本规范第 3.0.21 条规定的检验批检查。

6.2.11　楼梯、台阶踏步的宽度、高度应符合设计要求。踏步板块的缝隙宽度应一致；楼层梯段相邻踏步高度差不应大于 10mm；每踏步两端宽度差不应大于 10mm，旋转楼梯段的每踏步两端宽度的允许偏差不应大于 5mm。踏步面层应做防滑处理，齿角应整齐，防滑条应顺直、牢固。

　　检验方法：观察和用钢尺检查。

　　检查数量：按本规范第 3.0.21 条规定的检验批检查。

6.2.12　面层表面的坡度应符合设计要求，不倒泛水、无积水；与地漏、管道结合处应严密牢固，无渗漏。

　　检验方法：观察、泼水或用坡度尺及蓄水检查。

　　检查数量：按本规范第 3.0.21 条规定的检验批检查。

6.2.13　砖面层的允许偏差应符合本规范表 6.1.8 的规定。

　　检验方法：按本规范表 6.1.8 中的检验方法检验。

　　检查数量：按本规范第 3.0.21 条规定的检验批和第 3.0.22 条的规定检查。

　　第 3.0.22 条：

3.0.22　建筑地面工程的分项工程施工质量检验的主控项目，应达到本规范规定的质量标准，认定为合格；一般项目 80% 以上的检查点（处）符合本规范规定的质量要求，其他检查点（处）不得有明显影响使用，且最大偏差值不超过允许偏差值的 50% 为合格。凡达不到质量标准时，应按现行国家标准《建筑工程施工质量验收统一标准》GB 50300 的规定处理。

板、块面层的允许偏差和检验方法（mm）　　　　　　表 6.1.8

项次	项　目	允许偏差				检验方法
		陶瓷锦砖面层、高级水磨石板、陶瓷地砖面层	缸砖面层	水泥花砖面层	水磨石板块面层	
1	表面平整度	2	4	3	3	用 2m 靠尺和楔形塞尺检查
2	缝格平直	3	3	3	3	拉 5m 线和用钢尺检查
3	接缝高低差	0.5	1.5	0.5	1	用钢尺检查和楔形塞尺检查
4	踢脚线上口平直	3	4	—	4	拉 5m 线和用钢尺检查
5	板块间隙宽度	2	2	2	2	用钢尺检查

【检验批验收应提供的核查资料】
地面辐射供暖的缸砖面层检验批验收应提供的核查资料

表 209-30A1

序号	核查资料名称	核 查 要 点
1	地面辐射供暖的缸砖面层用材料、产品合格证或质量证明书	核查资料的真实性。核查需方及供方单位名称,材料或产品名称、规格、等级、数量(质量或件数)、批号或生产日期、出厂日期、材料或产品出厂检验项目的各项检验结果和供方质检部门印记(必须符合设计和标准与规范要求),材料或产品应用标准编号,生产许可证编号,应标明的材料或产品注意事项、材料或产品安全警语
2	缸砖出厂检验报告	检查内容同上。分别由厂家提供。提供的出厂检验报告的内容应符合相应标准"出厂检验项目"规定(与试验报告大体相同)
3	缸砖试件试验报告(含防辐射试验报告等,见证取样)	检查其报告提供量的代表数量、报告日期、性能、质量,与设计、规范要求的符合性
4	砂浆强度试验报告(见证取样)	检查试验单位资质,检查其报告提供量的代表数量、报告日期,砂浆强度值应达到设计要求的目标值,检验结论
5	蓄水或泼水试验记录	核查是否进行蓄水或泼水试验,有无渗漏。检查防水隔离层应采用蓄水方法,蓄水深度最浅处不得小于 10mm,蓄水时间不得少于24h;检查有防水要求的建筑地面的面层应采用泼水方法

注:1. 缸砖、陶瓷地砖出厂合格证应附有放射性限量合格的检测报告;
　　2. 合理缺项除外;
　　3. 表列凡有性能要求的均应符合设计和规范要求。

附：规范规定的施工"过程控制"要点

6.10　地面辐射供暖的板块面层

6.10.1　地面辐射供暖的板块面层宜采用缸砖、陶瓷地砖、花岗石、水磨石板块、人造石板块、塑料板等,应在填充层上铺设。

6.10.2　地面辐射供暖的板块面层采用胶结材料粘贴铺设时,填充层的含水率应符合胶结材料的技术要求。

6.10.3　地面辐射供暖的板块面层铺设时不得扰动填充层,不得向填充层内楔入任何物件。面层铺设尚应符合本规范第 6.2 节、6.3 节、6.4 节、6.6 节的有关规定。

　　第 6.2 节

6.2　砖面层

6.2.1　砖面层可采用陶瓷锦砖、缸砖、陶瓷地砖和水泥花砖,应在结合层上铺设。

6.2.2　在水泥砂浆结合层上铺贴缸砖、陶瓷地砖和水泥花砖面层时,应符合下列规定:

　　1　在铺贴前,应对砖的规格尺寸、外观质量、色泽等进行预选,需要时,浸水湿润晾干待用;

　　2　勾缝和压缝应采用同品种、同强度等级、同颜色的水泥,并做养护和保护。

6.2.3　在水泥砂浆结合层上铺贴陶瓷锦砖面层时,砖底面应洁净,每联陶瓷锦砖之间、与结合层之间以及在墙角、镶边和靠柱、墙处,应紧密贴合。在靠柱、墙处不得采用砂浆填补。

6.2.4　在胶结料结合层上铺贴缸砖面层时,缸砖应干净,铺贴应在胶结料凝结前完成。

【建筑地面的地面辐射供暖的花岗石面层（或碎拼）检验批质量验收记录】

建筑地面的地面辐射供暖的花岗石面层（或碎拼）检验批质量验收记录表　表 209-30B

单位(子单位)工程名称					
分部(子分部)工程名称				验收部位	
施工单位				项目经理	
分包单位				分包项目经理	
施工执行标准名称及编号					

检控项目	序号	质量验收规范规定		施工单位检查评定记录	监理(建设)单位验收记录
主控项目	1	地面辐射供暖的板块面层用材料或产品质量要求	第6.10.4条		
	2	地面辐射供暖的板块面层的伸、缩缝及分格缝，及其与柱、墙的留置空隙要求	第6.10.5条		
	3	地面辐射供暖的板块面层的花岗石面层(质量标准按6.3节中第6.3.4条～第6.3.6条)	第6.10.6条		
	(1)	大理石、花岗石面层所用板块产品要求与规定	第6.3.4条		
	(2)	大理石、花岗石面层所用板块产品进场时,应有放射性限量合格的检测报告	第6.3.5条		
	(3)	面层与下一层结合要求	第6.3.6条		
一般项目	1	一般项目及检验方法、检查数量应符合本规范第6.3节(第6.3.7条～第6.3.12条)	第6.10.7条		
	(1)	大理石、花岗石面层铺设前的防碱处理	第6.3.7条		
	(2)	大理石、花岗石面层的表面质量要求	第6.3.8条		
	(3)	踢脚线表面质量要求	第6.3.9条		
	(4)	楼梯台阶踏步的宽度、高度做法与要求	第6.3.10条		
	(5)	面层表面坡度要求	第6.3.11条		
	(6)	面层允许偏差(第6.3.12条)	允许偏差(mm)	量　测　值(mm)	
	1)	表面平整度	1.0(3.0)		
	2)	缝格平直	2.0		
	3)	接缝高低差	0.5		
	4)	踢脚线上口平直	1.0		
	5)	板块间隙宽度	1.0		

施工单位检查评定结果	专业工长(施工员)		施工班组长	
	项目专业质量检查员：		年　月　日	

监理(建设)单位验收结论	专业监理工程师： (建设单位项目专业技术负责人)：	年　月　日

【检查验收时执行的规范条目】

主控项目

6.10.4　地面辐射供暖的板块面层采用的材料或产品除应符合设计要求和本规范相应面层的规定外，还应具有耐热性、热稳定性、防水、防潮、防霉变等特点。

检验方法：观察检查和检查质量合格证明文件。

检查数量：同一工程、同一材料、同一生产厂家、同一型号、同一规格、同一批号检查一次。

6.10.5　地面辐射供暖的板块面层的伸、缩缝及分格缝应符合设计要求；面层与柱、墙之间应留不小于10mm的空隙。

检验方法：观察和用钢尺检查。

检查数量：按本规范第3.0.21条规定的检验批检查。

第3.0.21条：

3.0.21　建筑地面工程基层工质量的检验，应符合下列规定：

1　基层（各构造层）和各类面层的分项工程的施工质量验收应按每一层次或每层施工段（或变形缝）划分检验批，高层建筑的标准层可按每三层（不足三层按三层计）划分检验批；

2　每检验批应以各子分部工程的基层（各构造层）和各类面层所划分的分项工程按自然间（或标准间）检验，抽查数量应随机检验不应少于3间；不足3间，应全数检查；其中走廊（过道）应以10延长米为1间，工业厂房（按单跨计）、礼堂、门厅应以两个轴线为1间计算；

3　有防水要求的建筑地面子分部工程的分项工程施工质量每检验批抽查数量应按其房间总数随机检验不应少于4间，不足4间，应全数检查。

6.10.6　其余主控项目及检验方法、检查数量应符合本规范第6.3节的有关规定。

第6.3节

6.3.4　大理石、花岗石面层所用板块产品应符合设计要求和国家现行有关标准的规定。

检验方法：观察检查和检查质量合格证明文件。

检查数量：同一工程、同一材料、同一生产厂家、同一型号、同一规格、同一批号检查一次。

6.3.5　大理石、花岗石面层所用板块产品进入施工现场时，应有放射性限量合格的检测报告。

检验方法：检查检测报告。

检查数量：同一工程、同一材料、同一生产厂家、同一型号、同一规格、同一批号检查一次。

6.3.6　面层与下一层应结合牢固，无空鼓（单块板块边角允许有局部空鼓，但每自然间或标准间的空鼓板块不应超过总数的5%）。

检验方法：用小锤轻击检查。

检查数量：按本规范第3.0.21条规定的检验批检查。

一般项目

6.10.7　一般项目及检验方法、检查数量应符合本规范第6.2节的有关规定。

第6.3节

6.3.7　大理石、花岗石面层铺设前，板块的背面和侧面应进行防碱处理。

检验方法：观察检查和检查施工记录。

检查数量：按本规范第3.0.21条规定的检验批检查。

6.3.8　大理石、花岗石面层的表面应洁净、平整、无磨痕，且应图案清晰、色泽一致、接缝均匀、周边顺直、镶嵌正确、板块应无裂纹、掉角、缺棱等缺陷。

检验方法：观察检查。

检查数量：按本规范第 3.0.21 条规定的检验批检查。

6.3.9　踢脚线表面应洁净，与柱、墙面的结合应牢固。踢脚线高度及出柱、墙厚度应符合设计要求，且均匀一致。

检验方法：观察和用小锤轻击及钢尺检查。

检查数量：按本规范第 3.0.21 条规定的检验批检查。

6.3.10　楼梯、台阶踏步的宽度、高度应符合设计要求。踏步板块的缝隙宽度应一致；楼层梯段相邻踏步高度差不应大于 10mm；每踏步两端宽度差不应大于 10mm，旋转楼梯梯段的每踏步两端宽度的允许偏差不应大于 5mm。踏步面层应做防滑处理，齿角应整齐，防滑条应顺直、牢固。

检验方法：观察和用钢尺检查。

检查数量：按本规范第 3.0.21 条规定的检验批检查。

6.3.11　面层表面的坡度应符合设计要求，不倒泛水、无积水；与地漏、管道结合处应严密牢固，无渗漏。

检验方法：观察、泼水或坡度尺及蓄水检查。

检查数量：按本规范第 3.0.21 条规定的检验批检查。

6.3.12　大理石和花岗石面层（或碎拼大理石面层、碎拼花岗石面层）的允许偏差应符合本规范表 6.1.8 的规定。

检验方法：按本规范表 6.1.8 中的检验方法检验。

检查数量：按本规范第 3.0.21 条规定的检验批和第 3.0.22 条的规定检查。

第 3.0.22 条：

3.0.22　建筑地面工程的分项工程施工质量检验的主控项目，应达到本规范规定的质量标准，认定为合格；一般项目 80% 以上的检查点（处）符合本规范规定的质量要求，其他检查点（处）不得有明显影响使用，且最大偏差值不超过允许偏差值的 50% 为合格。凡达不到质量标准时，应按现行国家标准《建筑工程施工质量验收统一标准》GB 50300 的规定处理。

面层的允许偏差和检验方法（mm）　　　　　　表 6.1.8

项次	项　　目	允许偏差	检验方法
		大理石面层、花岗石面层、人造石面层、钢板面层	
1	表面平整度	1.0(3.0)	用 2m 靠尺和楔形塞尺检查
2	缝格平直	2.0	拉 5m 线和用钢尺检查
3	接缝高低差	0.5	用钢尺检查和楔形塞尺检查
4	踢脚线上口平直	1.0	拉 5m 线和用钢尺检查
5	板块间隙宽度	1.0	用钢尺检查

注：括号内为碎拼大理石、花岗石面层偏差值。碎拼大理石、花岗石其他项目不检查。

【检验批验收应提供的核查资料】

地面辐射供暖的花岗石（或碎拼）板块检验批质量验收应提供的核查资料

表 209-30B1

序号	核查资料名称	核查要点
1	地面辐射供暖的花岗石（或碎拼）板块用材料、产品合格证或质量证明书	核查资料的真实性。核查需方及供方单位名称，材料或产品名称、规格、等级、数量(质量或件数)、批号或生产日期、出厂日期、材料或产品出厂检验项目的各项检验结果和供方质检部门印记(必须符合设计和标准与规范要求)，材料或产品应用标准编号、生产许可证编号，应标明的材料或产品注意事项、材料或产品安全警语
2	花岗石(或碎拼)板块出厂检验报告	检查内容同上。分别由厂家提供。提供的出厂检验报告的内容应符合相应标准"出厂检验项目"规定(与试验报告大体相同)
3	花岗石(或碎拼)板块试验报告(含防值试验报告等，见证取样)	检查其报告提供量的代表数量、报告日期、性能、质量与设计、规范要求的符合性
4	砂浆强度试验报告(见证取样)	检查试验单位资质，检查其报告提供量的代表数量、报告日期，砂浆强度值，达到设计要求的百分比，试验结论
5	蓄水或泼水试验记录	核查是否进行蓄水或泼水试验，有无渗漏。检查防水隔离层应采用蓄水方法，蓄水深度最浅处不得小于 10mm，蓄水时间不得少于 24h；检查有防水要求的建筑地面的面层应采用泼水方法

注：1. 合理缺项除外；2. 表列凡有性能要求的均应符合设计和规范要求。

附：规范规定的施工"过程控制"要点

6.10 地面辐射供暖的板块面层

6.10.1 地面辐射供暖的板块面层宜采用缸砖、陶瓷地砖、花岗石、水磨石板块、人造石板块、塑料板等，应在填充层上铺设。

6.10.2 地面辐射供暖的板块面层采用胶结材料粘贴铺设时，填充层的含水率应符合胶结材料的技术要求。

6.10.3 地面辐射供暖的板块面层铺设时不得扰动填充层，不得向填充层内楔入任何物件。面层铺设尚应符合本规范第 6.2 节、6.3 节、6.4 节、6.6 节的有关规定。

第 6.3 节

6.3 大理石面层和花岗石面层

6.3.1 大理石、花岗石面层采用天然大理石、花岗石（或碎拼大理石、碎拼花岗石）板材，应在结合层上铺设。

6.3.2 板材有裂缝、掉角、翘曲和表面有缺陷时应予剔除，品种不同的板材不得混杂使用；在铺设前，应根据石材的颜色、花纹、图案、纹理等按设计要求，试拼编号。

6.3.3 铺设大理石、花岗石面层前，板材应浸湿、晾干；结合层与板材应分段同时铺设。

【建筑地面的地面辐射供暖的预制板块面层检验批质量验收记录】

建筑地面的地面辐射供暖的预制板块（水磨石、人造石）面层检验批质量验收记录表

表 209-30C

单位(子单位)工程名称						
分部(子分部)工程名称				验收部位		
施工单位				项目经理		
分包单位				分包项目经理		
施工执行标准名称及编号						

检控项目	序号	质量验收规范规定		施工单位检查评定记录	监理(建设)单位验收记录
主控项目	1	地面辐射供暖的板块面层用材料或产品质量要求	第6.10.4条		
	2	地面辐射供暖的板块面层的伸、缩缝及分格缝，及其与柱、墙的留置空隙要求	第6.10.5条		
	3	地面辐射供暖的板块面层的水磨石、人造石面层(质量标准按6.4节中第6.4.6条～第6.4.8条)	第6.10.6条		
	(1)	预制板块面层用板块产品要求与规定	第6.4.6条		
	(2)	预制板块面层所用板块产品进场时，应有放射性限量合格的检测报告	第6.4.7条		
	(3)	面层与下一层结合要求	第6.4.8条		
一般项目	1	一般项目及检验方法、检查数量应符合本规范第6.4节(第6.4.9条～第6.4.14条)	第6.10.7条		
	(1)	预制板块表面质量要求	第6.4.9条		
	(2)	预制板块面层质量要求	第6.4.10条		
	(3)	面层邻接处的镶边用料尺寸要求	第6.4.11条		
	(4)	踢脚线表面质量要求	第6.4.12条		
	(5)	楼梯台阶踏步的宽度、高度做法与要求	第6.4.13条		
	(6)	板块面层允许偏差(第6.4.14条)	允许偏差值(mm)		

项　目	水磨石面层	人造石面层								
1)表面平整度	3.0	1.0								
2)缝格平直	3.0	2.0								
3)接缝高低差	1.0	0.5								
4)踢脚线上口平直	4.0	1.0								
5)板块间隙宽度	2.0	1.0								

施工单位检查评定结果	专业工长(施工员)		施工班组长	
	项目专业质量检查员：			年　月　日

监理(建设)单位验收结论	专业监理工程师：(建设单位项目专业技术负责人)：	年　月　日

【检查验收时执行的规范条目】

主控项目

6.10.4　地面辐射供暖的板块面层采用的材料或产品除应符合设计要求和本规范相应面层的规定外，还应具有耐热性、热稳定性、防水、防潮、防霉变等特点。

检验方法：观察检查和检查质量合格证明文件。

检查数量：同一工程、同一材料、同一生产厂家、同一型号、同一规格、同一批号检查一次。

6.10.5　地面辐射供暖的板块面层的伸、缩缝及分格缝应符合设计要求；面层与柱、墙之间应留不小于10mm的空隙。

检验方法：观察和用钢尺检查。

检查数量：按本规范第3.0.21条规定的检验批检查。

第3.0.21条：

3.0.21　建筑地面工程施工质量的验收，应符合下列规定：

1　基层（各构造层）和各类面层的分项工程的施工质量验收应按每一层次或每层施工段（或变形缝）划分检验批，高层建筑的标准层可按每三层（不足三层按三层计）划分检验批；

2　每检验批应以各子分部工程的基层（各构造层）和各类面层所划分的分项工程按自然间（或标准间）检验，抽查数量应随机检验不应少于3间；不足3间，应全数检查；其中走廊（过道）应以10延长米为1间，工业厂房（按单跨计）、礼堂、门厅应以两个轴线为1间计算；

3　有防水要求的建筑地面子分部工程的分项工程施工质量每检验批抽查数量应按其房间总数随机检验不应少于4间，不足4间，全数检查。

6.10.6　其余主控项目及检验方法、检查数量应符合本规范第6.4节的有关规定。

第6.4节

6.4.6　预制板块面层所用板块产品应符合设计要求和国家现行有关标准的规定。

检验方法：观察检查和检查型式检验报告、出厂检验报告、出厂合格证。

检查数量：同一工程、同一材料、同一生产厂家、同一型号、同一规格、同一批号检查一次。

6.4.7　预制板块面层所用板块产品进入施工现场时，应有放射性限量合格的检测报告。

检验方法：检查检测报告。

检查数量：同一工程、同一材料、同一生产厂家、同一型号、同一规格、同一批号检查一次。

6.4.8　面层与下一层应粘合牢固，无空鼓（单块板块边角允许有局部空鼓，但每自然间或标准间的空鼓板块不应超过总数的5%）。

检验方法：用小锤轻击检查。

检查数量：按本规范第3.0.21条规定的检验批检查。

一般项目

6.10.7　一般项目及检验方法、检查数量应符合本规范第6.2节的有关规定。

第6.4节

6.4.9　预制板块表面应无裂缝、掉角、翘曲等明显缺陷。

检验方法：观察检查。

检查数量：按本规范第3.0.21条规定的检验批检查。

6.4.10　预制板块面层应平整洁净，图案清晰，色泽一致，接缝均匀，周边顺直，镶嵌正确。

检验方法：观察检查。

检查数量：按本规范第3.0.21条规定的检验批检查。

6.4.11   面层邻接处的镶边用料尺寸应符合设计要求，边角应整齐、光滑。

　　　检验方法：观察和用钢尺检查。

　　　检查数量：按本规范第3.0.21条规定的检验批检查。

6.4.12   踢脚线表面应洁净，与柱、墙面的结合应牢固。踢脚线高度及出柱、墙厚度应符合设计要求，且均匀一致。

　　　检验方法：观察和用小锤轻击及钢尺检查。

　　　检查数量：按本规范第3.0.21条规定的检验批检查。

6.4.13   楼梯、台阶踏步的宽度、高度应符合设计要求。踏步板块的缝隙宽度应一致；楼层梯段相邻踏步高度差不应大于10mm；每踏步两端宽度差不应大于10mm，旋转楼梯梯段的每踏步两端宽度的允许偏差不应大于5mm。踏步面层应做防滑处理，齿角应整齐，防滑条应顺直、牢固。

　　　检验方法：观察和用钢尺检查。

　　　检查数量：按本规范第3.0.21条规定的检验批检查。

6.4.14   水泥混凝土板块、水磨石板块、人造石板块面层的允许偏差应符合本规范表6.1.8的规定。

　　　检验方法：按本规范表6.1.8中的检验方法检验。

　　　检查数量：按本规范第3.0.21条规定的检验批和第3.0.22条的规定检查。

　　　第3.0.22条：

3.0.22   建筑地面工程的分项工程施工质量检验的主控项目，应达到本规范规定的质量标准，认定为合格；一般项目80%以上的检查点（处）符合本规范规定的质量要求，其他检查点（处）不得有明显影响使用，且最大偏差值不超过允许偏差值的50%为合格。凡达不到质量标准时，应按现行国家标准《建筑工程施工质量验收统一标准》GB 50300的规定处理。

面层的允许偏差和检验方法（mm）   表6.1.8

项次	项　　目	允许偏差		检验方法
		水磨石面层	大理石面层、花岗石面层、人造石面层、钢板面层	
1	表面平整度	3.0	1.0	用2m靠尺和楔形塞尺检查
2	缝格平直	3.0	2.0	拉5m线和用钢尺检查
3	接缝高低差	1.0	0.5	用钢尺检查和楔形塞尺检查
4	踢脚线上口平直	4.0	1.0	拉5m线和用钢尺检查
5	板块间隙宽度	2.0	1.0	用钢尺检查

【检验批验收应提供的核查资料】

地面辐射供暖的预制板块（水磨石、人造石）面层验收应提供的核查资料

表 209-30C1

序号	核查资料名称	核查要点
1	地面辐射供暖的预制板块（水磨石、人造石）面层用材料、产品合格证或质量证明书	核查资料的真实性。核查需方及供方单位名称，材料或产品名称、规格、等级、数量(质量或件数)、批号或生产日期、出厂日期、材料或产品出厂检验项目的各项检验结果和供方质检部门印记(必须符合设计和标准与规范要求)，材料或产品应用标准编号、生产许可证编号，应标明的材料或产品注意事项、材料或产品安全警语
2	预制板块出厂检验报告(含型式检验报告)	检查内容同上。分别由厂家提供。提供的出厂检验报告的内容应符合相应标准"出厂检验项目"规定(与试验报告大体相同)
3	预制板块试验报告(含防辐射试验报告等，见证取样)	检查其报告提供量的代表数量、报告日期、性能、质量，与设计、规范要求的符合性
4	砂浆强度试验报告(见证取样)	检查试验单位资质，检查其报告提供量的代表数量、报告日期、砂浆强度值，达到设计要求的百分比，试验结论
5	预制板块的结合层用材料试验报告	检查其报告提供量的代表数量、报告日期、性能、质量，与设计、规范要求的符合性

注：1. 合理缺项除外；2. 表列凡有性能要求的均应符合设计和规范要求。

附：规范规定的施工"过程控制"要点

6.10 地面辐射供暖的板块面层

6.10.1 地面辐射供暖的板块面层宜采用缸砖、陶瓷地砖、花岗石、水磨石板块、人造石板块、塑料板等，应在填充层上铺设。

6.10.2 地面辐射供暖的板块面层采用胶结材料粘贴铺设时，填充层的含水率应符合胶结材料的技术要求。

6.10.3 地面辐射供暖的板块面层铺设时不得扰动填充层，不得向填充层内楔入任何物件。面层铺设尚应符合本规范第 6.2 节、6.3 节、6.4 节、6.6 节的有关规定。

第 6.4 节

6.4 预制板块面层

6.4.1 预制板块面层采用水泥混凝土板块、水磨石板块、人造石板块，应在结合层上铺设。

6.4.2 在现场加工的预制板块应按本规范第 5 章的有关规定执行。

6.4.3 水泥混凝土板块面层的缝隙中，应采用水泥浆（或砂浆）填缝；彩色混凝土板块、水磨石板块、人造石板块应用同色水泥浆（或砂浆）擦缝。

6.4.4 强度和品种不同的预制板块不宜混杂使用。

6.4.5 板块间的缝隙宽度应符合设计要求。当设计无要求时，混凝土板块面层缝宽不宜大于 6mm，水磨石板块、人造石板块间的缝宽不应大于 2mm。预制板块面层铺完 24h 后，应用水泥砂浆灌缝至 2/3 高度，再用同色水泥浆擦（勾）缝。

【建筑地面的地面辐射供暖的塑料板面层检验批质量验收记录】

建筑地面的地面辐射供暖的塑料板面层检验批质量验收记录表　　**表 209-30D**

单位(子单位)工程名称											
分部(子分部)工程名称						验 收 部 位					
施工单位						项 目 经 理					
分包单位						分包项目经理					
施工执行标准名称及编号											

检控项目	序号	质量验收规范规定		施工单位检查评定记录					监理(建设)单位验收记录		
主控项目	1	地面辐射供暖的板块面层用材料或产品质量要求	第6.10.4条								
	2	地面辐射供暖的板块面层的伸、缩缝及分格缝,及其与柱、墙的留置空隙要求	第6.10.5条								
	3	地面辐射供暖的板块面层的塑料板面层(质量标准按6.6节中第6.6.8条～第6.6.10条)	第6.10.6条								
	(1)	塑料板面层所用的塑料板块、塑料卷材、胶粘剂等的要求和规定	第6.6.8条								
	(2)	塑料板面层所用塑料板产品进场时,应有放射性限量合格的检测报告	第6.6.9条								
	(3)	面层与下一层结合要求	第6.6.10条								
一般项目	1	一般项目及检验方法、检查数量应符合本规范第6.6节(第6.6.11条～第6.6.15条)	第6.10.7条								
	(1)	塑料板面层质量	第6.6.11条								
	(2)	塑料板面层板块焊接与焊缝质量要求	第6.6.12条								
	(3)	镶边用料的质量规定	第6.6.13条								
	(4)	踢脚线做法与质量	第6.6.14条								
	(5)	塑料板面层允许偏差(第6.6.15条)	允许偏差值(mm)	量　测　值(mm)							
		1)表面平整度	2								
		2)缝格平直	3								
		3)接缝高低差	0.5								
		4)踢脚线上口平直	2								

施工单位检查评定结果	专业工长(施工员)		施工班组长	
	项目专业质量检查员:　　　　　　　　　　　　　年　　月　　日			

监理(建设)单位验收结论	专业监理工程师: (建设单位项目专业技术负责人):　　　　　　　年　　月　　日

【检查验收时执行的规范条目】

主控项目

6.10.4 地面辐射供暖的板块面层采用的材料或产品除应符合设计要求和本规范相应面层的规定外，还应具有耐热性、热稳定性、防水、防潮、防霉变等特点。

　　检验方法：观察检查和检查质量合格证明文件。

　　检查数量：同一工程、同一材料、同一生产厂家、同一型号、同一规格、同一批号检查一次。

6.10.5 地面辐射供暖的板块面层的伸、缩缝及分格缝应符合设计要求；面层与柱、墙之间应留不小于 10mm 的空隙。

　　检验方法：观察和用钢尺检查。

　　检查数量：按本规范第 3.0.21 条规定的检验批检查。

　　第 3.0.21 条：

3.0.21 建筑地面工程施工质量的检验，应符合下列规定：

　　1 基层（各构造层）和各类面层的分项工程的施工质量验收应按每一层次或每层施工段（或变形缝）划分检验批，高层建筑的标准层可按每三层（不足三层按三层计）划分检验批；

　　2 每检验批应以各子分部工程的基层（各构造层）和各类面层所划分的分项工程按自然间（或标准间）检验，抽查数量应随机检验不应少于 3 间；不足 3 间，应全数检查；其中走廊（过道）应以 10 延长米为 1 间，工业厂房（按单跨计）、礼堂、门厅应以两个轴线为 1 间计算；

　　3 有防水要求的建筑地面子分部工程的分项工程施工质量每检验批抽查数量应按其房间总数随机检验不应少于 4 间，不足 4 间，应全数检查。

6.10.6 其余主控项目及检验方法、检查数量应符合本规范第 6.6 节的有关规定。

　　第 6.6 节

6.6.8 塑料板面层所用的塑料板块、塑料卷材、胶粘剂等应符合设计要求和国家现行有关标准的规定。

　　检验方法：观察检查和检查型式检验报告、出厂检验报告、出厂合格证。

　　检查数量：同一工程、同一材料、同一生产厂家、同一型号、同一规格、同一批号检查一次。

6.6.9 塑胶板面层采用的胶粘剂进入施工现场时，应有以下有害物质限量合格的检测报告：

　　1 溶剂型胶粘剂中的挥发性有机化合物（VOC）、苯、甲苯＋二甲苯；

　　2 水性胶粘剂中的挥发性有机化合物（VOC）和游离甲醛。

　　检验方法：检查检测报告。

　　检查数量：同一工程、同一材料、同一生产厂家、同一型号、同一规格、同一批号检查一次。

6.6.10 面层与下一层的粘结应牢固，不翘边、不脱胶、无溢胶（单块板块边角允许有局部脱胶，但每自然间或标准间的脱胶板块不超过总数的 5%；卷材局部脱胶处面积不应大于 20cm²，且相隔间距应大于或等于 50cm）。

　　检验方法：观察、敲击及钢尺检查。

　　检查数量：按本规范第 3.0.21 条规定的检验批检查。

一般项目

6.10.7 一般项目及检验方法、检查数量应符合本规范第 6.6 节的有关规定。

　　第 6.6 节

6.6.11 塑胶板面层应表面洁净，图案清晰，色泽一致，接缝应严密、美观。拼缝处的图案、花纹应吻合，无胶痕；与柱、墙边交接应严密，阴阳角收边应方正。

　　检验方法：观察检查。

检查数量：按本规范第3.0.21条规定的检验批检查。

6.6.12 板块的焊接，焊缝应平整、光洁，无焦化变色、斑点、焊瘤和起鳞等缺陷，其凹凸允许偏差不应大于0.6mm。焊缝的抗拉强度应不小于塑料板强度的75%。

检验方法：观察检查和检查检测报告。

检查数量：按本规范第3.0.21条规定的检验批检查。

6.6.13 镶边用料应尺寸准确、边角整齐、拼缝严密、接缝顺直。

检验方法：观察和用钢尺检查。

检查数量：按本规范第3.0.21条规定的检验批检查。

6.6.14 踢脚线宜与地面面层对缝一致，踢脚线与基层的粘合应密实。

检验方法：观察检查。

检查数量：按本规范第3.0.21条规定的检验批检查。

6.6.15 塑料板面层的允许偏差应符合本规范表6.1.8的规定。

检验方法：按本规范表6.1.8中的检验方法检验。

检查数量：按本规范第3.0.21条规定的检验批和第3.0.22条的规定检查。

第3.0.22条：

3.0.22 建筑地面工程的分项工程施工质量检验的主控项目，应达到本规范规定的质量标准，认定为合格；一般项目80%以上的检查点（处）符合本规范规定的质量要求，其他检查点（处）不得有明显影响使用，且最大偏差值不超过允许偏差值的50%为合格。凡达不到质量标准时，应按现行国家标准《建筑工程施工质量验收统一标准》GB 50300的规定处理。

塑料板面层的允许偏差和检验方法（mm）　　　　　　　　表6.1.8

项次	项　目	允许偏差 塑胶板	检验方法
1	表面平整度	2	用2m靠尺和楔形塞尺检查
2	缝格平直	3	拉5m线和用钢尺检查
3	接缝高低差	0.5	用钢尺检查和楔形塞尺检查
4	踢脚线上口平直	2	拉5m线和用钢尺检查

【检验批验收应提供的核查资料】

地面辐射供暖的塑料板面层检验批验收应提供的核查资料　　　　表209-30D

序号	核查资料名称	核 查 要 点
1	地面辐射供暖的塑料板面层用材料、产品合格证或质量证明书	核查资料的真实性。核查需方及供方单位名称，材料或产品名称、规格、等级、数量（质量或件数）、批号或生产日期、出厂日期、材料或产品出厂检验项目的各项检验结果和供方质检部门印记（必须符合设计和标准与规范要求），材料或产品应用标准编号、生产许可证编号，应标明的材料或产品注意事项、材料或产品安全警语
2	塑料板块、塑料卷材、胶粘剂等出厂检验报告（含型式检验报告）	检查内容同上。分别由厂家提供。提供的出厂检验报告的内容应符合相应标准"出厂检验项目"规定（与试验报告大体相同）
3	塑料板块、塑料卷材、胶粘剂等试验报告（含防辐射试验报告等）	检查其报告提供量的代表数量、报告日期、性能、质量，与设计、规范要求的符合性
4	塑料板块焊接检测报告	检查其报告提供量的代表数量、报告日期、性能、质量，与设计、规范要求的符合性

注：1. 合理缺项除外；2. 表列凡有性能要求的均应符合设计和规范要求。

附：规范规定的施工"过程控制"要点

6.10　地面辐射供暖的板块面层

6.10.1　地面辐射供暖的板块面层宜采用缸砖、陶瓷地砖、花岗石、水磨石板块、人造石板块、塑料板等，应在填充层上铺设。

6.10.2　地面辐射供暖的板块面层采用胶结材料粘贴铺设时，填充层的含水率应符合胶结材料的技术要求。

6.10.3　地面辐射供暖的板块面层铺设时不得扰动填充层，不得向填充层内楔入任何物件。面层铺设尚应符合本规范第6.2节、6.3节、6.4节、6.6节的有关规定。

　　　第6.6节

6.6　塑料板面层

6.6.1　塑料板面层应采用塑料板块材、塑料板焊接、塑料卷材以胶粘剂在水泥类基层上采用满铺或点粘法铺设。

6.6.2　水泥类基层表面应平整、坚硬、干燥、密实、洁净、无油脂及其他杂质，不应有麻面、起砂、裂缝等缺陷。

6.6.3　胶粘剂应按基层材料和面层材料使用的相容性要求，通过试验确定，其质量应符合国家现行有关标准的规定。

6.6.4　焊条成分和性能应与被焊的板相同，其质量应符合有关技术标准的规定，并应有出厂合格证。

6.6.5　铺贴塑料板面层时，室内相对湿度不宜大于70%，温度宜在10～32℃之间。

6.6.6　塑料板面层施工完成后的静置时间应符合产品的技术要求。

6.6.7　防静电塑料板配套的胶粘剂、焊条等应具有防静电性能。

【木、竹面层铺设】

7.1 一般规定

7.1.1 本章适用于实木地板面层、实木集成地板面层、竹地板面层、实木复合地板面层、浸渍纸层压木质地板面层、软木类地板面层、地面辐射供暖的木板面层等（包括免刨、免漆类）面层分项工程的施工质量检验。

7.1.2 木、竹地板面层下的木搁栅、垫木、垫层地板等采用木材的树种、选材标准和铺设时木材含水率以及防腐、防蛀处理等，均应符合现行国家标准《木结构工程施工质量验收规范》GB 50206 的有关规定。所选用的材料应符合设计要求，进场时应对其断面尺寸、含水率等主要技术指标进行抽检，抽检数量应符合国家现行有关标准的规定。

7.1.3 用于固定和加固用的金属零部件应采用不锈蚀或经过防锈处理的金属件。

7.1.4 与厕浴间、厨房等潮湿场所相邻的木、竹面层的连接处应做防水（防潮）处理。

7.1.5 木、竹面层铺设在水泥类基层上，其基层表面应坚硬、平整、洁净、不起砂，表面含水率不应大于 8%。

7.1.6 建筑地面工程的木、竹面层搁栅下架空结构层（或构造层）的质量检验，应符合国家相应现行标准的规定。

7.1.7 木、竹面层的通风构造层包括室内通风沟、地面通风孔、室外通风窗等，均应符合设计要求。

7.1.8 木、竹面层的允许偏差和检验方法应符合表 7.1.8 的规定。

木、竹面层的允许偏差和检验方法（mm）　　　　表 7.1.8

项次	项　目	允许偏差				检验方法
		实木、实木集成、竹地板面层			浸渍纸层压木质地板、实木复合地板面层	
		松木地板	硬木地板、竹地板	拼花地板		
1	板面缝隙宽度	1.0	0.5	0.2	0.5	用钢尺检查
2	表面平整度	3.0	2.0	2.0	2.0	用 2m 靠尺和楔形塞尺检查
3	踢脚线上口平齐	3.0	3.0	3.0	3.0	拉 5m 线和用钢尺检查
4	板面拼缝平直	3.0	3.0	3.0	3.0	
5	相邻板材高差	0.5	0.5	0.5	0.5	用钢尺和楔形塞尺检查
6	踢脚线与面层的接缝	1.0				楔形塞尺检查

【建筑地面实木、实木集成、竹地板面层检验批质量验收记录】

建筑地面实木、实木集成、竹地板面层检验批质量验收记录表　　表209-31

单位(子单位)工程名称							
分部(子分部)工程名称					验收部位		
施工单位					项目经理		
分包单位					分包项目经理		
施工执行标准名称及编号							

检控项目	序号	质量验收规范规定		施工单位检查评定记录		监理(建设)单位验收记录	
主控项目	1	实木地板、实木集成地板、竹地板面层采用的地板、铺设时木(竹)材含水率、胶粘剂等要求和规定	第7.2.8条				
	2	实木、实木集成、竹地板面层所采用的材料进场时,应提供有害物质限量合格的检测报告	第7.2.9条				
	3	木搁栅、垫木和垫层地板等应做防腐、防蛀处理	第7.2.10条				
	4	木搁栅安装应牢固、平直	第7.2.11条				
	5	面层铺设应牢固;粘结应无空鼓、松动	第7.2.12条				
一般项目	1	实木地板、实木集成地板面层应刨平、磨光,无明显刨痕和毛刺等现象;图案应清晰、颜色应均匀一致	第7.2.13条				
	2	竹地板面层的品种与规格应符合设计要求,板面应无翘曲	第7.2.14条				
	3	面层缝隙应严密;接头位置应错开,表面应平整、洁净	第7.2.15条				
	4	面层采用粘、钉工艺时,接缝应对齐,粘、钉应严密;缝隙宽度应均匀一致;表面应洁净,无溢胶现象	第7.2.16条				
	5	踢脚线应表面光滑,接缝严密,高度一致	第7.2.17条				
	6	实木地板、实木集成地板、竹地板面层的允许偏差	第7.2.18条				

项目	松木地板	硬木地板、竹地板	拼花地板	量　测　值(mm)			
板面缝隙宽度	1.0	0.5	0.2				
表面平整度	3.0	2.0	2.0				
踢脚线上口平齐	-3.0	3.0	3.0				
板面拼缝平直	3.0	3.0	3.0				
相邻板材高差	0.5	0.5	0.5				
踢脚线与面层接缝	1.0	1.0	1.0				

施工单位检查评定结果	专业工长(施工员)		施工班组长	
	项目专业质量检查员:		年　月　日	
监理(建设)单位验收结论	专业监理工程师: (建设单位项目专业技术负责人):		年　月　日	

【检查验收时执行的规范条目】

主控项目

7.2.8 实木地板、实木集成地板、竹地板面层采用的地板、铺设时的木（竹）材含水率、胶粘剂等应符合设计要求和国家现行有关标准的规定。

检验方法：观察检查和检查型式检验报告、出厂检验报告、出厂合格证。

检查数量：同一工程、同一材料、同一生产厂家、同一型号、同一规格、同一批号检查一次。

7.2.9 实木地板、实木集成地板、竹地板面层采用的材料进入施工现场时，应有以下有害物质限量合格的检测报告：

1 地板中的游离甲醛（释放量或含量）；

2 溶剂型胶粘剂中的挥发性有机化合物（VOC）、苯、甲苯＋二甲苯；

3 水性胶粘剂中的挥发性有机化合物（VOC）和游离甲醛。

检验方法：检查检测报告。

检查数量：同一工程、同一材料、同一生产厂家、同一型号、同一规格、同一批号检查一次。

7.2.10 木搁栅、垫木和垫层地板等应做防腐、防蛀处理。

检验方法：观察检查和检查验收记录。

检查数量：按本规范第3.0.21条规定的检验批检查。

第3.0.21条：

3.0.21 建筑地面工程施工质量的检验，应符合下列规定：

1 基层（各构造层）和各类面层的分项工程的施工质量验收应按每一层次或每层施工段（或变形缝）划分检验批，高层建筑的标准层可按每三层（不足三层按三层计）划分检验批；

2 每检验批应以各子分部工程的基层（各构造层）和各类面层所划分的分项工程按自然间（或标准间）检验，抽查数量应随机检验不应少于3间；不足3间，应全数检查；其中走廊（过道）应以10延长米为1间，工业厂房（按单跨计）、礼堂、门厅应以两个轴线为1间计算；

3 有防水要求的建筑地面子分部工程的分项工程施工质量每检验批抽查数量应按其房间总数随机检验不应少于4间，不足4间，应全数检查。

7.2.11 木搁栅安装应牢固、平直。

检验方法：观察、行走、钢尺测量等检查和检查验收记录。

检查数量：按本规范第3.0.21条规定的检验批检查。

7.2.12 面层铺设应牢固；粘结应无空鼓、松动。

检验方法：观察、行走或用小锤轻击检查。

检查数量：按本规范第3.0.21条规定的检验批检查。

一般项目

7.2.13 实木地板、实木集成地板面层应刨平、磨光，无明显刨痕和毛刺等现象；图案应清晰、颜色应均匀一致。

检验方法：观察、手摸和行走检查。

检查数量：按本规范第3.0.21条规定的检验批检查。

7.2.14 竹地板面层的品种与规格应符合设计要求，板面应无翘曲。

检验方法：观察、用2m靠尺和楔形塞尺检查。

检查数量：按本规范第3.0.21条规定的检验批检查。

7.2.15 面层缝隙应严密；接头位置应错开，表面应平整、洁净。

　　　　检验方法：观察检查。

　　　　检查数量：按本规范第 3.0.21 条规定的检验批检查。

7.2.16　面层采用粘、钉工艺时，接缝应对齐，粘、钉应严密；缝隙宽度应均匀一致；表面应洁净，无溢胶现象。

　　　　检验方法：观察检查。

　　　　检查数量：按本规范第 3.0.21 条规定的检验批检查。

7.2.17　踢脚线应表面光滑，接缝严密，高度一致。

　　　　检验方法：观察和用钢尺检查。

　　　　检查数量：按本规范第 3.0.21 条规定的检验批检查。

7.2.18　实木地板、实木集成地板、竹地板面层的允许偏差应符合本规范表 7.1.8 的规定。

　　　　检验方法：按本规范表 7.1.8 中的检验方法检验。

　　　　检查数量：按本规范第 3.0.21 条规定的检验批和第 3.0.22 条的规定检查。

3.0.22　建筑地面工程的分项工程施工质量检验的主控项目，应达到本规范规定的质量标准，认定为合格；一般项目 80% 以上的检查点（处）符合本规范规定的质量要求，其他检查点（处）不得有明显影响使用，且最大偏差值不超过允许偏差值的 50% 为合格。凡达不到质量标准时，应按现行国家标准《建筑工程施工质量验收统一标准》GB 50300 的规定处理。

木、竹面层的允许偏差和检验方法（mm）　　　　　　　　表 7.1.8

项次	项　　　目	允许偏差			检验方法
		实木、实木集成、竹地板面层			
		松木地板	硬木地板、竹地板	拼花地板	
1	板面缝隙宽度	1.0	0.5	0.2	用钢尺检查
2	表面平整度	3.0	2.0	2.0	用 2m 靠尺和楔形塞尺检查
3	踢脚线上口平齐	3.0	3.0	3.0	拉 5m 线和用钢尺检查
4	板面拼缝平直	3.0	3.0	3.0	
5	相邻板材高差	0.5	0.5	0.5	用钢尺和楔形塞尺检查
6	踢脚线与面层接缝	1.0	1.0	1.0	楔形塞尺检查

【检验批验收应提供的核查资料】

实木、实木集成、竹地板面层检验批验收应提供的核查资料　　　　表 209-31a

序号	核查资料名称	核查要点
1	实木、实木集成、竹地板面层用材料、产品合格证或质量证明书	核查资料的真实性。核查需方及供方单位名称,材料或产品名称、规格、等级、数量(质量或件数)、批号或生产日期、出厂日期、材料或产品出厂检验项目的各项检验结果和供方质检部门印记(必须符合设计和标准与规范要求),材料或产品应用标准编号、生产许可证编号,应标明的材料或产品注意事项、材料或产品安全警语
2	实木、实木集成、竹地板材料出厂检验报告(含型式检验报告)	检查内容同上。分别由厂家提供。提供的出厂检验报告的内容应符合相应标准"出厂检验项目"规定(与试验报告大体相同)
3	实木、实木集成、竹地板面层材料有害物质限量合格试验报告(含防辐射试验报告等,见证取样)	检查其报告提供量的代表数量,报告日期,木、竹地板性能,与设计、规范要求的符合性[地板中的游离甲醛(释放量或含量);溶剂型胶粘剂中的挥发性有机化合物(VOC)、苯、甲苯＋二甲苯;水性胶粘剂中的挥发性有机化合物(VOC)和游离甲醛]

注：1. 合理缺项除外；2. 表列凡有性能要求的均应符合设计和规范要求。

附：规范规定的施工"过程控制"要点

7.2　实木地板、实木集成地板、竹地板面层

7.2.1　实木地板、实木集成地板、竹地板面层应采用条材或块材或拼花,以空铺或实铺方式在基层上铺设。

7.2.2　实木地板、实木集成地板、竹地板面层可采用双层面层和单层面层铺设,其厚度应符合设计要求；其选材应符合国家现行有关标准的规定。

7.2.3　铺设实木地板、实木集成地板、竹地板面层时,其木搁栅的截面尺寸、间距和稳固方法等均应符合设计要求。木搁栅固定时,不得损坏基层和预埋管线。木搁栅应垫实钉牢,与柱、墙之间留出 20mm 的缝隙,表面应平直,其间距不宜大于 300mm。

7.2.4　当面层下铺设垫层地板时,垫层地板的髓心应向上,板间缝隙不应大于 3mm,与柱、墙之间应留 8～12mm 的空隙,表面应刨平。

7.2.5　实木地板、实木集成地板、竹地板面层铺设时,相邻板材接头位置应错开不小于 300mm 的距离；与柱、墙之间应留 8～12mm 的空隙。

7.2.6　采用实木制作的踢脚线,背面应抽槽并做防腐处理。

7.2.7　席纹实木地板面层、拼花实木地板面层的铺设应符合本规范本节的有关要求。

实木地板、竹地板面层质量控制的几点补充说明

1. 实木地板面层材料质量

(1) 实木地板面层(毛地板、面层及踢脚线)厚度、木搁栅的截面尺寸应符合设计要求,且根据地区自然条件,含水率最小为 7%,最大为该地区平衡含水率。

1）搁栅、毛地板、垫木、剪刀撑：必须做防腐、防蛀处理。用材规格、树种和防腐防蛀处理均应符合设计要求，经干燥后方可使用，不得有扭曲变形。

2）条材、块板实木地板：实木地板面层可采用双层木地板面层和单层木地板面层铺设，其厚度和几何尺寸应符合设计要求。应为同一树种制作的花纹、颜色一致、经烘干脱脂处理的条材实木地板。

3）拼花实木地板：宜选择加工好的耐磨、纹理好、有光泽、耐腐朽、不易变形和开裂的优质木地板，按照纹理或色泽拼接而成。原材料应采用同批树种、花纹及颜色一致、经烘干脱脂处理。拼花实木地板一般为原木无漆类实木地板。

4）实木踢脚线：背面应开槽并涂防腐剂，花纹和颜色宜和面层地板一致。

5）隔热、隔声材料：可采用珍珠岩、矿渣棉、炉渣等，要求轻质、耐腐、无味、无毒。

6）胶粘剂：粘贴材料应采用具有耐老化、防水和防菌、无毒等性能的材料，或按设计要求选用。

（2）面层使用的木板应码放整齐，使用时轻拿轻放，不得乱扔乱堆，以免碰坏棱角。

2. 竹地板面层材料质量

竹地板均为免刨免漆类成品，是把竹材加工成竹片后，经过高温高压蒸汽灭菌、脱糖脱脂、防霉、防腐、炭化烘干等处理过程，用胶粘剂胶合、热压加工成的企口地板，具有纤维硬、密度大、水分少、不易变形等优点。

竹地板应经严格选材、硫化、防腐、防蛀处理，并采用具有商品检验合格证的产品，其质量要求应符合行业标准《竹地板》GB/T 20240—2006 的规定。花纹及颜色应一致。

【建筑地面实木复合地板面层检验批质量验收记录】

建筑地面实木复合地板面层检验批质量验收记录表　　　表209-32

单位(子单位)工程名称					
分部(子分部)工程名称				验 收 部 位	
施工单位				项 目 经 理	
分包单位				分包项目经理	
施工执行标准名称及编号					
检控项目	序号	质量验收规范规定		施工单位检查评定记录	监理(建设)单位验收记录
主控项目	1	实木复合地板面层采用的地板、胶粘剂等要求和规定	第7.3.6条		
	2	实木复合地板面层采用的材料进场时,应提供有害物质限量合格的检测报告	第7.3.7条		
	3	木搁栅、垫木和垫层地板等应做防腐、防蛀处理	第7.3.8条		
	4	木搁栅安装应牢固、平直	第7.3.9条		
	5	面层铺设应牢固;粘贴应无空鼓、松动	第7.3.10条		
一般项目	1	实木复合地板面层图案和颜色要求,图案应清晰,颜色应一致,板面应无翘曲	第7.3.11条		
	2	面层缝隙应严密;接头位置应错开,表面应平整、洁净	第7.3.12条		
	3	面层采用粘、钉工艺时,接缝应对齐,粘、钉应严密;缝隙宽度应均匀一致;表面应洁净,无溢胶现象	第7.3.13条		
	4	踢脚线应表面光滑,接缝严密,高度一致	第7.3.14条		
	5	实木复合地板面层允许偏差(第7.3.15条)	允许偏差值(mm)	量 测 值(mm)	
		1)板面缝隙宽度	0.5		
		2)表面平整度	2		
		3)踢脚线上口平齐	3		
		4)板面拼缝平直	3		
		5)相邻板材高差	0.5		
		6)踢脚线与面层接缝	1		
施工单位检查评定结果		专业工长(施工员)		施工班组长	
		项目专业质量检查员:			年　　月　　日
监理(建设)单位验收结论		专业监理工程师:			
		(建设单位项目专业技术负责人):			年　　月　　日

【检查验收时执行的规范条目】

主控项目

7.3.6 实木复合地板面层采用的地板、胶粘剂等应符合设计要求和国家现行有关标准的规定。

    检验方法：观察检查和检查型式检验报告、出厂检验报告、出厂合格证。

    检查数量：同一工程、同一材料、同一生产厂家、同一型号、同一规格、同一批号检查一次。

7.3.7 实木复合地板面层采用的材料进入施工现场时，应有以下有害物质限量合格的检测报告：

    1 地板中的游离甲醛（释放量或含量）；

    2 溶剂型胶粘剂中的挥发性有机化合物（VOC）、苯、甲苯＋二甲苯；

    3 水性胶粘剂中的挥发性有机化合物（VOC）和游离甲醛。

    检验方法：检查检测报告。

    检查数量：同一工程、同一材料、同一生产厂家、同一型号、同一规格、同一批号检查一次。

7.3.8 木搁栅、垫木和垫层地板等应做防腐、防蛀处理。

    检验方法：观察检查和检查验收记录。

    检查数量：按本规范第3.0.21条规定的检验批检查。

    第3.0.21条：

3.0.21 建筑地面工程施工质量的检验，应符合下列规定：

    1 基层（各构造层）和各类面层的分项工程的施工质量验收应按每一层次或每层施工段（或变形缝）划分检验批，高层建筑的标准层可按每三层（不足三层按三层计）划分检验批；

    2 每检验批应以各子分部工程的基层（各构造层）和各类面层所划分的分项工程按自然间（或标准间）检验，抽查数量应随机检验不应少于3间；不足3间，应全数检查；其中走廊（过道）应以10延长米为1间，工业厂房（按单跨计）、礼堂、门厅应以两个轴线为1间计算；

    3 有防水要求的建筑地面子分部工程的分项工程施工质量每检验批抽查数量应按其房间总数随机检验不应少于4间，不足4间，应全数检查。

7.3.9 木搁栅安装应牢固、平直。

    检验方法：观察、行走、钢尺测量等检查和检查验收记录。

    检查数量：按本规范第3.0.21条规定的检验批检查。

7.3.10 面层铺设应牢固；粘贴应无空鼓、松动。

    检验方法：观察、行走或用小锤轻击检查。

    检查数量：按本规范第3.0.21条规定的检验批检查。

一般项目

7.3.11 实木复合地板面层图案和颜色应符合设计要求，图案应清晰，颜色应一致，板面应无翘曲。

    检验方法：观察、用2m靠尺和楔形塞尺检查。

    检查数量：按本规范第3.0.21条规定的检验批检查。

7.3.12 面层缝隙应严密；接头位置应错开，表面应平整、洁净。

    检验方法：观察检查。

检查数量：按本规范第 3.0.21 条规定的检验批检查。

7.3.13　面层采用粘、钉工艺时，接缝应对齐，粘、钉应严密；缝隙宽度应均匀一致；表面应洁净，无溢胶现象。

检验方法：观察检查。

检查数量：按本规范第 3.0.21 条规定的检验批检查。

7.3.14　踢脚线应表面光滑，接缝严密，高度一致。

检验方法：观察和用钢尺检查。

检查数量：按本规范第 3.0.21 条规定的检验批检查。

7.3.15　实木复合地板面层的允许偏差应符合本规范表 7.1.8 的规定。

检验方法：按本规范表 7.1.8 中的检验方法检验。

检查数量：按本规范第 3.0.21 条规定的检验批和第 3.0.22 条的规定检查。

第 3.0.22 条：

3.0.22　建筑地面工程的分项工程施工质量检验的主控项目，应达到本规范规定的质量标准，认定为合格；一般项目 80% 以上的检查点（处）符合本规范规定的质量要求，其他检查点（处）不得有明显影响使用，且最大偏差值不超过允许偏差值的 50% 为合格。凡达不到质量标准时，应按现行国家标准《建筑工程施工质量验收统一标准》GB 50300 的规定处理。

实木复合地板面层的允许偏差和检验方法（mm）　　　　表 7.1.8

项次	项　目	允许偏差	检验方法
		实木复合地板面层	
1	板面缝隙宽度	0.5	用钢尺检查
2	表面平整度	2	用 2m 靠尺和楔形塞尺检查
3	踢脚线上口平齐	3	拉 5m 线和用钢尺检查
4	板面拼缝平直	3	
5	相邻板材高差	0.5	用钢尺和楔形塞尺检查
6	踢脚线与面层接缝	1	楔形塞尺检查

【检验批验收应提供的核查资料】

建筑地面的实木复合地板面层验收应提供的核查资料　　　　表 209-32a

序号	核查资料名称	核查要点
1	实木复合地板面层用材料、产品合格证或质量证明书	核查资料的真实性。核查需方及供方单位名称，材料或产品名称、规格、等级、数量（质量或件数）、批号或生产日期、出厂日期、材料或产品出厂检验项目的各项检验结果和供方质检部门印记（必须符合设计和标准与规范要求），材料或产品应用标准编号、生产许可证编号，应标明的材料或产品注意事项、材料或产品安全警语 注：材料均应具有耐热性、热稳定性、防水、防潮和防霉变等特点
2	实木复合地板面层用材料出厂检验报告（含型式检验报告）	检查内容同上。分别由厂家提供。提供的出厂检验报告的内容应符合相应标准"出厂检验项目"规定（与试验报告大体相同）
3	实木复合地板面层用材料试验报告（含有害物质限量试验报告等，见证取样）	核查其报告提供量的代表数量、报告日期、性能、质量，与设计、规范要求的符合性
4	实木复合地板面层用胶粘剂试验报告	核查其报告提供量的代表数量、报告日期、性能、质量，与设计、规范要求的符合性

注：1. 合理缺项除外；2. 表列凡有性能要求的均应符合设计和规范要求。

实木复合面层质量控制的几点补充说明

1. 条材、块材、拼花实木复合地板：

（1）条材实木复合地板各生产厂家的产品规格不尽相同，一般为免刨免漆类成品，采用企口拼缝；块材实木复合地板常用较短条材实木复合地板，长度多在 200～500mm 之间；拼花实木复合地板常用较短条材实木复合地板组合出多种拼板图案。

（2）实木复合地板面层的条材和块材应采用具有商品检验合格证的产品，其质量要求应符合现行国家标准《实木复合地板》GB/T 18103－2000 的规定。

（3）一般为免刨免漆类的成品木地板。要求选用坚硬耐磨，纹理清晰、美观，不易腐朽、变形、开裂的同批树种制作，花纹及颜色力求一致。企口拼缝的企口尺寸应符合设计要求，厚度、长度一致。

2. 踢脚线

有实木或实木复合地板踢脚线、浸渍纸贴面踢脚线、塑料踢脚线等几种。一般采用成品的实木复合地板踢脚板。其含水率不宜超过 12%，背面应抽槽并涂防腐剂，花纹和颜色力求和面层地板一致。

3. 面层下衬垫的材质和厚度应符合设计要求。

附：规范规定的施工"过程控制"要点

7.3　实木复合地板面层

7.3.1　实木复合地板面层采用的材料、铺设方式、铺设方法、厚度以及垫层地板铺设等，均应符合本规范第 7.2.1 条～第 7.2.4 条的规定。

7.3.2　实木复合地板面层应采用空铺法或粘贴法（满粘或点粘）铺设。采用粘贴法铺设时，粘贴材料应按设计要求选用，并应具有耐老化、防水、防菌、无毒等性能。

7.3.3　实木复合地板面层下衬垫的材料和厚度应符合设计要求。

7.3.4　实木复合地板面层铺设时，相邻板材接头位置应错开不小于 300mm 的距离；与柱、墙之间应留不小于 10mm 的空隙。当面层采用无龙骨的空铺法铺设时，应在面层与柱、墙之间的空隙内加设金属弹簧卡或木楔子，其间距宜为 200～300mm。

7.3.5　大面积铺设实木复合地板面层时，应分段铺设，分段缝的处理应符合设计要求。

【建筑地面浸渍纸层压木质地板面层检验批质量验收记录】

建筑地面浸渍纸层压木质地板面层检验批质量验收记录表　　表 209-33

单位(子单位)工程名称				
分部(子分部)工程名称			验 收 部 位	
施工单位			项 目 经 理	
分包单位			分包项目经理	
施工执行标准名称及编号				

检控项目	序号	质量验收规范规定		施工单位检查评定记录	监理(建设)单位验收记录
主控项目	1	浸渍纸层压木质地板面层采用的地板、胶粘剂等的要求和规定	第7.4.5条		
	2	浸渍纸层压木质地板面层采用的材料进场时,应提供有害物质限量合格的检测报告	第7.4.6条		
	3	木搁栅、垫木和垫层地板等应做防腐、防蛀处理;其安装应牢固、平直,表面应洁净	第7.4.7条		
	4	面层铺设应牢固、平整;粘贴应无空鼓、松动	第7.4.8条		
一般项目	1	浸渍纸层压木质地板面层的图案和颜色要求,图案应清晰,颜色应一致,板面应无翘曲	第7.4.9条		
	2	面层的接头应错开、缝隙应严密、表面应洁净	第7.4.10条		
	3	踢脚线应表面光滑,接缝严密,高度一致	第7.4.11条		
	4	浸渍纸层压木质地板面层(第7.4.12条)	允许偏差值(mm)	量 测 值(mm)	
		板面缝隙宽度	0.5		
		表面平整度	2		
		踢脚线上口平齐	3		
		板面拼缝平直	3		
		相邻板材高差	0.5		
		踢脚线与面层接缝	1		

施工单位检查评定结果	专业工长(施工员)		施工班组长	
	项目专业质量检查员:　　　　　　　　　　　　年　　月　　日			
监理(建设)单位验收结论	专业监理工程师: (建设单位项目专业技术负责人):　　　　　　　　年　　月　　日			

【检查验收时执行的规范条目】

主控项目

7.4.5 浸渍纸层压木质地板面层采用的地板、胶粘剂等应符合设计要求和国家现行有关标准的规定。

检验方法：观察检查和检查型式检验报告、出厂检验报告、出厂合格证。

检查数量：同一工程、同一材料、同一生产厂家、同一型号、同一规格、同一批号检查一次。

7.4.6 浸渍纸层压木质地板面层采用的材料进入施工现场时，应有以下有害物质限量合格的检测报告：

1 地板中的游离甲醛（释放量或含量）；

2 溶剂型胶粘剂中的挥发性有机化合物（VOC）、苯、甲苯＋二甲苯；

3 水性胶粘剂中的挥发性有机化合物（VOC）和游离甲醛。

检验方法：检查检测报告。

检查数量：同一工程、同一材料、同一生产厂家、同一型号、同一规格、同一批号检查一次。

7.4.7 木搁栅、垫木和垫层地板等应做防腐、防蛀处理；其安装应牢固、平直，表面应洁净。

检验方法：观察、行走、钢尺测量等检查和检查验收记录。

检查数量：按本规范第3.0.21条规定的检验批检查。

第3.0.21条：

3.0.21 建筑地面工程施工质量的检验，应符合下列规定：

1 基层（各构造层）和各类面层的分项工程的施工质量验收应按每一层次或每层施工段（或变形缝）划分检验批，高层建筑的标准层可按每三层（不足三层按三层计）划分检验批；

2 每检验批应以各子分部工程的基层（各构造层）和各类面层所划分的分项工程按自然间（或标准间）检验，抽查数量应随机检验不应少于3间；不足3间，应全数检查；其中走廊（过道）应以10延长米为1间，工业厂房（按单跨计）、礼堂、门厅应以两个轴线为1间计算；

3 有防水要求的建筑地面子分部工程的分项工程施工质量每检验批抽查数量应按其房间总数随机检验不应少于4间，不足4间，应全数检查。

7.4.8 面层铺设应牢固、平整；粘贴应无空鼓、松动。

检验方法：观察、行走、钢尺测量、用小锤轻击检查。

检查数量：按本规范第3.0.21条规定的检验批检查。

一般项目

7.4.9 浸渍纸层压木质地板面层的图案和颜色应符合设计要求，图案应清晰，颜色应一致，板面应无翘曲。

检验方法：观察、用2m靠尺和楔形塞尺检查。

检查数量：按本规范第3.0.21条规定的检验批检查。

7.4.10 面层的接头应错开、缝隙应严密、表面应洁净。

检验方法：观察检查。

检查数量：按本规范第3.0.21条规定的检验批检查。

7.4.11 踢脚线应表面光滑，接缝严密，高度一致。

检验方法：观察和用钢尺检查。

检查数量：按本规范第3.0.21条规定的检验批检查口

7.4.12 浸渍纸层压木质地板面层的允许偏差应符合本规范表7.1.8的规定。

检验方法：按本规范表7.1.8中的检验方法检验。

检查数量：按本规范第3.0.21条规定的检验批和第3.0.22条的规定检查。

第3.0.22条

3.0.22 建筑地面工程的分项工程施工质量检验的主控项目，应达到本规范规定的质量标准，认定为合格；一般项目80%以上的检查点（处）符合本规范规定的质量要求，其他检查点（处）不得有明显影响使用，且最大偏差值不超过允许偏差值的50%为合格。凡达不到质量标准时，应按现行国家标准《建筑工程施工质量验收统一标准》GB 50300的规定处理。

浸渍纸层压木质地板面层的允许偏差和检验方法（mm）　　表7.1.8

项次	项目	允许偏差	检验方法
		浸渍纸层压木质地板面层	
1	板面缝隙宽度	0.5	用钢尺检查
2	表面平整度	2	用2m靠尺和楔形塞尺检查
3	踢脚线上口平齐	3	拉5m线和用钢尺检查
4	板面拼缝平直	3	
5	相邻板材高差	0.5	用钢尺和楔形塞尺检查
6	踢脚线与面层接缝	1	楔形塞尺检查

【检验批验收应提供的核查资料】

建筑地面浸渍纸层压木质地板面层验收应提供的核查资料　　表209-33a

序号	核查资料名称	核查要点
1	浸渍纸层压木质地板面层用材料、产品合格证或质量证明书	核查资料的真实性。核查需方及供方单位名称，材料或产品名称、规格、等级、数量（质量或件数）、批号或生产日期、出厂日期、材料或产品出厂检验项目的各项检验结果和供方质检部门印记（必须符合设计和标准与规范要求），材料或产品应用标准编号、生产许可证编号，应标明的材料或产品注意事项、材料或产品安全警语　注：材料均应具有耐热性、热稳定性、防水、防潮和防霉变等特点
2	浸渍纸层压木质地板面层用材料出厂检验报告（含型式检验报告）	检查内容同上。分别由厂家提供。提供的出厂检验报告的内容应符合相应标准"出厂检验项目"规定（与试验报告大体相同）
3	浸渍纸层压木质地板面层用材料试验报告（含有害物质限量合格的试验报告，见证取样）	检查其报告提供量的代表数量、报告日期、性能、质量，与设计、规范要求的符合性
4	浸渍纸层压木质地板面层用胶粘剂试验报告	核查其报告提供量的代表数量、报告日期、性能、质量，与设计、规范要求的符合性

注：1. 合理缺项除外；2. 表列凡有性能要求的均应符合设计和规范要求。

附：规范规定的施工"过程控制"要点

7.4 浸渍纸层压木质地板面层

7.4.1 浸渍纸层压木质地板面层应采用条材或块材，以空铺或粘贴方式在基层上铺设。

7.4.2 浸渍纸层压木质地板面层可采用有垫层地板和无垫层地板的方式铺设。有垫层地板时，垫层地板的材料和厚度应符合设计要求。

7.4.3 浸渍纸层压木质地板面层铺设时，相邻板材接头位置应错开不小于300mm的距离；衬垫层、垫层地板及面层与柱、墙之间均应留出不小于10mm的空隙。

7.4.4 浸渍纸层压木质地板面层采用无龙骨的空铺法铺设时，宜在面层与基层之间设置衬垫层，衬垫层的材料和厚度应符合设计要求；并应在面层与柱、墙之间的空隙内加设金属弹簧卡或木楔子，其间距宜为200～300mm。

【建筑地面软木类地板面层检验批质量验收记录】

建筑地面软木类地板面层检验批质量验收记录表　　**表 209-34**

单位(子单位)工程名称				
分部(子分部)工程名称			验收部位	
施工单位			项目经理	
分包单位			分包项目经理	
施工执行标准名称及编号				

检控项目	序号	质量验收规范规定		施工单位检查评定记录	监理(建设)单位验收记录
主控项目	1	软木类地板面层采用的地板、胶粘剂等的要求和规定	第7.5.5条		
	2	软木类地板面层采用的材料进场时,应提供有害物质限量合格的检测报告	第7.5.6条		
	3	木搁栅、垫木和垫层地板等应做防腐、防蛀处理;其安装应牢固、平直,表面应洁净	第7.5.7条		
	4	软木类地板面层铺设应牢固;粘贴应无空鼓、松动	第7.5.8条		
一般项目	1	软木类地板面层的拼图、颜色等要求,板面应无翘曲	第7.5.9条		
	2	软木类地板面层缝隙应均匀,接头位置应错开,表面应洁净	第7.5.10条		
	3	踢脚线应表面光滑,接缝严密,高度一致	第7.5.11条		
	4	软木类地板面层(第7.5.12条)	允许偏差(mm)	量测值(mm)	
		1)板面缝隙宽度	0.5		
		2)表面平整度	2.0		
		3)踢脚线上口平齐	3.0		
		4)板面拼缝平直	3.0		
		5)相邻板材高差	0.5		
		6)踢脚线与面层接缝	1.0		

施工单位检查评定结果	专业工长(施工员)		施工班组长	
	项目专业质量检查员:　　　　　年　月　日			

监理(建设)单位验收结论	
	专业监理工程师: (建设单位项目专业技术负责人):　　　年　月　日

【检查验收时执行的规范条目】

主控项目

7.5.5 软木类地板面层采用的地板、胶粘剂等应符合设计要求和国家现行有关标准的规定。

　　检验方法：观察检查和检查型式检验报告、出厂检验报告、出厂合格证。

　　检查数量：同一工程、同一材料、同一生产厂家、同一型号、同一规格、同一批号检查一次。

7.5.6 软木类地板面层采用的材料进入施工现场时，应有以下有害物质限量合格的检测报告：

　　1 地板中的游离甲醛（释放量或含量）；

　　2 溶剂型胶粘剂中的挥发性有机化合物（VOC）、苯、甲苯＋二甲苯；

　　3 水性胶粘剂中的挥发性有机化合物（VOC）和游离甲醛。

　　检验方法：检查检测报告。

　　检查数量：同一工程、同一材料、同一生产厂家、同一型号、同一规格、同一批号检查一次。

7.5.7 木搁栅、垫木和垫层地板等应做防腐、防蛀处理；其安装应牢固、平直，表面应洁净。

　　检验方法：观察、行走、钢尺测量等检查和检查验收记录。

　　检查数量：按本规范第3.0.21条规定的检验批检查。

　　第3.0.21条：

3.0.21 建筑地面工程施工质量的检验，应符合下列规定：

　　1 基层（各构造层）和各类面层的分项工程的施工质量验收应按每一层次或每层施工段（或变形缝）划分检验批，高层建筑的标准层可按每三层（不足三层按三层计）划分检验批；

　　2 每检验批应以各子分部工程的基层（各构造层）和各类面层所划分的分项工程按自然间（或标准间）检验，抽查数量应随机检验不应少于3间；不足3间，应全数检查；其中走廊（过道）应以10延长米为1间，工业厂房（按单跨计）、礼堂、门厅应以两个轴线为1间计算；

　　3 有防水要求的建筑地面子分部工程的分项工程施工质量每检验批抽查数量应按其房间总数随机检验不应少于4间，不足4间，全数检查。

7.5.8 软木类地板面层铺设应牢固；粘贴应无空鼓、松动。

　　检验方法：观察、行走检查。

　　检查数量：按本规范第3.0.21条规定的检验批检查。

一般项目

7.5.9 软木类地板面层的拼图、颜色等应符合设计要求，板面应无翘曲。

　　检查方法：观察，2m靠尺和楔形塞尺检查。

　　检查数量：按本规范第3.0.21条规定的检验批检查。

7.5.10 软木类地板面层缝隙应均匀，接头位置应错开，表面应洁净。

　　检查方法：观察检查。

　　检查数量：按本规范第3.0.21条规定的检验批检查。

7.5.11 踢脚线应表面光滑，接缝严密，高度一致。

检验方法：观察和用钢尺检查。

检查数量：按本规范第3.0.21条规定的检验批检查。

7.5.12 软木类地板面层的允许偏差应符合本规范表7.1.8的规定。

检验方法：按本规范表7.1.8中的检验方法检验。

检查数量：按本规范第3.0.21条规定的检验批和第3.0.22条的规定检查。

第3.0.22条：

3.0.22 建筑地面工程的分项工程施工质量检验的主控项目，应达到本规范规定的质量标准，认定为合格；一般项目80%以上的检查点（处）符合本规范规定的质量要求，其他检查点（处）不得有明显影响使用，且最大偏差值不超过允许偏差值的50%为合格。凡达不到质量标准时，应按现行国家标准《建筑工程施工质量验收统一标准》GB 50300的规定处理。

软木类地板面层的允许偏差和检验方法（mm） 表7.1.8

项次	项　　　　目	允许偏差	检验方法
		软木类地板面层	
1	板面缝隙宽度	0.5	用钢尺检查
2	表面平整度	2	用2m靠尺和楔形塞尺检查
3	踢脚线上口平齐	3	拉5m线和用钢尺检查
4	板面拼缝平直	3	
5	相邻板材高差	0.5	用钢尺和楔形塞尺检查
6	踢脚线与面层接缝	1	楔形塞尺检查

【检验批验收应提供的核查资料】

建筑地面软木类地板面层验收应提供的核查资料 表209-34a

序号	核查资料名称	核查要点
1	软木类地板面层用材料、产品合格证或质量证明书	核查资料的真实性。核查需方及供方单位名称，材料或产品名称、规格、等级、数量(质量或件数)、批号或生产日期、出厂日期、材料或产品出厂检验项目的各项检验结果和供方质检部门印记(必须符合设计和标准与规范要求)，材料或产品应用标准编号、生产许可证编号，应标明的材料或产品注意事项、材料或产品安全警语
2	软木类地板面层用材料出厂检验报告(含型式检验报告)	检查内容同上。分别由厂家提供。提供的出厂检验报告的内容应符合相应标准"出厂检验项目"规定(与试验报告大体相同)
3	软木类地板面层用材料试验报告(含有害物质限量合格的试验报告，见证取样)	检查其报告提供量的代表数量、报告日期、性能、质量，与设计、规范要求的符合性

注：1. 合理缺项除外；2. 表列凡有性能要求的均应符合设计和规范要求。

附：规范规定的施工"过程控制"要点

7.5 软木类地板面层

7.5.1 软木类地板面层应采用软木地板或软木复合地板的条材或块材，在水泥类基层或垫层地板上铺设。软木地板面层应采用粘贴方式铺设，软木复合地板面层应采用空铺方式铺设。

7.5.2　软木类地板面层的厚度应符合设计要求。

7.5.3　软木类地板面层的垫层地板在铺设时，与柱、墙之间应留不大于20mm的空隙，表面应刨平。

7.5.4　软木类地板面层铺设时，相邻板材接头位置应错开不小于1/3板长且不小于200mm的距离；面层与柱、墙之间应留出8～12mm的空隙；软木复合地板面层铺设时，应在面层与柱、墙之间的空隙内加设金属弹簧卡或木楔子，其间距宜为200～300mm。

【建筑地面的地面辐射供暖的实木复合地板面层检验批质量验收记录】

建筑地面的地面辐射供暖的实木复合地板面层检验批质量验收记录表　表209-35A

单位(子单位)工程名称					验 收 部 位		
分部(子分部)工程名称							
施工单位					项 目 经 理		
分包单位					分包项目经理		
施工执行标准名称及编号							
检控项目	序号	质量验收规范规定		施工单位检查评定记录		监理(建设)单位验收记录	
主控项目	1	采用的材料或产品的要求和规定及其应具有的特点	第7.6.5条				
	2	与柱、墙之间留空隙及空铺法铺设时,加设金属弹簧卡或木楔子的间距规定	第7.6.6条				
	3	其余主控项目及检验方法、检查数量按第7.3节的规定(第7.3.6条～第7.3.10条)	第7.6.7条				
	(1)	实木复合地板面层采用的地板、胶粘剂等要求和规定	第7.3.6条				
	(2)	实木复合地板面层采用的材料进场时,应提供有害物质限量合格的检测报告	第7.3.7条				
	(3)	木搁栅、垫木和垫层地板等应做防腐、防蛀处理	第7.3.8条				
	(4)	木搁栅安装应牢固、平直	第7.3.9条				
	(5)	面层铺设应牢固;粘贴应无空鼓、松动	第7.3.10条				
一般项目	1	地面辐射供暖的木板面层采用无龙骨的空铺法铺设时的质量要求	第7.6.8条				
	2	其余一般项目及检验方法、检查数量按第7.3节的规定(第7.3.11条～第7.3.15条)	第7.6.9条				
	(1)	实木复合地板面层图案和颜色要求,图案应清晰,颜色应一致,板面应无翘曲	第7.3.11条				
	(2)	面层缝隙应严密;接头位置应错开,表面应平整、洁净	第7.3.12条				
	(3)	面层采用粘、钉工艺时的接缝要求;表面应洁净,无溢胶现象	第7.3.13条				
	(4)	踢脚线应表面光滑,接缝严密,高度一致	第7.3.14条				
	(5)	实木复合地板面层允许偏差(第7.3.15条)	允许偏差值(mm)	量　测　值(mm)			
		1)板面缝隙宽度	0.5				
		2)表面平整度	2				
		3)踢脚线上口平齐	3				
		4)板面拼缝平直	3				
		5)相邻板材高差	0.5				
		6)踢脚线与面层接缝	1				
施工单位检查评定结果		专业工长(施工员)			施工班组长		
		项目专业质量检查员:				年　月　日	
监理(建设)单位验收结论		专业监理工程师: (建设单位项目专业技术负责人):				年　月　日	

【检查验收时执行的规范条目】

主控项目

7.6.5　地面辐射供暖的木板面层采用的材料或产品除应符合设计要求和本规范相应面层的规定外，还应具有耐热性、热稳定性、防水、防潮、防霉变等特点。

　　检验方法：观察检查和检查质量合格证明文件。

　　检查数量：同一工程、同一材料、同一生产厂家、同一型号、同一规格、同一批号检查一次。

7.6.6　地面辐射供暖的木板面层与柱、墙之间应留不小于 10mm 的空隙。当采用无龙骨的空铺法铺设时，应在空隙内加设金属弹簧卡或木楔子，其间距宜为 200～300mm。

　　检验方法：观察和用钢尺检查。

　　检查数量：按本规范第 3.0.21 条规定的检验批检查。

　　第 3.0.21 条：

　　3.0.21　建筑地面工程施工质量的检验，应符合下列规定：

　　1　基层（各构造层）和各类面层的分项工程的施工质量验收应按每一层次或每层施工段（或变形缝）划分检验批，高层建筑的标准层可按每三层（不足三层按三层计）划分检验批；

　　2　每检验批应以各子分部工程的基层（各构造层）和各类面层所划分的分项工程按自然间（或标准间）检验，抽查数量应随机检验不应少于 3 间；不足 3 间，应全数检查；其中走廊（过道）应以 10 延长米为 1 间，工业厂房（按单跨计）、礼堂、门厅应以两个轴线为 1 间计算；

　　3　有防水要求的建筑地面子分部工程的分项工程施工质量每检验批抽查数量应按其房间总数随机检验不应少于 4 间，不足 4 间，应全数检查。

7.6.7　其余主控项目及检验方法、检查数量应符合本规范第 7.3 节的有关规定。

　　第 7.3 节

7.3.6　实木复合地板面层采用的地板、胶粘剂等应符合设计要求和国家现行有关标准的规定。

　　检验方法：观察检查和检查型式检验报告、出厂检验报告、出厂合格证。

　　检查数量：同一工程、同一材料、同一生产厂家、同一型号、同一规格、同一批号检查一次。

7.3.7　实木复合地板面层采用的材料进入施工现场时，应有以下有害物质限量合格的检测报告：

　　1　地板中的游离甲醛（释放量或含量）；

　　2　溶剂型胶粘剂中的挥发性有机化合物（VOC）、苯、甲苯＋二甲苯；

　　3　水性胶粘剂中的挥发性有机化合物（VOC）和游离甲醛。

　　检验方法：检查检测报告。

　　检查数量：同一工程、同一材料、同一生产厂家、同一型号、同一规格、同一批号检查一次。

7.3.8　木搁栅、垫木和垫层地板等应做防腐、防蛀处理。

　　检验方法：观察检查和检查验收记录。

　　检查数量：按本规范第 3.0.21 条规定的检验批检查。

7.3.9　木搁栅安装应牢固、平直。

　　检验方法：观察、行走、钢尺测量等检查和检查验收记录。

　　检查数量：按本规范第 3.0.21 条规定的检验批检查。

7.3.10　面层铺设应牢固；粘贴应无空鼓、松动。

　　检验方法：观察、行走或用小锤轻击检查。

　　检查数量：按本规范第 3.0.21 条规定的检验批检查。

一般项目

7.6.8 地面辐射供暖的木板面层采用无龙骨的空铺法铺设时，应在填充层上铺设一层耐热防潮纸（布）。防潮纸（布）应采用胶粘搭接，搭接尺寸应合理，铺设后表面应平整，无皱褶。

检验方法：观察检查。

检查数量：按本规范第3.0.21条规定的检验批检查。

7.6.9 其余一般项目及检验方法、检查数量应符合本规范第7.3节的有关规定。

第7.3节

7.3.11 实木复合地板面层图案和颜色应符合设计要求，图案应清晰，颜色应一致，板面应无翘曲。

检验方法：观察、用2m靠尺和楔形塞尺检查。

检查数量：按本规范第3.0.21条规定的检验批检查。

7.3.12 面层缝隙应严密；接头位置应错开，表面应平整、洁净。

检验方法：观察检查。

检查数量：按本规范第3.0.21条规定的检验批检查。

7.3.13 面层采用粘、钉工艺时，接缝应对齐，粘、钉应严密；缝隙宽度应均匀一致；表面应洁净，无溢胶现象。

检验方法：观察检查。

检查数量：按本规范第3.0.21条规定的检验批检查。

7.3.14 踢脚线应表面光滑，接缝严密，高度一致。

检验方法：观察和用钢尺检查。

检查数量：按本规范第3.0.21条规定的检验批检查。

7.3.15 实木复合地板面层的允许偏差应符合本规范表7.1.8的规定。

检验方法：按本规范表7.1.8中的检验方法检验。

检查数量：按本规范第3.0.21条规定的检验批和第3.0.22条的规定检查。

第3.0.22条：

3.0.22 建筑地面工程的分项工程施工质量检验的主控项目，应达到本规范规定的质量标准，认定为合格；一般项目80%以上的检查点（处）符合本规范规定的质量要求，其他检查点（处）不得有明显影响使用，且最大偏差值不超过允许偏差值的50%为合格。凡达不到质量标准时，应按现行国家标准《建筑工程施工质量验收统一标准》GB 50300的规定处理。

实木复合地板面层的允许偏差和检验方法（mm）　　　　　表7.1.8

项次	项　　目	允许偏差	检验方法
		实木复合地板面层	
1	板面缝隙宽度	0.5	用钢尺检查
2	表面平整度	2	用2m靠尺和楔形塞尺检查
3	踢脚线上口平齐	3	拉5m线和用钢尺检查
4	板面拼缝平直	3	
5	相邻板材高差	0.5	用钢尺和楔形塞尺检查
6	踢脚线与面层接缝	1	楔形塞尺检查

【检验批验收应提供的核查资料】

地面辐射供暖的实木复合地板面层验收应提供的核查资料　　**表 209-35A1**

序号	核查资料名称	核查要点
1	实木复合地板面层用材料、产品合格证或质量证明书	核查资料的真实性。核查需方及供方单位名称，材料或产品名称、规格、等级、数量（质量或件数）、批号或生产日期、出厂日期、材料或产品出厂检验项目的各项检验结果和供方质检部门印记（必须符合设计和标准与规范要求），材料或产品应用标准编号、生产许可证编号，应标明的材料或产品注意事项、材料或产品安全警语 注：材料均应具有耐热性、热稳定性、防水、防潮和防霉变等特点
2	实木复合地板面层用材料出厂检验报告（含型式检验报告）	检查内容同上。分别由厂家提供。提供的出厂检验报告的内容应符合相应标准"出厂检验项目"规定（与试验报告大体相同）
3	实木复合地板面层用材料试验报告单（包括物质限量试验报告等，见证取样）	以其报告提供量的代表数量、报告日期、性能、质量，与设计、规范要求的符合性
4	实木复合地板面层用胶粘剂试验报告	核查其报告提供量的代表数量、报告日期、性能、质量，与设计、规范要求的符合性

注：1. 合理缺项除外；2. 表列凡有性能要求的均应符合设计和规范要求。

附：规范规定的施工"过程控制"要点

7.6　地面辐射供暖的木板面层

7.6.1　地面辐射供暖的木板面层宜采用实木复合地板、浸渍纸层压木质地板等，应在填充层上铺设。

7.6.2　地面辐射供暖的木板面层可采用空铺法或胶粘法（满粘或点粘）铺设。当面层设置垫层地板时，垫层地板的材料和厚度应符合设计要求。

7.6.3　与填充层接触的龙骨、垫层地板、面层地板等应采用胶粘法铺设。铺设时填充层的含水率应符合胶粘剂的技术要求。

7.6.4　地面辐射供暖的木板面层铺设时不得扰动填充层，不得向填充层内楔入任何物件。面层铺设尚应符合本规范第7.3节、7.4节的有关规定。

第7.3节

7.3　实木复合地板面层

7.3.1　实木复合地板面层采用的材料、铺设方式、铺设方法、厚度以及垫层地板铺设等，均应符合本规范第7.2.1条～第7.2.4条的规定。

7.3.2　实木复合地板面层应采用空铺法或粘贴法（满粘或点粘）铺设。采用粘贴法铺设时，粘贴材料应按设计要求选用，并应具有耐老化、防水、防菌、无毒等性能。

7.3.3　实木复合地板面层下衬垫的材料和厚度应符合设计要求。

7.3.4　实木复合地板面层铺设时，相邻板材接头位置应错开不小于300mm的距离；与柱、墙之间应留不小于10mm的空隙。当面层采用无龙骨的空铺法铺设时，应在面层与柱、墙之间的空隙内加设金属弹簧卡或木楔子，其间距宜为200～300mm。

7.3.5　大面积铺设实木复合地板面层时，应分段铺设，分段缝的处理应符合设计要求。

【建筑地面的地面辐射供暖的浸渍纸层压木质地板面层检验批质量验收记录】

建筑地面的地面辐射供暖的浸渍纸层压木质地板面层检验批质量验收记录表

表 209-35B

单位(子单位)工程名称						
分部(子分部)工程名称				验收部位		
施工单位				项目经理		
分包单位				分包项目经理		
施工执行标准名称及编号						

检控项目	序号	质量验收规范规定		施工单位检查评定记录	监理(建设)单位验收记录
主控项目	1	采用的材料或产品的要求和规定及其应具有的特点	第7.6.5条		
	2	与柱、墙之间留空隙及空铺法铺设时,加设金属弹簧卡或木楔子的间距规定	第7.6.6条		
	3	其余主控项目及检验方法、检查数量按第7.4节的规定(第7.4.5条～第7.4.8条)	第7.6.7条		
	(1)	浸渍纸层压木质地板面层采用的地板、胶粘剂等的要求和规定	第7.4.5条		
	(2)	浸渍纸层压木质地板面层采用的材料进场时,应提供有害物质限量合格的检测报告	第7.4.6条		
	(3)	木搁栅、垫木和垫层地板等应做防腐、防蛀处理;其安装应牢固、平直、表面应洁净	第7.4.7条		
	(4)	面层铺设应牢固、平整;粘贴应无空鼓、松动	第7.4.8条		
一般项目	1	地面辐射供暖的木板面层采用无龙骨的空铺法铺设时的质量要求	第7.6.8条		
	2	其余一般项目及检验方法、检查数量按第7.4节的规定(第7.4.9条～第7.4.12条)	第7.6.9条		
	(1)	浸渍纸层压木质地板面层的图案和颜色要求,图案应清晰,颜色应一致,板面应无翘曲	第7.4.9条		
	(2)	面层的接头应错开、缝隙应严密、表面应洁净	第7.4.10条		
	(3)	踢脚线应表面光滑,接缝严密,高度一致	第7.4.11条		
	(4)	浸渍纸层压木质地板面层(第7.4.12条)	允许偏差值(mm)	量 测 值(mm)	
		板面缝隙宽度	0.5		
		表面平整度	2		
		踢脚线上口平齐	3		
		板面拼缝平直	3		
		相邻板材高差	0.5		
		踢脚线与面层接缝	1		

施工单位检查评定结果	专业工长(施工员)		施工班组长	
	项目专业质量检查员:		年 月 日	
监理(建设)单位验收结论	专业监理工程师: (建设单位项目专业技术负责人):		年 月 日	

【检查验收时执行的规范条目】

主控项目

7.6.5　地面辐射供暖的木板面层采用的材料或产品除应符合设计要求和本规范相应面层的规定外，还应具有耐热性、热稳定性、防水、防潮、防霉变等特点。

检验方法：观察检查和检查质量合格证明文件。

检查数量：同一工程、同一材料、同一生产厂家、同一型号、同一规格、同一批号检查一次。

7.6.6　地面辐射供暖的木板面层与柱、墙之间应留不小于 10mm 的空隙。当采用无龙骨的空铺法铺设时，应在空隙内加设金属弹簧卡或木楔子，其间距宜为 200～300mm。

检验方法：观察和用钢尺检查。

检查数量：按本规范第 3.0.21 条规定的检验批检查。

第 3.0.21 条：

3.0.21　建筑地面工程施工质量的检验，应做量、间抽样的：

1　基层（各构造层）和各类面层的分项工程的施工质量验收应按每一层次或每层施工段（或变形缝）划分检验批，高层建筑的标准层可按每三层（不足三层按三层计）划分检验批；

2　每检验批应以各子分部工程的基层（各构造层）和各类面层所划分的分项工程按自然间（或标准间）检验，抽查数量应随机检验不应少于 3 间；不足 3 间，应全数检查；其中走廊（过道）应以 10 延长米为 1 间，工业厂房（按单跨计）、礼堂、门厅应以两个轴线为 1 间计算；

3　有防水要求的建筑地面子分部工程的分项工程施工质量每检验批抽查数量应按其房间总数随机检验不应少于 4 间，不足 4 间，应全数检查。

7.6.7　其余主控项目及检验方法、检查数量应符合本规范第 7.4 节的有关规定。

第 7.4 节

7.4.5　浸渍纸层压木质地板面层采用的地板、胶粘剂等应符合设计要求和国家现行有关标准的规定。

检验方法：观察检查和检查型式检验报告、出厂检验报告、出厂合格证。

检查数量：同一工程、同一材料、同一生产厂家、同一型号、同一规格、同一批号检查一次。

7.4.6　浸渍纸层压木质地板面层采用的材料进入施工现场时，应有以下有害物质限量合格的检测报告：

1　地板中的游离甲醛（释放量或含量）；

2　溶剂型胶粘剂中的挥发性有机化合物（VOC）、苯、甲苯＋二甲苯；

3　水性胶粘剂中的挥发性有机化合物（VOC）和游离甲醛。

检验方法：检查检测报告。

检查数量：同一工程、同一材料、同一生产厂家、同一型号、同一规格、同一批号检查一次。

7.4.7　木搁栅、垫木和垫层地板等应做防腐、防蛀处理；其安装应牢固、平直，表面应洁净。

检验方法：观察、行走、钢尺测量等检查和检查验收记录。

检查数量：按本规范第 3.0.21 条规定的检验批检查。

7.4.8　面层铺设应牢固、平整；粘贴应无空鼓、松动。

检验方法：观察、行走、钢尺测量、用小锤轻击检查。

检查数量：按本规范第 3.0.21 条规定的检验批检查。

一般项目

7.6.8　地面辐射供暖的木板面层采用无龙骨的空铺法铺设时，应在填充层上铺设一层耐热防潮纸（布）。防潮纸（布）应采用胶粘搭接，搭接尺寸应合理，铺设后表面应平整，无皱褶。

检验方法：观察检查。

检查数量：按本规范第 3.0.21 条规定的检验批检查。

7.6.9 其余一般项目及检验方法、检查数量应符合本规范第 7.4 节的有关规定。

第 7.4 节

7.4.9 浸渍纸层压木质地板面层的图案和颜色应符合设计要求，图案应清晰，颜色应一致，板面应无翘曲。

检验方法：观察、用 2m 靠尺和楔形塞尺检查。

检查数量：按本规范第 3.0.21 条规定的检验批检查。

7.4.10 面层的接头应错开、缝隙应严密、表面应洁净。

检验方法：观察检查。

检查数量：按本规范第 3.0.21 条规定的检验批检查。

7.4.11 踢脚线应表面光滑，接缝严密，高度一致。

检验方法：观察和用钢尺检查。

检查数量：按本规范第 3.0.21 条规定的检验批检查。

7.4.12 浸渍纸层压木质地板面层的允许偏差应符合本规范表 7.1.8 的规定。

检验方法：按本规范表 7.1.8 中的检验方法检验。

检查数量：按本规范第 3.0.21 条规定的检验批和第 3.0.22 条的规定检查。

第 3.0.22 条：

3.0.22 建筑地面工程的分项工程施工质量检验的主控项目，应达到本规范规定的质量标准，认定为合格；一般项目 80% 以上的检查点（处）符合本规范规定的质量要求，其他检查点（处）不得有明显影响使用，且最大偏差值不超过允许偏差值的 50% 为合格。凡达不到质量标准时，应按现行国家标准《建筑工程施工质量验收统一标准》GB 50300 的规定处理。

浸渍纸层压木质地板面层的允许偏差和检验方法（mm）   表 7.1.8

项次	项　　目	允许偏差	检验方法
		浸渍纸层压木质地板面层	
1	板面缝隙宽度	0.5	用钢尺检查
2	表面平整度	2	用 2m 靠尺和楔形塞尺检查
3	踢脚线上口平齐	3	拉 5m 线和用钢尺检查
4	板面拼缝平直	3	
5	相邻板材高差	0.5	用钢尺和楔形塞尺检查
6	踢脚线与面层接缝	1	楔形塞尺检查

【检验批验收应提供的核查资料】

建筑地面浸渍纸层压木质地板面层验收应提供的核查资料　　表 209-35B1

序号	核查资料名称	核查要点
1	浸渍纸层压木质地板面层用材料、产品合格证或质量证明书	核查资料的真实性。核查需方及供方单位名称,材料或产品名称、规格、等级、数量(质量或件数)、批号或生产日期、出厂日期、材料或产品出厂检验项目的各项检验结果和供方质检部门印记(必须符合设计和标准与规范要求),材料或产品应用标准编号、生产许可证编号,应标明的材料或产品注意事项、材料或产品安全警语。 注:材料均应具有耐热性、热稳定性、防水、防潮和防霉变等特点
2	浸渍纸层压木质地板面层用材料出厂检验报告(含型式检验报告)	检查内容同上,分别由厂家提供。提供的出厂检验报告的内容应符合相应标准"出厂检验项目"规定(与试验报告大体相同)
3	浸渍纸层压木质地板面层用材料试验报告(含有害物质限量合格的试验报告,见证取样)	核查其报告提供的代表数量、报告日期、性能、质量,与设计、规范要求的符合性
4	浸渍纸层压木质地板面层用胶粘剂试验报告	核查其报告提供的代表数量、报告日期、性能、质量,与设计、规范要求的符合性

注:1. 合理缺项除外;2. 表列凡有性能要求的均应符合设计和规范要求。

附:规范规定的施工"过程控制"要点

7.6　地面辐射供暖的木板面层

7.6.1　地面辐射供暖的木板面层宜采用实木复合地板、浸渍纸层压木质地板等,应在填充层上铺设。

7.6.2　地面辐射供暖的木板面层可采用空铺法或胶粘法(满粘或点粘)铺设。当面层设置垫层地板时,垫层地板的材料和厚度应符合设计要求。

7.6.3　与填充层接触的龙骨、垫层地板、面层地板等应采用胶粘法铺设。铺设时填充层的含水率应符合胶粘剂的技术要求。

7.6.4　地面辐射供暖的木板面层铺设时不得扰动填充层,不得向填充层内楔入任何物件。面层铺设尚应符合本规范第7.3节、7.4节的有关规定。

第7.4节

7.4　浸渍纸层压木质地板面层

7.4.1　浸渍纸层压木质地板面层应采用条材或块材,以空铺或粘贴方式在基层上铺设。

7.4.2　浸渍纸层压木质地板面层可采用有垫层地板和无垫层地板的方式铺设。有垫层地板时,垫层地板的材料和厚度应符合设计要求。

7.4.3　浸渍纸层压木质地板面层铺设时,相邻板材接头位置应错开不小于300mm的距离;衬垫层、垫层地板及面层与柱、墙之间均应留出不小于10mm的空隙。

7.4.4　浸渍纸层压木质地板面层采用无龙骨的空铺法铺设时,宜在面层与基层之间设置衬垫层,衬垫层的材料和厚度应符合设计要求;并应在面层与柱、墙之间的空隙内加设金属弹簧卡或木楔子,其间距宜为200~300mm。